"十四五"时期国家重点出版物出版专项规划项目

中国能源革命与先进技术丛书

储能科学与技术丛书

储能与新型电力系统前沿丛书

# 电-氢耦合系统集成
# 理论与方法

袁铁江　田雪沁　闫华光　滕　越　著

机 械 工 业 出 版 社

氢能及其系统与石油、煤炭、风、光、水和核能等的耦合集成，是构建氢能经济或者社会的关键一环，其理论和实践意义突出。通过电-氢耦合集成，可以实现电能和氢能的相互转换，提高电力系统的灵活性和可靠性，从而实现能源的高效利用和电力系统的稳定运行，为构建新型电力系统和实现碳中和目标提供重要支持。为此，本书阐述了清洁电能电解水制氢、高压气态储氢、加氢和用氢的基本原理和特性，围绕氢能与其他能源耦合应用的场景，介绍了氢能及其系统耦合集成的基本原理、应用技术和方法等。

本书可为从事能源、电力、环境科学等领域的研究人员、工程师提供参考，也可为电气工程、能源动力工程专业的高年级本科生和研究生提供参考。

**图书在版编目（CIP）数据**

电-氢耦合系统集成理论与方法 / 袁铁江等著.
北京 ： 机械工业出版社，2025.6. -- (中国能源革命与先进技术丛书) (储能科学与技术丛书) (储能与新型电力系统前沿丛书). -- ISBN 978-7-111-77975-9

I. TK91

中国国家版本馆 CIP 数据核字第 2025K331C6 号

机械工业出版社（北京市百万庄大街22号　邮政编码100037）
策划编辑：付承桂　杨　琼　　责任编辑：付承桂　杨　琼
责任校对：张昕妍　李　杉　　封面设计：马精明
责任印制：张　博
北京建宏印刷有限公司印刷
2025年6月第1版第1次印刷
169mm×239mm・25.25印张・1插页・450千字
标准书号：ISBN 978-7-111-77975-9
定价：139.00元

电话服务　　　　　　　　　网络服务
客服电话：010-88361066　　机 工 官 网：www.cmpbook.com
　　　　　010-88379833　　机 工 官 博：weibo.com/cmp1952
　　　　　010-68326294　　金 书 网：www.golden-book.com
**封底无防伪标均为盗版**　机工教育服务网：www.cmpedu.com

# 序 一

当今世界，能源转型已成为全球共识，作为一种清洁、高效的能源载体，氢能已纳入我国常规能源管理体系，逐渐成为未来能源体系的重要支柱。随着新型电力系统的蓬勃发展，电-氢耦合作为创新的能源系统解决方案，展现出巨大的潜力与广阔的应用前景。《电-氢耦合系统集成理论与方法》一书的出版，恰逢其时，为该领域的研究提供了宝贵的指导。

全球气候变化与环境污染加剧，传统化石能源的可持续性面临挑战。风、光等新能源因其清洁、可持续性而成为能源转型的关键，但其波动性与间歇性限制了大规模应用。电-氢耦合系统通过将电能转换为氢能储存，再将其转换为电能或其他形式能量，能够为新能源提供有效的储存和调度手段，推动了能源的高效利用，成为解决能源供需矛盾的重要路径。

本书围绕电-氢耦合技术的核心理论与应用，全面梳理了氢能在能源转型中的战略地位。根据氢能的演变历程及电-氢耦合的不同形态，深入探讨了这一技术领域的关键问题，揭示了氢能技术的最新突破与发展趋势，深度剖析了当前面临的技术难题与潜在机遇。本书重点聚焦于电-氢耦合系统的集成与优化，分析了氢能从生产、储存到应用的各环节技术路径，挖掘了其在电力、工业、交通和建筑等多个领域的应用潜力。在电-氢耦合系统的规划、运行及控制优化技术方面提出了创新思路，实现了能源的高效、多元与灵活转换。此外，书中通过典型案例分析，阐明了电-氢耦合在多场景下的深度融合机理。通过技术、经济和政策的多维度分析，本书为电-氢耦合技术的未来发展勾勒了清晰的蓝图，既为学术界提供了新的理论框架，也为产业界的技术优化与创新提供了实践路径。

虽然电-氢耦合潜力巨大，但是仍面临着技术、经济和政策的多重挑战。在技术层面，制-储-用氢效率亟待提升，系统底层的设备与结构优化技术是提升整体性能的关键；在经济层面，仍需通过技术创新和协同优化方法来降低系统投运成本，提升经济效益；在政策层面，氢能产业的政策法规和标准体系尚不完善，需要加强顶层设计和统筹规划。这些挑战既催生了电-氢耦合技术的发展动力，也孕育了发展机遇，为电-氢耦合的未来发展指明了方向。

作为一部具有系统性、前瞻性的专业书籍，本书既具有深刻的理论洞见，也紧密结合了实际，为学术界和产业界提供了宝贵的理论依据和实践指导。在此，衷心感谢所有参与本书创作与完善而付出努力的专家和团队，同时感谢机械工业出版社的鼎力支持。本书的出版，必将推动电-氢耦合系统的集成与应用发展，为我国乃至全球能源转型事业的成功实践贡献智慧和力量。

中国科学院大连化学物理研究所研究员

中国工程院院士

2025 年 1 月

# 序　二

当前，全球能源发展正处于转型的关键时期，新能源的迅猛崛起与传统能源的优化升级，已成为不可逆转的时代潮流，能源消费结构持续向着清洁低碳的方向加速迈进。随着高比例新能源接入电力系统，电力系统电源从可预测的火电和水电变为随机性更高的风电、光伏发电，给电力系统新能源消纳、电力电量平衡和安全稳定运行带来巨大挑战。在此背景下，电-氢耦合技术脱颖而出，它巧妙地结合了电能与氢能的独特优势，是构建新型电力系统和实现"双碳"目标的重要技术路径。

电-氢耦合系统，绝非简单的电能与氢能的物理组合，而是深度融合、协同发展的复杂体系。氢能能够实现电能的跨季节、大规模储存，弥补了电化学储能时间短、容量小的不足；利用可再生能源电制氢，可以有效促进新能源的消纳，解决弃风、弃光等问题；此外，氢储能的快速响应能力，能够为电网提供调峰调频服务；在用能终端，氢能还可以推动跨领域多类型能源网络的互联互通，实现电力、供热、燃料等多种能源的互联互补和协同优化。

作者团队长期耕耘于电-氢耦合系统领域，积累了丰富的研究经验与实践成果。该书总结了电-氢耦合互动的三大基本形态：电-氢、电-氢-电、电-氢-碳。以氢能"制-储-输-用"产业链为依托，系统地阐述了电-氢耦合系统的集成理论与方法，从基础理论研究到关键技术突破，从系统架构设计到实际工程应用，全方位、多层次地剖析了这一前沿领域的关键问题，提出了创新性理论框架与优化方法，全面展现了电-氢耦合系统的集成技术与实现路径。

在关键技术方面，该书对各类制氢方法进行了简要概述，着重探讨了电解水制氢技术；详细阐述了高压气态储-输氢技术的一般性建模方法；针对工业、交通、建筑、电力等领域中的典型用氢场景，精确刻画各领域用氢特性，科学评估其发展潜力。在系统架构设计方面，围绕电制氢站，介绍了光伏-电解槽直接耦合制氢技术、制氢站集成与控制优化方法；分别阐述了电-氢-电和电-氢-碳耦合系统的基本形态架构、容量规划与运行控制方法；探索性地提出了风-氢-火耦合系统的基本框架与规划设计方法；深入挖掘并提出了电-氢耦合系统的潜在商业模式；书中还结合了大量的工程案例分析，使读者能够直观地感受到电-氢耦合系统在不同场景下的应用潜力与价值。

该书不仅是作者团队对现有研究成果的一次系统总结，更是对未来能源科技发展趋势的一次深刻洞察。相信它可以为从事电-氢耦合系统相关研究的读者提供有益的参考，激发更多创新思维与研究灵感，汇聚各方力量，共同推动电-氢耦合技术的蓬勃发展。

中国矿业大学（北京）教授

中国工程院院士

2025 年 1 月

# 前　言

继 1800 年安东尼·卡莱尔和威廉·尼克尔森利用伏打电池进行电解水制氢实验之后，1833 年法拉第提出了电解定律，为基于电解水制氢的电-氢耦合技术的发展奠定了坚实的理论和实践基础。1874 年，儒勒·凡尔纳在他的小说《神秘岛》中称氢为未来的能量载体。他写到：电解可以将水分解成氢气和氧气，氢气将替代煤炭（当时最重要的燃料）。电-氢耦合技术的发展潜力和优势可见一斑。

现在，在化石能源可持续和环境保护需求的双重压力下，世界各主要国家纷纷将氢能作为能源转型的重要载体。2024 年 11 月，氢能被写入《中华人民共和国能源法》。氢作为一种能量载体已被广泛接受和落地应用。但正如前几次的氢能热潮一样，氢能的发展并非一帆风顺，电-氢深度耦合仍在困顿与探索中艰难前行。这中间既有社会发展和政策机制的因素，也有大规模电制氢、储运氢等技术与成本仍需突破等客观原因，还有我们对于能源转型的认识和驱动力仍然不足等主观原因。21 世纪初，作者团队在开展储能与新能源发电并网技术的研究过程中，深刻体会到亟需一种能够适应新能源高随机、宽范围波动特性的电网级储能手段。2011 年 12 月，时任新疆维吾尔自治区科技厅副厅长的胡克林教授正在开展"风电耦合煤化工制甲醇"专题调研，先生鼓励我开展这方面的探索，此后便围绕"电-氢耦合技术"尤其是"绿电-绿氢-高耗能工业网络耦合集成技术"展开了研究，并持续至今。在此特别感谢先生睿智的启迪和十多年来亦师亦友般的教诲和关爱。在这个过程中，我有缘结识了人生中的几位挚友，亦是本书的另外几位作者。其中，田雪沁总能够深刻洞察问题的本质，我们对电-氢耦合规划相关的机理和模型等开展了长期的合作研究；闫华光在电-氢耦合构建新型电力系统方面具有独到的见解，我们对电-氢耦合的宏观发展战略及其系统动力学特性开展了深入的合作研究；缘于六安兆瓦级氢储能站项目，滕越博士作为世界首座兆瓦级氢储能站的技术负责人，在储能形态的电-氢耦合系统的规划设计、调度控制和运维等方面的知识积累丰富且深刻，我们围绕多堆耦合的氢储能模组、多模组协同的规模化氢储能系统/站存在的问题和解决方案开展了长期的合作研究。我们合作研究的成果见于但不限于本书相关章节，更多、更深入的合作成果将在后续著作中展示。

广义的电-氢耦合系统泛指以氢能为媒介的电-氢转换系统及上下游工艺、社会链接的统称，狭义的电-氢耦合系统则主要指以绿氢为媒介的电-氢转换装备及配套系统与网络。发展基于可再生能源电解水制氢的电-氢耦合技术，是充分发挥氢能作为可再生能源规模化高效利用的重要载体作用及其大规模、长周期储能优势，形成多元互补融合的现代能源供应体系的必由之路和必然要求。电-氢耦合互动能够在新型能源体系构建中发挥重要作用：一是作为促进新能源消纳的重要载体，利用新能源电能制氢可有效提升新能源消纳水平；二是氢气储能具有容量大、储存时间长和清洁无污染等优点，在跨季节长周期储能场景中更具竞争力；三是作为新型电力系统灵活调节的重要手段，可为电网提供调峰调频等辅助服务；四是具有能源燃料和工业原料的双重属性，通过电-氢转换，可实现能源生产和物质生产等多网络的互联互通和协同优化。

电-氢耦合技术的进步，将极大地推动氢能科学技术的发展和完善。电-氢耦合涉及电气、化学、控制和经济等多个专业，学科交叉融合特征突出，迫切需要能够体现相关技术框架、研究范式和成果的著作。为此，以作者团队的研究成果为主，参考国内外相关文献，撰写了本书。全书共 12 章，力图从能源电力发展战略、原理方法与模型算法、场景和装备或系统相结合的视角构建电-氢耦合系统集成理论与方法体系，将氢能在电力系统角色定位具象场景化、模型化并加以定量分析，通过在源网荷储各环节的应用案例，挖掘氢能在能源电力领域的支撑性、灵活性与耦合性优势，探索在能源转型中的电-氢耦合集成技术突破。在宏观层面，运用系统动力学等分析方法实现氢能与工业、交通、电力和建筑等领域交互、反馈作用机理的有效表征；在模型层面，将电-氢、电-氢-电、电-氢-碳耦合的能量流网络与物质流网络进行融合建模并实现集成优化与协调控制；在场景层面，以新能源耦合制氢、多类型电解槽混合制氢、电解槽集群联合制氢等特征性场景为抓手，实现覆盖电解槽全寿命周期衰减与运行特征的协调控制优化。

虽然电-氢作为在历史长河中相互连接、彼此相依的能量形式已存在了超过200 年，但当我们深入开展系统级集成研究时，却发现依然存在诸多很少有人深入的领域。不论是对电、氢及配套能源网络间传输、储存及损耗特征规模化、细致化的模拟仿真，还是对新场景、新应用中电、氢耦合设备的深度化、动态化的机理刻画，再到复杂系统间控制策略、运行方式与多主体寿命间的衔接反馈，都是本书希望能够往前走一步的方向，以期为业界提供可借鉴的研究范式、理论方法和知识经验。由于内容涉及知识面的广泛性、研究成果的阶段性和作者水平所限，书中难免存在疏漏或不妥之处，恳请广大读者批评指正。

本书的内容是作者团队十余载研究成果的总结，感谢十多年前就拓荒性参与此项研究的段青熙、董小顺、李国军等同学，也感谢近年来参与进一步深化研究的各位博士和硕士研究生，感谢张文达、毛雅铃、王康、杨紫娟、谭捷、胡辰康、冯亚杰、王茗洋、沈子洋、胡桐等同学所做的资料整理工作。

特别感谢国家出版基金项目对本书出版给予的资助。本书从策划、构思、撰写到校审历经数个春秋，机械工业出版社给予了大力的支持与帮助，谨借此机会表达真挚的谢意。

袁铁江

2024 年 12 月于海映楼

# 目　　录

# 第1章

# 氢能与能源演变简史

## 1.1 氢能发展历史概述

氢是一种化学元素，元素符号是 H，在元素周期表中位于第一位。氢通常的单质形态是氢气，无色无味无臭，是一种极易燃烧的由双原子分子组成的气体，也是宇宙中最为丰富、最轻的物质。氢气用途广泛，甚至被认为是支持生命起源的重要物质。在被发现伊始的 1874 年，儒勒·凡尔纳（Jules Verne）就在小说《神秘岛》中将氢气称为未来的能量载体。凡尔纳写道，电解可以用来将水分解成氢气和氧气，氢气将可以替代当时最重要的燃料煤炭。现在，一个半世纪之后，氢作为一种能量载体在某种程度上已经成为现实，从其被发现到广泛应用经历了漫长的发展过程。

### 1.1.1 氢能与生命起源

唯物主义的生命学说认为，生命的产生、维持和消亡伴随着能量的产生、获取、交换和消耗。

合理推测：没有能量，就没有生命。

越来越多的科学研究发现，氢可能是孕育简单生命——微生物的能量和初始物质。

橄榄岩的蛇纹石化是大洋中的重要地质过程。与热液系统相关的基性-超基性岩在大洋中非常普遍，蛇纹石化过程可能驱动热液系统并产生氢气，进而为

1

微生物群落提供所需要的能量和初始物质。这一过程被认为是生命起源最重要的变质水化反应。

因此，生命的起源可能与氢的产生方式联系紧密，为现代生命科学的研究提供了新的线索和实验手段。

## 1.1.2 氢能发展过程

### 1. 水电解制氢技术

有记录的氢气制备最早可追溯至 15 世纪，医生西奥弗拉斯图斯·帕拉塞尔苏斯通过将铁溶解在酸中产生氢气，然而帕拉塞尔苏斯并未发现氢气的可燃性。直到 17 世纪，法国科学家西奥多·蒂尔凯·德·迈耶尔和尼古拉·勒梅里发现，硫酸与铁反应产生可燃气体，将其视为一种可燃的硫，他们未意识到这是一种新物质。1671 年，爱尔兰科学家罗伯特·波义耳发现铁屑与稀酸反应生成氢气的现象，并使用"硫磺性"一词来形容这种气体的"可燃"特性。1766 年，英国科学家亨利·卡文迪什认为这种"易燃空气"是一种独立的物质。因此，卡文迪什通常被认为是氢元素的发现者。1783 年，法国化学家安托万·拉瓦锡与拉普拉斯通过实验证明氢气燃烧生成水，并指出水是由氢气和氧气组成的化合物。拉瓦锡将这种气体命名为"Hydrogen"（中文名为氢），该名字源于希腊语中的水"hydro"和形成"genes"两个单词，正式确认了氢作为一种独立元素的身份。

1780 年，菲利斯·丰塔纳发现水煤气变换反应，为以煤、石油和天然气为原料的制氢工业奠定了理论基础。1800 年前后，简·鲁道夫·戴曼、威廉·尼科尔森和安东尼·卡莱尔等人先后开展了水电解的实验。1833 年，迈克尔·法拉第提出了电解定律，为基于电解水制氢的电-氢耦合奠定了理论和实践基础。

1888 年，弗拉基米尔·拉奇诺夫取得第一台单极性电解槽的专利，这是电解技术的一个重要里程碑。单极性电解槽是一种改进型的电解装置，与传统的双极性电解槽相比更有效率，为后来大规模工业电解的发展奠定了基础。1900 年，施密特发明了第一台工业水电解机组，这一发明标志着水电解技术从实验室走向了工业化生产阶段。1924 年，诺根拉特获得了第一台压力电解槽的专利，其压力可达 $100\text{bar}^{\ominus}$。1927 年，海德鲁公司制造了世界第一台大型压滤式电解槽装置，每小时产氢量达 $10000\text{Nm}^3$。1939 年，世界第一台大型箱式电解槽在加拿大投运，每小时产氢量达到 $17000\text{Nm}^3$。1948 年，兹丹斯基推出了第一台高

---

$\ominus$　$1\text{bar} = 10^5\text{Pa}$。

压工业电解槽，他把电解槽的操作压力提高到 30kg/m³。1951 年，鲁尔基首次设计了 30bar 的压力电解槽。20 世纪末至今，可再生电力制氢（如使用风能或太阳能驱动电解水制氢）成为现代制氢技术的重要发展方向。水电解制氢技术的发展过程如图 1-1 所示。

图 1-1　水电解制氢技术的发展过程

**2. 燃料电池发电技术**

1806 年，法国科学家弗朗索瓦·伊萨克·德·里瓦兹发明了首个使用氢氧混合气体为燃料的内燃机。1819 年，爱德华·丹尼尔·克拉克发明了氢气喷灯，进一步推动了氢气在工业应用中的探索。1823 年，德国化学家约翰·沃尔夫冈·德贝莱纳发明了德贝莱纳氢气灯。1838 年，威尔士物理学家兼律师威廉·格罗夫首次提出燃料电池的设想。同年，德国物理学家克里斯蒂安·弗里德里希·舍恩拜因在一封信中讨论了由氢气和氧气溶解于水产生电流的原理。1842 年，格罗夫进一步完善了燃料电池设计，其燃料电池结构与现代的磷酸燃料电池类似。1932 年，英国工程师弗朗西斯·托马斯·巴肯成功开发出一台 5kW 的燃料电池装置。尽管燃料电池发明于 19 世纪初，但直到 20 世纪中期随着美国太空计划的实施才开始商业应用。

1991 年，罗杰·E·比林斯开发出首款氢燃料电池汽车，是氢燃料电池在交通领域的首次实践应用。2003 年，我国首辆燃料电池轿车试制成功。2006 年，位于北京中关村的我国第一座加氢站建成。2008 年，在北京奥运会期间，我国首次商业使用氢燃料电池汽车。2010 年，上海市结合世博科技行动计划，在上海世博会期间与科技部合作开展纯电动、混合动力和燃料电池等 1017 辆各类新能源车辆示范运行。2014 年，现代的 Tucson FCV 和丰田的 Mirai 这两款燃料电池车型实现量产并推向市场，因此 2014 年被认为是燃料电池汽车商业化元年。2015 年，武汉众宇动力搭载 HyLite 1200 氢燃料电池动力系统的多旋翼无人机成功试飞并首创世界野外飞行续航记录。2017 年，中国自主研制的首架有人驾驶氢燃料电池飞机在沈阳试飞成功，中国成为继美国、德国之后第三个拥有该技术的国家。2019 年，氢能源首次写入中国《政府工作报告》。同年，国家电网安徽省电力有限公司在六安市开始建造中国第一座主动支撑电网型兆瓦级氢能源储能电站，是氢储能技术在大电网中的首次成功应用，标志着电-氢耦合互动技术的发展迈入新的阶段。2020 年，中国国家能源局发布《中华人民共和国能源法（征求意见稿）》，在中国氢能被正式列为常规/二次能源范畴。氢燃料电池技术发展过程如图 1-2 所示。

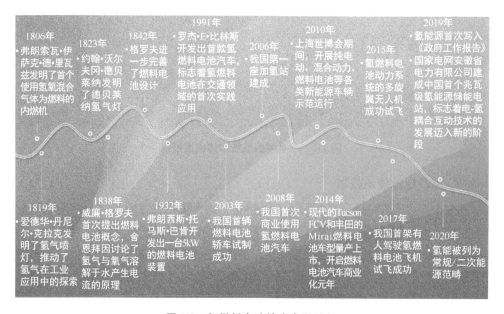

**图 1-2 氢燃料电池技术发展过程**

日本是首个发布国家氢能战略的国家，于 2017 年 12 月制定《基本氢能战略》，该战略提出了日本未来低碳能源社会的愿景，并阐述了氢能在该愿景实现过程中的作用，不仅展示了日本在氢能技术研发和产业化方面的雄心，也为全球氢能发展提供了一个重要的示范框架。韩国为实现氢能战略目标，于 2019 年1 月发布了《氢能经济活性化路线图》，并成立国家氢经济委员会，发布实施氢战略的具体行动计划。2020 年，德国政府发布《国家氢能战略》，将采用两步走策略，2023 年前重点打造国内市场基础，加速市场启动，并将在清洁氢制备、氢能交通、工业原料和基础设施建设等领域采取 38 项行动。在巩固国内市场的基础上，2024—2030 年积极拓展欧洲与国际市场。2022 年 3 月，我国发展改革委、国家能源局联合印发《氢能产业发展中长期规划（2021—2035 年）》，作为指导今后 15 年氢能产业发展的纲领性文件，《规划》以"碳达峰、碳中和"目标为指引，以推动高质量发展为主题，以高水平科技自立自强为主线，对于新时代积极有序推动有规模、有效益的氢能具有重大指导意义。

两个多世纪过去，氢作为能源已经成为现实，在全球能源向清洁化、低碳化、智能化发展的趋势下，氢能被誉为"21 世纪"的能源，但是能源系统的转换是一个长期的持续的过程，需要从战略、系统和技术方面进行不断突破，展望未来，在各国政府、科研院所、企事业单位的共同努力下，全球的氢能产业必将实现快速、健康发展。

## 1.2　能源与社会形态

按照历史唯物主义划分社会形态的基本方法，以生产关系的不同性质为标准，人类社会的发展会经历 5 个形态，即原始社会、奴隶社会、封建社会、资本主义社会、共产主义社会。

根据生产关系与生产力的辩证关系，生产力决定生产关系。从根本上看，生产力的高低表现为人类社会获取维持生命所需要的能量的能力和水平的高低。大抵来看，维持人类生命所需要的能量主要包括以下几个方面：

1）基础能源形态，热能。热能的基础形态主要表现为对于人类生命的基础性含义，也表现为来源的基础性或者普遍性，包括衣、食、住、行和用的方方面面，贯穿于人类生命的产生到消亡的全过程。在不同的发展阶段，人类社会对热能的需求是恒远的，不同的只是热能获取的方式和能力。

2）中间能源形态，电能。电能是中间能源形态，主要是指其随着人类社会发展的高级阶段而产生，且对于维持人类生命起着间接的支撑作用。电能需要转换为热能或者氢能等基础或者终极能源形态，以支撑人类生命的维持。

3）终极能源形态，氢能。氢能的终极能源形态体现为两个方面的不可替代性：一方面是，氢能可以灵活转换为热能或电能，海量的新能源高峰电能可以转换为氢能跨时空储存，作为构建电热气统一能源互联网的能量流载体，其具有不可替代性；另一方面是，氢能作为一种特殊的二次能源，是清洁可再生能源与化石能源耦合，可持续、清洁合成人类社会发展所必需的碳氢化合物等物质材料的基础原料，作为物质生产的原料，其具有不可替代性。

## 1.3　能源系统的演进规律

### 1.3.1　原始社会的能源

在经历数百万年的进化演变历程后，人类始祖"涉水爬山"，终于以"人"的形态存在于地球自然环境之中，周期性的忽冷忽热的自然环境变化，对恒温的人类生命构成的首要挑战就是在寒冷环境中保持"体温恒定"。这就需要减少与外部环境交换能量，在源于动物本能和人类特有的意识驱使下，"人"主要采取两个方面的行动：

1）获取食物，通过生物化学反应获得"热能"，以维持身体恒温。

2）通过兽皮或者树叶等身体的遮挡物、自然火源等，减少身体与自然环境的热能交换，从而维持身体的恒温。

这个阶段的人类社会，总体上还不存在除身体生物调节功能之外的具有能量转换、输送、储存与应用等功能的能源系统。

### 1.3.2　能源与文明社会

文明社会的能源系统可以第一次工业革命为界进行划分，包括第一次工业革命前的生物质燃料为主的能源系统和第一次工业革命后的化石能源为主的能源系统。第一次工业革命以来，人类社会拥有了具有能量生产或者转换、输送、储存与应用等多种功能的现代意义上的化石能源为主的碳基能源系统，重碳化石能源主要以燃料和原料两种形式被利用。以脱碳或者降碳为主线，碳基能源系统基本形态的演变总的来看经历了三代。

目前，碳基能源系统正在向以新能源为主的新型能源电力系统发展，新型能源电力系统中，重碳化石能源主要与绿氢结合以原料形式被利用。

#### 1. 工业革命前的能源

工业革命之前，人类主要利用木材、秸秆等燃烧产生的热来加工食物和取暖。如图 1-3 所示，这个阶段的人类依赖的能源系统为基于生物质燃料的简单的单输入-单输出热能生产系统，其输出只有热能。

图 1-3　工业革命前人类社会
能源系统示意图

**2. 第一次工业革命与能源**

目前看来，自第一次工业革命以来，以煤燃烧为主的第一代碳基能源系统的基本形态如图 1-4 所示。能源系统一次能源主要以煤炭为主，能源的利用形式主要为煤炭作为燃料利用，为人类生产、生活提供热能和动力，构成燃煤供热系统、燃煤蒸汽锅炉驱动轮船和火车等为主的交通能源系统以及燃煤（冶炼）或以化石能源为原料的工业生产能源系统。

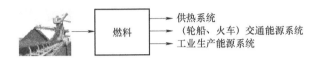

**图 1-4　第一代碳基能源系统**

第一代碳基能源系统支撑人类文明进入机械化时代，社会生产力得到了极大的提高，但是，能源系统效率很低，污染重，突出表现为交通能源系统的小型化困难，交通能源系统主要应用于轮船和火车等大型交通工具。

第一次工业革命之前，人类主要利用木材燃烧产生的热来加工食物和取暖，而煤炭是碳化后的木材，因此，这个阶段的人类依赖的能源系统可以归为图 1-4 所示的第一代碳基能源系统的简化版本，其输出只有供热系统。

**3. 第二次工业革命与能源**

如图 1-5 所示，演进后的第二代碳基能源系统主要以煤炭、石油和天然气等化石能源为主，能源的利用形式为化石能源作为燃料和原料，为人类生产、生活提供热能、电力和原料，构成以燃煤蒸汽涡轮发电为主的电力能源系统、以燃煤锅炉为主的热力能源系统、以石油内燃机驱动为主的交通能源系统以及以煤/油/气为主要原料的工业生产能源系统。

石油和天然气主要包含碳和氢两种成分，因此，相较于第一代碳基能源系统，第二代碳基能源系统的一次能源种类更多，但是碳含量更低。石油、天然气等碳含量较低的化石燃料广泛应用于

**图 1-5　电气化时代的第二代碳基能源系统**

交通能源系统，高效、小型化的交通能源系统支撑了轮船、火车、汽车和飞机等现代化交通工具的运行。此外，化石能源还大量用于现代工业生产的原料。

**4. 第三次工业革命与能源**

如图 1-6 所示，演进后的第三代碳基能源系统一次能源除了化石能源外，还

有风、光为代表的可再生能源，能源的利用形式为化石能源作为燃料和原料，可再生能源发电，构成燃煤蒸汽涡轮发电和可再生能源发电混合的电力能源系统、化石能源锅炉和电热混合的热力能源系统、化石能源内燃机和电力混合的交通能源系统以及煤/油/气为主要原料的工业生产能源系统。

在第三代碳基能源系统中，由于高比例风、光等可再生能源的加入，一次能源侧进一步降低了碳含量，负荷侧电气化特征更加显著。

能源系统基本形态的演变经历了一个长期过程，总的来看遵循了脱碳、重碳化石能源主要以燃料和原料两种形式被利用的演进规律。

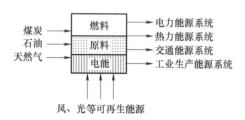

图 1-6  信息化时代的第三代碳基能源系统

## 1.4  氢能：未来社会的能源

### 1.4.1  后工业化时代能源发展的困境

自 18 世纪以煤为燃料驱动的蒸汽机诞生以来，人类对煤、石油等传统化石能源的利用接近 300 年了。化石能源、重碳构成了世界各国能源系统的典型特征。化石能源为主的重碳能源系统极大地推动了人类文明的进步，也支撑了化石能源富集地区的经济繁荣。典型如中国山西省，与煤炭相关的产业占国民经济比重高峰时高达 80%以上，50%以上的就业岗位在煤炭相关产业。

传统上化石能源主要通过燃烧取暖、发电或者本质上是氢富集过程的化石能源制烃类化合物的利用方式，构成以火力发电为主的电力能源系统、以汽油/柴油/煤油内燃机为主的交通能源系统、以燃煤为主的热力能源系统和以煤/油/天然气为主要原料的工业生产能源系统等。

工业化时代的碳基能源系统存在两个与生俱来的问题，一是化石能源利用过程中污染重、能耗高、环境保护压力大；二是化石能源储量有限，可持续发展的资源约束强。

为了克服化石能源为主的碳基能源系统的弊端，以风、光等可再生能源利用为核心的新型能源系统创新方案不断被提出，主要成果表现为以风、光等新能源发电为主的新型电力系统、以电动力为主的新能源交通系统和以绿电-绿氢耦合驱动的新质工业生产系统等，如图 1-7 所示。

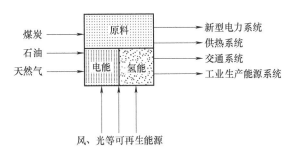

**图 1-7　后工业化时代的新型能源系统**

在图 1-7 中，一次能源主要为化石能源和清洁可再生的风、光等新能源，化石能源主要作为原料利用，电能主要来自可再生能源发电，清洁的氢能主要来自于水电解和低碳的工业副产气，构成新能源为主的新型电力系统、主要基于电或气转热的供热系统、主要基于电力（但并不一定是电力驱动）的交通能源系统、主要以绿电-绿氢耦合驱动的化石能源作为原料的工业生产能源系统。

化石能源作为燃料利用时，其产出主要是电能和热能。风、光等新能源发电，电能可以便捷地转换为热能。仅从功能上来看，风、光等新能源替代煤炭作为燃料，基于第三代碳基能源系统的架构，实现能源系统的碳含量降低是有可能的。

在第三代碳基能源系统中，化石能源作为原料利用，是现代工业生产的主要生产原料，被喻为现代工业的"基本食粮"，从目前的技术现状来看，化石能源作为原料的功能短时间内是新能源无法替代的。

电力主要来自于新能源，化石能源主要作为物质资料生产的原料，是后工业化时代的新型能源系统的主要特征。由于风、光新能源电源出力具有"靠天吃饭"的随机波动和间歇特性，新能源电能无法替换或者产生"物质"，物质资料的生产还需要依赖化石能源，构建后工业化时代的新能源为主的新型能源系统，需要解决以下两个重要问题：

1）如何解决新能源"靠天吃饭"的问题，即能源电力系统的安全可靠问题。

2）如何解决碳基物质资料的生产问题，即化石能源的清洁利用问题。

## 1.4.2 绿氢——破局的路径选择

**1. 电-氢耦合协同储能破解新能源"靠天吃饭"困局**

如图1-8所示，新能源发电出力具有随机间歇和波动特性，电力电量时空分布极度不均衡、富余和短缺交织，需要构建新型储能体系，来解决新能源"靠天吃饭"的电力系统安全稳定运行面临的挑战。

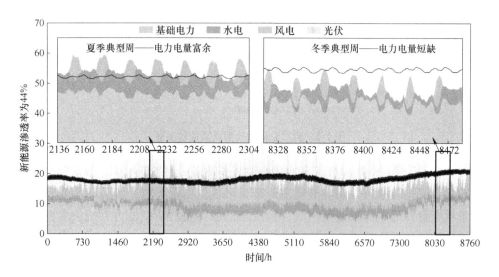

**图1-8 新能源出力季节性波动特征示意图**

除火力发电、电网互济和需求侧管理等传统技术手段外，储能是当前能源电力系统灵活性的主要来源或支撑资源，是新能源电力系统的重要电力电量平衡资源。其中，以电、热或机械能形态储能的锂电池、液流电池、压缩空气储能、抽水蓄能等储能技术，在小时、天乃至周以内短中期时间尺度的电力平衡上发挥着重要作用，主要为电力系统提供调峰、平抑短时的电力波动，自损耗率较高，适用于为系统提供一定的短时功率和容量备用，较难应对周以上长周期能源电力平衡问题。基于新能源电能电解水制氢的储能技术，利用氢能具有的能量和物质双重属性，电-氢耦合可实现能量以物质形态大容量、跨季储存，被认为是在周以上中长周期能源电力平衡领域潜力巨大的新型储能技术。

随着新能源并网规模和电量占比的增加，周-月尺度以上的无风少光极端天气情况下，新能源主体电源长时间低出力带来的长周期能源电力平衡问题越发严峻，电-氢耦合以物质形态储能的氢能大容量跨季储能优势凸显，成为应对长周期能源电力保供平衡的重要乃至主要解决方案。如图1-9所示，长时氢储能在提升新能源消纳效能方面作用大。

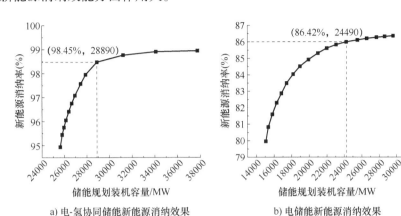

a) 电-氢协同储能新能源消纳效果　　　　b) 电储能新能源消纳效果

**图 1-9　电-氢协同下新能源消纳效果**

**2. 电-氢-碳耦合互动破解化石能源发展困局**

全球范围内，现代石油炼化过程消耗了 30% 以上的氢气产能，是单一最大的氢能消耗领域。利用化石燃料制氢伴随着大量的 $CO_2$ 排放，低排放氢在现有应用中的扩张速度非常缓慢，其仅占氢需求总量的 0.7%，2022 年氢生产和使用相关的 $CO_2$ 排放超过 9 亿 t。利用风、光新能源电解水制氢，真正实现氢能绿色制备，但是制氢过程需要消耗较多的电能，发展受到经济性制约。利用绿氢替代工业生产过程的灰氢或者蓝氢，可大幅减少化石能源利用过程中排放的 $CO_2$。

在现有技术条件下，煤化工、石油炼化等化石原料工业生产系统中的大部分产业本质上是"氢"的富集和利用，按传统工艺需要排放大量的 $CO_2$，耗费大量的能源。比如，传统煤化工工艺生产 1t 甲醇排放 $CO_2$ 2.5t，耗煤约 1.6t。在煤基低碳能源系统中，支撑高比例甚至是 100% 新能源电力系统清洁与稳定、经济与可靠运行的大规模氢储能系统储存的氢气和氧气，天然地构成了煤化工等煤基原料工业生产系统所需要的原料能源系统。以大规模氢储能系统为桥梁，可以从产业链上将煤基低碳能源系统的一次能源系统中的煤和风光等新能源耦合在一起，构成低碳风/光-煤工业生产系统，进一步降低整个能源系统的碳含量。

在我国新疆、山西等煤炭资源富集省区产业发展"路线图"中，能源和能源产品特征明显，今后"以碳为主"的能源消费结构还将长期存在，当地能源结构和消耗强度调整难度很大。以新疆为例，从 1990—2023 年期间，石油和煤炭消耗占总能源消费比重一直稳定在 70% 上下。能源、重化工产业发展以化石能源作为主要资源，在形成产业优势的同时，面临节能减排、生态环境和水资源问题的严峻挑战。

经过多年的快速发展，无论是装机容量还是发电总量，我国均是居世界第一的风电、光伏等新能源发电大国。截至 2024 年 12 月，我国风电装机约 5.1 亿 kW、光伏装机约 8.4 亿 kW，其中在 1~7 月，风、光的发电量达到了 10549 亿 kWh，约占全部发电量的 20%，超过同期第三产业和城乡居民生活用电量，利用率均保持在 96%左右。新能源发电产业快速发展导致"窝电"问题严重，"弃风、弃光"成为制约风电、光伏等新能源产业发展的突出问题。

目前，石油炼化、煤炭煤化工等化石能源系统和风、光等新能源系统相对独立，无法利用新能源电能清洁、可再生优势解决化石能源利用高污染和高能耗难题，也难将高耗能煤化工和石油炼化转换成有效电能需求解决新能源"窝电"问题。"窥一斑而知全貌"，化石能源、新能源、水能和核能系统，"三个和尚"提供电、热、油品和化学品，整体效率还有优化提升空间。

国家《清洁能源消纳行动计划（2018—2020 年）》提出利用富余新能源制氢，实现新能源多途径就近高效利用。石油炼化与煤化工产业本质上是"氢"的富集和利用。以煤化工为例，新能源电解水制氢/氧气与煤化工工艺过程耦合，理论上可以简化煤制天然气、甲醇等现代煤化工工艺过程中的空分或变换环节，$CO_2$ 排放量最高降低 90%以上、煤耗降低 30%以上，平均运行费用大幅降低。

综上所述，在进一步征求业界多位专家的意见和一线产业调研的基础上，我们认为，破解后工业化时代能源发展困局的优选路径可以概括为以绿氢为桥，构建新能源、化石能源耦合的新型能源电力系统，兼顾解决新能源"靠天吃饭"和化石能源清洁利用问题。不失一般性，以煤化工为例，基本思路为：新能源为主的清洁电制氢-储氢耦合煤制天然气等富氢化合物，实现煤为代表的化石能源清洁高效利用和风、光为主的新能源消纳保供协调发展。

## 1.5 电-氢耦合的基本形态和挑战

基于清洁电能的绿氢制-储/输-用的基本形态和运行规律，是构建新型电力系统的核心课题。其中，电-氢耦合形态规范了氢能制-储/输-用的模式、场景、技术路径和边界条件；电-氢互动规律刻画了电-氢耦合形态优化遵循的原理、方法、模型和算法以及相关的系统和装备等。

## 1.5.1　电-氢耦合的基本形态

从电解水制得的氢气的消纳方式来看，电-氢耦合的基本形态主要包括电-氢、电-氢-电和电-氢-碳三种类型。

### 1. 电-氢

（1）典型电-氢耦合系统 I——电解水制氢系统（站）

广泛分布于新能源场站侧的电解水制氢系统（站），可以看作是一类典型的电-氢耦合形态，制得的绿色氢气主要通过管道或者槽车等模式远距离送到终端用户，从物理形态上看主要特点可以概括为氢能消纳环节与制氢环节相互之间没有运行尺度的强约束，多是基于市场交易通过信息流或者金融流产生关联等。

目前，这类电-氢耦合系统的主要运行目标多为消纳富裕新能源电能，主要采用碱性电解槽或者质子交换膜电解槽，系统的规模与运行边界主要受新能源场站容量及其出力特征约束。大部分站类制氢的加氢站可以归类为典型的电-氢耦合系统 I。

（2）典型电-氢耦合系统 II——燃料电池发电系统（站）

氢能通过电化学反应直接转换为电能和水，不排放污染物，相比于汽柴油、天然气等化石燃料，其转换效率不受卡诺循环限制。清洁、高效的燃料电池发电系统在用户侧应用场景丰富，能够帮助电力、工业、建筑、交通等主要终端应用领域实现低碳化供能。具体形态主要包括：面向交通运输的燃料电池动力系统、面向建筑冷热电气供能的基于燃料电池的综合能源系统、面向电力应急保供的基于燃料电池发电系统的备用电源和大型燃料电池发电站等。

上述广泛分布于用户侧的燃料电池发电系统（站），可以看作是另一类典型的电-氢耦合形态，燃料电池发电所使用的氢气多来源于大型的制/储氢系统及其配套的氢能配送系统，与制氢环节之间不构成基于能流的强运行约束等。

目前，这类电-氢耦合系统的主要运行目标多为独立可靠供能，系统的规模与运行边界主要受负荷侧用能需求与特性的约束。

限于篇幅，本书重点介绍第一类电-氢耦合系统——电解水制氢系统（站）。

### 2. 电-氢-电

（1）典型电-氢-电耦合系统 I——能源枢纽

从物理形态上看，能源枢纽的主要特征为集中部署的制-储/输-用氢多环节一体化系统（站），站内制得的绿色氢气主要通过燃料电池发电或者直接售卖到氢能市场，其运行目标为高效可靠供（电、气、热）能。

13

氢能是理想的能源互联媒介,能源枢纽是实现氢能充当电力、热力、液体燃料等各种能源品种之间转换媒介的重要物理载体,是电、热、油气多形态能源网络耦合的重要功能节点。现代能源网络主要由独立的电、热、油气多网络共同构成,未来凭借电解水制氢与燃料电池技术,氢能可以在不同能源网络之间进行转换,可以同时将可再生能源与化石燃料转换为电力和热力,也可通过逆反应产生氢燃料替代化石燃料或进行能源储存,从而实现不同能源网络之间的耦合。

(2) 典型电-氢-电耦合系统Ⅱ——氢储能系统

从物理形态上看,氢储能系统的主要特征为集中或者分散部署的制-储/输-用氢多环节联合系统(站),利用富余的电网电能电解水制氢,绿氢要通过大容量的洞窟或者储罐等氢气设施长时间储存,在电网电能不足时释放储存的氢气并利用燃料电池发电保供,其主要运行目标为高效灵活地参与电力系统电力电量平衡控制,以氢气为载体实现电能的大容量跨季储存,支撑电力系统跨季波动的新能源消纳和应急保供。

相较于能源枢纽,氢储能系统的显著特征在于以下两点:

1) 部署方式上的不同。为实现供能的可靠性,能源枢纽在部署方式上强调各环节在空间上的集中性;为实现储能的灵活性,氢储能系统的制氢子系统(充电)、储输子系统(存能或者容量单元)、燃料电池子系统(放电)各环节在空间上可以解耦分散部署。

2) 运行目标实现的主控要素不同。能源枢纽的运行目标达成的主控要素是用能需求及其特性;氢储能系统的运行目标达成的主控要素是新能源出力随机波动特性,尤其是跨季波动特性。

2021 年建成投运的国网安徽六安兆瓦级 PEM 氢储能站,一体化集成了 PEM 电解水制氢-气态储氢-氢燃料电池发电系统,整站接入电网参与调峰,是国内唯一一座并网运行的氢储能调峰电站,也是当前全球最大的氢储能站,是电-氢-电耦合系统Ⅱ-氢储能系统的典型案例。

**3. 电-氢-碳**

(1) 电-氢-碳耦合的能源电力系统

电-氢-碳耦合是近年发展起来的新型电力系统构建思路,基本的形态为绿氢作为原料与化石能源耦合,制备低碳富氢化合物发电供能,电-氢-碳耦合支撑新型电力系统构建。一方面,氢能结合"煤电+CCUS(碳捕集、利用与封存)"技术,可在零碳乃至负碳约束下为系统提供惯性支撑,提供系统调峰调频服务;

另一方面，氢能结合 H2X（Hydrogen to X）参与工业生产，合成甲烷、甲醇等低碳富氢化合物燃料发电供能。由于富氢化合物更易大容量、远距离地输送和长周期储备，用于构建电力、工业、建筑、交通低碳供能系统，可拓展绿氢的储输和消纳形态、规模及其边界。

电-氢-碳耦合的突出特征为绿氢与化石能源耦合制备的化合物主要参与能源电力系统的供能闭环循环，其发展边界主要受冷热电用能需求的制约，其技术路径与互动运行规律受能源电力系统减碳目标的影响很大。

（2）电-氢-碳耦合的能源物质系统

电-氢-碳耦合的能源物质系统的基本形态为绿氢作为原料与化石能源耦合制备的富氢化合物，除了用于发电供能外，还参与至关重要的化肥、合成材料等国民经济物质循环体系的构建。

电-氢-碳耦合的能源物质系统的发展边界主要受新能源电量的制约，其技术路径选择与互动运行规律受能源物质系统的经济特性和减碳目标的影响很大。电-氢-碳耦合的能源物质系统框架如图 1-10 所示。

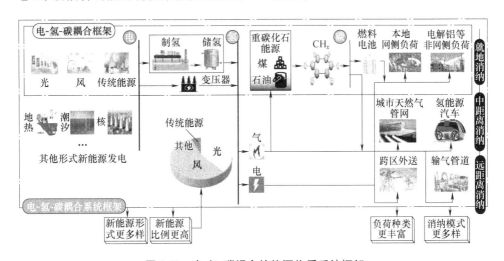

图 1-10　电-氢-碳耦合的能源物质系统框架

## 1.5.2　电-氢互动关键问题

**1. 电-氢-（电）耦合互动的关键问题**

（1）电-氢-（电）耦合技术的发展现状

电-氢-（电）耦合依赖电制氢和氢发电技术。电制氢主要发挥氢能的能量属性，进行大容量电力消纳，提升电力系统运行经济性，也作为大型可控负荷，参与电网调峰、调频服务，提升系统运行灵活性。氢发电主要通过氢燃料电池与氢内燃机，解决电网削峰填谷、新能源稳定并网问题，减少了煤炭的使用，降低发电过程的碳排放。由于电-氢-（电）耦合仅考虑了氢能作为过程性能源的功能，致使整体效率低且无法解决电力以外领域的降碳问题。在主流的电制氢技术中，碱性电解槽和质子交换膜电解槽的额定制氢效率不超过70%，高温固体氧化物电解槽利用高温对电解水反应的热力学与动力学提升，能量转换效率提升 10%~15%，但高温固体氧化物电解槽技术在成本与响应速度方面落后于质子交换膜电解槽。氢燃料电池"氢-电"转换效率为 50%~60%，热电联产效率为 70%~90%，氢内燃机有效热效率为 35%~45%，"电-氢-电"过程存在两次能量转换，整体效率仅为 40%左右。管道气态输氢在现有输氢方式中最为高效，但纯氢的能量密度低于 $3kWh/Nm^3$，难以进行远距离运输。虽然液氢的能量密度较高，但其持续耗散量高达 0.3%/天，且液氢的制冷、压缩、储运环节需要大量耗能，不适用于大容量储输。此外，纯氢管道的建设成本约为天然气管道的 2.5 倍，相比于甲烷，氢气具有更高的泄漏率。纯氢作为能源载体，大规模的储存和传输的效率有待进一步提升，电-氢-（电）耦合的规模化应用面临着较大的挑战。

（2）电-氢-（电）耦合互动的技术框架和挑战

从能源电力系统的视角来看，电-氢-（电）耦合互动的技术框架总体上包括电解水制氢及其并网技术、燃料电池发电供能及其并网技术、制-储/输-用氢（发电）一体化系统集成优化技术等。

1）电解水制氢及其并网技术。

核心技术目标为利用高效电解水制氢技术支撑电网安全稳定运行。需要突破的科学和技术问题包括高效电解水制氢技术和电解水制氢系统并网运行技术。其中，高效电解水制氢技术包括大容量电解水制氢系统集成设计优化技术、电解水制氢系统运行控制优化技术、电解水制氢系统安全保护技术和电解水制氢装备与大模型等。电解水制氢系统并网运行技术包括电解水制氢系统建模技术、电解水制氢系统并网规划设计技术、电解水制氢系统并网分析与检测技术、电解水制氢系统并网调度技术、电解水制氢系统并网运行控制优化技术、电解水制氢系统并网运行继电保护技术、电解水制氢系统并网运维检修技术和电解水制氢系统并网运行装备与大模型等。

2）燃料电池发电供能及其并网技术。

核心技术目标为燃料电池高效发电供能与支撑电网安全稳定运行。需要突破的科学和技术问题包括燃料电池发电供能系统优化技术和燃料电池发电系统并网优化技术。

具体的技术框架与电解水制氢及其并网技术类似，不再赘述。

3）制-储/输-用氢（发电）一体化系统集成优化技术。

核心技术目标为氢能系统集成优化支撑电网安全稳定运行。

需要突破的科学和技术问题包括氢能系统集成控制优化技术和氢能系统并网运行优化技术。

具体的技术框架与前述电解水制氢和燃料电池发电及其并网技术类似，不再赘述。

**2. 电-氢-碳耦合互动的关键问题**

（1）电-氢-碳耦合技术的发展现状

在图1-10中，电-氢-碳耦合系统架构上可分为三层，自上而下依次为一次能源、二次能源以及负荷。一次能源主要包括风能和太阳能，二次能源为氢能，负荷主要包括氢发电和加氢煤化工等。

氢气在石油化工、电子工业、冶金工业、食品加工、浮法玻璃、精细有机合成、航空航天等方面有着广泛的应用。在玻璃制造的高温加工过程及电子微芯片的制造中，在氮气保护气中加入氢以去除残余的氧。在石化工业中，需加氢通过去硫和氢化裂解来提炼原油。同时，氢还可用于合成氨、甲醇、盐酸的原料以及冶金用还原剂、石油炼制中加氢脱硫剂等。

随着能源技术的进步，包括地热、潮汐等新型能源在未来一次能源体系中必将占有一席之地，基于低成本、高效率的燃气管道掺氢、氢涡轮发电机等技术的进一步发展，电-氢-碳耦合系统中能源和负荷的种类更丰富，其规模也将更大，为电-氢-碳耦合系统架构在现有基础上进行拓展提供了坚实的技术支撑。源侧高穿透功率新能源电源的高随机性出力特性，依然是系统集成控制和运行挑战的主控因素，基于经典概率理论和出力预测基础上的协同规划控制技术，国内外研究提出了各具特色或者优势的系统集成和并网运行控制方法，然而系统主要的新能源平衡电源依旧来自于传统电源。对于源、荷拓展后的电-氢-碳耦合系统，新能源可能为系统唯一的电能来源，系统中电能流、氢气流共存，控制的维度和广度都将变得更为庞杂和深刻，须对系统现有的控制策略进行改进。

随着多样化新能源的引入和负荷种类的增加，电-氢-碳耦合系统的效能评估体系出现了评估指标不足、评估方法老化、评估维度偏低的问题。综合效能评估体系已难以满足不断变化的应用场景的要求。源、荷拓展后的电-氢-碳耦合系统的效能评估指标，需要反映新能源为唯一电能来源场景下，系统中长时间尺度的可靠性和短时间运行尺度的稳定性，还需要考虑氢能不同于电能消纳路径的特殊性等。

从能源电力系统的角度来看，电-氢-碳耦合还呈现储能和负荷两方面特性，氢能的负荷特性是电-氢-碳耦合支撑能源电力平衡的机理的重要体现，而绿氢的储能特性在电-氢-碳耦合能源电力平衡中也呈现不同的特性。

在负荷特性方面，关键问题是电-氢-碳耦合系统中氢气需求预测及其柔性的建模。目前，氢需求预测方法主要包括两个方面：一是利用时序分析、神经网络模型、机器学习等技术手段，通过挖掘历史数据来推测未来的氢需求；二是采用回归分析、多元时序模型等方法建立相关影响因素与用氢量之间的模型，从而实现氢负荷的预测。然而，现有的预测方法存在对数据不敏感、算法精度有限、模型泛化能力不足等问题，无法保证预测精度。在参与能源系统减碳的场景下，绿氢作为终端能源应用于交通、工业和建筑等领域时，还应考虑能源供应和需求的匹配关系，结合氢负荷的可转移、可中断等柔性特征，降低源荷匹配的时敏特征以支撑能源电力的平衡。

在储能特性方面，电-氢-碳耦合的储能作用机制主要包括两个部分。一是采用P2H结合碳捕集与封存（Carbon Capture and Storage，CCS）技术，通过H2X环节合成的可再生富氢化合物具有较高的能量密度，易于储存和输送的可再生富氢化合物在电网电能不足时，通过燃烧并网发电，构成电-氢-碳循环储能系统，与电-氢-（电）循环的储能作用形成互补的长周期平衡能力机制，从而提高储能的响应速度和持续时间；二是利用氢能或其化合物在输储、转换和利用过程中的时滞特征形成的能源电力源荷匹配缓冲型储能，并通过建立管道负反馈调节机制形成输氢过程的虚拟储能特性。

（2）电-氢-碳耦合互动的技术挑战

电-氢-碳耦合系统具有新能源种类多、渗透率极高和负荷形态多样、分布广等特征，系统源-荷多时空耦合不确定性上升，异质能流同质表征、转换和控制更复杂，面临着新的挑战。

1）挑战1：电-氢-碳耦合系统运行效率。

系统总体效率对任何能源系统都是其价值和生命力的决定性因素之一。电-氢-碳耦合系统运行效率的影响因素主要包括：

① 电解水的效率。将电能转化为氢是电-氢-碳耦合系统的重要环节，电解水的物理化学过程可以用下式来描述：

$$H_2O + 电能 \rightarrow H_2 + O_2 + 热能 \qquad (1-1)$$

由式（1-1）可知，电解水过程效率的高低取决于这个过程产生的热量及其再利用的效率，最直观的衡量标准是制 1Nm³ 氢气消耗的电量，电量越少，电解效率越高，产生的热量也就越少，对产生的热量回收利用率越高，从系统角度来看效率也越高。

② 氢气储存和释放的效率。为了提高氢气体积能量密度，实现氢气的大规模储存效率，通常需要将电解出来的氢气加压，高压气态储存是最为经济的氢气大规模储存手段，这个过程会消耗电能释放热能，反之，高压氢气的释放过程会吸收热能。如何降低这两个过程中不可逆的能量损耗，是提升系统效率的主要路径，也是面临的挑战之一。

③ 氢气运输和利用效率。在电-氢-碳耦合系统中，本地和中距离利用氢气的运输效率更多体现在高压气态氢气的释放效率，因此，远距离利用的氢气运输效率是提升系统效率需要考虑的影响因素之一。

氢气利用效率与采取的利用形态紧密关联，总的来讲主要有三种模式：气体转化成电能利用、气体转化成热能利用、气体转化成其他形态的化合物利用。每一种利用形态效率的影响因素、模式及其机制均不同，因此，提升氢气利用效率来提升电-氢-碳耦合系统的总体效率是一个重要挑战。

最后，电-氢-碳耦合系统结构复杂，维持各子系统最优效率的能流基本形态及其行为特征差别大，因此，提升系统总体效率还必须考虑子系统间能流的转化和控制规律，整体运行效率提升越发复杂。

2）挑战 2：电-氢-碳耦合系统稳定运行。

电-氢-碳耦合系统既存在本地瞬时电力供需平衡，又存在本地、中远距离上秒、分钟甚至是数天时间尺度上氢负荷供需平衡关系。电-氢-碳耦合系统所需电能全部或大部分由间歇性新能源提供，系统多时空不确定性更强。再加上电负荷与氢负荷的波动，更是凸显了这种多时空耦合不确定性下的系统供需平衡问题。在大规模风电接入系统的情况下，由于风力发电功率不可控，电力负荷需求与可发电功率是两组随时间独立变化的曲线。而对电-氢-碳耦合系统而言，由于负荷类型不再单一，电-氢的强耦合性将使得系统的供需关系变成多组随时间独立变化曲线的叠加，系统的供需平衡问题也变得异常复杂。

在电-氢-碳耦合系统中，电能并不主要来自于新能源，系统并未失去传统火电等有功控制手段，其安全稳定运行的实现就相对简单。而对电-氢-碳耦合系统而言，极高甚至接近 100% 的新能源渗透率所带来系统安全稳定运行风险消弭的实现难度则远远超出了线性上升的范畴。在新能源比例极高、系统灵活调节资源不足的情况下，实现波动性清洁电能独立稳定供给系统电能/气的运行目标，且同时确定性地消除电-氢-碳耦合系统稳定运行的随机风险，已成为阻碍其向前发展的最大挑战。

（3）电-氢-碳耦合系统科学与技术问题

从系统层面的结构设计、规划与控制理论或者技术，从关键部件层面的制氢、储氢、输氢和利用氢设备或者技术，从系统集成层面的方法和工具等全面突破电-氢-碳耦合系统涉及的科学和技术问题，解决电-氢-碳耦合系统高效、稳定运行面临的挑战，电-氢-碳耦合系统可成为破除新能源、煤等化石能源富集区域资源整合发展瓶颈的重要支撑技术。

1）电-氢-碳耦合系统结构设计。

电-氢-碳耦合系统的整体运行效率与其结构息息相关，通过对系统各个环节及整体的优化设计，能大大提升系统能源转化和利用效率，鉴于前文所述影响系统效率的主要因素，需要解决的主要科学或者技术问题为：

① 基于效率最优约束的电-氢-碳耦合系统一体化集成设计及过程耦合规律。

② 电-氢-碳耦合系统中电、液、气等异质能流的同质化表征、转化和控制机制。

③ 电-氢-碳耦合系统等效设计函数、解算方法和计算机辅助设计程序。

④ 电-氢-碳耦合系统全过程生产模拟函数、解算方法和计算机仿真程序等。

2）电-氢-碳耦合系统规划与控制。

电-氢-碳耦合系统的源-荷波动以及极高的新能源比例，为系统的安全生产和能源可靠供给带来了严峻的挑战。优化的规划与控制策略，能使系统在保证安全稳定运行的同时，解决各时间尺度的供需平衡问题。通过对国内外已有研究的归纳总结，电-氢-碳耦合系统在规划与控制层面尚需进行以下研究：

① 新能源出力与负荷波动的多时间尺度滚动预测模型、解算方法和计算机辅助预测程序。

② 多时间尺度滚动规划、运行交互协调的稳定控制策略和数学模型等。

③ 大规模集中制、储、运和用氢过程中氢致害机理及其管控方法。

（4）电-氢-碳耦合的关键子系统

1）电解水制氢子系统。

目前成熟的大规模电解水制氢技术主要是碱性电解水制氢技术，但是制氢的效率和经济效益对输入新能源电能宽幅波动特性的适应性还有待提高，适用于电-氢-碳耦合系统的电解水制氢设备尚需解决以下问题：

① 低成本、高活性、长寿命的电解催化电极材料及其规模化制备技术。

② 适应宽功率波动的大容量电解水制氢设备及其大容量线性扩容集成与调控技术等。

2）储氢、输氢和利用氢设备或者技术。

储氢技术主要分为三类：一是高压气态储氢法，将氢气压缩到高压气态氢；二是液化法，将氢气加压并冷却至−253℃使其处于液态；三是化学方法，通过氨、金属氢化物和甲苯等分子来携带氢。

高压气态储氢是适用于电-氢-碳耦合系统的大规模储氢技术的首选，与之匹配的远距离大规模输送氢技术首选燃气管道掺氢。电-氢-碳耦合系统中氢气转换成电能的利用方式主要包括氢燃料电池和氢内燃机，存在较多的技术挑战。电-氢-碳耦合系统储氢、输氢和利用氢设备或者技术尚需解决以下问题：

① 低成本氢气大规模高压压缩技术。

② 矿穴、管道等大规模氢气高压储存设施/设备的材料、设计、制备和选址技术。

③ 氢涡轮机技术。

④ 低成本、长寿命、高效氢燃料电池发电技术。

3）电-氢-碳耦合系统集成。

如何与风、光、煤等资源、电源、电网、车站、燃气管道、化工厂等基础设施耦合集成，是充分发挥电-氢-碳耦合系统应用效能的重要环节，需要解决的问题主要包括：

① 电-氢-碳耦合系统工程整体集成、测试及其运维技术。

② 表征电-氢-碳耦合系统输入产出关系的广义生产函数与求解算法等。

## 2.1 概述

　　氢能来源包括自然界中勘探开发的天然氢气与通过化学反应等方法制备的氢气。天然氢的勘探开发进程刚刚起步，存在勘探难度大、开发技术不成熟、成本高等一系列的挑战。现阶段绝大多数氢气是由含氢化合物通过化学反应制取得到的。制氢处于氢能产业链的上游，是推动氢能产业发展的基石。按照制氢原料和路径的不同，可分为：化石燃料制氢、工业副产氢、电解水制氢以及生物质制氢等。其中，化石燃料制氢、工业副产氢和电解水制氢技术发展成熟，生物质制氢等其他制氢技术仍处于研究和示范阶段。我国是世界上最大的制氢国，2022 年氢气产能约3533 万 t，占全球年制氢量的 37.2%。图 2-1 所示为我国氢源结构。由图可知，我国氢源主要来自于化石燃料，其中，煤制氢占比高达 62%，天然气制氢占比为 19%。

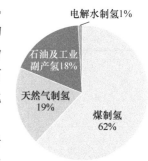

**图 2-1　我国氢源结构**

　　本章首先对天然氢的成因、开发勘探技术等进行阐述，然后对化石燃料制氢与工业副产氢的工艺流程、电解水制氢的结构与工作原理进行介绍，最后在此基础上，分析各类制氢方法的技术经济特性，并对各类制氢方法碳排放量进行核算。

## 2.2　天然氢

氢气是一种强还原性气体，极易被氧化，自然界中很难存在自由态氢。直到 20 世纪 70 年代末，在大洋中脊发现了富含氢气的流体，才引发了对天然氢起源的系统研究，并经历了从海洋到陆地的探测和定点观测的多个阶段。然而，与甲烷、氮气和一氧化碳相比，人们对天然氢的形成机制的了解仍不充分。直至"天然氢的发生与地球科学：综合评论"一文的发表，越来越多的科研机构与企业参与到天然氢生氢机制和成藏机理研究、勘查发现、试验性开发等[1]。2023 年 12 月，《科学》（Science）杂志将"寻找天然氢源的热潮"列为当年十大科学突破之一。

**1. 天然氢的分类**

天然氢按赋存状态通常分为游离氢、包裹体氢和溶解态氢三类。

游离氢主要存在于地下或地表岩石孔隙或裂隙中，是最常见、最容易探测和开发的天然氢类型，能够直接通过地下裂隙、断层或火山喷发等通道渗漏至地表，形成天然氢气渗漏带。游离氢的含量通常随着地质条件的不同而变化，在已发现的游离态天然氢气渗漏区，如非洲马里的 Bougouni 地区，地下氢气的含量较高，可以形成可观的开采储量。

包裹体氢是指氢气存在矿物或岩石的包裹体内，呈现微米级的小气泡状。包裹体氢形成于矿物的结晶过程中，当矿物在地质作用下沉积或冷却固化时，形成稳定的气体包裹体，广泛分布于超基性岩、火成岩、沉积岩、煤盆地等岩石中，其含量范围从 0.2%~100% 不等。包裹体氢的含量通常较低，难以通过常规手段直接探测或开采，其含量一般取决于矿物的形成环境和气体包裹体的数量与大小。虽然包裹体氢的含量较小，但在某些富含氢的岩石中，仍然可能蕴藏大量氢气，特别是在地壳深处的超基性岩中。

溶解态氢则以溶解气体形式存在于地下水、油气或其他液体介质中，溶解态氢的含量取决于溶液的温度、压力和溶液中其他物质的存在情况。通常溶解态氢的含量不高，但在特定的高温、高压环境下，氢气的溶解度可以显著增加。溶解态氢的开采相对复杂，需要借助地下水或油气藏的提取过程，通常以伴生气体的形式存在。

**2. 天然氢的成因**

天然氢的成因类型繁多，根据形成时间与地质过程，可分为原生氢和次生氢；根据氢气来源和形成机制，可分为非生物成因氢源和生物成因氢源。其中，非生物成因被业界广泛认同，主要包括深源成因、水岩反应和水的辐解三种。

深源成因认为氢气来源于地核和下地幔，通过地球内部的热力学和化学过程被释放，并沿着地壳的断层、板块边界等裂缝上升至地表。氢气形成过程涉及地球深层的矿物反应和熔融物质的运动，尤其是在地震、火山活动或板块运动等地质现象中更为显著。深源氢通常与地球的初始物质和深层地质活动密切相关，是地球内部长期稳定存在的气体。

水岩反应泛指一切地质作用过程中流体与岩石的相互作用，该过程主要发生在地下深层，尤其是在富含铁的矿物（如蛇纹石）与水的反应中，通过水与岩石中的金属（如铁、镁等）发生还原反应生成氢气，这一过程通常发生在较高的温度和压力下。

水的辐解是指地壳中的放射性元素（如铀、钍等）通过衰变释放射线，其能量使水分子发生裂解生成氢气，此过程不依赖于生物作用，仅需水和放射性源。水的辐解作用可以在地球广泛发生，尤其是在水和放射性元素丰富的地质环境中。

**3. 天然氢的分布**

天然氢广泛分布于海洋和陆地环境，并通过多种机制逸出。目前，欧亚、西非和美国是天然氢的主要发现区域，在间歇泉、温泉、煤井、油气井等多种地质环境中被发现，其氢气含量在不同地区变化较大，通常在 1%～100% 之间。截至目前，全球已有超过 300 个天然氢发现案例，浓度超过 10% 的案例遍布美国、西非马里、欧洲、菲律宾等 30 多个国家和地区，估算的地面逸出量已达到每年 2000 万 t 以上。由于中国及其他一些国家和地区尚未进行系统性的天然氢资源检测和量化评估，实际的天然氢储量可能更加可观。

**4. 天然氢的勘探**

天然氢通常与甲烷、氦气等其他气体共同存在于地下，其勘探方法与化石能源勘探相似，主要依赖地表与地下的直接或间接观测方法。普遍采用遥感技术、地球化学、地球物理和岩石物理等手段，制定多样化的天然氢勘探策略。地表迹象通常表现为轻微的圆形或椭圆形洼地，俗称"仙女圈"，这一现象被认为是天然氢渗漏的标志。在天然氢资源的勘探过程中，首先通过遥感技术结合样品采集，分析地表氢气渗漏的特征，然后采用地球化学、地球物理和岩石物理技术，识别基底上方的沉积物厚度和岩浆岩侵入体。

**5. 天然氢的开采**

天然氢提取可借鉴现有天然气的开采技术，通过地质勘探确定储层后，利用钻井平台穿透岩层，并通过管道和泥浆循环系统控制温度和压力，减少开采过程中的技术风险。为应对氢气的高扩散性和反应性，管道通常内衬致密混凝土以防止气体渗漏，并通过高压阀控制提取过程，同时利用加压氢气直接填充储罐进行小规模分配。目前，西非马里、法国、美国和澳大利亚等国家和地区正在积极开展天然氢的勘探与开发，并已取得显著进展。其中，西非马里于2012 年已建成全球首个商业化天然氢发电站，通过井口采集天然氢作为燃料，为附近村落提供电力。自 2021 年以来，澳大利亚已提交了 35 份天然氢勘探申请，澳大利亚和美国两国企业在美国内布拉斯加州开发了全球首口氢气专探井HoartyNE3，并成功钻取氢气流。澳大利亚在约克半岛部署的氢气专探井Ramsay1 也完成了钻探工作，在地下 250m 处检测到浓度为 73.3% 的天然氢。此外，西班牙、法国和韩国等国家也已部署了相关的勘探和开采计划，以推动天然氢资源的开采。

**6. 天然氢的发展展望**

我国地质构造由多个板块拼合而成，经历了多期的俯冲与碰撞构造运动，特别是在板块缝合带处，蛇绿岩的发育为天然氢的形成提供了重要条件，具备寻找天然氢资源的有利地质条件。目前，已初步圈定了三个潜在的天然氢成藏带，分别是郯庐断裂带及周缘裂陷盆地区、阿尔金断裂带及两侧盆地区、三江构造带（怒江、澜沧江、金沙江）—龙门山断裂带及周缘盆地区。

尽管天然氢资源开发潜力巨大，但其工业化进程仍面临着技术、经济、监管等方面的挑战。在技术方面，氢分子的高扩散性使其极易挥发迁移，需要开发新型钻探、运输和存储技术，同时现有的油气勘探技术难以适用于天然氢储层定位，亟需研发专门的地球物理和地球化学勘探方法。在经济方面，天然氢开采成本仍不明确，特别是与化石能源制氢、工业副产氢、电解水制氢等氢气来源相比是否具备经济优势尚需验证。在监管方面，天然氢资源类型定位、管理方法、管理部门等尚不明确，多数国家的法律法规尚未涵盖天然氢开发。

## 2.3 化石燃料制氢

化石燃料制氢是以煤、天然气等化石燃料为原料还原制取氢气的技术，其生产成本低、工艺成熟，是目前最常用的制氢方式。化石燃料制氢过程会释放大量的二氧化碳，结合 CCUS 技术可以为化石燃料制氢过程的碳约束"松绑"，实现低碳或零碳排放。

### 2.3.1 煤制氢

#### 1. 工艺流程

煤制氢是以煤炭作为原料与气化剂反应制取氢气的技术。从供应潜力看，煤制氢技术成熟，相关设备和工艺相对完善，产量大且产能分布广，被广泛应用于工业领域。煤制氢的典型工艺可分为煤气化制氢和煤焦化制氢。

煤气化制氢工艺从煤炭处理开始，原煤经过破碎、筛分和干燥等预处理过程，在高温常压或加压下，在气化炉中与氧气发生气化反应，生成主要成分为 CO 和 $H_2$ 的合成气。生成的合成气中含有尘粒、硫化物和其他杂质，经过除尘、脱硫等净化处理，以提高气体的纯度；净化后的合成气进入变换反应器，与水蒸气进行变换反应，将 CO 转化为 $CO_2$ 和 $H_2$，该反应在催化剂的作用下进行，其目的是增加氢气产量；变换反应后的气体混合物经过冷却后，通过变压吸附（Pressure Swing Adsorption，PSA）或膜分离技术进行气体分离，将氢气从混合气体中提取出来；最后，经过纯化处理，得到高纯度的氢气产品。煤气化制氢的典型工艺流程图如图 2-2 所示。此外，煤气化制氢需要大型的气化设备，装置投资成本较高，只有规模化生产才具有经济效益，适用于中央工厂集中制氢。

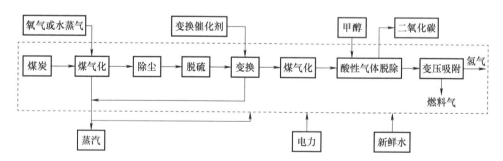

**图 2-2 煤气化制氢的典型工艺流程图**

煤气化制氢主要反应如下：

$$C+H_2O \rightarrow CO+H_2 \tag{2-1}$$

$$CO+H_2O \rightarrow CO_2+H_2 \tag{2-2}$$

煤焦化制氢的原料是含有 $H_2$、$CH_4$、CO 等成分的焦炉气，其含有大量的杂质，经过冷凝、除焦油和脱硫等预净化处理，去除焦油、硫化物和其他杂质；

净化后的焦炉气进入变换反应器，与水蒸气反应，将 CO 转化为 $CO_2$ 和 $H_2$；变换反应后的气体混合物经过冷却后，通过变压吸附或膜分离技术将氢气分离出来；最后，进一步经过纯化处理得到高纯度的氢气产品。煤焦化制氢的典型工艺流程图如图 2-3 所示。

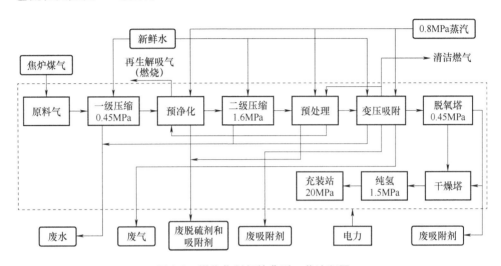

图 2-3　煤焦化制氢的典型工艺流程图

### 2. 碳排放水平分析

氢气在使用阶段的唯一产物是水，但是氢气及制氢原料的生产过程将消耗燃料和电能，产生碳排放。在碳中和的背景下，氢能产业大规模发展必须以全寿命周期低碳为目标，"以何种方式制氢"成为氢能大规模发展需要解决的关键问题。当前虽已有研究给出不同制氢方式的 $CO_2$ 排放数据，但主要侧重于制氢过程。分析从制氢原料获取、运输到氢气生产过程中的碳排放情况，可为各地区因地制宜选择低碳制氢技术提供参考。制氢系统碳排放核算边界如图 2-4 所示。

根据图 2-4 给出的碳排放核算边界，制氢系统生产单位质量氢气的碳排放量 $e$ 等于原料获取阶段、运输阶段与氢气生产阶段碳排放量之和，可表示为

$$e = \frac{(E_1 + E_2 + E_3)\upsilon}{D_{H_2}} \tag{2-3}$$

$$E_1 = \sum_i EF_{1,i} \times D_i \tag{2-4}$$

$$E_2 = \sum_i \sum_j d_{i,j} \times EF_{2,i} \times D_i \tag{2-5}$$

$$E_3 = E_{ele} + E_{raw} + E_{steam} \tag{2-6}$$

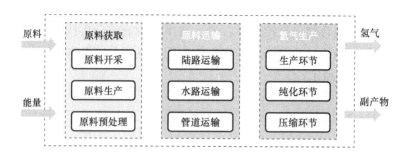

**图 2-4 制氢系统碳排放核算边界**

$$E_{\text{ele}} = \sum_i EF_{\text{ele}} \times D_{\text{ele}} \tag{2-7}$$

$$E_{\text{raw}} = \sum_i \left( D_i \times C_i \times F_i \times \frac{44}{12} \right) \tag{2-8}$$

$$E_{\text{steam}} = \sum_i EF_{\text{steam}} \times D_{\text{steam},i} \times (H_{T_i,P_i} - 83.74) \times 10^{-6} \tag{2-9}$$

式中，$E_1$、$E_2$、$E_3$ 分别为原料获取阶段、运输阶段和氢气生产阶段的碳排放量，单位为 kg；$\upsilon$ 为氢气具有的能量占氢气和副产品总能量的比例；$D_{\text{H}_2}$ 为核算时间范围内的氢气产量，单位为 kg；$d_{i,j}$ 为第 $j$ 种运输方式的输运距离，单位为 km；$EF_{1,i}$、$EF_{2,i}$ 为生产、运输第 $i$ 种原料的碳排放量，单位为 kg；$D_i$ 为生产氢气第 $i$ 种原料的消耗量，单位为 kg；$E_{\text{ele}}$、$E_{\text{raw}}$、$E_{\text{steam}}$ 分别为氢气生产阶段电力、原料、蒸汽的碳排放量，单位为 kg；$EF_{\text{ele}}$ 为每千瓦时电力的碳排放量，单位为 kg；$D_{\text{ele}}$ 为氢气生产阶段的用电量；$C_i$ 为第 $i$ 种原料的含碳量；$F_i$ 为第 $i$ 种原料的碳氧化率；$EF_{\text{steam}}$ 为蒸汽消耗量的碳排放因子；$D_{\text{steam},i}$ 为氢气生产阶段的蒸汽消耗量，单位为 kg；$H_{T_i,P_i}$ 为温度为 $T_i$，压力为 $P_i$ 的蒸汽焓值。

基于式（2-3）~式（2-9）给出的碳排放计算方法，对制氢系统碳排放进行核算。对于煤气化制氢技术，假设装置容量为 20000Nm³/h、30000Nm³/h、150000Nm³/h，经计算，其碳排放量分别为 29.01kg CO₂/kg H₂、25.23kg CO₂/kg H₂、19.94kg CO₂/kg H₂。

**3. 技术经济特性分析**

生命周期成本（Life Cycle Cost，LCC）分析方法是运用生命周期思想，兼顾环境影响的评价方法，为实现经济利益最大化和环境影响最小化提供了依据。通常考虑制氢系统原料购买、设备投资、氢气生产、CCUS 技术过程，对各类制氢技术 LCC 进行计算，其研究边界如图 2-5 所示。

根据图 2-5，制氢系统 LLC 模型可表示为

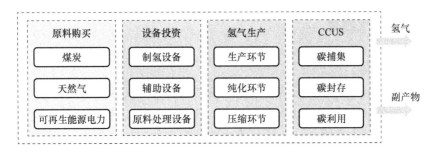

图 2-5　制氢系统技术经济特性计算边界

$$C_{LLC} = C_{raw} + C_{stall} + C_{pro} + C_{CCUS} \tag{2-10}$$

$$C_{raw} = \sum_a Q_{raw,a} \times p_a^t \tag{2-11}$$

$$C_{stall} = C_{pre,a} + C_{pr,a} + C_{BOP,a} \tag{2-12}$$

$$C_{pro} = C_{pro,a} + C_{pur,a} + C_{com,a} \tag{2-13}$$

$$C_{CCUS} = e_a \times p_{pol} \tag{2-14}$$

式中，$C_{LLC}$ 为制氢系统生命周期成本，单位为元；$C_{raw}$、$C_{stall}$、$C_{pro}$、$C_{CCUS}$ 分别为原料购买、设备投资、氢气生产、CCUS 过程成本，单位为元；$Q_{raw,a}$ 为第 a 种原料消耗量，单位为 kg；$p_a^t$ 为第 a 种原料单价，单位为元 /kg；$C_{pro,a}$、$C_{pur,a}$、$C_{com,a}$ 分别为使用第 a 种原料制氢的生产、纯化、压缩过程成本，单位为元；$e_a$ 为第 a 种原料生产单位质量氢气的碳排放量，单位为 kg；$p_{pol}$ 为第 a 种原料制氢 CCUS 成本，单位为元/kg；$C_{pre,a}$、$C_{pr,a}$、$C_{BOP,a}$ 分别为第 a 种原料处理设备、生产设备、辅助设备的投资成本，单元为元。

以煤气化制氢为例，装置单位投资成本在 1~1.7 万元/（Nm³/h）之间。在大规模制氢条件下，其投资、运营成本能够得到有效摊销，当煤价为 200~1000 元/t 时，制氢成本为 6.77~12.14 元/kg。煤制氢成本随煤炭价格的变化趋势如图 2-6 所示。煤制氢过程会排放大量的 $CO_2$，需要添加 CCUS 技术加以控制，结合 CCUS 技术的煤制氢系统将增加 130% 的运营成本和 5% 的

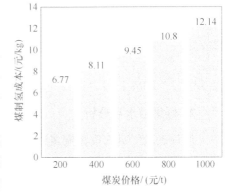

图 2-6　煤制氢成本随煤炭价格的变化趋势

燃料与投资成本，结合 CCUS 技术的煤制氢综合成本范围为 0.8~1.2 元/Nm³（即 8.96~13.44 元/kg）。

### 2.3.2　天然气制氢

**1. 工艺流程**

天然气制氢方法包括天然气蒸汽重整制氢、天然气部分氧化制氢、天然气自热重整制氢和天然气催化裂解制氢等。天然气蒸汽重整制氢技术发展成熟，是最常用的制氢方法之一。天然气蒸汽重整制氢的工作原理为：通过脱硫装置去除天然气中的硫化物，确保其纯度达到反应要求；预处理后的天然气进入蒸汽转化反应器，与水蒸气在高温（700~1000℃）和高压（20~30atm<sup>⊖</sup>）条件下，在镍基催化剂的作用下发生重整反应；生成的合成气（主要成分为 CO 和 $H_2$）进入变换反应器，与水蒸气发生变换反应，将 CO 转化为 $CO_2$，同时生成 $H_2$；经过变换反应后的气体混合物中含有大量的 $H_2$、$CO_2$ 和少量的未反应的 CO、$CH_4$；采用变压吸附技术，将氢气与其他气体分离，经过变压吸附装置纯化后的氢气，纯度可以达到 99.99% 以上。天然气蒸汽重整制氢的典型工艺流程图如图 2-7 所示。

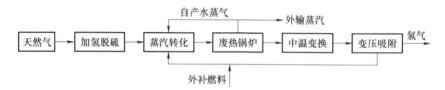

**图 2-7　天然气蒸汽重整制氢的典型工艺流程图**

天然气蒸汽重整制氢的主要反应如下：

$$CH_4+H_2O \rightarrow CO+3H_2 \tag{2-15}$$

$$CH_4+2H_2O \rightarrow CO_2+4H_2 \tag{2-16}$$

$$CO+H_2O \rightarrow CO_2+H_2 \tag{2-17}$$

**2. 碳排放水平分析**

假设天然气蒸汽重整制氢装置容量为 1000Nm³/h、5000Nm³/h、20000Nm³/h、100000Nm³/h，根据式（2-3）~式（2-9）所示的碳排放核算方法，其碳排放量分别为 12.49kg $CO_2$/kg $H_2$、12.23kg $CO_2$/kg $H_2$、11.04kg $CO_2$/kg $H_2$、10.86kg $CO_2$/kg $H_2$。其中，原料转化阶段产生的碳排放量最多，约占 72%；原料开采阶段产生的碳排放量约占 16%；电力消费阶段产生的碳排放量占 5%~7%。

---

⊖　1atm=101.325kPa。

### 3. 技术经济特性分析

根据式（2-10）~ 式（2-14）所示的制氢系统 LLC 模型，天然气制氢成本在 7.5~24.3 元/kg 之间，其中天然气原料成本的占比达到 70%~90%。天然气制氢成本随天然气价格的变化趋势如图 2-8 所示。

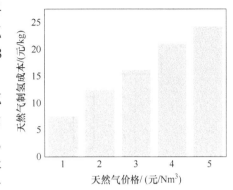

由于我国天然气资源禀赋有限且硫含量较高，预处理工艺复杂，导致国内天然气制氢的经济性远低于国外。CCUS 成本可占到天然气重整制氢成本的 50%~60%，结合 CCUS 技术的天然气制氢综合成本范围为 1.6~3.2 元/Nm³（即 18~35 元/kg）。

图 2-8　天然气制氢成本随天然气价格的变化趋势

## 2.4　工业副产氢

工业副产氢是指将富含氢气的工业尾气（如氯碱尾气、焦炉煤气等）作为原料，通过变压吸附等技术将其中的氢气分离提纯的制氢技术，其工艺成熟、产量稳定、成本较低，是我国重要的补充性氢源。

### 1. 工艺流程

工业副产氢可分为四种技术路径，分别为焦炉煤气副产氢、氯碱副产氢、丙烷脱氢副产氢以及乙烷裂解副产氢。

焦炉煤气是焦煤在炼焦过程中，煤炭在炉中经过高温干馏后，产生焦油和焦炭的同时，伴生的一种可燃性气体。我国是焦炭生产大国，焦炉煤气市场规模逐年攀升，2023 年焦炉煤气产量为 1970 亿 m³，含 $H_2$ 约 1278 万 t，焦炉煤气副产氢工艺已在 2.3.1 节中叙述，此处不再赘述。

氯碱化工是我国的基础工业，目前我国是世界上烧碱产能最大的国家，占全球产能的 40%，每年氯碱化工副产氢气稳定在 70 万 t 以上。氯碱副产氢以饱和氯化钠溶液为原料，将其通入电解槽中进行电解，生产烧碱、氯气和氢气等基础工业原料，生产 1t 烧碱副产 280 Nm³ 氢气。在电解过程中，氯化钠溶液中的氢离子带正电荷，在电解池的阴极得电子，被还原为氢气；氯离子在阳极失电子，被氧化为氯气；电解液变成氢氧化钠溶液，经浓缩干燥后得到烧碱。虽然氯碱尾气中氢气浓度较高，但仍然含有杂质，需要进行纯化处理，氢气经过脱氧、脱氯后，进入变压吸附单元进行提纯，提纯后的氢气可达到燃料电池用氢标准。氯碱副产氢的典型工艺流程图如图 2-9 所示。

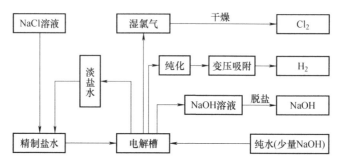

**图 2-9　氯碱副产氢的典型工艺流程图**

丙烷脱氢是制备丙烯的重要方式之一，丙烷在催化剂的条件下通过脱氢生成丙烯，过程中副产氢气。原料丙烷经预处理后被送入丙烷脱氢反应器（500~700℃），在特定的催化剂（如铂基、铬基或钒基催化剂）的作用下发生脱氢反应，生成丙烯和氢气。由于是吸热反应，需要不断供应热量以维持反应进行。为了提高反应效率，反应器设计通常采用多段床层结构或循环流化床反应器，以增强催化剂和反应物的接触，增加反应速率和产率。生成的反应气体混合物包含丙烯、未反应的丙烷、氢气以及少量的副产物（如甲烷、乙烯等），通过低温冷凝，将大部分丙烷和丙烯冷凝分离出来，然后采用变压吸附或膜分离技术，将氢气从丙烷和丙烯中分离出来。丙烷脱氢副产氢的典型工艺流程图如图 2-10 所示。国内在运行及在建的丙烷脱氢项目的氢气供应潜力为 44.54 万 t/年，丙烷脱氢后粗氢的纯度可达到 99.8%。

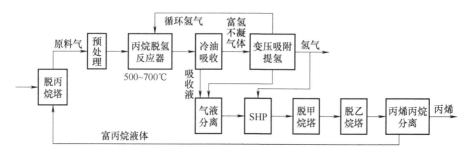

**图 2-10　丙烷脱氢副产氢的典型工艺流程图**

乙烷裂解是生产乙烯的重要工艺路线，通过热解、压缩、冷却和分离得到乙烯和包含氢气在内的其他副产气，氢气回收率在 8% 左右，根据乙烷裂解规划项目，未来乙烷裂解氢气供应潜力约为 235 万 t/年。

**2. 技术经济特性分析**

煤焦化过程中，每 1t 焦炭可产生约 400Nm³ 的焦炉煤气，其中氢气体积含量约为 44%，焦炉煤气副产氢综合成本范围为 0.83～1.33 元/Nm³。氯碱行业每生产 1t 氯碱可副产 280Nm³ 氢气，受其工艺影响，40% 左右的氯碱副产氢被低水平利用或直接浪费，氯碱副产氢生产成本为 1.1～1.4 元/Nm³，变压吸附提纯为 0.1～0.4 元/Nm³，提纯后综合成本范围为 1.2～1.8 元/Nm³。丙烷脱氢副产氢的生产成本为 1～1.3 元/Nm³，提纯成本为 0.25～0.5 元/Nm³，综合成本范围为 1.25～1.8 元/Nm³。乙烷裂解过程中，每产 1t 乙烯可产生 107.25kg 氢气，乙烷裂解的氢气纯度为 95% 以上，为 1.1～1.3 元/Nm³，提纯成本为 0.25～0.5 元/Nm³，综合成本为 1.35～1.8 元/Nm³。工业副产氢成本如图 2-11 所示。

工业副产氢作为化工过程的副产品或放空气，可作为近期低成本的分布式氢能供应源，从我国工业副产氢的放空量现状来看，供应潜力可达到 450 万 t/年，但存在地域分布性差异（丙烷脱氢及乙烷裂解的产能主要分布于华东及沿海地区，氯碱产能主要分布在新疆、山东、内蒙古、上海、河北等省份，焦炉煤气产能主要分布

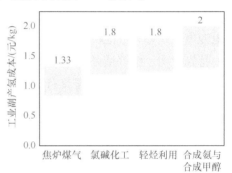

图 2-11　工业副产氢成本

在国内的华东地区）。在氢能产业发展初期，由于需求增量有限，工业副产氢接近消费市场，经济性佳，提纯技术较为成熟，是氢能供应体系的重要补充。

## 2.5　电解水制氢

电解水制氢是一种利用电能将水分解为氢气和氧气的技术。其核心原理是在电极两侧施加电压，促使阳极和阴极分别发生氧化还原反应，阳极失电子产生氧气，阴极得电子生成氢气。根据工作环境和所用的电解质、隔膜类型的不同，电解水制氢技术可分为四类：碱性电解水（Alkaline Water Electrolysis，

AWE）制氢、质子交换膜（Proton Exchange Membrane，PEM）电解水制氢、阴离子交换膜（Anion Exchange Membrane，AEM）电解水制氢以及固体氧化物电解水（Solid Oxide Electrolysis Cell，SOEC）制氢。

## 2.5.1 工作原理

一套完整的可独立运行的电解水制氢机组（也称为电解槽）一般由电解电堆、电源系统和辅助系统（Balance of Plant，BoP）三部分构成。电解电堆是制氢机组的核心部件，通常由多片电解电池堆叠而成。电解电池是最小的电解单元，包含阳极、阴极、电解质等，也称为电解小室、水电解电池，本书统一采用电解电池这一表述。电源系统负责为制氢机组提供所需电能，确保电解反应高效进行，通常包括整流器和变压器等设备。辅助系统则保障整个制氢机组的正常运行，涉及气体管理、热管理、水循环等。根据电解电堆与辅助系统的配置方式，制氢机组可分为"堆-BoP"和"多电堆-BoP"两种框架结构。与之对应，燃料电池机组一般由燃料电池电堆、电源系统、辅助系统三部分构成。燃料电池电堆是燃料电池机组的核心部件，通常由多个单电池堆叠而成。

特别说明：电解槽是一个系统级的概念，指进行电解过程的完整系统。在不同的应用场景下，电解槽具有不同的内涵。在电力系统中，通常用电解槽表示一种负荷（即制氢负荷，这种负荷通常包含电解电堆的耗电量和辅助系统的用电量）；在电化学研究中，通常用电解槽表示电解池；在对制氢站内部的优化控制研究中，一个电解槽通常指一个电解电堆。考虑到各领域、各场景下电解槽一词的混乱用法，本书界定了上述电解槽与电解水制氢机组的概念。

### 1. AWE 制氢机组

AWE 制氢机组是一种以碱性电解电堆为核心部件的装置，由多片碱性电解电池堆叠而成。碱性电解电池的主要组件包括隔膜、双极板、阴/阳电极等。

隔膜作为影响碱性电解电池性能的核心零部件之一，起到隔离氢/氧气体、传导离子、提高电解效率并防止交叉污染的作用。早期的电池主要使用石棉隔膜，但由于石棉在碱性电解液中的溶胀性与对人体的伤害，已逐渐被淘汰。自2016 年起，聚苯硫醚（PPS）隔膜被大量使用，因其具有良好的化学稳定性和耐腐蚀性，能有效地提高电解效率，占据了国内隔膜市场 95% 以上的份额。然而，PPS 隔膜的亲水性较弱，若仅使用 PPS 织物作为隔膜，会导致电池内阻过大，拉高单位制氢成本，亟需对 PPS 织物进行改性，以增强其亲水性。为了解决这一问题，通常在 PPS 织物表面涂覆功能涂层来改善其亲水性，构成一种类似三明治结构的复合隔膜，这不仅提升了隔膜的耐用性，还能更好地防止气体渗透。

双极板位于电池的两端，形成碱性电解液流动的腔室，起到电流传导、气体分隔和机械支撑的作用。它由主极板和极框两部分组成，主极板表面设计有球形凹凸结构，通过"顶对顶"形式形成可靠的多点电接触，从而有效降低电池内部的接触电阻。极框上设有气道孔和液道孔，确保碱液能够进入电池的阳极区和阴极区，同时氢气和电解液的混合物通过气道孔排出电池。常用的双极板材料包括铸铁金属板、镍板和不锈钢金属板等。

阴/阳电极是电解反应的核心场所，也是决定制氢效率的关键部件。目前在国内大型碱性电解电池中，阴/阳电极材料主要采用镍及其合金，包括纯镍网、镍钼合金（用于提高析氢活性）以及镀镍钢板等。这些材料因其优异的导电性、耐腐蚀性和高反应活性，能够有效地提升制氢效率。

电解液一般为 20%～40% 质量浓度的 KOH 溶液或 NaOH 溶液。水分子在阴极发生还原反应，生成 $H_2$ 和 $OH^-$，$OH^-$ 穿过隔膜到达阳极，在阳极发生氧化反应，生成 $H_2O$ 和 $O_2$。电极上发生的反应为

$$阴极：4H_2O+4e^- \rightarrow 2H_2+4OH^-$$

$$阳极：4OH^- \rightarrow O_2+2H_2O+4e^-$$

$$(2-18)$$

碱性电解电池的结构与反应原理如图 2-12 所示。

AWE 制氢机组的电源系统的主要结构包括整流柜、变压器、控制系统等。电源系统可根据各类电力（风电、光电、网电等）的特性，通过整流柜将交流电转换为直流电，利用变压器将电压转换为适合的输入电压，控制系统通过监控电流、电压、温度等参数来维持电解过程的安全和高效运行，并尽量降低谐波，保证功率因数，提升供电效率。

AWE 制氢机组的辅助系统主要包括碱液系统、补水系统、气液分离系统、纯化系统、冷却干燥系统及附属系统等。

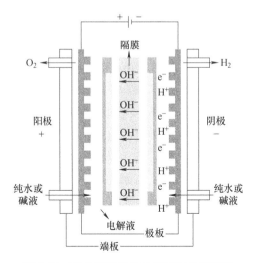

图 2-12　碱性电解电池的结构与反应原理

碱液系统负责电解液的制备、浓度调整、循环和再生等过程。工作原理为：通过传感器监测电解液的浓度和电导率，并通过添加纯净水或补充碱液调整碱液浓度，确保电解反应的高效进行，循环装置带动碱液在电解电堆内外循环，避免电解液的局部浓缩或稀释，同时具备冷却功能，以维持适宜的电解温度。根据 AWE 制氢机组的规模、运行条件和设计要求，碱液系统可分为集中式碱液系统与分散式碱液系统。其中，集中式碱液系统由一个中央储罐和循环系统管理，碱液可以从中央储罐分配到多个电解电堆，适用于大型工业电解装置；分散式碱液系统即每个电解电堆配置独立的碱液系统，适用于小型或分散化的电堆，以及需要单独控制各电解电堆性能的场合。

补水系统主要负责为碱液系统补充纯净水，弥补由于电解反应、碱液浓度控制和蒸发造成的水分损失。补水系统通常包括储水罐、水质处理装置、水泵、液位传感器、流量控制装置等。储水罐用于储存去离子水或高纯水，确保碱液系统有足够的水源补充，储水罐的材质一般为耐腐蚀材料，避免水质污染。水质处理装置可以有效去除水中的离子、颗粒和其他杂质，避免对电解过程的干扰。水泵用于将储水罐中的纯净水输送至碱液系统，并保持稳定的水流量和压力，保证电解设备的正常补水需求。液位传感器和流量控制装置自动监测碱液系统的液位，根据水的消耗情况及时进行补充，保证电解液的体积和浓度稳定。

气液分离系统的主要功能是将电解过程中产生的气体（氢气和氧气）与电解液分离，保证气体的纯度并使电解液能够循环回收利用，通常包括气液分离器和除沫装置。气液分离器的内部通常设计有专用的流道和过滤结构，以增强气体与液体的分离效果，根据结构的不同，分为卧式气液分离器和立式气液分离器。其中，卧式气液分离器的工作原理为：在常压或低压下，气液混合物进入分离器的液体部分，分离器内的气体与液体由于密度差异和分离器内部结构的设计而逐渐分离，气泡逐渐上升到表面，并在顶部离开分离器，电解液从气液分离器的底部排出，通过回流管道再次回到电解电堆进行循环使用，液体需要停留足够长的时间，以便在液体离开分离器之前，气泡可以上升到表面。立式气液分离器的工作原理与卧式气液分离器相同，在低气体量分离时，通常使用立式气液分离器。除沫装置用于去除气体中的气泡和泡沫，防止泡沫携带电解液进入气体管道。

纯化系统对分离出的氢气和氧气进行进一步净化，以去除杂质和水分，主要包括冷凝装置、吸附装置、膜分离装置等。冷凝装置通常采用循环水冷或冷却剂将气体中的水蒸气冷凝为液态水并排出，从而减少气体中的湿气含量。吸附装置采用吸附剂（如硅胶、活性炭或分子筛等）对气体中的水分和其他杂质进行吸附，从而进一步提高气体纯度。膜分离装置利用不同气体分子透过膜的速率差异，分离出不需要的杂质或水分，从而保留纯净的氢气或氧气。

冷却干燥系统负责散热和干燥，确保电解电堆和相关设备在适宜的温度和湿度范围内运行。冷却系统通常采用循环水冷却，干燥系统则通过冷凝和吸附等方法将电解产生的气体中的水蒸气有效去除，防止水分对气体纯度、设备性能以及储氢环节造成不良影响。

附属系统包括自动控制系统、安全监测系统和数据管理系统等。自动控制系统通过对 AWE 制氢机组的自动化操作和精确控制，确保整个制氢过程的高效、稳定，通过自动调节电解电堆的工作电压、电流和温度等参数，保证设备在最佳状态下运行。安全监测系统实时监测制氢过程中的关键参数（如温度、压力、气体浓度、电解液的浓度和液位等），确保整个系统运行在安全范围内，一旦检测到异常情况（如气体泄漏或温度过高），系统会发出警报，甚至自动采取应急措施，如关闭电源或起动紧急排气装置。数据管理系统对制氢过程中的各项运行数据进行记录、储存和分析，包括电解电堆的工作参数（如电压、电流、温度等）、气体产量、纯度及辅助系统的运行情况，通过数据分析，可以判断设备的运行趋势、诊断潜在问题，为系统的优化和维护提供依据。

AWE 制氢机组的工作流程如图 2-13 所示。

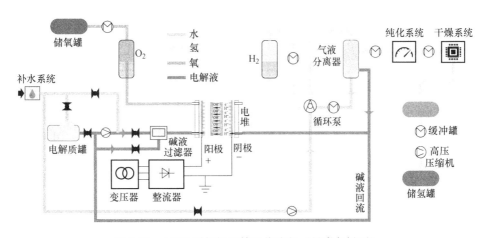

**图 2-13　AWE 制氢机组的工作流程**（见彩色插页）

本书仅针对规模化应用的传统 AWE 制氢机组进行介绍，此外还有一种零间隙 AWE 制氢机组，其电解电池通过将电极和隔膜紧密贴合，减少电解过程中电流的传导路径，从而降低欧姆损耗，提升电解效率，并且能够有效防止氢气和氧气的交叉扩散，提高气体纯度。零间隙结构使电解电堆更加紧凑，从而节省空间与成本。

### 2. PEM 电解水制氢机组

PEM 电解水制氢机组是一种以 PEM 电解电堆为核心部件的装置，由多片 PEM 电解电池堆叠而成。其电解电池包括膜电极组件、双极板等。膜电极组件的主要成分包括 PEM、电极和集流体。

PEM 为一种高分子聚合物阳离子交换膜，即聚合物电解质膜，又被称为固体聚合物膜，具有极高的质子传导率和气密性，极低的电子传导率，良好的化学稳定性，以及较强的亲水性。通常采用基于全氟磺酸聚合物的 Nafion 膜，起到隔绝阴/阳极生成气、阻止电子的传递以及传递质子的作用，同时为催化剂层提供支撑。

电极涂覆在电解质膜的两侧，为一种特制的固、液、气三相网络交织而成的多孔结构，经常称为催化剂层或气体扩散电极。其核心是由催化剂、电子传导介质、质子传导介质构成的三相界面，具备良好的抗腐蚀性、催化活性、电子传导率和孔隙率等。阴极催化剂通常是以碳为载体材料的铂/碳催化剂；阳极催化剂一般选用耐腐蚀且析氧活性高的贵金属，如铱、钌及其对应的氧化物。

集流体是一种多孔导电介质，也称为多孔传输层或气体扩散层。集流体作为膜电极与双极板之间的电子导体，拥有合适的孔隙率和良好的导电性，起到集流、促进气液的传递等作用，确保气体和液体在双极板和催化剂层之间的传输，并提供有效的电子传导，保证了电极与极板之间液体和气体的有效质量传递。阳极集流体主要选择耐酸、耐腐蚀的铁基材料，并涂抹含铂涂层进行保护；阴极集流体主要选择碳纸或铁毡。

双极板是扁平的隔板，一般为带有金属网或筛网层压板或带有蚀刻流场通道的厚金属隔板，用于通过串联堆叠多个电解电池来匹配电源电压，分离相邻单元并进行电子连接，具有低电阻和高机械与化学稳定性、流体分布和高导热性，有助于促进热传递。钛具有出色的强度、低电阻率、高热导率和低氢渗透性，是双极板常用的材料。然而，钛容易被腐蚀，特别是在阳极侧，电位超过 2V 时可能导致表面氧化物积聚，增加接触电阻并降低热导率。为了避免这种情况，一般在钛基极板表面涂上薄薄的铂涂层以降低表面电阻。

PEM 电解水制氢过程中，水分子在阳极上被分解为 $H^+$ 和 $O_2$，$H^+$ 穿过薄膜到达阴极，在阴极生成 $H_2$。电极上发生的反应为

$$阴极：4H^+ + 4e^- \rightarrow 2H_2$$

$$阳极：2H_2O \rightarrow O_2 + 4H^+ + 4e^-$$

(2-19)

PEM 电解电池的结构及反应原理如图 2-14 所示。

由于 PEM 电解电堆与碱性电解电堆在电解质、组装结构、操作环境等方面的不同，AWE 制氢机组与 PEM 电解水制氢机组在辅助系统上存在明显差异。PEM 电解水制氢机组的辅助系统不再需要碱液系统；补水系统仅需补充电解反应消耗的水，同时确保 PEM 的水合状态；PEM 电解电池中的 PEM 本身作为隔离层，能有效分离氢气和氧气，生成的氢气和氧气直接从不同的气体通道中排出，因此无需复杂的气液分离

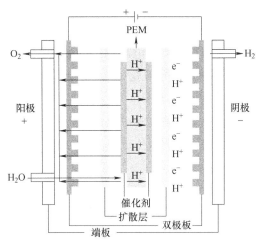

图 2-14　PEM 电解电池的结构
及反应原理

系统；PEM 电解电堆生成的氢气和氧气纯度较高，气体纯化系统相对简单，主要用于去除少量的水分和杂质；PEM 电解电堆在制氢时产生热量，但由于没有电解液，主要通过冷却水来控制温度，干燥系统通常较为简单，主要用于去除气体中的水蒸气，以确保氢气和氧气的干燥度。

PEM 电解水制氢机组的工作流程如图 2-15 所示。

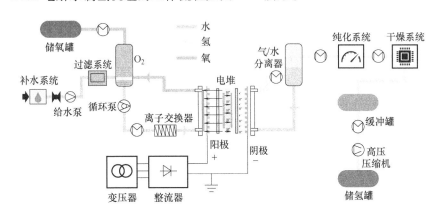

图 2-15　PEM 电解水制氢机组的工作流程（见彩色插页）

### 3. SOEC 制氢机组

SOEC 制氢机组是一种在高温状态（600~1000℃）下电解水蒸气制氢的装置，高温使其具有较高的能量转换效率，并能够利用热能来减少电力需求。固

体氧化物电解电池主要包括双极板、电解质等。

固体氧化物电解电池的电解质通常为固态的导氧离子材料，如钇稳定氧化锆（YSZ）和钐掺杂氧化铈（SDC），允许氧离子（$O^{2-}$）在阴极和阳极之间传输，具有较高的离子电导率，能够在高温下保持化学和物理稳定性。阴极极板通常采用镍-钇稳定氧化锆（Ni/YSZ）多孔复合材料；阳极极板通常采用含稀土元素的钙-钛矿（$ABO_3$）氧化物，具有高电导率和在高温下抗氧化的稳定性。

在固体氧化物电解电池中，高温水蒸气在阴极上得电子生成 $H_2$ 及 $O^{2-}$，$O^{2-}$ 经过电解质到达阳极生成 $O_2$。电极上发生的反应为

$$阴极：H_2O+2e^- \rightarrow H_2+O^{2-}$$

$$阳极：O^{2-} \rightarrow 2e^- + \frac{1}{2}O_2$$

(2-20)

固体氧化物电解电池的结构及反应原理如图 2-16 所示。

SOEC 制氢机组的辅助系统通常包括补水系统、低温/高温热集成系统、气/水分离系统、纯化系统和干燥系统等。低温/高温热集成系统包括蒸发器、加热器、热交换器、废热回收装置、管道和控制阀等。补水系统通过给水泵将水输送至低温热集成器，低温热集成器采用蒸发器对供给水进行初步加热，将水加热至沸点，生成所需的水蒸气；高温热集成器采用加热器，对水蒸气进行加热，生成满足

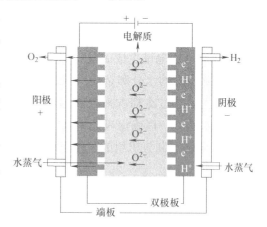

图 2-16　固体氧化物电解电池的结构及反应原理

反应热条件（600~800℃）的高品位热蒸汽，同时向电解电堆中通入高温预热空气，用作吹扫气体以稀释氧气浓度，减少氧气对电解电堆组件的腐蚀。热集成系统通过充分回收和利用电解过程中的热能，大幅提高了 SOEC 的整体热效率，减少了外部能量需求，同时维持反应温度的稳定性，确保电解效率最大化。在电解反应后，阴极生成的 $H_2$ 与一些蒸汽混合物通过低温热集成器进行热交换，回收部分热能，气/水分离系统通过冷凝器降低温度，将残余的水蒸气冷却并冷凝为液态水，减少气体中的水含量，气/水分离器将气体向上排出，水则沉淀至底部排出。补水系统、纯化系统和干燥系统的功能与前文所述基本一致，此处不再赘述。SOEC 制氢机组的工作流程如图 2-17 所示。

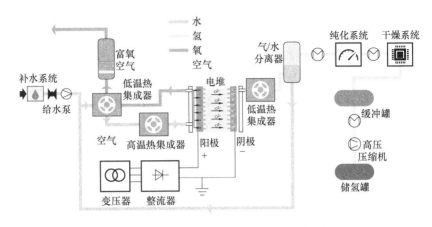

**图 2-17　SOEC 制氢机组的工作流程**（见彩色插页）

SOEC 制氢机组的高温运行条件允许反应更接近热化学平衡，反应效率更高，相比其他制氢机组，电能转换效率更高，特别是在可以有效利用高温热源的情况下。SOEC 制氢机组的高温工作环境虽然提高了效率，但也带来了材料老化和劣化的问题。特别是在频繁的停机和起动过程中，由于温度的剧烈变化，会加速密封材料和电极的老化，缩短系统的使用寿命。尽管 SOEC 制氢机组在理论上具有显著的能效优势，但材料的稳定性、设备寿命以及成本问题仍然是其商业化应用的主要障碍。随着材料技术的发展和热管理技术的改进，SOEC 制氢机组的规模化部署和应用前景将得到进一步验证，但目前其应用多集中于试验性和示范性项目。

**4. AEM 电解水制氢机组**

碱性电解电池尽管成本较低，但存在动态响应性差、使用腐蚀性碱液以及气体交叉泄漏等问题；而 PEM 电解电池虽然动态性能优异且气密性好，但依赖贵金属催化剂，成本较高。AEM 电解电池技术结合了两者的优点：通过使用低成本的 AEM 材料，避免了对贵金属催化剂的依赖，同时保持良好的动态响应性和气密性，大幅提升了经济性和安全性。碱性电解电池的结构与 PEM 电解电池相似，主要由膜电极（催化剂层、AEM、扩散层）和双极板组成。

AEM 电解电池使用纯水或低浓度（如 5%KOH）碱性电解液，起到提高导电性并维持两极非酸性环境的作用，相较于前述电解电池，具有更低的腐蚀性，减少了系统材料老化问题。AEM 选用带有阳离子基团的高分子材料，如季铵化的聚合物（聚苯乙烯、聚乙烯等），能够有效地传导 $OH^-$，又被称为氢氧化物交换膜，同时阻隔氢气和氧气的交叉泄漏，确保气体的纯度，提升电解水制氢过程的安全性。在催化剂方面，有贵金属、非贵金属两大类选择，阴极通常采用铂、镍等析氢性能较高的材料，阳极有碱性电解液维持非酸性环境，可以采用钌、铱等贵金属材料，也可以采用镍等非贵金属材料，以及一些不易喷镀或电镀的纳米非贵金属材料，可选择材料范围更广。极板对材料防氧化、防腐蚀的要求降低，通常采用不锈钢、镍或镍涂层材料，以防止碱性腐蚀和增加导电性。阴极侧电极常采用碳毡、金属网或金属泡沫等；阳极侧电极常采用镍基材料，不再局限于钛金属，同时可以使用镍镀层等代替 PEM 电解电池中的铂涂层。

在 AEM 电解电池中，水分子在阴极得电子生成 $H_2$，产生 $OH^-$，$OH^-$ 通过 AEM 传输到阳极，在阳极氧化为 $O_2$。电极上发生的反应为

$$阴极：2H_2O+2e^-\rightarrow H_2+2OH^-$$

$$阳极：2OH^-\rightarrow\frac{1}{2}O_2+H_2O+2e^-$$

(2-21)

AEM 电解电池的结构及反应原理如图 2-18 所示。

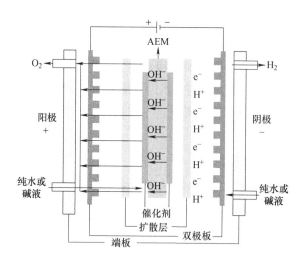

**图 2-18　AEM 电解电池的结构及反应原理**

AEM 电解水制氢机组的辅助系统与 PEM 电解水制氢机组基本一致，可参考图 2-15，此处不再赘述。

AEM 电解水制氢机组虽具有成本低、材料选择灵活和较强的动态响应能力等优点，但 AEM 材料仍未实现突破或经过长寿命可靠性验证，短期内将围绕微型电解电堆并联或 $10\sim100kW$ 的中小型电解电堆进行验证，并逐渐过渡提升到 MW 级。

## 2.5.2 技术经济特性分析

### 1. 四种电解水制氢技术特性对比

四种电解水制氢技术对比见表 2-1。在制氢规模方面，AWE 制氢技术发展成熟，单槽容量已达到 MW 级水平，且具有最低的设备成本；PEM 电解水制氢技术尚处于初步商业化阶段，个别企业的 PEM 电解水制氢技术也已达到 MW 的规模；SOEC 制氢技术处于初期示范阶段，个别企业达到百千瓦级水平，距离规模化应用尚需相关材料和催化剂技术进一步攻关，短期难以大规模投入实际应用；AEM 电解水制氢技术尚处于实验室阶段。在启动速率和响应速率方面，PEM 电解水制氢机组的起动时间相较于 AWE 制氢机组快 2 倍以上，对可再生能源波动的响应更加迅速，更适用于平抑可再生能源并网的波动性；欧盟规定了电解水制氢技术响应时间小于 5s，目前只有 PEM 电解水制氢机组可达到这一要求。在效率方面，SOEC 制氢机组在高温状态（600~1000℃）下电解水蒸气制氢，具有最高的效率。在寿命方面，主要取决于技术成熟度，AWE 制氢>PEM 电解水制氢>SOEC 制氢>AEM 电解水制氢。

**表 2-1　四种电解水制氢技术对比**

| 项目 | AWE 制氢 | PEM 电解水制氢 | AEM 电解水制氢 | SOEC 制氢 |
|---|---|---|---|---|
| 电流密度/(A/cm²) | <0.8 | 1~4 | 1~2 | 0.2~0.4 |
| 电耗/(kWh/m³) | 4.5~5.5 | 3.8~5 | — | ≈3.6 |
| 电解效率（%） | 60~78 | 70~90 | | 85~100 |
| 工作温度/℃ | 60~80 | 50~80 | 60 | 600~1000 |
| 工作压力/bar | 1~30 | 30~80 | — | 1 |
| 产氢浓度（%） | ≥99.8 | ≥99.99 | ≥99.99 | — |
| 工作负载（%） | 40~120 | 20~150 | — | — |
| 系统寿命/年 | 10~20 | 10~20 | | 5~10 |
| 启停速度 | 热启停：1~5min<br>冷启停：1~2h | 热启停：<10s<br>冷启停：5min | | 热启停：15min<br>冷启停：2~5h |
| 拉载速度 | 0.2~20%/s | 100%/s | | |
| 操作特征 | 需控制压差<br>产氢需脱碱 | 快速启停，仅水蒸气 | | 启停不便 |
| 可维护性 | 强碱腐蚀性，<br>运维复杂 | 无腐蚀性，运维简单 | | — |
| 技术成熟度 | 充分产业化 | 初步商业化 | 实验室阶段 | 初期示范 |

## 2. 电解水制氢经济特性分析

平准化成本是衡量能源项目长期运行成本的指标，它将能源项目从建设投资到运营期间所产生的成本平均化，摊销至每单位发电量上，提供一个统一的基准，用以比较不同能源技术或项目的成本效益。电解水制氢平准化成本模型如下所示：

$$\mathrm{LCOH} = \frac{C_{\mathrm{cap}} + \sum_{t=1}^{N} \dfrac{C_{\mathrm{op}}}{(1+r)^t} + \dfrac{C_{\mathrm{R}}}{(1+r)^t} - \dfrac{V_{\mathrm{R}}}{(1+r)^N}}{\sum_{t=1}^{N} \dfrac{Q_{\mathrm{H}_2}}{(1+r)^t}} \tag{2-22}$$

式中，$C_{\mathrm{cap}}$ 为建设投资，单位为元；$C_{\mathrm{op}}$ 为运维成本，单位为元；$C_{\mathrm{R}}$ 为电解水制氢机组更换成本，单位为元；$V_{\mathrm{R}}$ 为残值收益，单位为元；$Q_{\mathrm{H}_2}$ 为年度制氢量，单位为 kg；$N$ 为项目运营期，单位为年；$r$ 为折现率。

$$C_{\mathrm{cap}} = C_{\mathrm{land}} + \sum C_k + C_{\mathrm{other}} \tag{2-23}$$

$$C_{\mathrm{op}} = C_{\mathrm{e}} + C_{\mathrm{w}} + C_{\mathrm{oth}} \tag{2-24}$$

式中，$C_{\mathrm{land}}$ 为土地和厂房成本，单位为元；$C_k$ 为设备 $k$ 固定成本与安装成本，单位为元；$C_{\mathrm{other}}$ 为其他费用，包括项目管理费用、勘察设计费、技术服务费等，单位为元；$C_{\mathrm{e}}$ 为耗电成本，单位为元；$C_{\mathrm{w}}$ 为耗水成本，单位为元；$C_{\mathrm{oth}}$ 为其他成本，包括人工及管理费用，单位为元。

电解水制氢机组固定成本 $C_{\mathrm{fix}}$ 为电解电堆成本 $C_{\mathrm{pile}}$ 与辅助系统成本 $C_{\mathrm{ass}}$ 之和，可表示为

$$C_{\mathrm{fix}} = C_{\mathrm{pile}} + C_{\mathrm{ass}} \tag{2-25}$$

现阶段大部分地区电解水制氢尚不具备经济性，考虑到 SOEC 制氢机组与 AEM 电解水制氢机组尚未规模化应用，下面主要针对 AWE 制氢机组与 PEM 电解水制氢机组的制氢经济性进行分析。

（1）固定成本

对于 AWE 制氢机组，电解电堆成本主要由电解电池中的电极、隔膜等核心部件的成本驱动，占电堆成本的 57%；双极板材料使用镀镍钢，材料便宜，设计及加工简单，占电解电堆成本的 7%。据估算，2022 年我国 AWE 制氢机组价格已降至 1500 元/kW，预计 2050 年 1MW 碱性电解槽电堆投资成本目标价格将小于 700 元/kW；10MW AWE 制氢机组的目标价格将小于 1400 元/kW。预计 2030 年、2050 年，国内 AWE 电解槽成本将降至 700~900 元/kW、530~650 元/kW。

对于 PEM 电解水制氢机组，电解电堆成本主要由电解电池中的双极板等核心

部件的成本驱动，占电解电堆总成本的 53%，其原因在于双极板通常需要使用 Au 或 Pt 等贵金属涂层达到抗腐蚀的目的，如使用 Ti 等低廉涂层替代贵金属，可实现双极板成本的大幅下降。现阶段 PEM 电解水制氢机组投资成本较高，未来降幅空间有望超过 70%。对于 1MW PEM 电解水制氢机组的电解电堆，现阶段的投资成本为 2600 元/kW，2050 年的目标价格将小于 650 元/kW；对于 10MW PEM 电解水制氢机组，现阶段的投资成本约为 4900 元/kW，2050 年的目标价格将小于 1400 元/kW。2050 年 AWE 制氢机组和 PEM 电解水制氢机组成本见表 2-2。

**表 2-2　2050 年 AWE 制氢机组和 PEM 电解水制氢机组成本**　　　（单位：元/kW）

| 成本项 | | 现阶段 | | 2050 年 | |
|---|---|---|---|---|---|
| | | 1MW | 10MW | 1MW | 10MW |
| AWE 制氢机组 | 电解电堆 | 716.4 | 597.7 | 650.1 | 585 |
| | 辅助系统 | 875.6 | 727.5 | 794.5 | 715 |
| | 电解系统 | 1592 | 1325.2 | 1444.6 | 1300 |
| PEM 电解水制氢机组 | 电解电堆 | 2600 | 2047.6 | 650 | 585.2 |
| | 辅助系统 | 3177.8 | 2502.6 | 794.5 | 715 |
| | 电解系统 | 5777.8 | 4550.2 | 1444.5 | 1300 |

（2）电耗成本

电耗成本是现阶段电解水制氢成本中占比最高的一项，AWE、PEM 制氢电耗成本占比分别约为 85.93%、63.18%，其次为折旧成本，AWE、PEM 分别约为 9.77%、26.07%，这两项成本占比均达到总成本的 90%。随着可再生能源发电成本的降低，在其他成本不变的前提下，AWE 制氢有望具备一定的经济性。

根据《中国"十四五"电力发展规划研究》，2025 年光伏发电成本将降至 0.3 元/kWh 左右，在现有固定成本下 AWE 制氢成本为 18~20 元/kgH$_2$，无法实现与煤制氢+CCS 平价；2035 年、2050 年将降至 0.13 元/kWh、0.1 元/kWh。随着电价的降低，AWE 制氢成本和电力成本占比也同步降低。按照光伏电价规划，2025 年光伏制氢成本为 20.07 元/kg，电耗成本降低至 20.1%，2035 年、2050 年制氢成本将降低至 10.52 元/kg、8.84 元/kg，相对于天然气制氢及煤制氢，其已经具备了一定的竞争优势。

（3）敏感性分析

对于部分可再生能源发电成本较低的地区，在电价、运营时间、固定成本三重作用下，AWE 制氢已具备一定的经济性。按照 IRENA（国际可再生能源机构）预计，到 2050 年 10MW 级别的 AWE 制氢机组成本将小于 1300 元/kW，光伏电价将降至 0.1 元/kWh，在 2000~8000h 运营时间下电解水制氢成本将与煤制氢（不含 CCS）成本相当且具备一定的竞争力。现阶段不同电价成本、运营时间下 AWE 制氢成本测算见表 2-3，0.1 元/kWh 电价时不同固定成本、运营时间下 AWE 制氢成本测算见表 2-4。

表 2-3　现阶段不同电价成本、运营时间下 AWE 制氢成本测算　（单位：元/kg）

| 电价/(元/kWh)<br>运营时间/h | 0.1 | 0.13 | 0.2 | 0.3 | 0.35 |
|---|---|---|---|---|---|
| 2000 | 8.84 | 10.52 | 14.46 | 20.07 | 22.88 |
| 3000 | 7.8 | 9.48 | 13.41 | 19.03 | 21.84 |
| 4000 | 7.27 | 8.96 | 12.89 | 18.51 | 21.32 |
| 5000 | 6.96 | 8.65 | 12.58 | 18.2 | 21.01 |
| 6000 | 6.75 | 8.44 | 12.37 | 17.99 | 20.8 |
| 7000 | 6.6 | 8.29 | 12.22 | 17.84 | 20.65 |
| 8000 | 6.49 | 8.18 | 12.11 | 17.73 | 20.54 |

表 2-4　0.1 元/kWh 电价时不同固定成本、运营时间下
AWE 制氢成本测算　（单位：元/kg）

| 固定成本/(元/kW)<br>运营时间/h | 800 | 900 | 1000 | 1100 | 1300 |
|---|---|---|---|---|---|
| 2000 | 7.56 | 7.7 | 7.84 | 7.98 | 8.26 |
| 3000 | 6.94 | 7.04 | 7.13 | 7.22 | 7.41 |
| 4000 | 6.63 | 6.71 | 6.78 | 6.85 | 6.99 |
| 5000 | 6.45 | 6.51 | 6.56 | 6.62 | 6.73 |
| 6000 | 6.33 | 6.37 | 6.42 | 6.47 | 6.56 |
| 7000 | 6.24 | 6.28 | 6.32 | 6.36 | 6.44 |
| 8000 | 6.17 | 6.21 | 6.24 | 6.28 | 6.35 |

随着可再生能源发电成本的降低，在其他成本不变的前提下，PEM 电解水制氢有望具备一定的经济性。按照光伏电价规划，2025 年电价约为 0.3 元/kWh，PEM 电解水制氢成本为 25.5 元/kg，电耗成本降低 59.5%，2035 年、2050 年制氢成本将降低至 16.9 元/kg、15.4 元/kg。在固定成本单一变量降低的前提下，PEM 电解水制氢难以具备一定的经济性。PEM 电解水制氢机组的固定成本在未来的降幅较大，但在固定成本单一变量下降的情境下，PEM 电解水制氢成本无法落至煤制氢+CCS 成本竞争力区间。在现阶段固定成本下，电价和运营时间双重作用有望使 PEM 电解水制氢具备一定的经济性。2025 年，当电价为 0.3 元/kWh，在

现有固定成本下 PEM 电解水制氢成本为 18~26 元/kg，无法实现与煤制氢+CCS 平价；当电价下降到 0.2 元/kWh，运行时间为 4000h 时，制氢成本开始下降至与煤制氢+CCS 成本相当或具有一定的竞争优势；2035 年之后，当电价成本降至 0.13 元/kWh 以下时，制氢成本与煤制氢+CCS 成本相比将具有较大的竞争优势。在电价、运营时间、固定成本三重作用下，PEM 电解水制氢的经济性相比 AWE 制氢具有微弱优势。根据 IRENA 估计，到 2050 年，在 0.1 元/kWh 的电价预期下，PEM 电解水制氢成本与化石能源制氢（不含 CCS）相当或具有一定的成本优势。由于 PEM 电解水制氢的效率较高，因此，相比于 AWE 制氢，PEM 电解水制氢成本具有微弱优势。现阶段不同电价成本、运营时间下 PEM 电解水制氢成本测算见表 2-5，0.1 元/kWh 电价时不同固定成本、运营时间下 PEM 电解水制氢成本测算见表 2-6。

表 2-5　现阶段不同电价成本、运营时间下 PEM
电解水制氢成本测算　　　　　　　　　（单位：元/kg）

| 运营时间/h ＼ 电价/（元/kWh） | 0.1 | 0.13 | 0.2 | 0.3 | 0.35 |
|---|---|---|---|---|---|
| 2000 | 15.37 | 16.89 | 20.43 | 25.48 | 28.01 |
| 3000 | 11.96 | 13.48 | 17.02 | 22.08 | 24.6 |
| 4000 | 10.26 | 11.78 | 15.31 | 20.37 | 22.9 |
| 5000 | 9.24 | 10.75 | 14.29 | 19.35 | 21.88 |
| 6000 | 8.55 | 10.07 | 13.61 | 18.67 | 21.19 |
| 7000 | 8.07 | 9.58 | 13.12 | 18.18 | 20.71 |
| 8000 | 7.7 | 9.22 | 12.76 | 17.81 | 20.34 |

表 2-6　0.1 元/kWh 电价时不同固定成本、运营时间下
PEM 电解水制氢成本测算　　　　　　　（单位：元/kg）

| 运营时间/h ＼ 固定成本/（元/kW） | 800 | 1300 | 2000 | 3000 | 4000 | 5000 | 5777.8 |
|---|---|---|---|---|---|---|---|
| 2000 | 9.08 | 9.71 | 10.6 | 11.86 | 13.12 | 14.39 | 15.37 |
| 3000 | 7.77 | 8.19 | 8.78 | 9.62 | 10.46 | 11.31 | 11.96 |
| 4000 | 7.11 | 7.43 | 7.87 | 8.5 | 9.13 | 9.77 | 10.26 |
| 5000 | 6.72 | 6.97 | 7.33 | 7.83 | 8.34 | 8.84 | 9.24 |
| 6000 | 6.46 | 6.67 | 6.96 | 7.38 | 7.81 | 8.23 | 8.55 |
| 7000 | 6.27 | 6.45 | 6.7 | 7.06 | 7.43 | 7.79 | 8.07 |
| 8000 | 6.13 | 6.29 | 6.51 | 6.82 | 7.14 | 7.46 | 7.7 |

AWE 制氢和 PEM 电解水制氢由于系统效率相差不大，因此电力成本差别不大（电解水制氢的电价在 0.05~1 元/kWh 之间变化时，电解水制氢综合生产成本变化范围为 5.8~68 元/kg）。

（4）PEM 电解水制氢系统全寿命周期经济特性评估

PEM 电解水制氢因安全性能好、可调节范围广、电流密度大、启动速度快，被认为是众多水电解技术中最适用于参与电力系统调峰、调频等灵活服务或直接耦合新能源制氢的技术之一。强随机性新能源接入导致电网运行方式多变，消纳富余新能源的 PEM 电解水制氢机组时常变功率运行，导致 PEM 电解电堆性能衰减。由于电解电堆性能退化受多重因素影响，退化机制复杂难以厘清，变功率运行场景下的效率与寿命衰减规律难以刻画，因衰减导致的运行成本与设备更换成本无法精确量化，PEM 电解水制氢机组全寿命周期的经济性评估缺乏基本依据。

PEM 电解电堆的性能退化速率受输入功率变化频率、变化幅度以及平均运行功率的影响，且变化频率、变化幅度与平均运行功率越大，衰减速率越大，呈非线性关系。假设变功率运行/间歇时段内效率均匀退化/恢复，定义平均效率衰减率 $\eta_{\text{ave\_d}}$ 与平均效率恢复率 $\eta_{\text{ave\_c}}$ 用于量化计算各时段的退化量与恢复量，如下所示：

$$\eta_{\text{ave\_d}} = (\eta_{\text{work\_}i,\text{start}} - \eta_{\text{work\_}i,\text{end}})/\Delta t \tag{2-26}$$

$$\eta_{\text{ave\_c}} = (\eta_{\text{idle\_}j,\text{end}} - \eta_{\text{idle\_}j,\text{start}})/\Delta t \tag{2-27}$$

式中，$\eta_{\text{work\_}i,\text{start}}$ 与 $\eta_{\text{work\_}i,\text{end}}$ 分别为运行时段 $i$ 初始时刻与末尾时刻的效率；$\eta_{\text{idle\_}j,\text{start}}$ 与 $\eta_{\text{idle\_}j,\text{end}}$ 分别为间歇时段 $j$ 初始时刻与末尾时刻的效率；$\Delta t$ 为采样时间间隔，平均效率衰减率与恢复率通过变功率操作实验获得。

图 2-19 显示了 PEM 电解电堆在操作周期 $T$ 内变功率运行效率下降与恢复过程。电解电堆在操作周期 $T$ 末尾时刻的效率 $\eta_{\text{T\_end}}$ 由初始效率 $\eta_{\text{T\_start}}$、衰减效率 $\eta_{\text{T\_d}}$ 及恢复效率 $\eta_{\text{T\_c}}$ 三个部分组成，如下所示：

$$\eta_{\text{T\_end}} = \eta_{\text{T\_start}} - \eta_{\text{T\_d}} + \eta_{\text{T\_c}} \tag{2-28}$$

$$\eta_{\text{T\_d}} = \sum_{o=1}^{O} k_o \eta_{\text{ave\_d}} \tag{2-29}$$

$$\eta_{\text{T\_c}} = \sum_{s=1}^{S} k_s \eta_{\text{ave\_c}} \tag{2-30}$$

式中，$k_o$ 与 $k_s$ 分别为运行时段 $o$ 与间歇时段 $s$ 对应的时长，单位为 h；$O$ 与 $S$

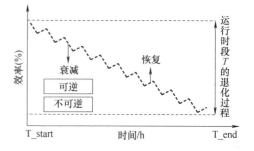

**图 2-19　PEM 电解电堆效率下降与恢复过程**

分别为操作周期内运行时段与间歇时段数量。当 $t=0$ 时，则表示电解电堆服役初期的效率，按式（2-31）计算。

当效率达到阈值 $\eta_{\min}$ 时，即初始工作电压达到最大工作电压时，为了保证制氢效率，需要更换电解电堆。阈值 $\eta_{\min}$ 按式（2-32）计算。

$$\eta_{\text{start}} = V_{\text{th}} / V_{\text{cell,start}} \tag{2-31}$$

$$\eta_{\min} = V_{\text{th}} / V_{\text{cell,max}} \tag{2-32}$$

式中，$V_{\text{cell,start}}$ 与 $V_{\text{cell,max}}$ 分别为电解电堆服役初期的工作电压与最大工作电压，单位为 V。

仅考虑性能退化失效，PEM 电解电堆寿命 $T_{\text{D}}$ 计算方法如式（2-33）所示。然而，PEM 电解电堆冷启动次数是有限的，为 3000 ~ 5000 次，计及启停的寿命模型如式（2-34）所示。

$$T_{\text{D}} = \left( \Delta\eta_{\max} / \Delta\eta_{\text{type}} \right) T_{\text{type}} \tag{2-33}$$

$$\Delta\eta_{\max} = V_{\text{th}} / V_{\text{cell,start}} - V_{\text{th}} / V_{\text{cell,max}} \tag{2-34}$$

式中，$\Delta\eta_{\max}$ 为 PEM 电解电堆允许的最大效率衰减量，是寿命末期与初期效率的差值；$\Delta\eta_{\text{type}}$ 为典型操作周期 $T_{\text{type}}$ 的效率退化量。

$$\Delta\eta_{\text{type}} = \sum_{m=1}^{M} k_m \eta_{\text{ave\_d}} - \sum_{n=1}^{N} k_n \eta_{\text{ave\_c}} \tag{2-35}$$

$$T_{\text{type}} = \sum_{m=1}^{M} k_m \Delta t + \sum_{n=1}^{N} k_n \Delta t \tag{2-36}$$

式中，$M$ 与 $N$ 分别为典型运行周期内 $T_{\text{type}}$ 运行和间歇时段的数量；$k_m$ 与 $k_n$ 分别为运行时段 $m$ 与间歇时段 $n$ 的时长。

$$T_{\text{D}} \leq T_{\text{Q}} \tag{2-37}$$

式中，$T_{\text{Q}}$ 为 PEM 电解电堆达到冷启停次数上限时对应的工作时长，单位为 h。

PEM 电解水制氢机组全寿命周期内的投资成本 $C_{\text{inv}}$ 按下式计算：

$$C_{\text{inv}} = \sum_{t=1}^{T_{\text{sys}}} \left( P_{\text{PEM}} c_{\text{cell},t} + P_{\text{PEM}} c_{\text{AS},t} \right) \tag{2-38}$$

式中，$T_{\text{sys}}$ 为规划周期，单位为年；$P_{\text{PEM}}$ 为 PEM 电解水制氢机组的额定功率，单位为 kW；$c_{\text{cell},t}$ 与 $c_{\text{AS},t}$ 分别为电解电堆与辅助系统在替换时刻 $t$ 的投资单价，单位为元/kW。

PEM 电解水制氢机组全寿命周期内的操作成本 $C_{\text{op}}$ 主要包括能耗成本 $C_{\text{energy}}$ 与维护成本 $C_{\text{ma}}$。其中，能耗成本主要包含电费与水费两项，按式（2-39）~式（2-43）计算：

$$C_{\text{op}} = C_{\text{energy}} + C_{\text{ma}} \tag{2-39}$$

$$C_{\text{energy}} = \sum_{t=1}^{T_{\text{sys}}} \left( c_1(t) k_e(t) + c_2(t) k_w(t) \right) \tag{2-40}$$

$$k_e(t) = p_{\text{PEM}}(t) \Delta t \tag{2-41}$$

$$k_w(t) = \alpha H(t) \tag{2-42}$$

$$H(t) = k_c \eta(t) p_{\text{PEM}}(t) \Delta t \tag{2-43}$$

式中，$c_1(t)$ 为电价，单位为元/kWh；$c_2(t)$ 为水价，单位为元/kg；$k_e(t)$ 为时刻 $t$ 制氢的耗电量，单位为 kWh；$k_w(t)$ 为耗水量，单位为 kg；$p_{\text{PEM}}(t)$ 为时刻 $t$ 制氢机组运行功率，单位为 kW；$\alpha$ 为电解单位氢气的耗水量，单位为 kg/kgH$_2$；$H(t)$ 为时刻 $t$ 产氢量，单位为 kg；$\eta(t)$ 为时刻 $t$ 的电压效率；$k_c$ 为电压效率与制氢效率的换算系数。

PEM 电解水制氢机组全寿命周期的维护成本 $C_{\text{ma}}$ 与总投资成本相关，如下所示：

$$C_{\text{ma}} = k_m C_{\text{inv}} \tag{2-44}$$

式中，$k_m$ 的取值范围为 2%~5%。

耦合新能源的 PEM 电解水制氢系统的收入主要为氢气销售收入，如下所示：

$$S = \sum_{t=1}^{T_{\text{sys}}} c_H(t) H_H(t) \tag{2-45}$$

式中，$c_H(t)$ 为时刻 $t$ 时的氢气价格，单位为元/kg；$H_H(t)$ 为时刻 $t$ 售出的氢气量，单位为 kg。

考虑资产的时间价值，净现值 $S_{\text{NPV}}$ 或内部收益率 $k_{\text{IR}}$ 是评估长期项目经济性的首选指标，按下式计算：

$$S_{\text{NPV}} = \sum_{a=1}^{A} \left( C_{\text{in},a} - C_{\text{out},a} \right) \left( 1 + k_{\text{IR}} \right)^{-a} \tag{2-46}$$

$$\sum_{m=1}^{M} \left( C_{\text{in}} - C_{\text{out}} \right)_m \left( 1 + k_{\text{IR}} \right)^{-m} = 0 \tag{2-47}$$

式中，$C_{\text{in},a}$ 与 $C_{\text{out},a}$ 分别为第 $a$ 年的现金流入量与流出量，单位为元；$A$ 为静态投资回收期；$\left( C_{\text{in}} - C_{\text{out}} \right)_m$ 为第 $m$ 年的净现金流量，单位为元。

### 2.5.3 碳排放核算

全寿命周期碳足迹是描述生产活动中直接或间接产生的温室效应强度的指标，被广泛应用于各类产品的碳排放量化评估。碳足迹通常指企业机构、活动、产品或个人通过交通运输、食品生产和消费以及各类生产过程等引起的温室气体排放总和，通常用 $CO_2$ 质量当量表示温室气体排放导致的全球变暖效应，且采用 100 年时间尺度的全球变暖潜能当量因子进行计算。为测算电解水制氢系统从原材料获取直到氢能获取的全寿命周期碳排放强度，电解水制氢碳排放量包括设备制造过程，以及制氢用电、辅助设备用电等产生的碳排放量总和。由于氧气为助燃剂，其自身不具备能量，在计算电解水制氢温室气体排放量时，制氧能耗按照低温法空气分离制氧平均能耗 $0.8kWh/Nm^3\ O_2$ 进行计算。为分析电解水制氢的碳排放情况，选取 $100Nm^3/h$、$500Nm^3/h$、$1000Nm^3/h$ 容量的 AWE 制氢机组和 PEM 电解水制氢机组，采取电网全寿命周期碳排放评估电解水制氢工艺的碳排放情况，如图 2-20 所示。

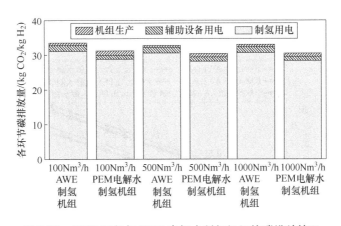

**图 2-20　AWE 制氢与 PEM 电解水制氢机组的碳排放情况**

由图可知，电解水制氢过程的碳排放主要为电力消耗产生的间接温室气体排放，其中制氢用电产生的碳排放量最多，占 92%~94%，辅助设备用电产生的间接碳排放量占 4%~5%，机组生产环节的碳排放量占 2%~4%。随着装置容量的增加，电解水制氢的碳排放量变化不明显，由于关键部件如电极、膜等材料需求与装置功率基本呈线性关系，装置增大不会显著降低单位制造碳排放。此外，现有生产流程的标准化程度较高，大容量装置仅是设计和结构的扩展，对每单位氢气的碳排放影响较小。这体现了电解水制氢技术在制造效率上的成熟性。

在相同容量下，PEM 电解水制氢的碳排放低于 AWE 制氢，这说明其在制氢效率和材料利用率上具有明显优势。PEM 电解水制氢的能耗较低，产氢效率更高，从而减少了单位氢气对应的用电阶段碳排放。尽管 PEM 电解电池制造过程使用了贵金属催化剂和高分子膜，制造碳排放总量较高，但其更高的制氢效率和紧凑的设计降低了单位氢气的碳排放。

根据 GB 32311—2015《水电解制氢系统能效限定值及能效等级》中划分的制氢系统能效等级，分别计算电解水制氢系统单位能耗为 I 级、II 级和 III 级时的制氢碳排放量，即制氢系统单位能耗为 4.3kWh/Nm³ H₂、4.6kWh/Nm³ H₂ 和 4.9kWh/Nm³ H₂。图 2-21 所示为电解水制氢系统碳排放量随制氢机组能耗的变化曲线，随着制氢机组能耗的增加，电解水制氢的碳排放量逐渐升高。当制氢机组能耗为 I 级时，AWE 制氢和 PEM 电解水制氢的碳排放量为 27.61kg CO₂/kg H₂、25.62kg CO₂/kg H₂；当制氢机组能耗为 II 级时，AWE 制氢和 PEM 电解水制氢的碳排放量为 29.97kg CO₂/kg H₂、27.82kg CO₂/kg H₂；当制氢机组能耗为 III 级时，AWE 制氢和 PEM 电解水制氢的碳排放量为 32.33kg CO₂/kg H₂、30.01kg CO₂/kg H₂。这表明能耗是影响碳排放的关键因素，尤其是在电力碳排放影响较高的情况下，较高的能耗增加了制氢机组运行阶段的碳排放。因此，降低能耗、提升电解效率是降低制氢环节碳排放的核心途径。

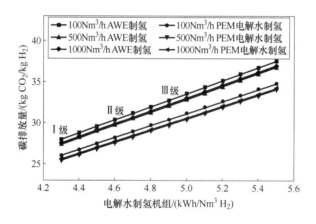

**图 2-21　电解水制氢系统碳排放量随制氢机组能耗的变化曲线**

电解水制氢碳排放量主要源自制氢系统用电产生的间接碳排放，因此每千瓦时电力产生的碳排放量是影响电解水制氢碳排放量的主要因素。随着每千瓦时电力碳排放量的减小，电解水制氢的碳排放量快速降低，当度电排放为 0.1kg CO₂/kWh 时，AWE 制氢和 PEM 电解水制氢的碳排放量为 6.5kg CO₂/kg H₂、6.02kg CO₂/kg H₂；当度电排放为 0.3kg CO₂/kWh 时，AWE 制氢和 PEM 电解水制氢的碳排放量为 18.09kg CO₂/kg H₂、16.71kg CO₂/kg H₂；当度电排放为 0.5kg CO₂/kWh 时，AWE 制氢和 PEM 电解水制氢的碳排放量为 29.68kg CO₂/kg H₂、27.4kg CO₂/kg H₂。由此可得，电解水制氢的碳排放高度依赖发电的清洁水平，较低的度电排放能够有效低制氢过程的碳排放。

在上述分析中，通过 AWE 制氢技术制取的能耗达到了 58.66kWh/kg $H_2$，通过 PEM 电解水制氢技术制取 1kg $H_2$ 的能耗达到了 53.576kWh/kg $H_2$。若采用可再生能源电力取代电网电力，风电、光电采用 AWE 制氢的碳排放量分别为 1.99kg $CO_2$/kg $H_2$、3.89kg $CO_2$/kg $H_2$；风电、光电采用 PEM 电解水制氢的碳排放量分别为 1.89kg $CO_2$/kg $H_2$、3.62kg $CO_2$/kg $H_2$。

## 2.6　案例分析

### 2.6.1　各类制氢技术成本对比

电解水制氢综合成本与煤制氢综合成本对比如图 2-22 所示。煤制氢综合成本范围为 0.8~1.2 元/$Nm^3$（图中灰色部分），当电价在 0.06~0.15 元/kWh 之间时，电解水制氢综合成本与煤制氢（无 CCUS）综合成本相当。CCUS 成本可占到煤制氢成本的 30%~40%，当电价降到 0.08~0.19 元/kWh 以下时，电解水制氢综合成本与煤制氢（有CCUS）综合成本相当。

电解水制氢综合成本与天然气制氢综合成本对比如图 2-23 所示。天然气制氢（有 CCUS）综合成本范围为 0.8~1.5 元/$Nm^3$（图中灰色部分），当电价在 0.06~0.18 元/kWh 之间时，电解水制氢综合成本与天然气制氢（无 CCUS）综合成本相当。CCUS 成本可占到天然气重整制氢成本的 50%~60%，当电价降到 0.35 元/kWh 以下时，电解水制氢综合成本与天然气制氢（有 CCUS）综合成本相当。

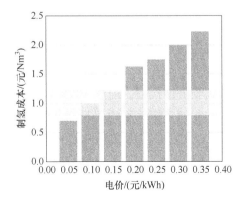

图 2-22　电解水制氢综合成本与
煤制氢综合成本对比

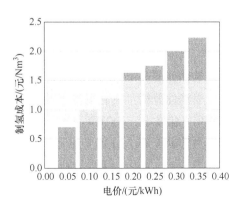

图 2-23　电解水制氢综合成本
与天然气制氢综合成本对比

电解水制氢综合成本与工业副产氢提纯综合成本对比如图 2-24 所示。工业副产氢综合成本为 0.83~1.8 元/Nm³（图中灰色部分）。当电价在 0.07~0.27元/kWh 之间时，电解水制氢综合成本与工业副产氢提纯后综合成本相当。

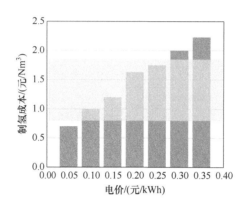

图 2-24　电解水制氢综合成本与工业副产氢提纯综合成本对比

## 2.6.2　不同场景下制氢平准化成本分析

场景 1：新能源制氢系统参与电源侧波动平抑

针对大规模新能源电站，利用制氢机组的快速响应与储氢系统的协同调节能力，按照电力系统调度机构指令消纳和储存富余的波动性可再生能源，支撑大型可再生能源发电基地有功功率连续平滑调节，降低发电基地与大电网间联络线功率波动。通过电源变换器将新能源电力汇聚到交流母线，交流母线上的功率通过变压器送到大电网满足电力负荷。同时大规模部署制氢机组，追踪新能源出力波动，将富余电力通过 AC/DC 变换器变换为直流电输送至电解水制氢机组，电解水制氢机组制得的氢气通过压缩机压缩至储氢罐中，供本地用户使用，具体如图 2-25 所示。

经济性分析：在此场景下建立电解水制氢经济性模型，配置 105MW 风电、50MW 光伏发电、100MW AWE 制氢机组、10.6t 储氢罐，平均每日制氢设备利用小时数为 5.6h。在不考虑输运成本的情况下，制氢平准化成本约为 34 元/kg。

场景 2：集中式可再生能源自发自用制氢

对于大型工厂和用户而言，通过建立大型新能源电站，利用可再生能源电力制氢，选择自发自用是最理想的模式，既可以节省耗电成本，又可以在用不掉的情况下卖给电网。其并网点设在用户电表的负荷侧，需要增加反送电量的计量表或将电网用电电表设置成双向计量，多余电量馈入电网，具体如图 2-26 所示。

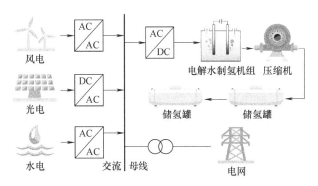

**图 2-25　新能源制氢系统参与电源侧波动平抑**

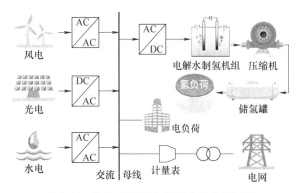

**图 2-26　集中式可再生能源自发自用制氢**

经济性分析：在此场景下建立电解水制氢经济性模型，配置 83MW 风电、40MW 光伏发电、100MW AWE 制氢机组、16t 储氢罐，平均每日制氢设备利用小时数为 18h。在不考虑输运成本的情况下，制氢平准化成本约为 21 元/kg。

场景 3：可再生能源离网型电解水制氢

该场景自建新能源电站及储能设施，离网运行，与公共电网无互动，需要搭配储能系统，以支撑电解水制氢机组跟随可再生能源出力特性曲线。产生的"绿电""绿氢"直接在原地消纳，具体如图 2-27 所示。

经济性分析：在此场景下建立电解水制氢经济性模型，配置 99.96MW 风电、14.9MW 光伏发电、100MW AWE 制氢机组、49t 储氢罐及 41MW/82MWh 电化学储能，平均每日制氢设备利用小时数为 11.33h。在不考虑输运成本的情况下，制氢平准化成本约为 22 元/kg。

场景 4：新能源制氢参与火电机组灵活性改造

针对火电机组普遍存在总量富余而灵活性、调节性不足的问题，利用制氢机组提高火电机组深度调峰极限，挖掘其提升新能源消纳能力的潜力，提高煤电灵活性和清洁低碳水平。当新能源出力富余时，为了更好更多地消纳新能源，火电机组积极灵活参与电力系统调节，当火电机组到达临界条件时，为了避免火电机组频繁启/停带来的能耗和磨损，将过剩火电通过 AC/DC 变换器输送至电解水制氢机组辅助火电调峰，AWE 制氢机组制得的氢气通过压缩机将其压缩到储氢罐中，同时燃料电池机组主动参与负荷调峰，在满足运行条件下，随时补充发电，以达到经济效益最佳，具体如图 2-28 所示。

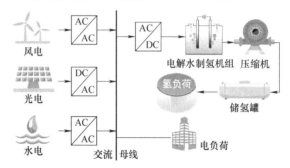

**图 2-27　可再生能源离网型电解水制氢**

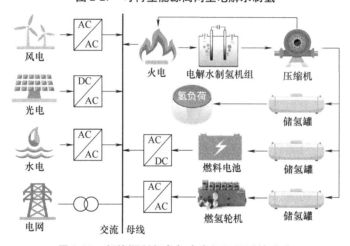

**图 2-28　新能源制氢参与火电机组灵活性改造**

　　经济性分析：在此场景下建立电解水制氢经济性模型，配置 300MW 火电、78MW 风电、36.2MW AWE 制氢机组、59.4MW 固体氧化物燃料电池机组，平均每日制氢设备利用小时数为 5h。在不考虑输运成本的情况下，制氢平准化成本约为 21.87 元/kg。

### 2.6.3　PEM 电解水制氢机组全寿命周期经济性分析

　　针对我国西北地区的两个大型风电场（分别为 WPP1 与 WPP2）与两个光伏电站（分别为 PVP1 与 PVP2）配置 PEM 电解水制氢机组，评估其经济性。

图 2-29 展示了 PEM 电解电堆不同平均电压增长率与恢复率下，电解电堆年均衰减量与寿命。PEM 电解电堆平均电压增长率由 $10\mu V/h$ 到 $100\mu V/h$ 逐步递增时，电解电堆的年均衰减量从 $0.2\times10^5\mu V$ 升到 $4.8\times10^5\mu V$，增加了 24 倍，其寿命从 14 年降至了 1 年；恢复率为 80% 时（平均电压增长率为 $100\mu V/h$ 时），年均衰减量为 $1.2\times10^5\mu V$，寿命为 4.3 年，表明为延长电解电堆寿命需要适当的停机恢复可逆退化部分。

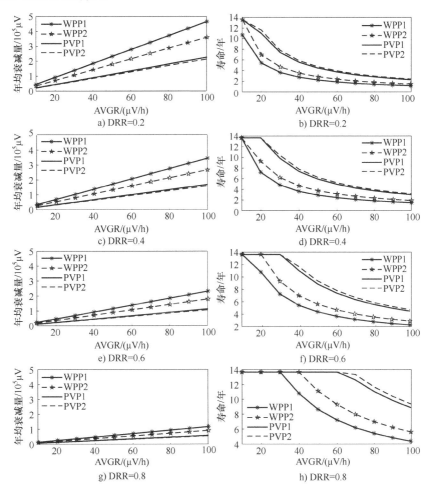

**图 2-29　不同参数下 PEM 电解电堆年均衰减量与寿命评估结果**

图 2-30 展示了 PEM 电解水制氢效率、电压效率与运行时间的关系。图中每一点表示年末的制氢效率（或寿命末期的效率，当寿命不为整数年时，如寿命为 2.6 年，第三个点表示寿命末期的效率）。在规划周期 10 年以内，当平均电压增长率为 $10\mu V/h$ 时，规划周期的末期制氢效率为 69.91%（5.37kWh/$Nm^3$），在规划

周期内不需替换电堆；当平均电压增长率大于 30μV/h 时，寿命末期制氢效率为 67.27%（5.43kWh/Nm³），电解电堆寿命小于规划周期，需要更换电解电堆。

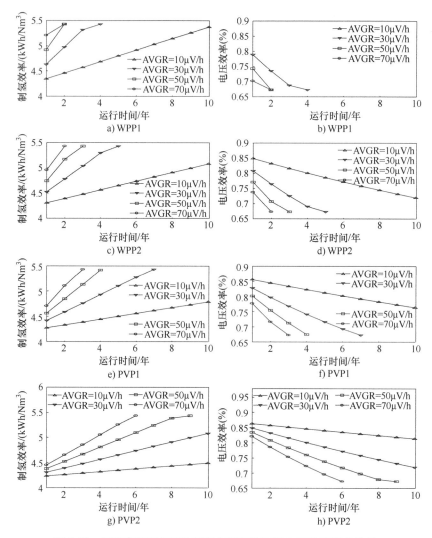

**图 2-30   不同参数下 PEM 电解水制氢效率和电压效率评估结果**

基于年均衰减量与寿命，可进一步推算电解电堆的更换成本、运行成本与制氢收入，图 2-31 展示了 PEM 电解水制氢机组全寿命周期的投资成本与净现值。投资成本与 PEM 电解电堆的寿命紧密相关，衰减率为 10μV/h，规划周期内电解电堆不需更换；衰减率为 20~40μV/h，电解电堆更换一次，但因为寿命不同电解电堆更换的年限不同，例如 40μV/h 比 20μV/h 早更换三年，因电解电堆价格不同，投资成本差异为 5.40×10⁸ 元。不同的衰减率也可以有相同的投资

成本，如 AVGR 为 50μV/h、60μV/h 与 70μV/h 时，具有相同的投资成本，即
2.30×10⁹ 元，原因在于规划周期内更换的电解电堆次数与更换时间（所在水平
年）相同，但寿命周期内收益不同，制氢效率与制氢量不同。

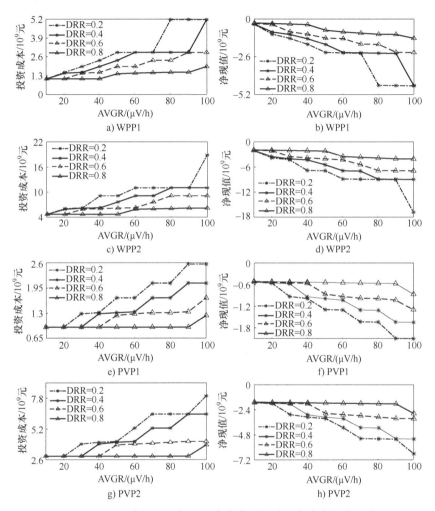

图 2-31　PEM 电解水制氢机组全寿命周期的投资成本与净现值

# 参 考 文 献

[1]　ZGONNIK V. The occurrence and geoscience of natural hydrogen：Acomprehensive review [J].
Earth-Science Reviews，2020，203（04）：1-51.

# 第3章

# 氢能储-输系统及运行特性

## 3

## 3.1 概述

氢气的存储是发展氢能技术的重要一环，当前储氢技术主要有气态、液态和固态三种方式。三种储氢方式特性对比见表 3-1。高压气态储氢技术凭借成熟度高、充放速度快、能量密度相对较高及成本较低等优点，已成为我国主流的储氢方式。

表 3-1　三种储氢方式特性对比

| 储氢方式 | | 原理 | 能耗/（元/GJ） | 体积储氢密度/（g/L） | 质量储氢密度（%） | 特点 |
|---|---|---|---|---|---|---|
| 气态储氢 | 高压气态储氢 | 通常在 15~100MPa 压力下，将氢气压缩，以高密度气态形式存储 | 12（20MPa 下） | 13~39 | 1.5~4.3 | 技术成熟、充放氢速度快、安全性能差 |
| 液态储氢 | 低温液态储氢 | 氢气压缩冷却至 −253℃使其液化存储 | 106 | 约 70 | 6 | 成本高、安全性高 |
| | 有机液态储氢 | 通过加氢反应将氢气固定到芳香族有机化合物中 | — | 约 62 | 6.2 | 成本高、储氢量大 |

（续）

| 储氢方式 | | 原理 | 能耗/<br>（元/GJ） | 体积储氢密度/<br>（g/L） | 质量储氢密度<br>（%） | 特点 |
|---|---|---|---|---|---|---|
| 固态<br>储氢 | 物理<br>吸附<br>储氢 | 利用多孔材料与氢<br>单质通过范德华力相<br>互作用而存储氢气 | 37 | 约 50 | 1~4.5 | 安全、成本高、<br>重量大 |
| | 化学<br>氢化<br>物储<br>氢 | 将氢与适当材料结<br>合形成有机氢载体 | — | 约 160 | 12~18 | 易腐蚀、易挥<br>发，使用场景有限 |

输氢技术的进步紧密依赖于储氢技术的发展。常用的输氢方式包括长管拖车运输、管道运输等。在 10t/天的用氢需求下，不同的储氢方式在 0~1000km 范围的运输成本[1]如图 3-1 所示。气态储氢长管拖车运输灵活性高，适用于短距离和分散用户，在百千米运输范围内运输成本仅为液态储氢的 50%，投入成本仅为液态储氢的 5.7%，且输氢压力越高，单位运输成本越低。管道运输具备连续大规模输送氢气的能力，完美契合工业需求，在远距离运输场景下，展现出了卓越的经济性。建立纯氢管道运输是未来大规模集中制氢及远距离运输的终极目标，但由于我国纯氢管道建设还处于起步阶段，技术尚不成熟，可以依托当前完善的天然气管道，通过天然气管道掺氢实现氢气运输。不同压力下长管拖车运输成本如图 3-2 所示。

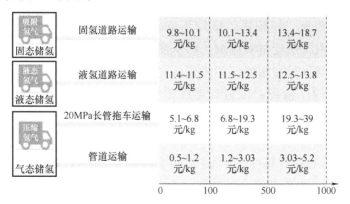

图 3-1　不同的储氢方式在 0~1000km 范围的运输成本

本章深入剖析了高压气态储氢及管道掺氢运输技术的系统结构与核心装置，阐述了关键环节物理建模方法，准确刻画其运行特性，并在此基础上，引出典型高压气态储-输系统的优化设计方法。

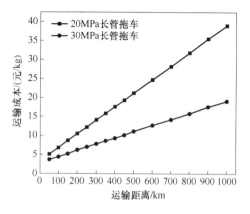

图 3-2　不同压力下长管拖车运输成本

## 3.2　高压气态储氢

### 3.2.1　储氢系统的结构

高压气态储氢技术是一种将氢气压缩后以高密度气态形式在高压下存储的方法。该技术设备结构相对简单、压缩氢气制备能耗低、温度适应范围广、成本低，是目前发展最成熟的储氢技术。高压气态储氢系统结构如图 3-3 所示，主要由储氢瓶、压缩机、压力调节器、阀门、传感器和控制装置组成。储氢瓶通常采用高强度材料制成，以承受高压；压缩机用于将氢气压缩至所需压力；压力调节器控制氢气的输出压力，确保安全供应；系统还包括多种安全阀以应对超压情况；压力和温度传感器监测系统运行状态，确保操作安全。

（1）储氢瓶

高压储氢瓶按照材料可以分为纯钢制金属瓶（Ⅰ型）、钢制内胆纤维环向缠绕瓶（Ⅱ型）、铝内胆纤维全缠绕瓶（Ⅲ型）、塑料内胆纤维缠绕瓶（Ⅳ型）、无内胆复合材料全缠绕瓶（Ⅴ型）五类，其中Ⅰ型、Ⅱ型技术较为成熟，主要用于常温常压下的氢气存储；Ⅲ型和Ⅳ型储氢瓶主要用于高压储氢，适用于氢燃料汽车、加氢站等；Ⅴ型储氢瓶处于研发阶段[2]。表 3-2 总结了Ⅰ型、Ⅱ型、Ⅲ型、Ⅳ型储氢瓶的技术特性。

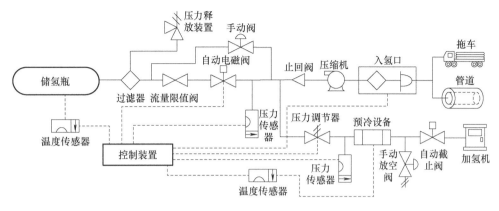

图 3-3　高压气态储氢系统结构

表 3-2　Ⅰ 型、Ⅱ 型、Ⅲ 型、Ⅳ 型储氢瓶的技术特性

| 类型 | 材质 | 工作压力/MPa | 质量储氢密度(%) | 体积储氢密度/(g/L) | 成本 |
|---|---|---|---|---|---|
| Ⅰ 型 | 纯钢制金属瓶 | 17.5~20.0 | 1.0 | 14.28~17.23 | 低 |
| Ⅱ 型 | 钢制内胆纤维环向缠绕瓶 | 26.3~30.0 | 1.5 | 14.28~17.23 | 中等 |
| Ⅲ 型 | 铝内胆纤维全缠绕瓶 | 30.0~70.0 | 2.4~4.1 | 35~40 | 高 |
| Ⅳ 型 | 塑料内胆纤维缠绕瓶 | >70.0 | 2.5~5.7 | 38~40 | 高 |

Ⅰ 型储氢瓶具有成本低、结构简单、制造技术成熟等优点。由于其重量大、承压能力有限，且储氢密度相对较低，多用于固定式、小储量的氢气存储。Ⅱ 型储氢瓶是对 Ⅰ 型储氢瓶的改进，采用金属衬里和部分纤维增强结构，这种设计提高了耐压能力，同时在一定程度上减轻了重量。然而，对于交通应用来说，Ⅱ 型储氢瓶仍然相对较重。Ⅲ 型储氢瓶以铝合金材料作为内胆，大大降低了储氢瓶的质量，能够承受更高的压力，在国内外的汽车领域，特别是公共汽车和卡车等大型车辆中得到了广泛应用。例如，我国 Ⅲ 型储氢瓶技术已较为成熟，35MPa 的 Ⅲ 型储氢瓶已在燃料电池汽车上实际投产使用。此外，美国通用汽车公司也开发了双层结构储氢瓶，其内层是无缝内胆与碳纤维缠绕增强结构，能够存储 3.1kg 氢气，储氢压力达到 70MPa[3-4]。Ⅳ 型储氢瓶采用阻隔性能良好的工程热塑料作为内胆，与氢气具有更好的相容性，且具有高气密性、耐腐蚀、耐高温和高强度、高韧性的优点。Ⅳ 型储氢瓶的容重比目前最高，在车载氢气存储系统中具备一定的竞争力，是乘用车和重型商用车的理想选择。尽管 Ⅳ 型储氢瓶的最大储氢压力可达到 70MPa，但由于其较低的储氢密度，导致储氢系

统体积较大，在空间有限的应用场景中存在一定的局限性。随着碳纤维外层和铝/塑料内胆等轻质材料技术的发展，储氢材料与储氢粉体材料之间的空隙共同参与了气-固高压复合储氢技术，这一创新方法受到了广泛关注。图 3-4 展示了高压复合储氢瓶的结构示意图。在这种复合储氢瓶中，除了储氢材料本身能够储存氢气外，储氢粉体材料之间的空隙也参与了储氢过程，从而实现气-固复合储氢[5]。

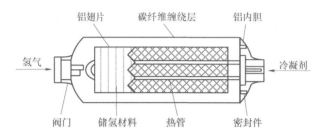

图 3-4　高压复合储氢瓶的结构示意图

（2）压缩机

氢压缩机必须具备高承压能力、大流量、安全性高和良好的密封性能，以有效防止氢脆现象的发生，最大限度地降低能源损耗。目前，加氢站中使用的氢气压缩机主要分为隔膜式压缩机和液驱式压缩机。其中，隔膜式压缩机凭借其高度纯净的压缩过程、大压缩比和高排气压力等技术特性，在制氢加氢一体站与固定式加氢站中占据主流地位；而液驱式压缩机则以其小巧的体积、便捷性和低维护成本，在撬装加氢站中逐渐受到青睐。随着大排量需求的增加，液驱式压缩机还展现出了模块化设计、体积较小、维修便捷以及密封件寿命较长等优点。

隔膜式压缩机是一种特殊结构的往复容积式压缩机，由液压油系统和气体压缩系统组合而成，如图 3-5 所示。其核心部件是金属膜片，在压缩过程中，它将液压油系统和气体压缩系统完全隔离，确保了压缩气体的纯净度和密封性。当活塞向下运动时，膜片随之向下变形，气缸容积增大，气体被吸入；而当活塞向上运动时，膜片受到液压油的推动向上变

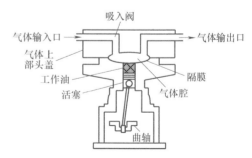

图 3-5　隔膜式压缩机的结构示意图

形，压缩气缸内的气体，当气体压力高于排气管道中的压力时，排气阀自动开

启，将压缩后的气体排出。在此过程中，氢气与油液无接触，膜片通过周围的 O 型密封环实现静密封，与外界完全隔离，从而实现气体的完全密封[6]。

液驱式压缩机具有结构简单、能够频繁启停且不受压力变化影响等优点，压缩原理与传统活塞式压缩机类似，主要区别在于取消了传统的曲柄连杆机构，采用液压系统驱动活塞进行往复运动。如图 3-6 所示，液驱式压缩机由气体增压系统和油压驱动系统组成，通过电机或其他能源装置驱动液压泵工作，液压泵将机械能转换为液压油的压力能。高压液压油随后被引导至压缩机的工作缸体中，推动活塞在气缸内进行往复运动。当活塞向气缸的排气端移动时，它会压缩气体，使气体的压力和温度都升高；当气体压力达到或超过排气阀的开启压力时，排气阀自动打开，高压气体从气缸中排出。与此同时，液压油在完成一次推动活塞的循环后，会通过特定的回路流回液压泵的驱动端，准备进行下一次的压缩循环。在这个过程中，液压泵持续地将机械能转换为液压能，为活塞的往复运动提供源源不断的动力，实现了对氢气的连续压缩和输送。

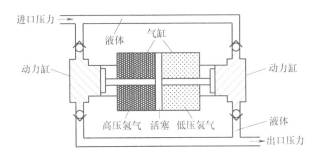

图 3-6　液驱式压缩机的结构示意图

## 3.2.2　储氢环节运行特性建模

高压气态储氢技术的主要设备为压缩储氢罐和压缩机。采用范氏方程建立考虑实际气体物理性质的压缩储氢罐模型和考虑动态压缩比的压缩机功耗模型。

压缩储氢罐可根据输出端对于氢气压强需求的不同分为高压储氢罐（High-pressure Hydrogen Storage，HHS）和低压储氢罐（Low-pressure Hydrogen Storage，LHS）。HHS 的储氢压强一般在 20MPa 左右，而 LHS 的储氢压强一般为 2~5MPa[7-8]。当氢气压强小于 10MPa 时，氢气的物理性质接近理想气体，可以采用理想气体状态方程描述氢气压强、体积和质量间的函数关系[9]。LHS 的数学模型如下：

$$p_{\mathrm{LHS},t} V_{\mathrm{LHS}} = n_{\mathrm{LHS},t} R T_{\mathrm{H}} \tag{3-1}$$

$$m_{\text{LHS},t} = n_{\text{LHS},t} M_{\text{H}} \tag{3-2}$$

式中，$p_{\text{LHS},t}$ 为 $t$ 时刻 LHS 的压力，单位为 MPa；$n_{\text{LHS},t}$ 为 $t$ 时刻 LHS 中氢气物质的量，单位为 mol；$m_{\text{LHS},t}$ 为 $t$ 时刻 LHS 中氢气的质量，单位为 kg；$R$ 为理想气体常数，取为 8.314J/(mol·K)；$T_{\text{H}}$ 为气体温度，单位为 K；$M_{\text{H}}$ 为氢气相对分子质量，单位为 kg/mol；$V_{\text{LHS}}$ 为 LHS 的体积，单位为 m³。由式（3-1）和式（3-2）可知，当 LHS 体积和温度确定时，LHS 中的 $p_{\text{LHS},t}$ 与 $m_{\text{LHS},t}$ 呈线性关系。

理想气体状态方程假设气体分子之间没有引力或斥力且忽略了气体分子体积，然而，在高压条件下，分子间的相互作用变得显著，气体分子的体积不可忽略，这会导致理想气体状态方程的预测与实际情况存在较大的偏差，在实际应用中具有一定的局限性。相比之下，范式方程考虑了这些分子间相互作用以及高压下气体分子体积的变化，更适用于描述高压氢气的真实物理特性。为了更好地反映真实气体的宏观物理性质[10]，准确反映 HHS 质量与储氢压强间的函数关系，基于范氏方程建立 HHS 的数学模型[11]如下所示：

$$\left[ p_{\text{HHS},t} + a_{\text{v}} \left( \frac{n_{\text{HHS},t}}{V_{\text{HHS}}} \right)^2 \right] (V_{\text{HHS}} - b_{\text{v}} n_{\text{HHS},t}) = n_{\text{HHS},t} R T_{\text{H}} \tag{3-3}$$

式中，$p_{\text{HHS},t}$ 为 $t$ 时刻 HHS 的压强，单位为 MPa；$V_{\text{HHS}}$ 为 HHS 的容积，单位为 m³；$n_{\text{HHS},t}$ 为 $t$ 时刻 HHS 内氢气物质的量，单位为 mol；$a_{\text{v}}$、$b_{\text{v}}$ 为范氏系数，分别为氢气分子间引力和斥力的修正量。

根据式（3-3）可推导得到 HHS 储氢压强 $p_{\text{HHS},t}$ 和储氢质量 $m_{\text{HHS}}$ 间的函数关系为

$$p_{\text{HHS},t} = f(m_{\text{HHS}}) = \frac{m_{\text{HHS},t} R T_{\text{H}}}{M_{\text{H}} V_{\text{HHS}} - b_{\text{v}} m_{\text{HHS},t}} - a_{\text{v}} \left( \frac{m_{\text{HHS},t}}{M_{\text{H}} V_{\text{HHS}}} \right)^2 \tag{3-4}$$

由式（3-4）可知，HHS 中 $p_{\text{HHS},t}$ 和 $m_{\text{HHS},t}$ 呈非线性函数关系。为简化计算，采用增量分段线性化方法将式（3-4）进行线性化转化[12]，可得如下压强分段线性近似方程：

$$p_{\text{HHS},t} = f(m_{\text{p},t}) + \sum_{i=1}^{N_{\text{p}}-1} \left[ (f(m_{\text{p},i+1}) - f(m_{\text{p},i})) \theta_i \right] \tag{3-5}$$

$$m_{\text{HHS}} = m_{\text{p},1} + \sum_{i=1}^{N_{\text{p}}-1} \left[ (m_{\text{p},i+1} - m_{\text{p},i}) \theta_i \right] \tag{3-6}$$

$$\theta_{i+1} \leqslant \eta_i, \eta_i \leqslant \theta_i, i = 1, 2, \cdots, N_{\text{p}} - 2 \tag{3-7}$$

$$0 \leqslant \theta_i \leqslant 1, i = 1, 2, \cdots, N_{\text{p}} - 1 \tag{3-8}$$

式中，$N_{\text{p}}$ 为线性化分段段数；$m_{\text{p},i}$ 为第 $i$ 分段的左端点；$\theta_i$ 反映了 $m_{\text{HHS},t}$ 在第 $i$

个分段区间的位置，$\theta_i \in [0,1]$；$\eta_i$ 为 0-1 变量。式（3-7）保证了线性化时各分段是连续的。

储氢罐的运行模型如下：

$$m_{\mathrm{HS},t} = m_{\mathrm{HS},t-1}(1-\delta_{\mathrm{HS}}) + m_{\mathrm{HS},t-1}^{\mathrm{in}} - m_{\mathrm{HS},t-1}^{\mathrm{out}} \tag{3-9}$$

$$0 \leqslant m_{\mathrm{HS},t}^{\mathrm{in}} \leqslant B_{\mathrm{HS},t}^{\mathrm{in}} m_{\mathrm{HS,max}}^{\mathrm{in}} \tag{3-10}$$

$$0 \leqslant m_{\mathrm{HS},t}^{\mathrm{out}} \leqslant B_{\mathrm{HS},t}^{\mathrm{out}} m_{\mathrm{HS,max}}^{\mathrm{out}} \tag{3-11}$$

$$B_{\mathrm{HS},t}^{\mathrm{in}} + B_{\mathrm{HS},t}^{\mathrm{out}} \leqslant 1 \tag{3-12}$$

式中，$m_{\mathrm{HS},t}$ 为 $t$ 时刻储氢罐的储氢质量，单位为 kg；$\delta_{\mathrm{HS}}$ 为储氢罐单位时间内的自损耗率；$m_{\mathrm{HS},t}^{\mathrm{in}}$、$m_{\mathrm{HS},t}^{\mathrm{out}}$ 分别为储氢罐 $t$ 时刻的储氢量和放氢量，单位为 kg；$m_{\mathrm{HS,max}}^{\mathrm{in}}$、$m_{\mathrm{HS,max}}^{\mathrm{out}}$ 分别为储氢罐最大储氢、放氢速率，单位为 kg/s；$B_{\mathrm{HS},t}^{\mathrm{in}}$、$B_{\mathrm{HS},t}^{\mathrm{out}}$ 分别为 $t$ 时刻储氢罐储、放氢状态，为布尔变量。当 $B_{\mathrm{HS},t}^{\mathrm{in}}$ 为 1 时，储氢罐为储氢状态，反之则不是，$B_{\mathrm{HS},t}^{\mathrm{out}}$ 同理。

压缩机是将氢气从低压状态压缩到所需高压状态的关键设备，其功耗直接影响着储氢的能效。等熵条件下，进气量和压缩比是影响压缩机功耗的主要因素。在进气量已知的条件下，压缩比为压缩机出气口和进气口的压力比值。一般情况下，压缩机进气口的压力是不变的，为了准确评估压缩机的功耗，考虑动态压缩比建立如下的压缩机功耗模型：

$$P_{\mathrm{HS\_C},t} = \frac{W_{\mathrm{HS\_C},t} m_{\mathrm{HS\_in},t}}{\eta_{\mathrm{HS\_C}} M_{\mathrm{H}}} \tag{3-13}$$

$$W_{\mathrm{HS\_C},t} = \frac{\xi_{\mathrm{H}}}{\xi_{\mathrm{H}}-1} R T_{\mathrm{H}} \left[ \left( \frac{p_{\mathrm{HS\_C,out}}}{p_{\mathrm{HS\_C,in}}} \right)^{(\xi_{\mathrm{H}}-1)/\xi_{\mathrm{H}}} - 1 \right] \tag{3-14}$$

式中，$P_{\mathrm{HS\_C},t}$ 为 $t$ 时刻储氢环节压缩机的运行功耗，单位为 kWh；$\xi_{\mathrm{H}}$ 为氢气平均容积多变指数；$m_{\mathrm{HS\_in},t}$ 为 $t$ 时刻压缩机进气口的质量，单位为 kg；$W_{\mathrm{HS\_C},t}$ 为 $t$ 时刻压缩单位摩尔质量氢气的功耗，单位为 kW；$p_{\mathrm{HS\_C,out}}$、$p_{\mathrm{HS\_C,in}}$ 分别为压缩机出气口和进气口压力，单位为 MPa；$\eta_{\mathrm{HS\_C}}$ 为压缩机的压缩效率。

将式（3-14）代入式（3-13）中，得到的压缩机功耗模型中含有两个连续变量相乘的非线性项形式，采用二进制法和大 M 法对非线性项进行如下的线性化转化：

$$W = W_{\min} + \psi \sum_{n=0}^{p} 2^n \delta_n \tag{3-15}$$

$$0 \leqslant \psi \sum_{n=0}^{p} 2^n \delta_n \leqslant W_{\max} - W_{\min} \tag{3-16}$$

$$\delta_n \in \{0,1\} \tag{3-17}$$

$$mW = mW_{\min} + \psi \sum_{n=0}^{p} 2^n \tau_n \tag{3-18}$$

$$m - M(1-\delta_n) \le \tau_n \le m + M(1-\delta_n) \tag{3-19}$$

$$-M\delta_n \le \tau_n \le M\delta_n \tag{3-20}$$

式中，$W$、$m$ 为连续变量；$\delta_n$ 为二进制变量；$\tau_n$ 为辅助变量。式（3-15）将连续变量 $W$ 离散化，即用 $p$ 位二进制数 $\delta$ 表示，$\psi$ 为分辨率；式（3-19）和式（3-20）为基于大 M 法将非线性项 $mW$ 进行线性化表征。

### 3.2.3 储氢环节技术经济特性

储氢环节的投资成本 $C_{HS,inv}$ 按下式计算：

$$C_{HS,inv} = c_{HS} P_{HS} \tag{3-21}$$

式中，$c_{HS}$ 为储氢罐单位容量价格，单位为元/$m^3$；$P_{HS}$ 为储氢罐的储氢容量，单位为 $m^3$。

储氢环节的运行成本 $C_{HS,op}$ 主要包括压缩机功耗成本 $C_{HS,energy}$ 与储氢罐维护成本 $C_{HS,ma}$。其中，压缩机功耗成本如式（3-23）所示：

$$C_{HS,op} = C_{HS,energy} + C_{HS,ma} \tag{3-22}$$

$$C_{HS,energy} = \sum_{t=1}^{T_{sys}} c_1 P_{HS\_C}(t) \tag{3-23}$$

式中，$P_{HS\_C}(t)$ 为 $t$ 时刻储氢环节压缩机的运行功耗，单位为 kWh。

储氢罐维护成本 $C_{HS,ma}$ 由下式计算：

$$C_{HS,ma} = \sum_{t=1}^{T_{sys}} k_{HS,m} C_{HC,inv} \tag{3-24}$$

式中，$k_{HS,m}$ 为储氢罐的维护系数。

## 3.3 高压气态输氢

### 3.3.1 天然气掺氢系统的结构和物理性质

（1）天然气掺氢系统的结构

天然气掺氢系统通过掺氢混气站将氢气按比例混入天然气，利用加压站提供足够压力输送。利用天然气管道实现城际之间的大规模、远距离输送，从气源的气体处理厂将气体运输到各大城市的配气中心、大规模用户，再通过民用管道供给交通等各个领域。天然气掺氢系统结构如图 3-7 所示。

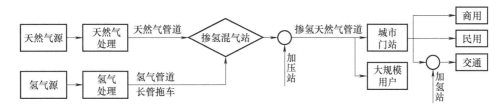

图 3-7　天然气掺氢系统结构

掺氢混气站以天然气管道、氢气管道和长管拖车作为气源，手动阀、自动电磁阀和流量限制阀用于控制气流，精确调整氢气与天然气的配比，确保混合气体的质量稳定且均匀，过滤器用于去除杂质，压缩机将气体压缩到所需压力，压力传感器和压力释放器用于监测和调节压力，混合器将天然气和氢气按比例混合，排污阀用于排出杂质，控制装置负责整个系统的自动化控制和监测，根据不同工况需求实时调节混合过程的压力和成分，有效降低运行风险，保障系统高效运行，最终将混合后的掺氢天然气通过管道输送到用户端。掺氢混气站的内部结构如图 3-8 所示。

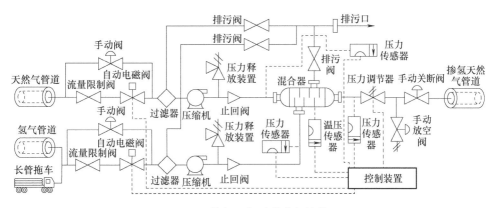

图 3-8　掺氢混气站的内部结构

（2）掺氢管道的物理性质

氢气与天然气在物理化学性质上存在着显著差异，当天然气掺氢后，混合气体的性质变化可能对管道输送带来安全隐患。氢气会引起管材发生氢脆、氢致开裂、氢鼓泡等现象。氢脆是指氢气进入金属内部后，在位错和微小间隙处聚集并达到过饱和状态，阻止位错运动进行，导致材料延展性和抗拉性降低，使金属表现出脆性，从而增加管道失效的风险。氢致开裂则是氢原子在金属内部扩散时，被氢陷阱捕获并发生局部聚集，由于内压升高、解离作用和促进局部塑性等机理，产生裂纹形核，最终导致材料开裂。氢鼓泡则是由于氢分子在金属内部无法扩散，产生局部超压，导致金属产生鼓泡并失效。除此之外，管道本体、焊缝、配件、压缩机等均暴露在高压富氢环境中，除常规天然气管道面临的土壤腐蚀、应力腐蚀和酸性气体腐蚀之外，氢含量的显著增加会引起材料塑性下降，诱发裂纹或产生滞后断裂，从而加剧管道的氢脆和氢腐蚀等。

天然气的主要成分为甲烷，为方便计算，可将天然气的物理性质近似地看作甲烷的物理性质。表 3-3 分别给出了氢气与甲烷的物理性质。

表 3-3　氢气与甲烷的物理性质对比

| 物理性质名称 | 氢气（$H_2$） | 甲烷（$CH_4$） |
|---|---|---|
| 相对分子质量/(g/mol) | 2.016 | 16.043 |
| 气体常数/[J/(kg·K)] | 4125 | 518 |
| 密度（15℃)/(kg/m³) | 0.0852 | 0.6801 |
| 低热值/(MJ/m³) | 10.23 | 34.04 |
| 高热值/(MJ/m³) | 12.09 | 37.77 |
| 比热容（1atm, 25℃)/[J/(mol·K)] | 28.8 | 35.5 |
| 比热比 | 1.4 | 1.31 |
| 空气中爆炸极限（%） | 18.2~58.9 | 5.7~14 |
| 黏度/(Pa·s) | $9×10^{-6}$ | $11×10^{-6}$ |
| 空气中扩散系数/($10^{-4}$m²/s) | 0.611 | 0.196 |

氢气与天然气的物理性质有很大不同，与天然气相比，氢气具有相对分子质量小、密度小、热值低、比热容小以及黏度低等特点。将两种气体以不同比例混合，混合气体的相对分子质量 $M_{HCNG}$ 由下式表示：

$$M_{HCNG} = M_H\theta_h + M_{NG}(1-\theta_h) \tag{3-25}$$

式中，$M_H$、$M_{NG}$ 分别为氢气和天然气的相对分子质量，单位为 g/mol；$\theta_h$ 为氢气的体积分数，即掺氢比。

气体密度通常与其所处的环境参数有关，采用实际气体状态方程计算混合气体密度 $\rho$：

$$\rho = \frac{p_{HCNG}M_{HCNG}}{ZRT_{HCNG}} \tag{3-26}$$

式中，$p_{HCNG}$ 为混合气体的压力，单位为 MPa；$Z$ 为气体的压缩因子；$R$ 为气体常数，取 8.314J/(mol·K)；$T_{HCNG}$ 为混合气体温度，单位为 K。气体的压缩因子采用美国天然气协会提出的公式进行计算：

$$Z = 1 + 0.257 \frac{p}{p_c} - 0.533 \frac{pT_c}{p_cT} \tag{3-27}$$

式中，$p$ 和 $p_c$ 分别为气体的实际压力和准临界压力，单位为 MPa；$T$ 和 $T_c$ 分别为气体的实际温度和准临界温度，单位为 K；可根据气体组分比进行估计。

混合气体热值 $H_{HCNG}$ 通过下式计算：

$$H_{HCNG} = H_0/Z \tag{3-28}$$

$$H_0 = H_H\theta_h + H_{NG}(1 - \theta_h) \tag{3-29}$$

式中，$H_0$ 为混合气体的理想热值，单位为 $MJ/m^3$；$H_H$ 和 $H_{NG}$ 分别为氢气和天然气的热值，单位为 $MJ/m^3$。

混合气体的黏度 $\mu_{HCNG}$ 采用 Wilke 半经验关系式计算：

$$\mu_{HCNG} = \frac{\mu_H\theta_h\sqrt{M_H} + \mu_{NG}(1 - \theta_h)\sqrt{M_{NG}}}{\theta_h\sqrt{M_H} + (1 - \theta_h)\sqrt{M_{NG}}} \tag{3-30}$$

式中，$\mu_H$ 和 $\mu_{NG}$ 分别为氢气和天然气的黏度，单位为 Pa·s。

## 3.3.2　掺氢管道压力特性建模

在掺氢天然气输送过程中，由于存在摩擦损耗，混合气体在管道内的压力相较于管道入口的压力会有所降低。另外，管道高程的变化也会对输送气体的压力产生影响。管道的压降模型如下：

$$\Delta p = \frac{f\rho v_{HCNG}^2}{2D} + \frac{\rho g\Delta h}{L} \tag{3-31}$$

$$v_{HCNG} = \frac{4Q_{HCNG}p_0T_{HCNG}}{\pi D^2 T_0 p_{HCNG}} \tag{3-32}$$

式中，$\Delta p$ 为管道每千米压降，单位为 MPa；$f$ 为管道的摩擦系数；$L$ 为管道的长度，单位为 km；$v_{HCNG}$ 为管道中气体的流速，单位为 m/s；$D$ 为管道的外径，单位为 mm；$g$ 为当地的重力加速度，取 $9.8m/s^2$；$\Delta h$ 为管道的高程变化量，单位为 m；$Q_{HCNG}$ 为管道气体的标准体积流量，单位为 $Nm^3/s$；$p_0$ 为标况下的压力，单位为 MPa；$T_0$ 为标况下的温度，单位为 K。

摩擦系数是反映管道内气体流动时气体分子之间相互摩擦以及气体分子与管道内壁之间相互摩擦的程度，是影响管道压降计算的重要参数之一，本书采用被广泛应用于天然气管道压降计算的 Colebrook 公式[13]：

$$\frac{1}{\sqrt{f}} = -2\lg\left(\frac{K_e}{3.71} + \frac{2.51}{\text{Re}\sqrt{f}}\right) \tag{3-33}$$

$$\text{Re} = \frac{\rho v_{\text{HCNG}} D}{\mu_{\text{HCNG}}} \tag{3-34}$$

式中，$K_e$ 为天然气管道内壁的相对粗糙度，单位为 mm；Re 为雷诺数。

为保证输气管道的输送效率，需在管道沿途增设压气站对输送气体进行加压，压气站是指装有气体增压设备的站场，用以补充气体沿天然气管道流动时所消耗的压力能，维持管道在设定压力下，保证将气体按要求的流量输至管道终点。

将压气站的压缩比设定为固定值，在保证管道输送流量一定的情况下，输氢环节的压力损耗仅与沿途建设的压气站的数量有关。压气站的核心部件是压缩机，当压缩比固定时，可将式（3-13）和式（3-14）转化为

$$P_{\text{TP\_C},t} = \frac{\xi_{\text{HCNG}}}{\xi_{\text{HCNG}}-1} \frac{RT_{\text{HCNG}} m_{\text{TP\_in},t}}{\eta_{\text{TP\_C}} M_{\text{HCNG}}} \left[ (k_{\text{pr}})^{(\xi_{\text{HCNG}}-1)/\xi_{\text{HCNG}}} - 1 \right] \tag{3-35}$$

式中，$P_{\text{TP\_C},t}$ 为 $t$ 时刻压气站压缩机的运行功耗，单位为 kWh；$\xi_{\text{HCNG}}$ 为掺氢天然气平均容积多变指数；$m_{\text{TP\_in},t}$ 为 $t$ 时刻压缩机进气口的质量流量，单位为 kg/s；$\eta_{\text{TP\_C}}$ 为压缩机的压缩效率；$k_{\text{pr}}$ 为压缩机的压缩比。

输氢环节加压能耗成本由下式计算：

$$C_{\text{p,pre}} = \sum_{t=1}^{T_{\text{sys}}} \sum_{n=1}^{N} c_1 P_{\text{TP\_C},n}(t) \Delta t \tag{3-36}$$

式中，$N$ 为系统内压气站的数量；$P_{\text{TP\_C},n}(t)$ 为 $t$ 时刻第 $n$ 个压气站的运行功率。假设管道沿线的压力均匀下降，且压气站的出口气体压力恒为管道设计压力，那么沿途所设压气站的数量由下式确定：

$$N = \left[ \frac{L\Delta p}{p_{\text{set}} - (p_{\text{set}}/k_{\text{pr}})} \right] \tag{3-37}$$

### 3.3.3 掺氢管道衰减特性建模

腐蚀是造成天然气管道失效的主要原因之一，氢气进入天然气管道后，氢分子在金属表面分解成氢原子，进入金属内部导致材料延展性和抗粒性降低，使管道腐蚀速率增加，对管道的使用寿命产生影响，天然气管道的使用寿命 $T_{\text{P}}$ 计算公式如下：

$$T_{\text{P}} = \frac{d_{\text{pipe,start}} - d_{\text{min}}}{v_{\text{cr}}} \tag{3-38}$$

式中，$d_{\text{pipe,start}}$ 为管道的初始壁厚，单位为 mm；$d_{\min}$ 为管道的最小允许壁厚，一般取管道壁厚的 20%；$v_{\text{cr}}$ 为管道的腐蚀速率，腐蚀速率会随着氢气浓度的增加而加快，由下式计算：

$$v_{\text{cr}} = v_{\text{cr},0} e^{\theta_h} \tag{3-39}$$

式中，$v_{\text{cr},0}$ 为管道未掺氢时的年平均腐蚀速率，取 0.42mm/a。根据管道的腐蚀速率可计算出管道的剩余壁厚：

$$d_{\text{pipe},t} = d_{\text{pipe,start}} - v_{\text{cr}} t_P \tag{3-40}$$

式中，$d_{\text{pipe},t}$ 为 $t$ 时刻管道的剩余壁厚，单位为 mm；$t_P$ 为管道已投入使用的时长。

掺氢输送导致天然气管道的性能参数发生变化，氢气的腐蚀性会使管道的使用寿命减少，为弥补掺氢对管道带来的损耗，利用天然气管道输送氢气可根据管道的投资成本及掺氢比例设置管道使用费用，具体由下式计算：

$$C_{\text{p,use}} = \sum_{t=1}^{T_{\text{sys}}} c_{\text{pipe}} \theta_h Q_{\text{HCNG},t} \Delta t \tag{3-41}$$

$$c_{\text{pipe}} = \frac{C_{\text{p,inv}} + T_P C_{\text{p,ma}}}{T_P Q_{\text{set}}} e^{\theta_h} \tag{3-42}$$

式中，$c_{\text{pipe}}$ 为天然气管道的使用费用，单位为元；$Q_{\text{set}}$ 为管道的年设计输气能力，单位为亿 $Nm^3/a$。

### 3.3.4　掺氢管道渗透特性建模

在相同的压力和孔隙尺寸下，与甲烷和烃类相比，氢气更容易从管道孔隙处渗透泄漏。在输送过程中，随着氢气的掺入，气体会透过管道渗透到空气中，产生能量损失，当渗透流量过高时，甚至会发生爆炸，结合达西定律建立管道的渗透流量模型如下：

$$Q_{\text{per},t} = \lambda_p \frac{A(p_{\text{HCNG}} - p_0)}{\mu_{\text{HCNG}} d_{\text{pipe},t}} \tag{3-43}$$

式中，$Q_{\text{per},t}$ 为 $t$ 时刻管道的气体渗透流量，单位为 $m^3/a$；$\lambda_p$ 为气体渗透率；$A$ 为管道的横截面积。

管道内的气体渗透率是温度变化的函数，同时受掺氢比的影响，其关系式如下：

$$\lambda_p = \lambda_0 e^{\theta_h - \frac{E}{R_a T_{\text{HCNG}}}} \tag{3-44}$$

$$E = H_{\text{HCNG}} / \rho \tag{3-45}$$

式中，$\lambda_0$ 为管道的渗透常数；$E$ 为单位质量混合气体的能量。

管道渗透损耗成本主要考虑气体输送过程中，管道内气体通过管壁渗透到空气中的损耗成本。运行期间内天然气管道渗透损耗成本 $C_{p,blow}$ 为

$$C_{p,blow} = \sum_{t=1}^{T_{sys}} \left[ c_H \theta_h Q_{per}(t) + c_{NG}(1-\theta_h) Q_{per}(t) \right] \Delta t \tag{3-46}$$

式中，$c_H$、$c_{NG}$ 分别为氢气与天然气的价格，单位为元/m³。

输氢环节的运行成本主要包括管道输送过程中的运输成本 $C_{p,tp}$ 以及管道和设备的维护成本 $C_{p,ma}$。其中，运输成本包括加压能耗成本 $C_{p,pre}$、渗透损耗成本 $C_{p,blow}$ 以及管道的使用成本 $C_{p,use}$，具体由下式表示：

$$C_{p,op} = C_{p,tp} + C_{p,ma} \tag{3-47}$$

$$C_{p,tp} = C_{p,pre} + C_{p,blow} + C_{p,use} \tag{3-48}$$

$$C_{p,ma} = k_{p,m} C_{p,inv} \tag{3-49}$$

## 3.4 氢高压加注

加氢站是一个系统集成设备，主要包括卸气设备、压缩设备、储氢设备、加注设备、预冷设备和控制设备。各个设备并非各自独立，而是需要根据加氢站的设计目标和应对连续加注能力进行选型、匹配、控制和优化，使加氢站发挥出最大的加注效率。

### 3.4.1 加注设备

（1）卸气设备

卸气设备主要用于从长管拖车上取氢气，通过氢气压缩机将低压氢气增压至 45MPa，并将其储存在储氢瓶中。该设备具有吹扫置换、紧急切断和超压释放等功能。管道和阀门的尺寸设计是基于压缩机（单台或多台）最大增压流量的计算，确保管道内的压损符合工艺系统的设计规范。由于设备包含吹扫置换功能，因此系统中必然会使用除氢气之外的其他介质。考虑到阀门可能存在内漏，且无法避免频繁启闭的情况，因此为了最大程度避免氢气或其他介质的污染，可采用截止泄放阀组。

（2）压缩设备

压缩设备性能的可靠性直接决定加氢站的整体运行可靠性。目前，国内的

加氢站绝大多数应用的是隔膜式压缩机，具有气密性能好、增压能力大的优点。部分加氢站使用液驱式压缩机或离子压缩机，具有可频繁启停，维护相对简单的优点，液驱式压缩机已实现了一定规模的应用，应用区域以河南和河北示范城市群为主。

（3）储氢设备

储氢设备的储氢能力设计和压缩机的增压流量直接决定加氢站的连续快速加氢能力。目前，国内 35MPa 加氢站多数采用分级加注模式，即将储氢瓶通过编组方法分为高、中、低压三组。在充放气时，选择最接近压缩机或车载储氢瓶的压力等级，可以减少压缩过程中的能量损失，极大地提高储氢瓶的取气率。除此之外，还需进行顺序控制阀组的工艺设计和逻辑设定，以实现分级加注要求和解决储氢瓶给车辆充氢时，压缩机可同时给储氢瓶中需要增压的瓶组充氢，且不会导致加氢过程中压缩机分流，即可同时给储氢瓶某组气瓶和车辆充氢。当然还需考虑设计应对高压瓶组压力低于 35MPa 时，压缩机可对车辆直充增压至 35MPa。

（4）加注与预冷设备

加注与预冷设备的可靠性决定了加氢站的加注可靠性和加注成功率。加注设备主要由加氢机和售气设备组成的，加氢机负责从储氢瓶中分级取气，氢气经计量、流量控制、预冷和过滤加注至氢燃料电池汽车车载储氢瓶内。目前，国内加氢站大部分都配置有快速加氢预冷设备，35MPa 加氢站的预冷温度为 0~5℃。在多次加注数据统计中发现，在最大加氢流量达到 3kg/min，平均加氢流量达到 2kg/min 的情况下，车载储氢瓶内氢气温度在 45℃ 左右。而无预冷设备的加氢站中，当夏天环境温度为 30℃，最大加氢流量为 1kg/min 的情况下，车载储氢瓶内氢气温度超过 65℃（压缩机直充模式下测得）。在无预冷设备的情况下，既限制了加氢速度，又存在车载储氢瓶超温风险。

（5）控制设备

控制设备是加氢站的控制中枢，控制着整个加氢站自动、安全、可靠、高效运行。控制设备的主要作用是连续监控站内所有设备的运行状态、工艺参数，确保按预设的逻辑控制各设备的运行状态，达到卸气、顺序增压、分级加注等工艺功能。可以对历史数据，以及历史趋势曲线的记录、储存、显示和查询，并可配置加氢站数据上传接口，实现数据实时上传至运行控制平台。控制设备配置有不间断电源，在供电设备断电时仍可给控制设备（包括站控 PLC、加氢机控制设备、收费管理设备）和所有仪表（包括电磁阀、变送器、火气系统所有探测仪表、应急照明等）提供稳定、不间断的电力供应，监视和记录加氢站系统的运行状况，保证系统的安全运行。

### 3.4.2　加注技术

将 20MPa 的管束式集装箱运输至加氢站内，加氢站控制流程示意图如图 3-9 所示。通过加氢站装置先后以卸气柱-加氢机、卸气柱-压缩机-储氢瓶组-加氢机、卸气柱-压缩机-加氢机三种方式将氢气加注到氢燃料电池汽车车载储氢瓶内，并增压至 35MPa。

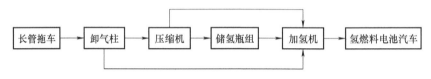

**图 3-9　加氢站控制流程示意图**

当燃料电池车的压力介于 2MPa 与管束式集装箱的压力之间时，开始进行管束式集装箱直充操作。首先起动卸气柱，打开卸气柱的出料切断阀，并将卸气柱连接至加氢机管线。当加氢机的流量低于 1kg/min 时（延时 5s），开始进行储氢瓶直充。此时，打开储氢瓶的进出料切断阀，并连接储氢瓶与加氢机管线，停止管束式集装箱直充，关闭卸气柱至加氢机管线切断阀。如果加氢机的流量仍低于 1kg/min（延时 5s），且燃料电池车的压力小于 35MPa，则关闭储氢瓶的进出料切断阀，暂停储氢瓶直充，开始进行压缩机直充。此时，起动卸气柱，打开卸气柱出料切断阀，同时起动压缩机，直到压力达到 35MPa，停止加氢操作，并关闭加氢机进气开关阀，停用加氢机。在加氢结束后，检查储氢瓶组的压力。如果储氢瓶组的压力低于 45MPa，则起动压缩机，打开储氢瓶组的进出料切断阀，并关闭储氢瓶组至加氢机的进料阀。继续压缩直到储氢瓶组的压力超过 45MPa，随后关闭卸气柱出料切断阀（停止卸气柱操作），关闭高压氢气至储氢瓶组的切断阀，最终停用压缩机。

当燃料电池车的压力高于管束式集装箱的压力时，首先检查燃料电池车储罐的压力是否低于 35MPa。如果低于 35MPa，则开始储氢瓶直充，打开储氢瓶的进出料切断阀，并连接储氢瓶与加氢机管线。当加氢机流量低于 1kg/min（延时 5s），且燃料电池车压力低于 35MPa 时，关闭储氢瓶的进出料切断阀，暂停储氢瓶直充，开始压缩机直充。此时，起动卸气柱，打开卸气柱的出料切断阀，并起动压缩机，直至燃料电池车压力超过 35MPa，结束加氢操作，关闭加氢机进气开关阀，停用加氢机。在加氢结束后，检查储氢瓶组的压力。如果储氢瓶组的压力低于 45MPa，则起动压缩机，打开储氢瓶组的进出料切断阀，并关闭储氢瓶组至加氢机的进料阀，直至压力超过 45MPa。此时，关闭卸气柱的出料切断阀（停止卸气柱操作），关闭高压氢气至储氢瓶组的切断阀，停用压缩机。

## 3.5　高压气态储-输氢系统设计优化

### 3.5.1　基本原理

储输氢系统优化模型根据受端和送端不同的用电、用氢需求和可再生能源资源特点，以系统全年综合用能成本最低为目标，统筹优化发电、电制氢、储能、输氢等各类设备的规模和运行方式，开展全年逐小时的电、氢不同能源品种的供需平衡分析。考虑新能源机组的出力和爬坡约束，氢能系统的制氢机组功率、储氢罐容量和输氢压力约束，电力平衡和氢能平衡约束。决策变量包括系统总体规模数据：各类发电设备的装机容量、储氢环节压力和容量、输氢环节压力和流量；各类设备的小时级运行数据：发电机组功率、储能充放电功率、输氢设备的传输效率等。

目前对高压气态储-输系统设计的研究主要集中在可再生能源制氢和经济分析等方面，缺乏对耦合和运行特性的研究。储存和运输是氢能产业的两大环节，氢的运输是连接氢气生产端与需求端的关键。在考虑输氢环节后，不同地区的电源机组容量以及氢能设备的配置情况将会发生改变，在保证整个系统经济性的前提下，如何配置各地区电源机组、氢能系统各设备容量以及储-输环节的压力是亟待解决的问题。在满足不同地区电、氢供需平衡的基础上，结合各环节运行特性建立以经济性最优为目标的高压气态储-输氢联合系统优化模型，模型在设备层面上规划了电源和氢能设备的容量，并对氢能储-输环节的压力进行设置，高压气态储-输氢联合系统典型结构如图 3-10 所示。

由于风光发电具有不稳定性和波动性，其出力通常被视为非基础负荷，难以满足持续稳定的电力负荷需求。因此，风光发电通常与其他能源形式（如火电、水电等）结合使用，以维持电力系统的供需平衡。图 3-10 中 A、B 两地区的新能源机组配合常规火电机组发电共同满足当地电负荷需求，利用剩余新能源发电进行电解水制氢，并将制取的氢气储存起来，通过本地消纳和管道输送的方式共同满足不同地区的氢能供需。

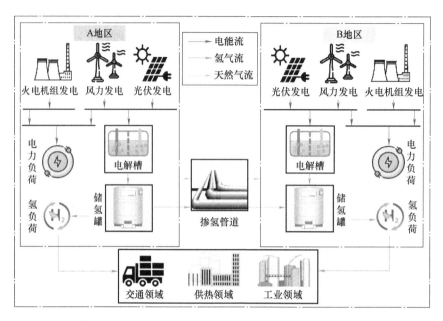

**图 3-10　高压气态储-输氢联合系统结构**（见彩色插页）

### 3.5.2　设计建模

（1）目标函数

以高压气态储-输氢联合系统年均综合成本最小作为优化目标，目标函数表达式如下：

$$\min C = C_{\text{inv}} + C_{\text{op}} \tag{3-50}$$

式中，$C$ 为系统年均综合成本，单位为元；$C_{\text{inv}}$ 为系统年均投资成本，单位为元；$C_{\text{op}}$ 为系统年均运行维护成本，单位为元。

系统年均投资成本包括火电机组、风电机组、光伏机组、制氢机组、储氢罐以及掺氢管道的年均投资成本，计算公式如下：

$$C_{\text{inv}} = \sum_{i \in I} \frac{r(1+r)^{T_i}}{(1+r)^{T_i} - 1} c_i P_i \tag{3-51}$$

式中，$r$ 为折现率；$c_i$ 为设备 $i$ 的投资单价，单位为万元/MW；$P_i$ 为设备 $i$ 配置的额定容量，单位为 MW；$T_i$ 为设备 $i$ 对应的使用寿命，单位为年，其中集合 $I$ 包括火电机组、风电机组、光伏机组、制氢机组、储氢罐和掺氢管道。

系统年均运行维护成本包括电源机组的发电成本、碳排放成本、制氢机组制氢成本、压缩储氢成本、输氢成本以及各设备的固定维护成本，由下式表示：

$$C_{op} = C_{G,op} + C_{em,op} + C_{e,op} + C_{HS,op} + C_{p,op} \tag{3-52}$$

式中，$C_{G,op}$、$C_{em,op}$、$C_{e,op}$、$C_{HS,op}$、$C_{p,op}$ 分别为电源机组的运行维护成本、碳排放成本、制氢机组的运行维护成本、储氢罐的运行维护成本、掺氢管道的运行维护成本，单位为元。其中，$C_{HS,op}$、$C_{p,op}$ 由式（3-22）和式（3-47）表示，$C_{G,op}$、$C_{em,op}$ 分别由下式表示：

$$C_{G,op} = \sum_{j \in J} \left( \alpha_j P_{g,j} + k_{g,j} c_{g,j} P_{G,j} \right) \tag{3-53}$$

$$C_{em,op} = \sum_{t=1}^{T_{sys}} c_{em} \lambda_{nr} P_{nr}(t) \tag{3-54}$$

式中，集合 $J$ 包括火电机组、风电机组和光伏机组；$\alpha_j$ 为第 $j$ 种电源的发电成本，单位为元/MWh；$P_{g,j}$ 为第 $j$ 种电源的年总发电量，单位为 MWh；$k_{g,j}$ 为第 $j$ 种电源的维护系数；$c_{g,j}$ 为第 $j$ 种电源的单位容量投资成本，单位为万元/MW；$P_{G,j}$ 为第 $j$ 种电源的配置容量，单位为 MW；$c_{em}$ 为单位碳排放成本，单位为元/kg；$\lambda_{nr}$ 为火电机组单位发电碳排放量，单位为 kg/kWh；$P_{nr}(t)$ 为 $t$ 时刻火电机组发电功率，单位为 MW。

（2）约束条件

1）功率平衡约束。由系统结构可知，任意时刻的机组出力之和应满足当地的电负荷与制氢机组制氢用电之和。

$$P_{w,z}(t) + P_{pv,z}(t) + P_{nr,z}(t) = P_{fu,z}(t) + P_{el,z}(t), z \in S \tag{3-55}$$

式中，$S$ 表示系统涉及的地区；$P_{w,z}$、$P_{pv,z}$、$P_{nr,z}$、$P_{fu,z}$、$P_{el,z}$ 分别为 $z$ 地区风电机组发电、光伏机组发电、火电机组发电、用电负荷和制氢机组输入功率，单位均为 MW。

2）氢气平衡约束。系统的总产氢量应与系统所涉及各地区的需氢量之和相等。

$$\sum_{z \in S} Q_{el,z}(t) = \sum_{z \in S} Q_{h,z}(t) \tag{3-56}$$

式中，$Q_{el,z}(t)$ 为 $t$ 时刻 $z$ 地区的制氢机组产氢量，单位为 $Nm^3$；$Q_{h,z}(t)$ 为 $t$ 时刻 $z$ 地区的氢需求量，单位为 $Nm^3$。

3）制氢机组功率约束。制氢机组工作时其输入功率应维持在安全运行范围内。

$$P_{el,z}^{min} \leq P_{el,z}(t) \leq P_{el,z}^{max} \tag{3-57}$$

式中，$P_{el,z}^{min}$ 和 $P_{el,z}^{max}$ 分别为制氢机组安全稳定运行的最小和最大工作功率，单位为 MW。

4）储氢罐约束。为保证储氢罐安全稳定运行，其工作压力必须在安全范围内，且储氢罐的荷电状态需满足上下限约束且储存上限需大于最大氢需求量。

$$p_{HS,z}^{min} \leqslant p_{HS,z}(t) \leqslant p_{HS,z}^{max} \qquad (3-58)$$

$$\begin{cases} S_{HS,z}(t) = \dfrac{Q_{HS,z}(t)}{P_{HS,z}} \\ S_{HS,z}^{min} \leqslant S_{HS,z}(t) \leqslant S_{HS,z}^{max} \\ S_{HS,z}^{start} = S_{HS,z}^{end} = \dfrac{1}{2} \\ Q_{HS,z}^{max} \geqslant Q_{load,z}^{max} \end{cases} \qquad (3-59)$$

式中，$p_{HS,z}(t)$ 为 $t$ 时刻 $z$ 地区储氢罐的压力，单位为 MPa；$p_{HS,z}^{max}$ 和 $p_{HS,z}^{min}$ 分别为储氢罐允许的压力上下限，单位为 MPa；$S_{HS,z}(t)$ 为 $t$ 时刻 $z$ 地区储氢罐的荷电状态；$Q_{HS,z}(t)$ 为 $t$ 时刻 $z$ 地区储氢罐储存的氢气量，单位为 t；$P_{HS,z}$ 为 $z$ 地区储氢罐的额定容量，单位为 t；$S_{HS,z}^{min}$ 和 $S_{HS,z}^{max}$ 分别为 $z$ 地区储氢罐允许的最小和最大荷电状态；$S_{HS,z}^{start}$ 和 $S_{HS,z}^{end}$ 分别为初、末时段储氢罐的荷电状态；$Q_{HS,z}^{max}$ 为储氢罐的最大储氢容量，单位为 t；$Q_{load,z}^{max}$ 为最大需氢量，单位为 t。

5）机组出力约束。

$$\mu_{g,z}^{D} P_{g,z}^{r} \leqslant P_{g,z}(t) \leqslant \mu_{g,z}^{U} P_{g,z}^{r} \qquad (3-60)$$

式中，$P_{g,z}(t)$ 为 $t$ 时刻 $z$ 地区机组 g 的出力，单位为 MW；$P_{g,z}^{r}$ 为 $z$ 地区机组 g 的额定出力，单位为 MW；$\mu_{g,z}^{U}$ 和 $\mu_{g,z}^{D}$ 分别为 $z$ 地区机组 g 的出力上下限系数。

6）火电机组爬坡约束。

$$-R_{nr,z}^{D} \leqslant P_{nr,z}(t) - P_{nr,z}(t-1) \leqslant R_{nr,z}^{U} \qquad (3-61)$$

式中，$R_{nr,z}^{U}$ 和 $R_{nr,z}^{D}$ 分别为火电机组的向上和向下爬坡速率，单位为 MW/h。

7）弃风弃光约束。

$$\begin{cases} P_{w,z}^{dis}(t) = P_{w,z}^{fore}(t) - P_{w,z}(t) \\ P_{pv,z}^{dis}(t) = P_{pv,z}^{fore}(t) - P_{pv,z}(t) \\ 0 \leqslant P_{w,z}^{dis}(t) \leqslant P_{w,z}^{fore}(t) \\ 0 \leqslant P_{pv,z}^{dis}(t) \leqslant P_{pv,z}^{fore}(t) \end{cases} \qquad (3-62)$$

式中，$P_{w,z}(t)$ 和 $P_{pv,z}(t)$ 分别为 $t$ 时刻 $z$ 地区风电、光伏机组实际出力值；$P_{w,z}^{dis}(t)$ 和 $P_{pv,z}^{dis}(t)$ 分别为 $t$ 时刻 $z$ 地区弃风、弃光电量；$P_{w,z}^{fore}(t)$ 和 $P_{pv,z}^{fore}(t)$ 分别为 $t$ 时刻 $z$ 地区风电、光伏机组理论出力值。

8）掺氢天然气管道压力约束。

$$p_{set}^{min} \leqslant p_{set} \leqslant p_{set}^{max} \qquad (3-63)$$

式中，$p_{set}^{min}$ 和 $p_{set}^{max}$ 分别为管道设计压力的下限和上限，单位为 MPa。

## 3.6　案例分析

以我国西北 A 地区和 B 地区为实际算例，A 地区作为输送掺氢天然气的起点，B 地区作为接收掺氢天然气的终点。以 2030 年为规划年进行分析，A、B 两地区现有规模、资源潜力、建设成本、发电成本和使用年限见表 3-4。设 B 地区的氢需求只来自于本地制氢和 A 地区输送，两地氢气全部来源于电解水制氢，氢能设备相关参数见表 3-5。假设两地区的年最大用电负荷按每年 5% 的速率增长，电负荷预测数据见表 3-6。

表 3-4　A、B 两地区现有规模、资源潜力、建设成本、发电成本和使用年限

| 电源类型 | 火电机组 | | 风电机组 | | 光电机组 | |
|---|---|---|---|---|---|---|
| | A 地区 | B 地区 | A 地区 | B 地区 | A 地区 | B 地区 |
| 现有规模/MW | 66562 | 23089 | 32578 | 17246 | 29006 | 11458 |
| 资源潜力/MW | 100000 | 100000 | 90000 | 40000 | 100000 | 60000 |
| 建设成本/(万元/MW) | 375 | | 710 | | 782 | |
| 发电成本/(元/MWh) | 350 | | 0 | | 0 | |
| 使用年限/年 | 50 | | 20 | | 25 | |

表 3-5　氢能设备相关参数

| 参数 | 数值 | 参数 | 数值 |
|---|---|---|---|
| 制氢机组投资成本/(万元/MW) | 500 | 制氢机组制氢效率/(Nm$^3$/kWh) | 0.22 |
| 储氢罐投资成本/(万元/MW) | 9 | 氢能设备寿命/年 | 25 |
| 储气上限 | 0.8 | 储气下限 | 0.2 |
| 始末储氢状态 | 0.5 | 电解水制氢成本/(元/kg) | 29.9 |

表 3-6　A、B 两地区规划水平年的最大用电负荷

| 年份 | A 地区最大用电负荷/MW | B 地区最大用电负荷/MW |
|---|---|---|
| 2023 | 55519 | 40768 |
| 2030 | 78121 | 57366 |

为验证高压气态储-输氢系统联合规划的经济性，设置以下两种规划方案进行对比分析：

1）未考虑高压气态储-输氢系统联合规划，A、B 两地区之间不设置输氢环

节，通过本地制氢各自满足当地用氢需求。

2）考虑高压气态储-输氢系统联合规划，在 A、B 两地区之间新建掺氢管道，A 地区在满足当地用氢的前提下，通过管道向 B 地区输氢，配合 B 地区本地制氢共同满足 B 地区的用氢需求。

（1）电源与氢能设备规划结果

根据 2030 年负荷预测结果以及氢需求预测结果对两地区电源与氢能设备进行容量配置，分地区电源与氢能设备规划结果见表 3-7，两方案的电源与氢能设备容量规划结果如图 3-11 所示。

表 3-7　分地区电源与氢能设备规划结果

| 规划项目 | A 地区 | | B 地区 | |
|---|---|---|---|---|
| | 方案 1 | 方案 2 | 方案 1 | 方案 2 |
| 火电装机容量/MW | 73060 | 72877 | 44842 | 48045 |
| 风电装机容量/MW | 67341 | 70009 | 37664 | 30437 |
| 光伏装机容量/MW | 41617 | 43265 | 23277 | 18810 |
| 制氢机组容量/MW | 3979.8 | 4039.9 | 8693.3 | 3368.6 |
| 储氢罐容量/t | 277.1 | 267.15 | 2820.38 | 613.81 |
| 弃风/光率（%） | 3.43 | 2.66 | 1.23 | 0.17 |
| 储氢环节压力/MPa | 15.21 | 14.54 | 25.46 | 27.73 |
| 输氢环节压力/MPa | — | 9.4 | — | 9.4 |

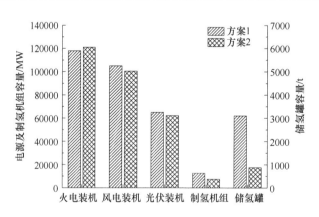

图 3-11　两方案的电源与氢能设备容量规划结果

对比表 3-7 两种规划方案可知，在 A 地区，方案 2 中的常规火电机组装机容量比方案 1 少了 183MW，这是由于 A 地区的火电机组容量已经足够满足当地电负荷需求，随着新能源装机容量的增加，进一步缓解了当地火电机组供电的压力，火电机组容量会相应减少；而方案 2 的风电装机容量和光伏装机容量分别比方案 1 多了 2668MW 和 1648MW，这是因为在方案 2 中考虑了 A 地区向 B 地区输氢，在制取本地用氢的基础上，需要增建更多的新能源机组用于制取管道输送的氢气。在 B 地区，方案 2 中的常规火电机组装机容量比方案 1 多了 3203MW，而风电装机容量和光伏装机容量分别比方案 1 少了 7227MW 和 4467MW，这是由于在方案 2 中加入了输氢环节，使得 B 地区的大部分氢气由 A 地区供应，减缓了 B 地区当地制氢压力，所以方案 2 的新能源机组要少于方案 1，随着新能源机组装机容量的减少，B 地区的电源总出力难以满足电负荷需求，故需增加火电机组容量以维持 B 地区的电力供需平衡。另外，考虑高压气态储-输氢系统联合规划，A 地区和 B 地区的弃风/光率分别下降了 0.77 和 1.06 个百分点。可见通过联合规划可以有效缓解新能源弃电率高的问题。

由图 3-11 可知，方案 2 的制氢机组容量和储氢罐容量分别比方案 1 少了 1133.1MW 和 66.25t，新能源机组的装机容量比方案 1 少了 7378MW，一定程度上减少了新能源机组和氢能设备的使用规模。

（2）储氢罐运行模拟结果

在方案 2 下，对两地区储氢罐的运行状态进行分析，图 3-12 所示为典型日内两地区储氢罐的氢气质量以及储氢罐进出口的氢气质量运行模拟结果，图 3-13 所示为两地区储氢罐气体压力的变化关系图。

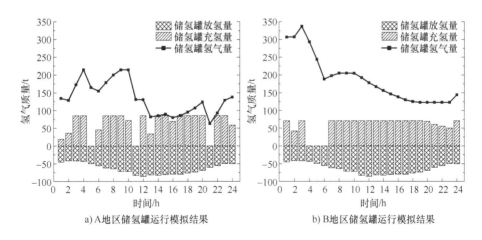

a) A 地区储氢罐运行模拟结果　　　　b) B 地区储氢罐运行模拟结果

**图 3-12　典型日内两地区储氢罐的氢气质量以及储氢罐进出口的氢气质量运行模拟结果**

由图 3-12 和图 3-13 可以看出两地区的氢能利用情况总体存在一定的规律性，储氢罐氢气质量均存在白天少、夜间多的情况，原因是夜间两地区的需氢量要低于白天，此时储氢罐存入氢气量要多于放出氢气量，所以夜间是主要的储氢时段，在白天放氢量要高于存氢量，导致储氢罐内的氢气量减少。

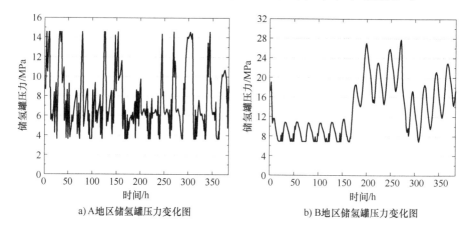

a) A地区储氢罐压力变化图　　　　　　　b) B地区储氢罐压力变化图

**图 3-13　两地区储氢罐气体压力的变化关系图**

（3）管道输送压力对系统经济性的影响

在方案 2 规划结果的基础上，分析管道输送压力对系统经济性的影响，如图 3-14 所示。

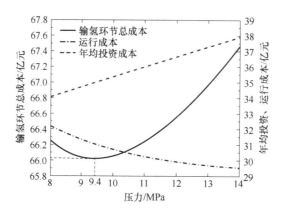

**图 3-14　输送压力与输氢环节成本结果示意图**

由图 3-14 可知，当输送压力在 8~14MPa 变化时，输氢环节的年均投资成本与输送压力呈正比关系，年运行成本随输送压力的增大而减少，且变化速率逐渐减小，总成本随压力的增大先降低再升高，在 9.4MPa 时取得最小值 66.03 亿元。可见，在新建管道时，设计压力过大会导致管道的材料成本、建设成本过高，影响系统的经济性；压力过小会导致管道沿途压气站的压缩比变大，需要更高的压气功率维持管道内的气压，使得运行成本过高。因此选择合适的输送压力能够节约系统的总成本，提高系统的经济性。

# 参 考 文 献

［1］ 张仲军，金子儿，曾玥，等. 我国氢能规模化储运方式经济性分析［J］. 中国能源，2023，45（12）：27-37.

［2］ 李建，张立新，李瑞懿，等. 高压储氢容器研究进展［J］. 储能科学与技术，2021，10（05）：1835-1844.

［3］ 刘翠伟，裴业斌，韩辉，等. 氢能产业链及储运技术研究现状与发展趋势［J］. 油气储运，2022，41（05）：498-514.

［4］ 黄嘉豪，田志鹏，雷励斌，等. 氢储运行业现状及发展趋势［J］. 新能源进展，2023，11（02）：162-173.

［5］ MORI D，HARAIKAWA N，KOBAYASHI N，et al. High-pressure metal hydride tank for fuel cell vehicles［J］. MRS Online Proceedings Library（OPL），2005，884：GG6. 4.

［6］ 赵月晶，王建强，王子恒，等. 加氢站关键装备故障分析及识别［J］. 天然气与石油，2024，42（05）：119-126.

［7］ BENSMANN B，HANKE-RAUSCHENBACH R，MUELLER-SYRING G，et al. Optimal con-figuration and pressure levels of electrolyzer plants in context of power-to-gas applications［J］. Applied Energy，2016，167：107-124.

［8］ DODDS P E，STAFFELL L，HAWKES A D，et al. Hydrogen and fuel cell technologies for heating：A review［J］. International Journal of Hydrogen Energy，2015，40（05）：2065-2083.

［9］ 朱兰，王吉，唐陇军，等. 计及电转气精细化模型的综合能源系统鲁棒随机优化调度［J］. 电网技术，2019，43（01）：116-126.

［10］ 佘守宪. 范氏方程、玻意耳温度与理想气体状态方程的偏差［J］. 物理通报，2003（10）：4-7.

［11］ 任洲洋，罗潇，覃惠玲，等. 考虑储氢物理特性的含氢区域综合能源系统中长期优化运行［J］. 电网技术，2022，46（09）：3324-3333.

［12］ 胡源，别朝红，李更丰，等. 天然气网络和电源、电网联合规划的方法研究［J］. 中国电机工程学报，2017，37（01）：45-54.

［13］ 周军，管恩勇，梁光川，等. 考虑输气功率的掺氢天然气管道运行优化研究［J］. 可再生能源，2023，41（05）：569-577.

# 第4章

# 用氢及其负荷特性

**4**

## 4.1 概述

　　氢能兼具物质和能量双重属性，在跨时间和空间的灵活应用中具有巨大潜力，既能作为高效低碳的能源载体，又能作为绿色清洁的工业原料，是用能终端实现绿色低碳转型的重要载体，在工业、交通、电力、建筑等多个领域拥有广泛的应用场景（见图4-1）。当前，工业领域是氢能的主要应用方向，涉及石油炼化、煤化工、冶炼和其他工业生产，约占氢能总需求量的60%。工业领域氢气用量大、用氢技术成熟，将在短期内继续主导氢能的应用。交通领域被认为是氢能最具潜力的赛道，发展氢能是交通脱碳的关键路径。尽管交通领域的氢气需求量相对较小，但该领域产业链较长，氢能交通有望撬动巨大的产业规模，发展前景广阔。在电力领域，氢能作为能源载体，既可通过新能源制氢支持源端消纳，又可通过储能电站维持电网供需平衡，还能在终端应用中助力节能减碳，利用其长周期储能特性提升电力系统的可靠性。在建筑领域则可以通过燃料电池热电联供或天然气掺氢替代传统化石能源，为建筑减排提供支撑。

　　尽管我国氢能总体消费规模较大，但绿氢的终端应用仍受限于成本和可得性，其在氢能消费中的占比不足0.1%。要实现绿氢的规模化发展，不仅要靠供应侧降本增量，更要在需求侧探索更大的发展空间。要实现绿氢的规模化发展，除了供应侧的降本增效外，还需在需求侧开拓更广泛的应用场景。研究各领域的用氢特性，明确氢能在不同领域的发展潜力，并因地制宜制定推广策略，协调各领域的氢气需求，对推动绿氢规模化应用至关重要。

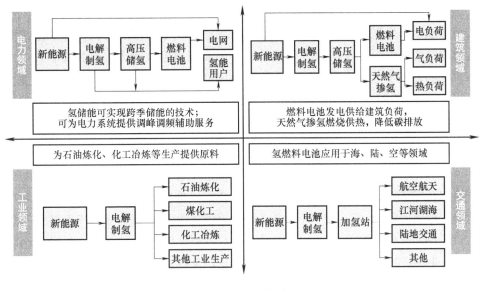

图 4-1 用氢领域

## 4.2 工业用氢

在传统化工行业中，氢气是合成氨、合成甲醇、石油炼化和煤化工等领域的关键原料。2020 年，合成氨、甲醇和冶炼与化工所需氢气的占比分别为 32%、27% 和 25%。然而，目前我国工业用氢主要依赖化石燃料制氢、工业副产氢等传统技术，导致大量的碳排放。随着碳中和目标的推进，绿氢有望逐步替代传统氢源，推动化工行业的低碳转型。本章将深入探讨与氢能供需关联最为紧密的三个细分领域：合成氨、合成甲醇和氢冶金，通过分析这些领域的氢能需求规模与用氢特性，为绿氢在工业领域的规模化应用提供理论支持和实践依据，推动绿氢替代传统氢源的进程，加速工业领域低碳转型的进程。

### 4.2.1 合成氨用氢

合成氨是我国第一大耗氢行业，年碳排放量约 2 亿 t，位居我国碳排放首位，略高于炼油行业。氨作为农业和工业的重要原材料，在国民经济中占有举足轻重的地位。然而，基于化石燃料的传统合成氨工业在未来难以持续，因此如何开发绿色制氨方案，逐步实现高效、低能耗、低排放和可持续的氨生产，已成为亟需解决的能源技术挑战。在国家"双碳"战略和供给侧改革的推动下，传统合成氨向绿氢合成氨的过渡已成为必然趋势。尽管基于可再生能源的绿氢合成氨在实现可持续发展和减少碳排放方面展现出巨大潜力，但其面临着成本高、基础设施不足、政策支持不足以及市场机制不完善等多重挑战。为了加快绿氨产业的发展，明确绿氨的需求规模以及所需的绿氢量至关重要，这不仅有助于制定合理的发展规划，还能够为绿氢在合成氨领域的广泛应用提供支撑。

**1. 工艺流程**

传统合成氨工艺以化石燃料为原料，包括煤制合成氨、天然气合成氨和焦炉煤气合成氨等。煤制合成氨和焦炉煤气合成氨都以煤为原料，通过气化和净化等步骤生成氢气，而天然气合成氨则以天然气为原料，通过蒸汽重整获得氢气。无论是哪种制氢方式，合成氨的核心工艺都采用哈柏-博施法，这种方法在高温（400~500℃）和高压（150~300atm$^\ominus$）条件下，利用铁基催化剂将氮气与氢气转换为氨气，是目前最常见和最广泛使用的合成氨工艺。这一传统技术在全球合成氨生产中占据主导地位，但由于依赖化石燃料，因此带来了高碳排放问题。

天然气合成氨通过天然气蒸汽重整制取氢气，碳排放相对较低，工艺更为简便。天然气首先经气化炉脱硫，通过变化炉二次转换，在甲醇洗涤塔中分别经过一氧化碳变换、二氧化碳脱除等工序，在液氮洗涤塔中加入经空气空分得到的氮气，得到氮氢混合气，经合成器压缩机进入氨合成塔，制得液氨，其工艺流程如图4-2所示。

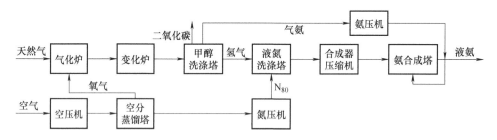

**图4-2 天然气合成氨的工艺流程**

焦炉煤气合成氨首先在脱硫塔中通过喷淋酸液（如 $H_2SO_4$）或氧化剂（如 $Fe_2O_3$）来去除硫化氢（$H_2S$），在转化炉内焦炉煤气（主要成分为 CO 和 $H_2$）与水蒸气（$H_2O$）在高温下（通常 800~1000℃）发生催化反应，反应生成氢

---

气；变压吸附塔利用吸附剂在不同压力下对气体组分的选择性吸附特性，分离出高纯度的氢气；在高温高压下，氢气和氮气在氨合成塔内反应生成氨气，其工艺流程如图 4-3 所示。

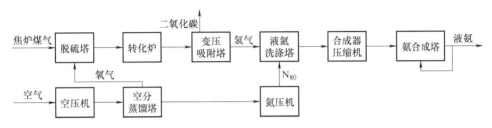

图 4-3　焦炉煤气合成氨的工艺流程

煤制氢首先通过煤制氢技术获得高纯度的氢气，然后在氨合成塔内反应生成氨气，其制氢过程同前文煤制氢工艺流程，其合成氨过程与焦炉煤气合成氨基本一致。

绿氢合成氨通过替代传统合成氨工艺中化石燃料制氢的过程，有效减少了氨生产中的碳排放，是实现合成氨行业减排的关键途径。此外，绿氢合成氨可以利用本地丰富的可再生能源，减少对进口化石燃料的依赖，增强能源自主性。在能源转型和"碳中和"背景下，绿氢合成氨作为清洁能源和低碳化工的重要组成部分，必将成为未来能源和化工行业的重要地位。绿氢合成氨的工艺流程如图 4-4 所示。

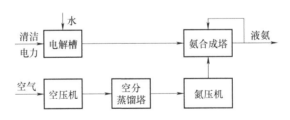

图 4-4　绿氢合成氨的工艺流程

**2. 合成氨用氢需求预测**

根据预测原理的不同，中长期氢需求预测方法分为三大类，分别是简单考虑影响因素的回归预测法、只考虑自身时序规律的时间序列预测法等传统预测模型以及支持向量机、神经网络等考虑多因素复杂影响的新兴预测方法。与上述预测方法相比，系统动力学是一种注重本质的描述内在结构、关系与规律的建模方法。通过模拟系统内部的相互作用和反馈循环来分析系统随时间的演变趋势，强调因素间的相互影响，将影响生产过程中用氢需求的各种因素，如原料供应、能源消耗、生产效率和市场需求等，综合在一个模型中进行分析，提供更加全面的视角。同时系统动力学能够模拟生产过程中的动态变化，如季节性需求波动、能源价格变动等，深入解析上述因素变化如何影响长期氢需求。

系统动力学预测模型通常使用一组一阶微分方程来描述系统中状态变量随时间的变化率，通过系统内部的反馈回路和相互作用，系统动力学能够模拟系统行为随时间的演变。该模型主要通过五种基本要素来描述预测模型中的变量：存量、率量、辅助变量、常量和流。存量是具有累积效应的变量，表示系统在某一时刻的状态或总量，通常由状态方程来表示。率量是描述存量累积效应速度的变量，反映存量变化的快慢，通常通过速率方程来表示。辅助变量作为存量与率量之间的中间变量，用来对两者进行调整或补充，通常由辅助方程来表示。常量是系统中不随时间变化的参数，起到固定值或参数化作用。流描述变量间的连接方式以及信息的传输和回授，实现整体预测模型的构建。存量 L. K、率量 R. KL、辅助变量 A. K 的相应数学描述如下：

$$L.K = Level.J + \int_{J}^{K} (R.JK)\,dt \tag{4-1}$$

$$R.KL = \frac{\Delta Level.KL}{DT} = \frac{Level.K - Level.L}{DT} \tag{4-2}$$

$$A.K = \alpha f(L.K, R.KL, C) \tag{4-3}$$

式中，J、K、L 分别为过去、现在、未来的某一时刻；L. K 为 K 时刻的存量；Level. J、Level. K、Level. L 为 J、K、L 时刻的存量；R. JK、R. KL 为 JK、KL 时刻内的率量；DT 为 K、L 时刻的时间间隔；$\alpha$ 为率量与存量的关系系数；C 为常数。

变量间的连接关系可表征为

$$\begin{bmatrix} R \\ A \end{bmatrix} = W \begin{bmatrix} L \\ A \end{bmatrix} \tag{4-4}$$

式中，$L$、$R$、$A$ 分别为存量向量、率量向量、辅助变量向量；$W$ 为变量关系矩阵，可描述某一时刻存量、率量、辅助向量的非线性关系，当系统为线性矩阵时，$W$ 为常数矩阵。

2020 年数据显示，农业用氨占比为 71%，工业用氨占比为 29%，同时考虑氨未来可作为电力领域储氢和储能的载体，氨需求可表示为

$$Q_{as}^{t} = Q_{ag}^{t} + Q_{in}^{t} + Q_{st}^{t} \tag{4-5}$$

式中，$Q_{as}^{t}$ 为第 $t$ 年的氨需求量，单位为 t；$Q_{ag}^{t}$、$Q_{in}^{t}$、$Q_{st}^{t}$ 分别为农业、工业、电力领域的氨需求量，单位为 t。

　　由于近七成合成氨用于农业生产化学肥料，以农业合成氨的用氢需求为例，建立基于系统动力学的合成氨用氢需求模型。合成氨用氢需求为合成氨需求与单位氢消费的乘积，除了农作物种植面积、农作物产量会影响农业合成氨的需求量之外，化肥的过量施用会产生较为严重的环境问题并加速矿产资源和社会资源的消耗，则有机肥的替代、化肥肥效提高也会降低农业合成氨需求，设置为化肥政策因子以抑制合成氨需求。合成氨子系统的因果关系如图 4-5 所示。

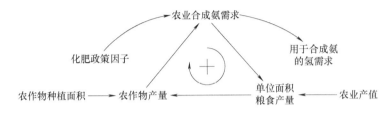

**图 4-5　合成氨子系统的因果关系**

　　假设农业粮食产量为 $Q_g^t$，将化肥肥效提高及有机肥替代统一为化肥政策因子 $\gamma_3$，以抑制化肥的过度使用。合成氨需求量与时间、粮食产量和化肥政策因子之间的方程式采用回归系数的方法构建，可表示为

$$Q_{ag}^t = A_1 Q_g^t + A_2 \gamma_3 + A_3 \tag{4-6}$$

式中，$A_1$、$A_2$、$A_3$ 为常数。

　　粮食年产量由粮食播种面积 $A^t$ 和单产 $q_g^t$ 决定，粮食播种面积近几年维持在一个稳定的水平，波动幅度不大。粮食单产受农业经济和 $t-1$ 年农业合成氨需求的影响：

$$Q_g^t = A^t q_g^t \tag{4-7}$$

$$q_g^t = A_4 \theta_{GDP-A}^t + A_5 Q_{ag}^{t-1} + A_6 \tag{4-8}$$

式中，$\theta_{GDP-A}^t$ 为农业产值，单位为 t；$A_4$、$A_5$、$A_6$ 为常数。

　　考虑到工业、电力领域用氨类型繁多，难以通过公式表征，根据上述氨需求比例，将农业领域氨需求作为基数，则工业、电力领域氨需求可表示为

$$Q_{in}^t = Q_{ag}^t \alpha_{ag,in}^t \tag{4-9}$$

$$Q_{st}^t = Q_{ag}^t \alpha_{ag,st}^t \tag{4-10}$$

式中，$\alpha_{ag,in}^t$、$\alpha_{ag,st}^t$ 分别为第 $t$ 年农业氨需求量与工业、电力氨需求量的比值系数。

　　根据单位合成氨耗氢系数，第 $t$ 年合成氨用氢量如下：

$$H_s^t = Q_{as}^t \alpha_s \tag{4-11}$$

式中，$H_s^t$ 为合成氨生产的氢需求量，单位为 t；$Q_{as}^t$ 为合成氨需求量，单位为 t；

$\alpha_s$ 为单位合成氨生产的耗氢量。

**3. 柔性分析**

农业用氨主要用于化肥生产，因此其需求具有明显的季节性，通常集中在播种和生长期；工业用氨主要用于化工过程，其需求相对稳定，不受季节变化的影响；而电力用氨则受到电力供应和需求波动的影响，尤其在可再生能源发电不稳定的情况下，氨需求会发生波动。绿氢合成氨过程具备灵活的变负载运行特性，可根据氢需求的变化动态调节负荷。其消耗的能量与氨产量的关系可近似表示为

$$P_{as}^t = P_{as}^{fix} + k_{as} q_{as}^t \tag{4-12}$$

$$\mathrm{d}q_{as}^t = r_{as}^t \mathrm{d}t \tag{4-13}$$

$$q_{as}^t : q_{H_2}^t : q_{N_2}^t = 2 : 3 : 1 \tag{4-14}$$

式中，$P_{as}^t$ 为合成氨功率消耗；$P_{as}^{fix}$ 为合成氨固定功耗；$k_{as}$ 为能耗系数；$q_{as}^t$ 为氨产率；$r_{as}^t$ 为氨产率爬坡速率；$q_{H_2}^t$、$q_{N_2}^t$ 分别为释放的氢气和氮气流量。

## 4.2.2 合成甲醇用氢

甲醇是现代煤化工中关键的有机原料之一，在化工行业起着重要的基础材料支撑作用。2023 年，我国甲醇产量达 8317.3 万 t，消耗氢气超过 1000 万 t，而这些氢气主要来源于化石燃料制氢，伴随着大量的 $CO_2$ 生成与排放，如果通过绿氢替代传统的化石燃料制氢过程，可以实现低碳制甲醇，显著减少碳排放。尽管当前氢气储运成本较高，但甲醇本身也可以作为绿氢的载体，帮助降低氢气的储运成本。无论是为了促进绿氢消纳、降低氢储运成本，还是为了实现低碳制甲醇和下游化工产品的生产，合成甲醇都是绿氢应用的重要方向之一。然而，当前由于绿氢成本较高以及能量转换效率等问题，绿色甲醇的应用规模受到很大限制。随着制氢技术的进步以及绿电价格的下降，绿色甲醇有望在未来拓展出化工原料以外的新应用领域，市场潜力巨大。

**1. 工艺流程**

合成甲醇通常采用一氧化碳、二氧化碳加压催化氢化法。甲醇合成气的原料可以是多种化石燃料和其加工产品，如天然气、石脑油、重油、煤及其衍生产品（如焦炭和焦炉煤气）、乙炔尾气等。其中，煤及其衍生产品是制造甲醇粗原料气的主要原料。

以焦炭为原料的合成甲醇工艺路线包括多个步骤：燃料的气化，气体的脱硫、变换、脱碳以及甲醇合成与精馏精制等。首先，通过蒸汽与氧气（或空气、

富氧空气）对煤或焦炭进行热加工，这一过程称为煤气化。气化反应生成的可燃性气体被称为煤气，是制造甲醇的初始原料气。气化系统的核心设备是煤气发生炉，气化方法根据煤在炉中的运动方式可分为固定床（移动床）气化法、流化床气化法和气流床气化法。由于通过煤和焦炭制得的粗原料气中氢碳比过低，经过气体脱硫后，再经过变换系统将过量的一氧化碳转换为氢气和二氧化碳。之后，通过净化过程去除过量的二氧化碳。最后，经过压缩、甲醇合成与精馏精制，最终得到甲醇产品，如图 4-6 所示。合成甲醇反应式为

$$CO+2H_2 \rightarrow CH_3OH \tag{4-15}$$

$$CO_2+3H_2 \rightarrow CH_3OH+H_2O \tag{4-16}$$

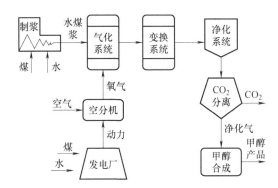

图 4-6 传统煤制甲醇生产工艺示意图

绿氢合成甲醇生产工艺所需的氢气与氧气来自可再生能源电力电解水制氢过程，无需空分机分离空气获取氧气。相比于传统合成甲醇工艺，绿氢合成甲醇引入了绿氢来替代灰氢，在这一过程中，煤气化步骤仍然保留，生成 CO 和少量 $H_2$。随后，通过补充绿氢来调节 CO 与 $H_2$ 的比例，从而合成甲醇。绿氢的引入不仅减少了 CO 的消耗和 $CO_2$ 的产生量，而且在理想情况下，能将甲醇的产量提高一倍以上。当绿氢供应充足时，甚至可以完全取代水煤气变换反应。在这种情况下，每生产 1t 甲醇大约需要 0.09t 的绿氢。每生产 1t 甲醇，耗煤量减少 0.6t，耗水量减少 2t，$CO_2$ 排放量减少 2.24t，消耗电能 6.25MWh。甲醇生产工艺示意图如图 4-7 所示。

**2. 合成甲醇用氢需求预测**

甲醇最大的下游市场是用于化工生产，2023 年我国 75% 以上的甲醇用于工业领域化工合成，主要合成产品为烯烃、甲醛以及二甲醚等。18% 的甲醇用于建筑领域燃料燃烧，则甲醇需求可表示为

$$Q_{me}^t = Q_{chem}^t + Q_{fuel}^t + Q_{other}^t \tag{4-17}$$

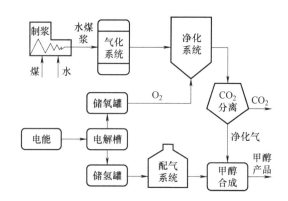

**图 4-7    甲醇生产工艺示意图**

式中，$Q_{me}^{t}$ 为第 $t$ 年的甲醇需求量，单位为 t；$Q_{chem}^{t}$、$Q_{fuel}^{t}$、$Q_{other}^{t}$ 分别为工业、建筑、其他领域的甲醇需求量，单位为 t。

甲醇的下游需求通常集中在甲醛、烯烃（MTO/MTP）和甲基叔丁基醚（MTBE）这三个领域，分别为 7.8%、53% 和 6.5%。采用系统动力学方法预测合成甲醇用氢需求，化工甲醇需求量与甲醛、MTO/MTP 和 MTBE 产量之间的关系采用回归系数的方法分析，可表示为

$$Q_{chem}^{t} = (A_1 Q_{for}^{t} + A_2 Q_{MTO}^{t} + A_3 Q_{MTBE}^{t}) \alpha_{chem}^{t} \tag{4-18}$$

式中，$A_1$、$A_2$、$A_3$ 为常数，表征单位产量甲醇需求量；$Q_{for}^{t}$、$Q_{MTO}^{t}$、$Q_{MTBE}^{t}$ 分别为甲醛、MTO/MTP 和 MTBE 的产量，单位为 t；$\alpha_{chem}^{t}$ 为甲醛、MTO/MTP 和 MTBE 用甲醇量占总工业用甲醇量的占比。

考虑到建筑和其他领域用甲醇类型繁多，难以通过公式表征，根据上述甲醇需求比例，将化工领域甲醇需求作为基数，则建筑和其他领域甲醇需求可表示为

$$Q_{fuel}^{t} = Q_{chem}^{t} \alpha_{fuel,chem}^{t} \tag{4-19}$$

$$Q_{other}^{t} = Q_{chem}^{t} \alpha_{other,chem}^{t} \tag{4-20}$$

式中，$\alpha_{fuel,chem}^{t}$、$\alpha_{other,chem}^{t}$ 分别为第 $t$ 年工业领域甲醇需求量与建筑和其他领域甲醇需求量的比值系数。

根据单位合成甲醇耗氢系数，第 $t$ 年合成甲醇用氢量如下：

$$H_{me}^{t} = Q_{me}^{t} \alpha_{me} \tag{4-21}$$

式中，$H_{me}^{t}$ 为合成氨生产的氢需求量，单位为 t；$\alpha_{me}$ 为单位合成氨生产的耗氢量，单位为 t。

**3. 柔性分析**

合成甲醇生产过程具有一定的柔性，其用氢等效电负荷的波动规律服从正

态分布：

$$f(P_{\text{I-H}}) = \frac{1}{\sqrt{2\pi}\,\sigma} e^{-(P_{\text{I-H}})^2/2\sigma^2} \tag{4-22}$$

式中，$P_{\text{I-H}}$ 为合成氨与合成甲醇用氢等效电负荷，单位为 MW；$\sigma$ 为标准差，波动范围在 95%～105% 之间。

合成甲醇工艺虽然具有一定的柔性运行特点，但其用氢量的变化率仍受到生产工艺的制约。氢负荷曲线可表示为

$$H_{\text{L},j,\min} \leqslant H_{\text{L},j,t} \leqslant H_{\text{L},j,\max} \tag{4-23}$$

$$0 \leqslant H_{\text{L},j,t+1} - H_{\text{L},j,t} \leqslant \beta_2 H_{\text{L},j,\max} \tag{4-24}$$

$$Q_{j\_\text{H}} = \sum_{t=1}^{T} H_{\text{L},j,t} \tag{4-25}$$

式中，$H_{\text{L},j,t}$ 与 $H_{\text{L},j,t+1}$ 分别为生产工艺 $j$ 在时刻 $t$ 的氢负荷，单位为 t；$H_{\text{L},j,\min}$ 与 $H_{\text{L},j,\max}$ 分别为生产工艺 $j$ 最小与最大氢负荷，单位为 t；$\beta_2$ 为氢负荷最大变化率；$Q_{j\_\text{H}}$ 为运行周期 $T$ 内的氢能需求总量，单位为 t。

### 4.2.3　氢冶金

钢铁行业是碳排放密集度最高、脱碳压力最大的行业之一，其碳排放约占全球碳排放量的 7.2%。在中国，钢铁行业的脱碳进程尤为关键，2021 年中国粗钢年产量达到 10.3 亿 t，约占全球粗钢总产量的 53%。中国钢铁生产中的排放主要源自燃料燃烧提供高温的过程，以及以焦炭为主要还原剂的反应过程，这使得完全通过电气化实现脱碳变得非常困难。此外，能效提升和废钢利用等传统减排手段的潜力也有限。因此，利用可再生氢替代焦炭进行直接还原铁生产，并结合电炉炼钢的模式，成为钢铁行业实现完全脱碳的关键解决方案之一。这一方式不仅能够大幅降低生产过程中二氧化碳的排放，还能推动钢铁行业向低碳、绿色生产模式转型，具有巨大的减排潜力和广阔的发展前景。

#### 1. 氢冶金技术的分类及优缺点

在促进钢铁行业绿色转型的紧迫形势下，氢冶金作为清洁冶炼的新技术，已成为钢铁行业低碳发展的重要方向，受到国内外研究者的广泛关注。中国拥有丰富的煤炭资源，基于成熟的煤气化技术发展富氢还原竖炉，符合当前中国钢铁行业的低碳转型路线。绿氢冶金技术场景通常包括高炉富氢冶炼、氢直接还原炼铁、氢能熔融还原冶炼三种。钢铁生产的大致流程为：铁矿石通过高炉

或直接还原炉等设备经过还原反应得到生铁，之后通过转炉法或电炉法等生成粗钢，最后粗钢加工成各种形态的钢材，进入各类制造业部门用以生产中间产品和最终产品。为保证未来的钢铁行业能有效减少碳排放，结合国内外对绿氢炼铁的研究，必须大力推广氢直接还原铁和电炉炼钢工艺。氢冶金技术的分类及优缺点见表4-1。

**表 4-1　氢冶金技术的分类及优缺点**

| 用氢场景 | 示意图 | 技术说明 | 减排潜力 | 技术成熟度 | 优点 | 缺点 |
|---|---|---|---|---|---|---|
| 高炉富氢冶炼 | 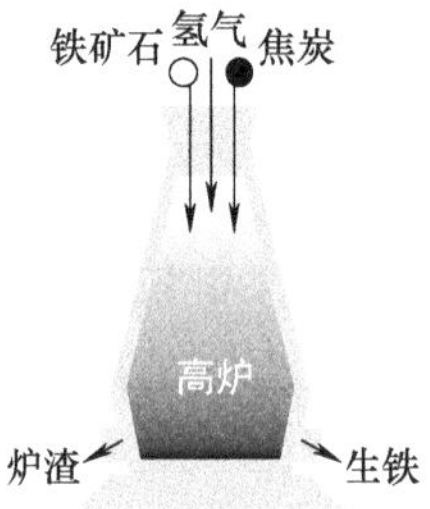 | 在高炉顶部喷吹含氢量较高的还原性气体 | 20% | 5~9 | 改造成本低，具备经济性，具有增产效果 | 理论减排潜力有限，技术上难以实现全氢冶炼 |
| 氢直接还原炼铁 | 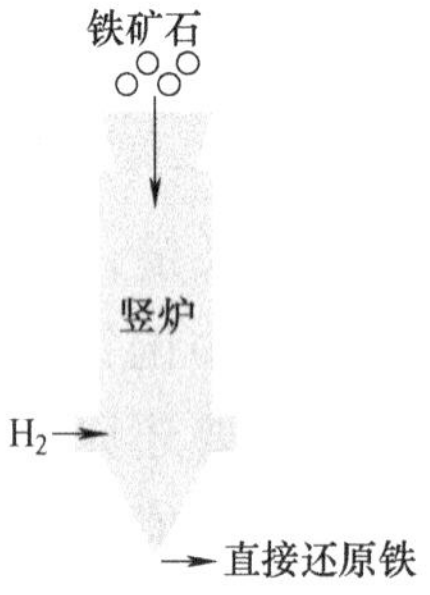 | 在气基竖炉直接还原炼铁中提升氢气的比例 | 95% | 6~8 | 理论减排潜力较高，可供参考的国际经验相对较多 | 改造难度较高，基础技术较薄弱 |
| 氢能熔融还原冶炼 | 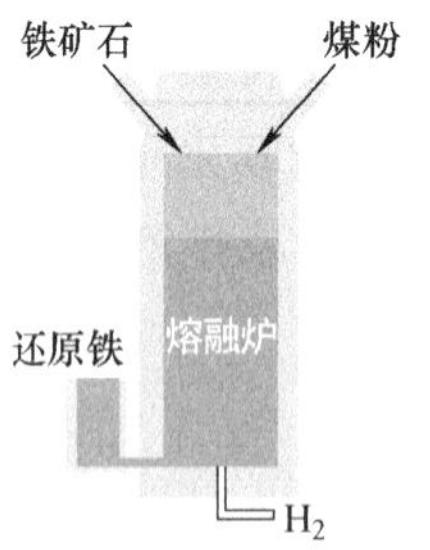 | 在熔融还原炼铁工艺中注入一定比例的含氢气体 | 95% | 5 | 理论减排潜力高 | 国际先进经验较少，改造难度较高，基础技术较薄弱 |

**2. 冶金用氢预测模型**

钢铁行业的绿色转型正处于初步阶段，现有研究大多针对钢铁用量的变化，较少有对钢铁绿色转型和新能源耦合发展的系统动力学分析。综合考虑钢铁冶炼的可靠性、氢能发展的经济性，确定氢冶金内部交互关系和反馈机制，结合钢铁行业发展趋势和绿氢替代潜力，建立氢冶金用氢需求预测模型。

（1）影响因素分析

随着城镇化率的不断提升，各行业的用钢需求随之增加，从已完成工业化和城市化的主要发达国家经验看，人均钢铁量呈现出近似 S 型的增长轨迹，并影响着钢铁产量的增长速率；通过对绿氢炼铁工艺的政策支持，氢能需求逐渐增加，而对绿氢的不断投资会降低绿氢生产成本，提高氢能的竞争力，更有利于绿氢炼铁工艺的普及。绿氢需求的增加促使风电装机规模的进一步扩大，消纳水平的提升会减少弃电量和降低峰谷差，从而保证电力系统的稳定运行。氢冶金用氢需求预测模型因果关系图如图 4-8 所示。

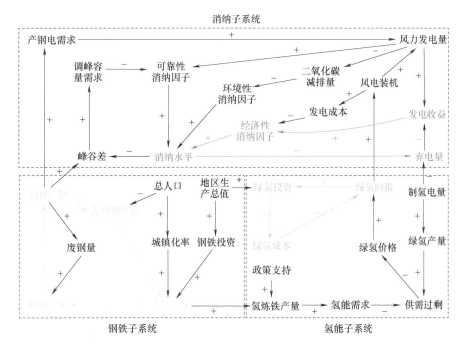

**图 4-8　氢冶金用氢需求预测模型因果关系图**

氢冶金用氢需求预测模型因果关系图包括三个部分：钢铁子系统、氢能子系统和消纳子系统。钢铁子系统中生铁产量的增长会受到多种因素的影响，在低碳转型的驱动下，对氢能子系统的氢能供应提出了更高的要求；氢能子系统的氢能供应和制氢电量、氢能需求密切相关，钢铁子系统和氢能子系统通过氢能联系在一起；消纳子系统的消纳水平由可靠性、环境性和经济性消纳因子共同决定，钢铁生产过程中的峰谷差会影响到系统的可靠性，制氢电量会使得弃电量发生变化，从而影响到系统的经济性，三个子系统在相互作用的过程中实现了钢铁行业的绿色转型。

（2）预测模型

地区经济投入和人口发展情况会影响到城镇化进程的变化，炼铁作为钢铁生产的初始环节，与钢铁总存量的变化密不可分，经济、人口与钢铁存量的关系模型如下：

$$S_{RGD}^{total}(t) = \sum_{t=t_0}^{T} S_{GG}(t) + S_{RGD}^{total}(t_0) \tag{4-26}$$

$$r_{UP} = P_{UP} / S_{POP}^{total}(t) \tag{4-27}$$

$$S_{PI}(t) = a_1 r_{UP} \frac{12}{I_{PS}} \ln(I_{SI}) \tag{4-28}$$

$$S_{TSS}^{total}(t) = \sum_{t=t_0}^{T} (S_{SI}(t) - S_{DS}(t)) + S_{TSS}^{total}(t_0) \tag{2-29}$$

$$I_{SC} = S_{CSC}^{total}(t) r_{ss} + I_{SO} r_{ps} + S_{DS}(t) \tag{4-30}$$

$$I_{PS} = S_{TSS}^{total}(t) / S_{POP}^{total}(t) \tag{4-31}$$

式中，$S_{RGD}^{total}(t)$、$S_{GG}(t)$分别为地区生产总值总量、地区生产总值增量，单位为亿元；$S_{POP}^{total}(t)$、$r_{UP}$、$P_{UP}$分别为总人口、城镇化率、城镇人口；$I_{SI}$、$a_1$分别为钢铁投资、回归拟合常数；$S_{PI}(t)$、$I_{PS}$、$S_{TSS}^{total}(t)$、$S_{SI}(t)$、$S_{DS}(t)$分别为生铁增量、人均钢铁量、钢铁总存量、钢铁年增量、折旧废钢量，单位为 t；$S_{CSC}^{total}(t)$、$I_{SC}$、$I_{SO}$分别为粗钢产量、废钢产量、钢铁产量，单位为 t；$r_{ss}$、$r_{ps}$分别为自产废钢率、加工废钢率。

绿氢的充足供应是保障绿氢产业发展的重要基础，对绿氢的不断投资会促进绿氢成本不断降低，由绿氢成本和价格所得的投资回报会加快风电装机容量的增长，相关关系模型如下：

$$H_{GI} = S_{RGD}^{total}(t) B_{GI} + \gamma H_{SR} \tag{4-32}$$

$$H_{ROI} = H_{SR}(1 - r_{TR}) / (S_{GHC}^{total}(t) H_{TD}) \tag{4-33}$$

$$H_{IW} = H_{ROI} / r_{ER} \tag{4-34}$$

$$H_{GP} = 0.0252 S_{GIC}^{total}(t) E_{YU} E_{EA} \tag{4-35}$$

$$H_{HO} = S_{OPI}^{total}(t) B_{GP}(t) Z_{GS} \tag{4-36}$$

$$H_{TD} = H_{HO} H_{HC} \tag{4-37}$$

$$H_{SS} = H_{GP} - H_{TD} \tag{4-38}$$

$$H_{SR} = (S_{GHP}^{total}(t) - S_{GHC}^{total}(t)) H_{TD} \tag{4-39}$$

式中，$H_{GI}$、$H_{SR}$ 分别为绿氢投资出售绿氢回报，单位为元；$B_{GI}$、$\gamma$ 分别为绿氢投资比重、绿氢回报系数；$H_{ROI}$、$r_{TR}$、$H_{IW}$、$r_{ER}$ 分别为投资回报率、税率、投资意愿、期望投资回报率；$S_{GHC}^{total}(t)$、$S_{CHP}^{total}(t)$ 为绿氢成本、绿氢价格，单位为元/t；$H_{TD}$、$H_{GP}$、$H_{HO}$、$S_{OPI}^{total}(t)$、$H_{HC}$、$H_{SS}$ 为氢能总需求、绿氢产量、氢炼铁产量、生铁产量、吨铁耗氢量、供需过剩量，单位为 t；$S_{GIC}^{total}(t)$ 为风电装机容量，单位为 MW；$E_{YU}$ 为制氢机组年利用小时数，单位为 h；$E_{EA}$ 为电解效率；0.0252 为电氢转换值；$B_{GP}(t)$、$Z_{GS}$ 分别为绿氢炼铁比例、政府支持力度。

随着新能源装机规模的不断扩大，负荷供给的可靠性、发电利润产生的经济性和碳减排的环境性共同影响着氢冶金发展水平。氢冶金发展水平的提升会减少弃电量和降低峰谷差，相关关系模型如下：

$$C_{EG} = a_2 S_{GIC}^{total}(t) l_{LU} \ln(C_{ED}) \tag{4-40}$$

$$C_{GR} = (C_{ED} - C_{AE}) l_{EP} \tag{4-41}$$

$$C_{PV} = -C_{CL} H_{PE} \tag{4-42}$$

$$C_{ER} = C_{EG} l_{ER} \tag{4-43}$$

$$C_{PVD}^{total}(t) = \sum_{t=t_0}^{T} C_{PV}(t) + C_{PVD}^{total}(t_0) \tag{4-44}$$

$$C_{CL} = N_{RF} + N_{EF} + N_{EN} \tag{4-45}$$

式中，$C_{EG}$、$C_{AE}$、$C_{PV}$、$H_{PE}$ 分别为发电量、弃电量、弃电量变化量、制氢电量，单位为 kWh；$l_{LU}$ 为年利用小时数，单位为 h；$C_{ED}$、$C_{ER}$ 分别为产钢电需求、二氧化碳减排量，单位为 t；$a_2$ 为回归拟合常数；$C_{GR}$ 为发电收益，单位为元；$l_{EP}$ 为上网电价，单位为元/kWh；$C_{CL}$ 为消纳水平；$l_{ER}$、$C_{PVD}^{total}(t)$、$C_{PV}(t)$ 分别为度电减排因子、峰谷差、峰谷差变化量；$N_{RF}$、$N_{EF}$、$N_{EN}$ 分别为可靠性消纳因子、经济性消纳因子、环境性消纳因子。

**3. 冶金用氢预测结果**

本节冶金用氢预测以西北某地区为例，生铁、粗钢、钢材和人均钢铁量的预测结果如图 4-9 所示。产量逐年减少，2030 年分别降至 900.96 万 t、1091.48万 t 和 1273.93 万 t，2040 年后产量的下降速度放缓开始趋于平稳，随后在 2050年进一步下降至 778.15 万 t、822.61 万 t 和 915.54 万 t。随着钢铁产量政策的调控，钢铁行业朝着高效节能的方向发展，是钢铁产业中各环节用量不断减少的主要原因。

钢铁总存量与钢铁年产量息息相关，随着钢铁年产量逐年减少，钢铁总存量呈现出趋于饱和的变化趋势，这一趋势与发达国家在完成城市化进程的发展趋势相符。假设人均钢铁量饱和水平为 12t/人，由图 4-9 可知，到 2040 年，人均钢铁量接近饱和水平，之后将趋于稳定。钢铁总存量的变化趋势与人均钢铁量相似，当前正处于快速增长阶段，预计这一阶段将持续约 18 年。随着人均钢铁量的饱和，钢铁总存量也将进入趋近饱和的状态，其峰值预计在 2050 年出现（见图 4-10），这与城镇化率在 2050 年达到 80%的目标进程一致。

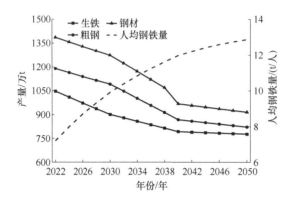

图 4-9　生铁、粗钢、钢材和人均钢铁量的预测结果

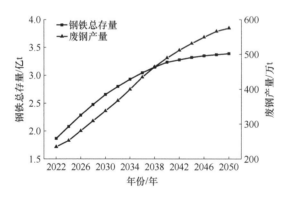

图 4-10　钢铁总存量、废钢产量的预测结果

　　除了粗钢产量的自然减少，采用电炉炼钢清洁生产工艺代替传统高炉-转炉炼钢工艺是减少钢铁生产过程中碳排放的重要措施之一。废钢资源是电炉炼钢的重要原材料，废钢的供应和利用率对于推进清洁生产工艺至关重要。废钢产量的预测结果如图 4-10 所示，目前废钢量为 234.63 万 t，废钢利用率为 19.72%，废钢利用率远低于发达国家的平均水平。随着电炉炼钢工艺的推广，废钢的再利用率将大幅提高。预计到 2050 年，废钢量将增加至 575.57 万 t，废钢利用率提高至 69.97%。废钢量的增加和利用率的提升将改变钢铁行业的原料

结构，减少对铁矿石的依赖。

为直观分析政府支持力度和电解效率提升对钢铁绿色转型的影响，设置三个情景。情景一：政府支持力度为 1、电解效率提升值为 1；情景二：政府支持力度为 1.4、电解效率提升值为 1.2；情景三：政府支持力度为 1.7、电解效率提升值为 1.4。氢冶金领域的氢能总需求量预测结果如图 4-11 所示。根据三种情景预测，2030 年的氢能总需求量分别为 6.41 万 t、8.98 万 t 和 10.91 万 t，相应的绿氢炼铁替代率分别为 8%、11.2% 和 13.6%。2050 年氢能总需求量分别为 19.39 万 t、27.15 万 t 和 32.97 万 t，对应的绿氢替代率则分别为 28%、39.2% 和 47.6%。在不同的发展情景中，绿氢炼铁替代率差异显著，表明其未来增长潜力巨大。为加速绿氢炼铁工艺的大规模应用，持续推进电解水制氢技术的研发，降低生产成本，是推动绿氢产业高质量发展的重要措施。

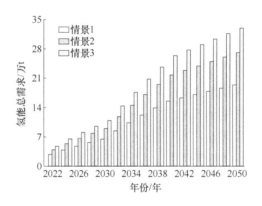

图 4-11 氢冶金领域的氢能总需求量预测结果

为了满足不断增长的绿氢需求，相关部门将加大对绿氢行业的投资力度，推动制氢技术的持续升级，进而降低绿氢的生产成本，并提高制氢机组装机容量。如图 4-12 所示，2030 年三个情景下的制氢机组装机容量分别为 11220.4MW、15897.3MW 和 21074.2MW，而 2050 年制氢机组装机容量分别为 30294.9MW、40674MW 和 54053.1MW。制氢机组装机规模的扩展将有效提升当地的消纳能力，进一步提高新能源利用率。

当前的氢冶金工艺以富氢冶金为主，富氢冶金和纯氢冶金在还原铁矿石过程中的主要差别在于供热需求的不同。富氢气体中包含一定比例的 CO，因而其还原过程中供热需求相对较低，而纯氢冶金则需要更高的供热量。因此，只需调整和重新配置反应系统的热量管理，即可从富氢冶金转向纯氢冶金，目前限制纯氢冶金工艺发展的主要因素是其高昂的成本。

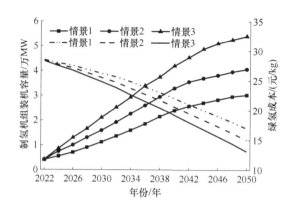

图 4-12　制氢机组装机容量、绿氢成本的预测结果

## 4.3　交通用氢

交通领域是氢能应用的先锋之一，目前氢能的应用已扩展至汽车、航空和海运等。其中，氢燃料电池汽车（Hydrogen Fuel Cell Vehicles，HFCV）作为交通领域的重要应用，展现出高能量密度、零排放和加注速度快等优势，逐渐引起广泛关注。本节将以 HFCV 为例，深入探讨交通领域的氢能需求特性。随着加氢站等基础设施的逐步完善，HFCV 的推广应用条件日益成熟，预示着交通领域氢能应用的广阔前景。

### 4.3.1　电-氢-交通耦合系统基本结构

为了提高能源效率和灵活性，促进可再生能源的高效利用，推动交通行业的低碳转型，减少对化石燃料的依赖并降低碳排放，本节以电-氢-交通耦合系统为对象，旨在基于现有技术条件和能源需求，初步提出了电-氢-交通耦合系统基本结构（见图 4-13），包括电源机组、电力网络、氢能网络和交通网络。其中，着重关注 HFCV 作为交通领域用氢载体与电网的互动关系。随着 HFCV 保有量的不断增加和加氢站等基础设施的逐步完善，电力网络和交通网络之间的耦合关系日益紧密，电-氢-交通耦合系统通过 HFCV 的出行与加氢站电解水制氢过程连接电力网络与交通网络。该系统的核心特点在于通过电解水制氢装置与储氢罐的灵活协作，实现电力负荷与氢能负荷在时间和空间上的解耦与转移，制定灵活的氢气价格调节交通流量分布，不仅提升了系统的灵活性与能源利用效率，还可以通过合理调控交通流量，缓解交通供需矛盾，降低用户的出行时间成本。

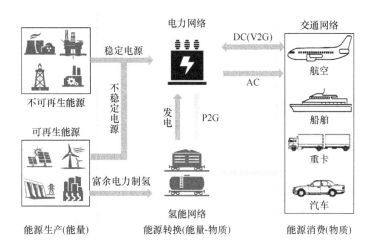

图 4-13　电-氢-交通耦合系统基本结构

## 4.3.2　HFCV 加氢负荷计算模型

HFCV 作为出行工具，具有独特的时空分布特征，这一特性对加氢负荷的影响至关重要。在加氢站的规划、运营和优化设计中，需要充分考虑 HFCV 加氢负荷的时空特性，确保加氢站能够满足 HFCV 加氢需求，避免资源浪费和运营瓶颈的发生。HFCV 加氢负荷计算本质上是为了准确预测 HFCV 在使用过程中对加氢站的需求和负荷情况，常用的计算方法包括统计分析方法和模拟仿真方法。由于现阶段 HFCV 和加氢站等基础设施尚未大规模普及，能够获取的加氢负荷数据较为有限，通常采用模拟仿真方法。在计算过程中，考虑车辆的出行规律、用户的加注概率和交通分布情况等因素，从而生成不同场景下的加氢需求。

**1. 基于最短路径的加氢负荷计算模型**

最短路径方法因能精确模拟车辆行驶轨迹，预测车辆加氢的时空需求，故而在车辆加注行为分析中得到广泛应用。车辆通常倾向于选择最短路径进行加注以节省时间和能源消耗，最短路径方法能够有效模拟车辆的行驶模式与路径。该方法不仅适用于单车加氢需求，还可以扩展至多车、多路径的综合分析，通过模拟大量车辆的行驶和加氢行为，全面评估加氢站网络的覆盖范围、服务能力和运营效率，为加氢基础设施建设提供科学的决策依据。

Dijkstra 算法是典型的单源最短路径算法，用于计算一个节点到其他所有节点的最短路径。主要特点是以起始点为中心向外层扩展，直到扩展到终点为止。

以 Dijkstra 算法为基础，融入实时路况信息，用户动态加氢最短路径通用步骤可表述为：

1）根据交通网络邻接矩阵、路阻函数、OD 对获取实时路阻函数与起讫节点。将路网中的所有节点分成两个集合 $S$ 和 $W$，分别记录已求出最小路阻节点和尚未求出最小路阻节点。

2）初始化。$S$ 中只包含起点 $v_0$，且此时起点路段阻抗值为 $d(v_0, v_0) = 0$，$W$ 中包含除 $v_0$ 之外的节点，且 $W$ 中节点 $v_i$ 距离起点 $v_0$ 的路段阻抗值 $\bar{d}(v_0, v_i) = G^T(v_0, v_i)$。

3）计算 $W$ 中所有节点与起点 $v_0$ 之间的路段阻抗值，从 $W$ 中选取路段阻抗值最小的节点 $v_k$，将节点 $v_k$ 加入集合 $S$，同时将其从 $W$ 中移出。

4）更新 $W$ 中节点到起点最小路段阻抗值，并记录替换信息 $\text{parent}(i) = k$。

$$d(v_0, v_i) = \min\{d(v_0, v_k) + G^T(v_k, v_i), \bar{d}(v_0, v_i)\} \tag{4-46}$$

5）重复步骤 3）和步骤 4），遍历所有节点，从 parent 里面利用回溯法读取现阶段行驶至目标节点的最优路径。

6）根据步骤 5）中所求路径行驶至下一节点，并记录实时最优路径。更新 $v_0$ 转向步骤 1），直至目标节点。

最短路径模型下加氢负荷计算流程图如图 4-14 所示。

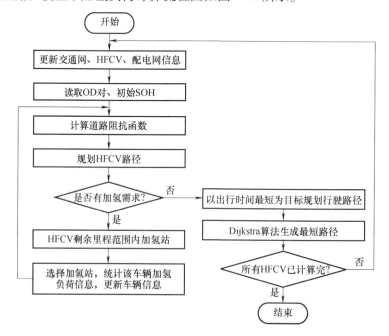

**图 4-14　最短路径模型下加氢负荷计算流程图**

HFCV 的加氢时刻与加氢量取决于其行驶里程和氢气状态（State of Hydrogen, SOH）。车主根据当前的氢气状态和未来行驶里程来决定是否加氢：当氢气状态低于阈值或无法满足后续行程需求，则就近加氢直至氢气状态满足当前目的地里程需求；反之，则继续行驶，直到该段行程结束。

针对出行需求随机且行驶路径不固定的私家车，对于行驶时间和路线固定的公交车不在讨论范围。建立 HFCV 加氢特性和行驶特性模型：

$$\begin{cases} \text{HFCV} = \{ C_R, T_N \} \\ C_R = \{ C_h, t_s, t_d, H_t, H_c, H_F \} \\ T_N = \{ N_v, L_t, R_p, O_{ep}, D_{es} \} \end{cases} \tag{4-47}$$

式中，$C_R$ 为加氢特性参数集合；$C_h$、$t_s$、$t_d$、$H_t$、$H_c$ 和 $H_F$ 分别为加氢站编号、加氢时间、加氢结束时间、$t$ 时刻氢气状态、每公里耗氢量和加满时氢气状态；$T_N$ 为行驶特性参数集合；$N_v$、$L_t$、$R_p$、$O_{ep}$ 和 $D_{es}$ 分别为车辆编号、$t$ 时刻车辆位置、行驶路径、车辆出发点和车辆目的地。

（1）道路阻抗函数

考虑到用户的出行需求，交通时间是出行者在路径选择过程中最为关键的因素之一。道路阻抗函数用于描述路段行驶时间与交通负荷等多种因素之间的关系，通过将行程时间和出行成本作为道路阻抗进行分析，可以更精确地评估出行者的路径选择，并为优化交通系统提供有效的依据。采用常用的道路阻抗函数计算：

$$T_{at}(x_{at}) = T_{at}^0 \left[ 1 + \alpha \left( \frac{x_{at}}{C_a} \right)^{\beta} \right] \tag{4-48}$$

式中，$T_{at}^0$ 为时间成本函数，表示路段 $a$ 的自由流行时间；$C_a$ 为线路 $a$ 的通行能力；$x_{at}$ 为路段 $a$ 在 $t$ 时刻的流量；$\alpha$ 和 $\beta$ 为常数，分别取 0. 15 和 4。

（2）位置信息

对 HFCV 进行统一标号，通过随机生成 OD 对确定出发点与车辆目的地，通过改进后的 Dijkstra 算法得到 HFCV 在加氢约束下的最优行驶路径。

（3）加氢状态判断

为了便于分析和计算，本节做出如下假设：

1）所有 HFCV 用户均以出行成本最低为目标选择出行路径。

2）对于初始氢气量满足当前出行里程的车辆正常出行，需要加氢的车辆在出行过程中仅加氢一次，且完成一次加氢以后的氢气量满足剩余里程。

当氢气状态 $H_t$ 满足式（4-49）时，车辆做出加氢行为并找到此时距离最短的加氢站。

$$H_t \leqslant H(d(i,t)) \tag{4-49}$$

式中，$d(i,t)$ 为第 $i$ 辆车 $t$ 时刻的位置与目的地之间的距离，单位为 km；$H(d(i,t))$ 为完成 $d(i,t)$ 距离所需要的氢气状态。

则基于最短路径的 HFCV 加氢负荷可表示为

$$H_{\text{hfs},j}^{\text{use}}(t) = \sum_i^{N_{\text{HFCV}}} H_F(1-H_{i,t})\delta(C_R,T_N,\boldsymbol{A}) \tag{4-50}$$

式中，$H_{\text{hfs},j}^{\text{use}}(t)$ 为位于 $j$ 节点 $t$ 时刻的加氢站负荷，单位为 kg；$H_F$ 为 HFCV 加满时的氢气状态；$H_{i,t}$ 为第 $i$ 辆 HFCV $t$ 时刻的氢气状态；$\delta(\cdot)$ 为 HFCV 路径优化函数，得到加氢需求与所选择加氢站信息。

**2. 计及路网影响的加氢负荷计算模型**

车辆在出行过程中会受到其他车辆的影响，主要表现为道路容量限制导致的拥堵效应。具体来说，当道路上行驶的车辆数超过其设计容量时，路段通行能力下降，出行时间延长。因此，基于初始路阻计算的最短路径并不一定是最优的出行路径。由于拥堵效应的存在，路径规划过程中必须充分考虑其他车辆的出行决策及其对交通流的影响，以确保规划的路径能够反映实际的出行成本。

用户均衡理论假设出行者掌握交通网络的状态信息，每个出行者以自身出行成本最小为目标规划出行路径，但是由于拥堵效应的影响，原本出行成本最小的路径在涌入大量交通量后，出行成本增加，原始路径不再是所有路径中出行成本最小的路径，出行者继而转向新的最优路径。如此往复，交通网络最终将会达到一个均衡状态。达到均衡状态时，每一 OD 对中所有被选择的路径具有相等且最小的出行成本，且该成本小于或等于任何未被选择的路径成本。此时称交通网络处于用户均衡状态，任何用户均不能通过单方面改变自身出行路径来降低出行成本。

用户均衡理论的基础数学模型为

$$\min Z = \sum_{a \in A} \int_0^{x_a} t_a(w)\,\mathrm{d}w \tag{4-51}$$

$$\sum_k f_{rs,k} = q^{rs}, f_{rs,k} \geqslant 0, \forall r,s,k \tag{4-52}$$

$$\sum_{rs}\sum_k \delta_{a,k}^{rs} f_{rs,k} = x_a, x_a \geqslant 0, a \in A \tag{4-53}$$

式中，式（4-51）为所有路段的阻抗函数对路段流量的积分求和，$x_a$ 为路段 $a$ 上的交通流量；$t_a$ 为路段 $a$ 的阻抗函数；式（4-52）为路径流量与出行需求守恒约束，$f_{rs,k}$ 为 OD 对 $rs$ 的第 $k$ 条可行路径；$rs$ 为其中一个 OD 对；$q^{rs}$ 为 OD 对 $rs$ 之间的出行车辆数；式（4-53）为路径和路段流量守恒约束，$\delta_{a,k}^{rs}$ 为 0-1 变量表示路段和路径的关联关系，当此变量为 1 时表示 OD 对 $rs$ 的第 $k$ 条路径经过路段 $a$，此外路径流量 $f_{rs,k}$ 和路段流量均大于 0。

在考虑用户均衡的 HFCV 加氢负荷模型中，氢气量对 HFCV 的可行路径构成了限制，不能直接应用传统的用户均衡模型确定路径和路段流量。首先，根据车辆的出行需求以及初始氢气量判断加氢需求；然后，利用前述的 Dijkstra 算法生成每辆车的可行路径集。可行路径由出发节点、加氢站节点和目的地节点组成。由于 HFCV 的出行需求是有限的，可行路径的数量也是有限的，这确保了模型能够在有限的时间内完成计算并得出结果。

用户均衡下 HFCV 最优路径模型的目标函数包括 HFCV 的出行时间以及加氢费用，其中出行时间为道路阻抗函数对路段流量的积分求和，目标函数与约束条件如下所示：

$$\min E = E_B \sum_{a \in A} \int_0^{x_a} t_a(\omega)\,\mathrm{d}\omega + \sum_{rs \in OD} \sum_{k \in K} \sum_{hfs \in N_{hfs}} f_k^{rs} h_{k,rs} \lambda_{hfs} \tag{4-54}$$

$$\text{s. t.} \sum_{k \in K_{rs}} f_k^{rs} = q^{rs},\ f_k^{rs} \geq 0,\ \forall\, r,s \tag{4-55}$$

$$\sum_{rs \in OD} \sum_{k \in K_{rs}} \delta_{a,k}^{rs} f_k^{rs} = x_a,\ x_a \geq 0,\ \forall\, r,s \tag{4-56}$$

式中，$E_B$ 为时间成本系数，单位为 h/元；$x_a$ 为路段 $a$ 上的流量；$t_a$ 为路段行驶时间函数，此处采用道路阻抗函数；$f_k^{rs}$ 为 OD 对 $rs$ 上第 $k$ 条可行路径上的流量；$h_{k,rs}$ 为第 $k$ 条可行路径上的 HFCV 加氢量，单位为 kg；$\lambda_{hfs}$ 为加氢站的氢气价格，单位为元/kg；式（4-55）为路径-OD 流量约束；$q^{rs}$ 为 OD 对 $rs$ 的流量；式（4-56）为路径-路段流量约束；$\delta_{a,k}^{rs}$ 为 0-1 变量，表示 OD 对 $rs$ 上的第 $k$ 条路径和路段 $a$ 的关联关系。

用户均衡模型下加氢负荷计算流程图如图 4-15 所示，整个加氢负荷计算流程如下：

1）更新交通网、HFCV、配电网信息，此时交通网络上路径流量均为 0。

2）读取所有车辆的出行信息、初始氢气状态，其中初始氢气状态满足式（4-50）。

3）根据道路阻抗函数，计算道路阻抗信息，同时，根据交通网络的邻接矩阵，生成潜在出行路径集。

4）在步骤 3）所得到的潜在可行路径集的基础上，进行加氢需求判断，若满足式（4-44）则跳转步骤 5），若不满足则跳转步骤 6），将该出行路径加入所有 OD 对的可行路径集中。

5）根据当前氢气状态计算得到 HFCV 剩余里程范围内的加氢站，生成该

107

OD 对与目标加氢站之间的路径集，以当前加氢站作为起点，终点保持不变，按照步骤 3）的方法得到加氢站与目的节点之间的可行路径集。将第一阶段与第二阶段可行路径集进行组合。

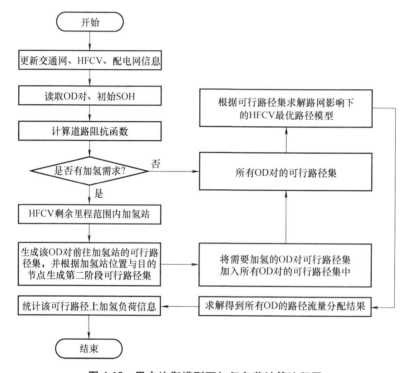

**图 4-15　用户均衡模型下加氢负荷计算流程图**

6）统计步骤 5）所得到的该 OD 对可行路径上的加氢负荷信息，并计算每个 OD 对上每条可行路径上的加氢需求。

7）将步骤 5）所得到的两阶段可行路径集加入所有 OD 对可行路径中。

8）根据步骤 7）中所有 OD 对的可行路径集，求解路网影响下的 HFCV 最优路径模型，得到所有 OD 对的路径流量分配结果。

9）根据步骤 8）所得到的所有 OD 对的路径流量分配结果，计算得到所有加氢站的加氢负荷，计算结束。初始氢气状态约束与单个可行路径集上加氢负荷计算方法如下：

$$L_{o(r),k,rs}^{\mathrm{soh}} = L_{o,k}^{\mathrm{soh}} \tag{4-57}$$

$$h_{k,rs} = \alpha(1 - L_{v,o}^{\mathrm{soh}} + g_{rs}d_{o-hfs}) \tag{4-58}$$

$$d_{o-hfs}^{rs,k} = D(o, L_{k,hfs}^{rs}) \tag{4-59}$$

$$H_{hfs} = \sum_{rs \in OD} \sum_{k \in K} h_{k,rs} f_k^{rs} \tag{4-60}$$

式中，式（4-57）表示该车辆离开 OD 对起点 $r$ 时氢气量等于初始氢气量，单位为 kg；式（4-58）定义了加氢策略，当车辆经过加氢站时，采用加满策略；其中 $\alpha$ 为车辆最大储存的氢气容量，单位为 kg；$g_{rs}$ 为耗氢量，单位为 km/kg；式（4-59）为 OD 对 $rs$ 中第 $k$ 条路径出发节点与选择加氢站节点之间的距离；式（4-60）给出统计每个加氢站的加氢量模型。

### 4.3.3　交通用氢负荷特性分析

**1. 负荷特性分析**

以东北某地为例，利用加氢负荷计算模型得到 HFCV 加氢需求和加氢数量，分别如图 4-16 和图 4-17 所示。

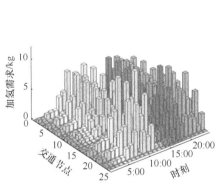

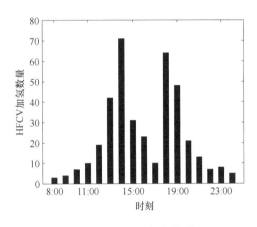

图 4-16　HFCV 加氢需求分布　　　　图 4-17　HFCV 加氢数量

HFCV 的加氢需求呈现出明显的高峰期，主要集中在每天的 12:00—13:00 和 21:00—23:00 时段，原因在于 HFCV 用户的加氢行为通常发生在中午返程和下班返程时段。由于 HFCV 的补能方式与电动汽车不同，加氢过程非常迅速，用户能够在较短的时间内完成加氢，这使得加氢需求更加集中。特别是在 12:00—13:00 和 21:00—23:00 这两个时段，HFCV 的加氢需求尤为突出。在 14:00—17:00 这一时段，HFCV 的加氢需求较为平稳，且与峰值时段相比，需求差距较大。表明尽管在这一时间段加氢需求不如高峰期那样集中，但加氢站仍能有效满足较为平缓的需求，且由于加氢过程便捷，短时间内能够为更多的 HFCV 提供能量支持。

交通用氢的需求可以通过调整 HFCV 的加氢时间进行负荷转移，例如在低谷时段前往加氢站加氢等。负荷转移的实施可以通过转移负荷补偿的方式进行，在此模式下，用户在每个时段的负荷将基于原始负荷进行调整，增加或减少相应的可转移负荷，可用式（4-61）表示。

$$P_{\text{new},t} = P_{\text{dm1},t} + P_{\text{dm2},t} + P_{\text{tr},t} \tag{4-61}$$

式中，$P_{\text{new},t}$ 为用户 $t$ 时段转移后的氢等效电负荷，单位为 kW；$P_{\text{tr},t}$ 为用户 $t$ 时段加上或减去转移的氢等效电负荷，单位为 kW。

**2. 等效电负荷模型**

HFCV 的加氢模式与传统燃料汽车相似，加氢量具有周期性且每一天都有类似的趋势。不考虑季节变化，氢需求量等于年平均需求量，则交通用氢等效电负荷可表示为

$$P_{\text{JT-H}}^{t} = \frac{\rho_{\text{JT}} \eta_{\text{AE}} Q_{\text{JT-H}}}{365} \tag{4-62}$$

式中，$P_{\text{JT-H}}^{t}$ 为 $t$ 时刻交通用氢等效电负荷，单位为 kW；$\rho_{\text{JT}}$ 为交通氢负荷比率；$\eta_{\text{AE}}$ 为电解水制氢机组制氢效率，单位为 kW/Nm$^3$。

### 4.3.4 电-氢-交通耦合系统协同优化

电-氢-交通耦合系统协同优化涉及多个关键组件的运行和启停决策，包括发电机组、电解水制氢机组、储能装置和加氢站。其核心目标是通过综合考虑电力、氢能和交通网络之间的相互作用，最小化系统的整体运行成本，同时确保电力系统和交通系统在满足各自需求的基础上，遵守相应的运行约束，本质上是混合整数非线性优化问题，其标准形式为

$$\begin{cases} \min_{x,y} F(x,y) \\ \text{s. t.} \quad h_j(x,y) = 0, j = 1,2,\cdots,p \\ \qquad g_l(x,y) \geqslant 0, l = 1,2,\cdots,q \\ \qquad x_{\min} \leqslant x \leqslant x_{\max} \\ \qquad y_{\min} \leqslant y \leqslant y_{\max} \end{cases} \tag{4-63}$$

式中，$F(x,y)$ 为目标函数；$x$、$y$ 分别为连续变量和整数（离散）变量，连续变量主要涉及机组出力、储氢设备运行状态等，整数变量主要是电解水制氢机组、发电机组的启停状态；$h_j(x,y) = 0$ 为等式约束，包括电力和氢能平衡约束；$g_l(x,y) \geqslant 0$ 为不等式约束，包括机组、电解水制氢机组、储氢设备的运行范围和启停限制等；$x_{\min}$、$x_{\max}$ 分别为连续变量的最小值和最大值，主要考虑储氢罐的储存容量；$y_{\min}$、$y_{\max}$ 分别为整数变量的最小值和最大值，主要考虑设备启停频率限制。

**1. 目标函数**

电-氢-交通耦合系统以运行成本最低为目标，通常考虑运行成本 $C_{\mathrm{run}}$、机组启停成本 $C_{\mathrm{st}}$、加氢站运行成本 $C_{\mathrm{station}}$、系统与上级主网电能交互成本 $C_{\mathrm{e}}$ 以及弃电成本 $C_{\mathrm{ab}}$，加氢站运行成本包括电解水制氢机组启停成本 $C_{\mathrm{st}}^{\mathrm{el}}$、电解水制氢机组运行成本 $C_{\mathrm{run}}^{\mathrm{el}}$ 以及售氢收益 $R_{\mathrm{sale}}$，典型目标函数可表示为

$$\min f = C_{\mathrm{run}} + C_{\mathrm{st}} + C_{\mathrm{station}} + C_{\mathrm{e}} + C_{\mathrm{ab}} \tag{4-64}$$

$$C_{\mathrm{e}} = \sum_{t=1}^{N_T} \lambda_t^{\mathrm{e}} p_{t,\mathrm{grid}} \tag{4-65}$$

$$C_{\mathrm{station}} = C_{\mathrm{st}}^{\mathrm{el}} + C_{\mathrm{run}}^{\mathrm{el}} - R_{\mathrm{sale}} = \sum_{t=1}^{N_T} \sum_{h}^{N_h} \left( -\lambda_t^h l_{t,h}^{hv} + S_{t,h}^{\mathrm{su}} U_h + S_{t,h}^{\mathrm{sd}} D_h + \lambda_t^{\mathrm{e}} p_{t,\mathrm{e}}^h + \rho_h^{\mathrm{om}} + \lambda_t^w \mid \tilde{p}_{w,t}^w - p_{w,t}^w \mid \right) \tag{4-66}$$

式中，$\lambda_t^{\mathrm{e}}$ 为向主网购电实时电价，单位为元/kWh；$p_{t,\mathrm{grid}}$ 为购电电量，单位为 kWh；$S_{t,h}^{\mathrm{su}}$、$S_{t,h}^{\mathrm{sd}}$ 分别为燃气机组和电解水制氢机组启停变量；$U_h$、$D_h$ 分别为制氢机组起动、停机成本，单位为元/次；$\lambda_t^h$ 为 $t$ 时刻的氢气价格，单位为元/kg；$\lambda_t^w$ 为弃电惩罚电价，单位为元/kWh；$l_{t,h}^{hv}$ 为第 $h$ 个加氢站 $t$ 时刻的售氢量，单位为 kg；$p_{t,\mathrm{e}}^h$ 为第 $h$ 个制氢机组 $t$ 时刻的功率，单位为 kW；$\rho_h^{\mathrm{om}}$ 为加氢站的运维成本，单位为元；$p_{w,t}^w$ 为新能源 $w$ 的预测功率，单位为 kW；$\tilde{p}_{w,t}^w$ 为新能源 $w$ 的实际功率，单位为 kW；$N_T$、$N_h$ 分别为运行时段和加氢站的数目。

**2. 约束条件**

（1）能源平衡约束

确保在每个时间段内，系统的发电量、电网交换量和储能放电量等能够满足负荷需求、制氢需求和加氢站需求。

$$p_{j,t}^{\mathrm{in}} = p_t^{\mathrm{gd}} + \sum_{i \in \delta_{\mathrm{g}}(j)} p_{i,t}^{\mathrm{g}} - \sum_{i \in \delta_{\mathrm{h}}(j)} p_{i,t}^{\mathrm{h}} + \sum_{i \in \delta_{\mathrm{w}}(j)} p_{i,t}^{\mathrm{w}} - p_{i,t}^{\mathrm{ld}}, \ \forall j \in B_0, \ \forall t \in T \tag{4-67}$$

$$q_{j,t}^{\mathrm{in}} = q_t^{\mathrm{gd}} + \sum_{i \in \delta_{\mathrm{g}}(j)} q_{i,t}^{\mathrm{g}} + \sum_{i \in \delta_{\mathrm{w}}(j)} q_{i,t}^{\mathrm{w}} - q_{i,t}^{\mathrm{ld}}, \ \forall j \in B_0, \ \forall t \in T \tag{4-68}$$

式中，$p_{j,t}^{\mathrm{in}}$ 和 $q_{j,t}^{\mathrm{in}}$ 分别为节点 $j$ 在 $t$ 时刻注入的有功功率和无功功率，单位分别为 kW 和 kvar；$B_0$ 为配电网参考节点；$p_t^{\mathrm{gd}}$ 和 $q_t^{\mathrm{gd}}$ 分别为上级电网注入配电网的有功功率和无功功率；$p_{i,t}^{\mathrm{g}}$、$p_{i,t}^{\mathrm{h}}$、$p_{i,t}^{\mathrm{w}}$ 和 $p_{i,t}^{\mathrm{ld}}$ 分别为节点 $i$ 在 $t$ 时刻的燃气轮机有功出力、加氢站负荷、风电出力和电负荷，单位为 kW；$q_{i,t}^{\mathrm{g}}$、$q_{i,t}^{\mathrm{w}}$ 分别为 $t$ 时刻节点 $i$ 的发电机组、新能源所产生的无功功率，单位为 kvar；$q_{i,t}^{\mathrm{ld}}$ 为 $t$ 时刻节点 $i$ 的无功负荷，单位为 kvar；$\delta_{\mathrm{g}}(j)$、$\delta_{\mathrm{h}}(j)$、$\delta_{\mathrm{w}}(j)$ 分别为节点 $j$ 邻接电网节点集合、加氢站节

点集合和新能源场节点集合；$T$ 为运行时段；$ij$ 为支路。

（2）设备运行约束

主要考虑制氢机组的最大和最小输出功率限制，以及启停操作限制，防止设备过载运行或频繁启停，确保设备的安全和寿命。

$$S_{t,h}^{su}p_{t,e}^{\min} \leq p_{t,e} \leq S_{t,h}^{su}p_{t,e}^{\max} \tag{4-69}$$

$$-p_e^{ramp} \leq p_{t,e}-p_{t-1,e} \leq p_e^{ramp} \tag{4-70}$$

式中，$p_{t,e}$ 为 $t$ 时刻制氢机组 $e$ 的出力，单位为 kW；$p_{t,e}^{\max}$、$p_{t,e}^{\min}$ 分别为制氢机组的出力上下限，单位为 kW；$p_e^{ramp}$ 为制氢机组 $e$ 的爬坡功率，单位为 kW。

（3）电网交互约束

系统与上级电网的功率交换应在电网允许的范围内。过高或过低的电能交互会对电网的稳定性造成影响，因此需要设置购电量的上限。

$$0 \leq p_t^{grid} \leq p_{\max}^{grid} \tag{4-71}$$

式中，$p_{\max}^{grid}$ 为系统向主网购电最大值，单位为 kW。

（4）弃风约束

限制风力发电的弃风量，确保尽可能多地利用可再生能源，减少能源浪费和环境污染。

$$0 \leq p_{w,t,spill}^{wt} \leq p_{w,t}^{wt} \tag{4-72}$$

式中，$p_{w,t,spill}^{wt}$ 为第 $w$ 个风电场弃风量，单位为 kW；$p_{w,t}^{wt}$ 为第 $w$ 个风电场 $t$ 时刻的实际出力，单位为 kW。

## 4.3.5 案例分析

选取改进 33 节点配电网络和 24 节点 SiouxFalls 交通网络作为案例，具体结构如图 4-18 和图 4-19 所示。配电网 1 节点与上级主网进行购电，燃气轮机位于 8 和 18 节点，四个加氢站分别位于配电网的 15、22、25、31 节点与交通网络 11、13、15、18 节点。优化模型涉及配电网的潮流方程、氢气状态约束等非线性项，通过大 M 法和强对偶理论等价转换为混合整数线性规划问题。

图 4-20 给出了 16:00 时的交通网道路拥堵程度热力图，在晚高峰时段 16:00 时的交通流量分布如图 4-21 所示。图中黑色数字表示道路编号，灰色数字表示该条线路上的交通流量。由图可知，HFCV 用户会选择道路等级高、容量较大的外环线路 16、17、19、54 和 56 作为行驶路线。道路 16 和 19 发生了轻微的拥堵，其原因在于车流量超出了它的承载能力时，道路阻抗将增加。其他的 HFCV 用户感知该道路阻抗增加后会通过改变行驶路径减小自己的出行成本并缓解堵

塞现象。在内部道路中，线路 37 和 57 具有较大的交通流量，其原因在于这些道路毗邻加氢站，当 HFCV 氢气量达到一定阈值时会选择最近的加氢站进行加氢来保证出行，HFCV 聚集在加氢站附近导致道路流量增加，验证了 HFCV 路径优化模型对于车辆路径调整的有效性。

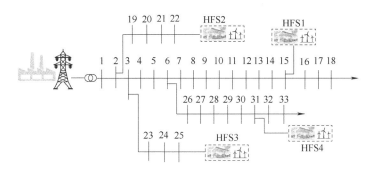

图 4-18　改进 33 节点配电网络

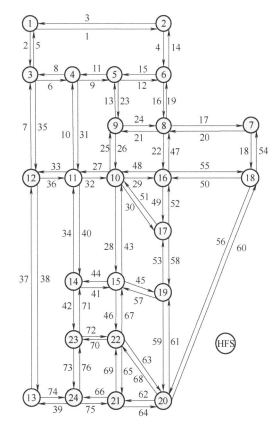

图 4-19　24 节点 SiouxFalls 交通网络

113

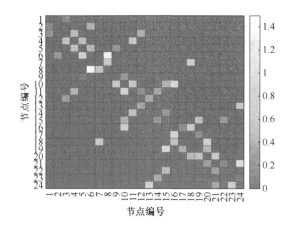

**图 4-20　16∶00 时的交通网道路拥堵程度热力图**

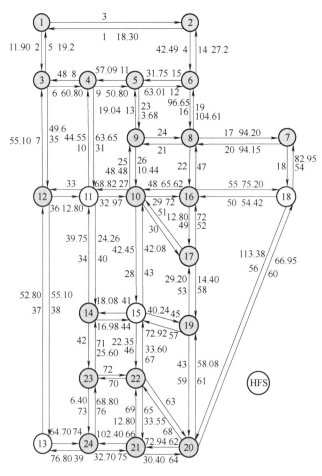

**图 4-21　16∶00 时的交通流量分布**

　　图 4-22 所示为分布鲁棒优化和鲁棒优化模型加氢站运行结果对比图。鲁棒优化模型运行结果较保守，原因在于鲁棒优化模型为了确保氢能的稳定供应，通常会选择更加保守的调度策略，从而增加了整体电能消耗。相比之下，分布鲁棒优化模型在处理不确定性时，能够更好地掌握风电出力误差的概率分布。这使得该模型在电价较低时，制氢机组的功率运行较高，从而利用低电价时段更多地生产氢气，这种调度策略能够更加灵活地应对电力供应的波动，同时降低了能源消耗，从而减少了总电能消耗和运营成本。

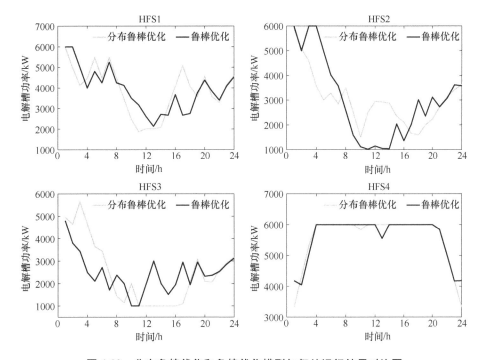

**图 4-22　分布鲁棒优化和鲁棒优化模型加氢站运行结果对比图**

　　图 4-23 所示为分布鲁棒优化与鲁棒优化下系统向主网购电情况。由图可知，鲁棒优化下的购电总量较高，这一策略的主要挑战在于风电出力的预测误差。风电出力的不确定性使得实际风电发电量与日前调度中使用的预测出力存在偏差。因此，实时调度需要通过从主网购电来补偿这一部分的功率误差。而分布鲁棒优化模型通过考虑风电出力的不确定性和其他系统约束，能够在保证鲁棒性的同时优化经济性，不仅能够有效地应对系统的不确定性，还通过灵活的购电决策降低了运行成本，能够更好地平衡系统的稳定性与经济性。

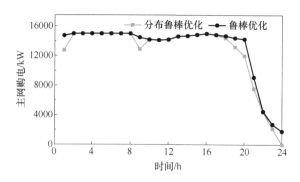

**图 4-23 分布鲁棒优化与鲁棒优化下系统向主网购电情况**

## 4.4 建筑用氢

在建筑领域，用氢场景主要集中在供暖、发电和能源储存等方面，具体包括天然气掺氢供热、燃料电池热电联供和氢能供能系统等。氢能供能系统将新能源作为能量来源，利用燃料电池机组和储氢装置，实现建筑用能独立和自足，是实现"碳中和"的有效途径之一，建筑终端用能清洁化替代是未来发展的必然趋势。建筑氢能供能系统是零能耗建筑的高级表现形式，在理论上开展了初期研究，但未获得政策上的大规模推广，市场环境尚未成熟，处于研究和发展的起步阶段。

### 4.4.1 建筑氢能供能系统

#### 1. 建筑氢能供能系统的典型结构

建筑氢能供能系统依托风光互补发电为主要能源来源，以满足建筑用户的能量需求。然而，风能和太阳能的发电出力受自然条件的影响，具有较大的不确定性，氢能供能为解决这一问题提供了稳定、可控的解决方案。通过将富余的风光电力用于电解水制氢，生成的氢气可储存在高压储氢罐中，作为能源储备；当风光发电出力不足时，储存的氢气可以通过燃料电池机组系统转换为电能，以供建筑使用。此外，外置的高压储氢罐作为备用电源，可以有效减少系统对极端天气条件的依赖，降低供能系统的规模并提升经济性。本节初步提出了建筑氢能供能系统的基本结构，如图 4-24 所示。该系统采用离网运行模式，能量实现自发自用，通过合理的规划和设计，建筑氢能供能系统能够为建筑提供稳定、清洁的能源供应。

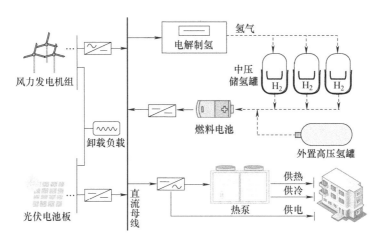

**图 4-24  建筑氢能供能系统的基本结构**

### 2. 运行模式

建筑氢能供能系统在实际应用中的经济性、可靠性与运行策略的科学合理性密切相关，决定了其能效和可持续性。在离网运行模式下，储能系统能够实现负荷需求的时空转移，是能源灵活转换的核心环节。通过有效利用储能，系统能提升新能源的就地消纳能力，增强新能源发电的可控性，并提高供能系统的可靠性。这不仅优化了能源使用效率，还延缓了供能系统的容量扩展需求，从而降低了系统的投资和运行成本。在这一过程中，氢能系统作为关键的中间载体，能够确保建筑氢能供能系统持续提供清洁、稳定的能源供应。通过氢能的储存与释放，系统能够有效应对能源供需波动，保障建筑负荷的稳定供能。供能系统的初步运行策略如图 4-25 所示。

模式 1~6 时风光出力超出负荷需求，将多余能量储存；模式 7~12 时风光出力无法满足负荷需求，此时调用储存的能量及外置高压储氢罐中的能量供给负荷需求。其中，$\Delta P$ 为风光出力-负荷需求，单位为 kW；$P_{ez,r}$ 为制氢机组的额定功率，单位为 kW；$P_{ez}$ 为制氢机组的实时功率，单位为 kW；$P_{s,max}$ 为中压储氢罐储存由电解水制氢机组制氢所消纳的电能能力上限，单位为 kW；SOHC 为中压储氢罐等效荷电状态；$P_{fc,r}$ 为燃料电池机组的额定功率，单位为 kW；$P_{fc}$ 为燃料电池机组的实时功率，单位为 kW；$P_{wz}$ 为外置高压储氢罐中氢气通过燃料电池机组转为电能功率，单位为 kW。

1）模式 1 满足 $\begin{cases} \Delta P \leqslant 0 \\ -\Delta P \leqslant P_{ez,r} \leqslant (0.9 - \mathrm{SOHC}(t)) P_{s,max} \end{cases}$

117

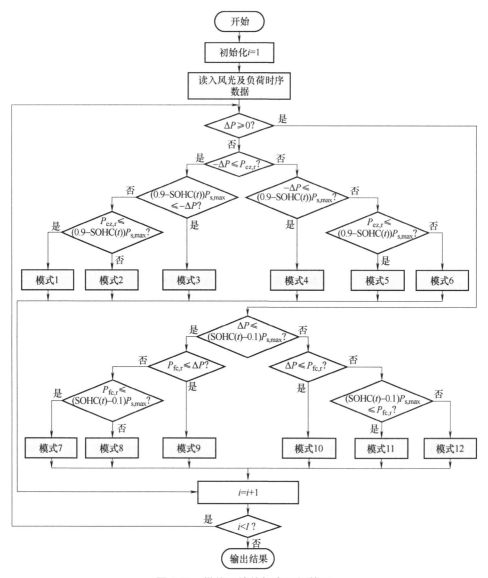

图 4-25 供能系统的初步运行策略

$$运行状态为\begin{cases} P_{ez} = -\Delta P \\ SOHC(t+1) = SOHC(t) - \Delta P/P_{s,max} \\ P_{fc} = 0 \\ P_{wz} = 0 \end{cases}$$

全部富余能量电解制氢存入中压储氢罐中。此时中压储氢罐剩余空间足够制氢机组以最大功率电解制氢，将氢气存入中压储氢罐。

2）模式 2 满足 $\begin{cases} \Delta P \leqslant 0 \\ -\Delta P \leqslant (0.9-\mathrm{SOHC}(t))P_{\mathrm{s,max}} \leqslant P_{\mathrm{ez,r}} \end{cases}$

运行状态为 $\begin{cases} P_{\mathrm{ez}} = -\Delta P \\ \mathrm{SOHC}(t+1) = \mathrm{SOHC}(t) - \Delta P/P_{\mathrm{s,max}} \\ P_{\mathrm{fc}} = 0 \\ P_{\mathrm{wz}} = 0 \end{cases}$

全部富余能量电解制氢存入中压储氢罐。此时富余能量较少，因此，尽管中压储氢罐剩余空间不足以制氢机组以最大功率制氢、储存，但中压储氢罐空间仍能消纳全部富余能量。

3）模式 3 满足 $\begin{cases} \Delta P \leqslant 0 \\ P_{\mathrm{ez,r}} \leqslant -\Delta P \leqslant (0.9-\mathrm{SOHC}(t))P_{\mathrm{s,max}} \end{cases}$

运行状态为 $\begin{cases} P_{\mathrm{ez}} = (0.9-\mathrm{SOHC}(t))P_{\mathrm{s,max}} \\ \mathrm{SOHC}(t+1) = 0.9 \\ P_{\mathrm{fc}} = 0 \\ P_{\mathrm{wz}} = 0 \end{cases}$

此时中压储氢罐剩余空间不足以储存全部多余能量，中压储氢罐容量到达上限，无法储存的电能将被弃掉。

4）模式 4 满足 $\begin{cases} \Delta P \leqslant 0 \\ (0.9-\mathrm{SOHC}(t))P_{\mathrm{s,max}} \leqslant -\Delta P \leqslant P_{\mathrm{ez,r}} \end{cases}$

运行状态为 $\begin{cases} P_{\mathrm{ez}} = P_{\mathrm{ez,r}} \\ \mathrm{SOHC}(t+1) = \mathrm{SOHC}(t) + P_{\mathrm{ez,r}}/P_{\mathrm{s,max}} \\ P_{\mathrm{fc}} = 0 \\ P_{\mathrm{wz}} = 0 \end{cases}$

中压储氢罐剩余空间充足，但制氢机组功率较小，无法将全部多余电能电解制氢存入中压储氢罐中。此时制氢机组以最大功率电解制氢，但仍有部分未能电解的多余电能被弃掉。

5）模式 5 满足 $\begin{cases} \Delta P \leqslant 0 \\ P_{\mathrm{ez,r}} \leqslant (0.9-\mathrm{SOHC}(t))P_{\mathrm{s,max}} \leqslant -\Delta P \end{cases}$

运行状态为 $\begin{cases} P_{\mathrm{ez}} = P_{\mathrm{ez,r}} \\ \mathrm{SOHC}(t+1) = \mathrm{SOHC}(t) + P_{\mathrm{ez,r}}/P_{\mathrm{s,max}} \\ P_{\mathrm{fc}} = 0 \\ P_{\mathrm{wz}} = 0 \end{cases}$

此时富余能量较多，制氢机组容量较小，且不计制氢机组容量的情况下中压储氢罐剩余空间也无法存入全部富余能量。此时制氢机组以最大功率电解制氢，中压储氢罐未达容量上限，未能电解的多余电能被弃掉。

6）模式6满足 $\begin{cases} \Delta P \leq 0 \\ (0.9 - \text{SOHC}(t)) P_{s,max} \leq P_{ez,r} \leq -\Delta P \end{cases}$

运行状态为 $\begin{cases} P_{ez} = (0.9 - \text{SOHC}(t)) P_{s,max} \\ \text{SOHC}(t+1) = 0.9 \\ P_{fc} = 0 \\ P_{wz} = 0 \end{cases}$

此时中压储氢罐剩余空间不足以储存全部多余能量，中压储氢罐容量到达上限后，剩余电能被弃掉。

7）模式7满足 $\begin{cases} \Delta P \geq 0 \\ \Delta P \leq P_{fc,r} \leq (\text{SOHC}(t) - 0.1) P_{s,max} \end{cases}$

运行状态为 $\begin{cases} P_{ez} = 0 \\ \text{SOHC}(t+1) = \text{SOHC}(t) - \Delta P / P_{s,max} \\ P_{fc} = \Delta P \\ P_{wz} = 0 \end{cases}$

此时中压储氢罐中储存能量充足，燃料电池机组消耗中压储氢罐内的氢气，将氢能转换为电能，补足能量缺额。

8）模式8满足 $\begin{cases} \Delta P \geq 0 \\ \Delta P \leq (\text{SOHC}(t) - 0.1) P_{s,max} \leq P_{fc,r} \end{cases}$

运行状态为 $\begin{cases} P_{ez} = 0 \\ \text{SOHC}(t+1) = \text{SOHC}(t) - \Delta P / P_{s,max} \\ P_{fc} = \Delta P \\ P_{wz} = 0 \end{cases}$

此时燃料电池机组额定功率较大，足以将中压储氢罐内的全部氢能转换为电能。此时缺失能量由燃料电池机组消耗中压储氢罐内的氢气补足。

9）模式9满足 $\begin{cases} \Delta P \geq 0 \\ P_{fc,r} \leq \Delta P \leq (\text{SOHC}(t) - 0.1) P_{s,max} \end{cases}$

运行状态为 $\begin{cases} P_{ez} = 0 \\ \text{SOHC}(t+1) = \text{SOHC}(t) - P_{fc,r} / P_{s,max} \\ P_{fc} = P_{fc,r} \\ P_{wz} = 0 \end{cases}$

中压储氢罐剩余能量充足，然而燃料电池机组容量较小，以燃料电池机组最大输出功率发电仍不足以补足能量缺额，此时用户侧将发生缺电情况。

10）模式 10 满足 $\begin{cases} \Delta P \geqslant 0 \\ (\mathrm{SOHC}(t) - 0.1) P_{\mathrm{s,max}} \leqslant \Delta P \leqslant P_{\mathrm{fc,r}} \end{cases}$

运行状态为 $\begin{cases} P_{\mathrm{ez}} = 0 \\ \mathrm{SOHC}(t+1) = 0.1 \\ P_{\mathrm{fc}} = \Delta P \\ P_{\mathrm{wz}} = \Delta P - (\mathrm{SOHC}(t) - 0.1) P_{\mathrm{s,max}} \end{cases}$

此时中压储氢罐中所储能量不足，中压储氢罐中的氢气储量到达下限后，外置高压储氢罐作为场外电源将罐内氢气通入燃料电池机组发电，以补足能量缺额。

11）模式 11 满足 $\begin{cases} \Delta P \geqslant 0 \\ (\mathrm{SOHC}(t) - 0.1) P_{\mathrm{s,max}} \leqslant P_{\mathrm{fc,r}} \leqslant \Delta P \end{cases}$

运行状态为 $\begin{cases} P_{\mathrm{ez}} = 0 \\ \mathrm{SOHC}(t+1) = 0.1 \\ P_{\mathrm{fc}} = P_{\mathrm{fc,r}} \\ P_{\mathrm{wz}} = P_{\mathrm{fc,r}} - (\mathrm{SOHC}(t) - 0.1) P_{\mathrm{s,max}} \end{cases}$

此时中压储氢罐消耗氢气至容量下限，燃料电池机组以最大输出功率发电，但受制其容量，外置高压储氢罐所提供的氢气由燃料电池机组发电也只能支撑部分能量缺额，用户侧将发生缺电情况。

12）模式 12 满足 $\begin{cases} \Delta P \geqslant 0 \\ P_{\mathrm{fc,r}} \leqslant (\mathrm{SOHC}(t) - 0.1) P_{\mathrm{s,max}} \leqslant \Delta P \end{cases}$

运行状态为 $\begin{cases} P_{\mathrm{ez}} = 0 \\ \mathrm{SOHC}(t+1) = \mathrm{SOHC}(t) - P_{\mathrm{fc,r}} / P_{\mathrm{s,max}} \\ P_{\mathrm{fc}} = P_{\mathrm{fc,r}} \\ P_{\mathrm{wz}} = 0 \end{cases}$

此时燃料电池机组以最大功率发电，中压储氢罐未到达容量下限，用户侧将产生缺电情况。

## 4.4.2 氢能建筑全寿命周期成本评估

在氢能供能系统全寿命周期费用的估算过程中，投资者通常关注全寿命周期前期的资金投入，而系统运行中期、后期的设备运维及替换等可靠性保障费用仅以比例系数计算，很难精准评估不同系统和不同设备的费用差异。这种粗略的估算成本方式易使项目投资陷入"冰山理论"，导致"生产盈利，运维赔本"等现象发生。

建筑自建造伊始至完全拆除所经历的时间称为建筑的全寿命周期，主要涵盖设计决策阶段、投入使用阶段和回收退役阶段。与之对应，建筑的全寿命周期成本由初始投入成本、运行维护成本和设备残值三部分构成。科学合理的建筑全寿命周期成本分析、计算方法能够为建筑的规划设计提供重要的参考和指导。基于氢能供能系统全寿命周期时间价值，考虑运行维护费用在全寿命周期费用中的影响，构建供能系统全寿命周期成本模型。

全寿命周期成本通用数学模型可表示为

$$LCC = C_O + C_V + C_R \tag{4-73}$$

式中，$LCC$ 为全寿命周期成本，单位为元；$C_O$ 为初始投入成本，单位为元；$C_V$ 为运行维护成本，单位为元；$C_R$ 为设备残值，单位为元。

其中，初始投入成本是指建设和调试期间，投入使用前的基本建设成本，包括设备购置费用、建设费用和安装费用等。初始投入成本是在寿命周期初期产生的一次性花销，无需考虑时间价值进行折算，表示为

$$C_O = \sum_{i=1}^{I} c_{i,\text{inv}} c_i \tag{4-74}$$

式中，$I$ 为系统中的设备个数，单位为个；$c_{i,\text{inv}}$ 为第 $i$ 个设备的容量，单位为 kW；$c_i$ 为设备初始投入的单位容量价格，单位为元/kW。

运行维护费用包括运行费用 $C_y$ 和设备维护、更换等保障性费用 $C_m$。

$$C_V = C_y + C_m \tag{4-75}$$

设备退役回收时的残余价值称为设备残值，根据退役时市场情况得到的设备残值用 $C_R$ 表示。设备残值在全寿命周期的末期，需要根据时间价值折算。设备残值通用模型为

$$C_R = \sum_{i=1}^{I} \phi_i c_{i,\text{inv}} c_i \xi_a(d_i) \tag{4-76}$$

式中，$\phi_i$ 为第 $i$ 个设备的残值率（本书取 5%）；$d_i$ 为第 $i$ 个设备的废退时间。

在氢能供能系统中，运行成本考虑高压储氢罐的加氢费用 $C_y$，在高压储氢罐容量降低至 20% 时通过氢气管束车运输氢气，重新加氢至容量的 90%。加氢总费用见式（4-77），氢气管束车运输氢气的成本与运输距离关系如图 4-26 所示。

$$C_y = \sum_{n_{hyd}=1} \left( y_{hyd}(90\%-20\%) U_h + y_{ys} m_{H_2} \right) \xi_a(d) \tag{4-77}$$

式中，$n_{hyd}$ 为全寿命周期加氢次数，单位为次；$y_{hyd}$ 为高压储氢罐加氢燃料费用，单位为元/$Nm^3$；$U_h$ 为高压储氢罐容量，单位为 $Nm^3$；$y_{ys}$ 为管束车氢气运输成本，单位为元/kg；$m_{H_2}$ 为氢气质量，单位为 kg；$d$ 为加氢行为发生的时间，单位为年。

为保障系统的可靠性，采取供能设备废退前预防性维修、废退后更换的方式。预防性维修费用一般采用支付周期非一年的等额定期费用折算方式计算。氢能供能系统全寿命周期维护成本包括 20 年间预防性维修费用及设备更换费用，如下所示：

$$C_m = \sum_{i=1}^{n} \sum_{l=1}^{l_{gh}} C_{il} \frac{1}{(1+v)^d} + \sum_{i=1}^{n} T_{ic\_min} C_i(T_{ic\_min}) \frac{(1+v')^{d'}-1}{v'(1+v')^{d'}} \tag{4-78}$$

式中，$C_{il}$ 为第 $i$ 个设备在第 $l$ 次废退更换时的费用，单位为元；$v$ 为废退更换年份对应的折现率（%）；$d$ 为更换年份，单位为年；$T_{ic\_min}$ 为第 $i$ 个设备采用改进熵权层次法计算得出的最优预防性维修周期，单位为天；$C_i(T_{ic\_min})$ 为第 $i$ 个设备在最优预防性维修周期下产生的单位时间维修成本，单位为元；$v'$ 为预防性维修周期折算来的期折现率；$d'$ 为 20 年内预防性维修周期数。

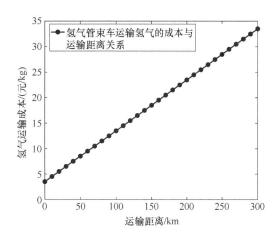

图 4-26　氢气管束车运输氢气的成本与运输距离关系

## 4.4.3 建筑氢能供能系统容量规划

容量规划通常是多目标、多约束的优化问题，通常需要考虑用能需求、资源可用性、技术水平和政策法规等多方面因素，将发电机组容量、储能容量、

123

投资决策和运行策略等作为决策变量，以经济性、环保性、可靠性和灵活性作为目标函数，实现系统的最优规划。氢能供能系统容量规划通常以总成本最小、效率最大、碳排放最小作为目标函数，可以是单目标或多目标的，多目标优化可以将多个目标综合成一个加权目标函数。其多目标容量规划模型的标准形式为

$$\begin{cases} \min_{x,y} F(x,y) = (f_1(x,y), f_2(x,y), \cdots, f_k(x,y)) \\ \text{s.t. } h_j(x,y) = 0, j = 1,2,\cdots,p \\ g_l(x,y) \geqslant 0, l = 1,2,\cdots,q \\ x_{\min} \leqslant x \leqslant x_{\max} \\ y_{\min} \leqslant y \leqslant y_{\max} \end{cases} \tag{4-79}$$

式中，$F(x,y)$ 为目标函数；$x$、$y$ 分别为连续变量和整数（离散）变量，连续变量主要涉及制氢机组、储氢设备和燃料电池机组运行状态等，整数变量主要是制氢机组、燃料电池机组的启停状态；$h_j(x,y) = 0$ 为等式约束，包括电力和氢能平衡约束；$g_l(x,y) \geqslant 0$ 为不等式约束，包括燃料电池机组、制氢机组、储氢设备的运行范围和启停限制等；$x_{\min}$、$x_{\max}$ 分别为连续变量的最小值和最大值，主要考虑储氢罐的储存容量；$y_{\min}$、$y_{\max}$ 分别为整数变量的最小值和最大值，主要考虑设备启停频率限制。

**1. 目标函数**

本章氢能供能系统追求经济性、尺寸规模两方面的最佳表现。其中，供能系统经济性由系统全寿命周期成本 LCC 衡量，供能系统尺寸规模由系统总建设面积 Space 衡量。

（1）经济目标

氢能供能系统规划系统全寿命周期成本最低为经济优化目标：

$$\text{LCC} = C_O + C_V - C_R \tag{4-80}$$

（2）尺寸规模目标

以氢能供能系统设备所占建设面积最小为尺寸优化目标：

$$\text{Space} = \sum_{i=1}^{I} R_{ri} \tag{4-81}$$

式中，Space 为氢能供能系统的建设所需总面积，单位为 $m^2$；$R_{ri}$ 为第 $i$ 种设备的建设面积，单位为 $m^2$。

**2. 约束条件**

建筑氢能供能系统容量优化的约束条件主要包括功率平衡约束、出力上下限约束、储氢约束和缺电率约束等。具体如下所述。

（1）功率平衡约束

氢能供能系统包括新能源机组、燃料电池机组等功率输出设备，负荷和制氢机组等功率输入设备。氢能供能系统功率平衡约束的一般形式为

$$P_{wt}(t)+P_{pv}(t)+P_{fc}(t)=P_{load}(t)+P_{ez}(t)+P_{xz}(t) \tag{4-82}$$

式中，$P_{wt}$ 为风力发电机组的功率，单位为 kW；$P_{pv}$ 为光伏电池板的功率，单位为 kW；$P_{fc}$ 为燃料电池机组的功率，单位为 kW；$P_{load}$ 为家庭用电总负荷功率，单位为 kW；$P_{ez}$ 为制氢机组的功率，单位为 kW；$P_{xz}$ 为卸载负荷，单位为 kW。

（2）出力上下限约束

为了确保各个组件在其额定范围内运行，保证系统的稳定性和可靠性，需对新能源机组、制氢机组和燃料电池机组的出力上下限进行约束，其一般形式为

$$0 \leqslant P_{wt}(t) \leqslant P_{wt,r} \tag{4-83}$$

$$0 \leqslant P_{pv}(t) \leqslant P_{pv,r} \tag{4-84}$$

$$0 \leqslant P_{ez}(t) \leqslant P_{ez,r} \tag{4-85}$$

$$0 \leqslant P_{fc}(t) \leqslant P_{fc,r} \tag{4-86}$$

式中，$P_{wt,r}$ 为风力发电机组的额定功率，单位为 kW；$P_{pv,r}$ 为光伏电池板的额定功率，单位为 kW；$P_{ez,r}$ 为制氢机组的额定功率，单位为 kW；$P_{fc,r}$ 为燃料电池机组的额定功率，单位为 kW。

（3）储氢约束

为了清晰地反映储氢罐实时氢气储存情况，确保储氢罐在其容量范围内运行，防止储氢过多导致的安全隐患或储氢不足导致的供应中断，通常采用等效荷电状态（State of Hydrogen Charge，SOHC）表示其氢气状态，通用模型为

$$SOHC=P_{sto}/P_N \tag{4-87}$$

式中，$P_{sto}$ 为储氢罐实时压强，单位为 MPa；$P_N$ 为储氢罐最大容许压强，单位为 MPa。

根据理想气体公式，储氢罐不同时刻压强之比等效气体量之比。每一时刻的储氢罐 SOHC 变化由氢气变化量与总储气量决定，为了延长储氢罐的寿命，储氢罐 SOHC 需要满足上下限约束。

$$r^s(t)=r_{H_2}^{ez}(t)-r_{H_2}^{fc}(t) \tag{4-88}$$

$$SOHC(t+1)=SOHC(t)+\frac{r^s(t)}{r_{cap}^s} \tag{4-89}$$

$$SOHC_{min} \leqslant SOHC(t) \leqslant SOHC_{max} \tag{4-90}$$

式中，$r_{H_2}^{ez}$ 为电解水制氢机组的制氢量，单位为 $Nm^3$；$r^s$ 为实时储氢罐氢气存入量，单位为 $Nm^3$；$r_{H_2}^{fc}$ 为燃料电池机组的耗氢量，单位为 $Nm^3$；$r_{cap}^s$ 为储氢罐的最

大容量，单位为 $Nm^3$；$SOHC_{min}$ 为储氢罐 SOHC 的最小值，取为 0.1；$SOHC_{max}$ 为储氢罐 SOHC 的最大值，取为 0.9。

**3. 优化模型**

考虑经济性和建设面积的建筑氢能供能系统规划模型可表示为

$$\begin{cases} obj. & \min(\boldsymbol{F}) = \min(LCC, Space)^T \\ st. & (4\text{-}82) \sim (4\text{-}90) \end{cases} \qquad (4\text{-}91)$$

式中，$\boldsymbol{F}$ 包含 LCC 与 Space 两个目标，是优化模型的目标向量。

## 4.4.4 案例分析

### 1. 氢能供能系统全寿命周期成本

本案例中，供能系统设备投资成本及废退寿命见表 4-2，供能系统设备全寿命周期费用见表 4-3。由表可知，全寿命周期维修费用占零能耗建筑供能系统全寿命周期总费用的 30%~65%，其中风力发电机组和光伏电池板在寿命周期内无设备预防性更换，而电解水制氢机组和燃料电池机组的维修费用包含预防性维修及预防性更换，维修费用所占比重明显升高。可见，预防性维修是一种有效的设备维修策略，考虑预防性维修的全寿命周期成本更具有精确性，直观地反映了不同设备在寿命周期内的费用情况，能够更好地评估维修决策对系统经济性的影响。

**表 4-2 供能系统设备投资成本及废退寿命**

| 序号 | 设备名称 | 投资成本/（元/kW） | 废退寿命/年 |
|---|---|---|---|
| 1 | 风力发电机组 | 4680 | 20 |
| 2 | 光伏电池板 | 7000 | 20 |
| 3 | 电解水制氢机组 | 5000 | 10 |
| 4 | 燃料电池机组 | 8000 | 10 |

**表 4-3 供能系统设备全寿命周期费用**

| 序号 | 设备名称 | 全寿命周期维修费用/（元/kW） | 全寿命周期总费用/（元/kW） |
|---|---|---|---|
| 1 | 风力发电机组 | 2064 | 6978 |
| 2 | 光伏电池板 | 3172 | 10522 |
| 3 | 电解水制氢机组 | 9679 | 14929 |
| 4 | 燃料电池机组 | 10567 | 18967 |

### 2. 氢能供能系统规划方案

本案例中，设置三种方案。方案 1 设定为同时兼顾两个优化目标的方案，规定优化目标一全寿命周期成本权重为 0.5，优化目标二建设面积权重为 0.5。方案 2 为追求全寿命周期成本最小的规划方案，两个优化目标权重分别为 1、0。方案 3 为追求建设面积最小的规划方案，两个优化目标权重分别为 0、1。多目标最优规划方案见表 4-4。

**表 4-4　多目标最优规划方案**

| 设备 | 规划方案 | | |
| --- | --- | --- | --- |
| | 方案 1 | 方案 2 | 方案 3 |
| 电解水制氢机组/W | 728 | 954 | 0 |
| 燃料电池机组/W | 2420 | 2350 | 2550 |
| 中压储氢罐/Nm³ | 12 | 45 | 0 |
| 风力发电机组/W | 2020 | 3442 | 0 |
| 光伏电池板/W | 100 | 1410 | 0 |
| 高压储氢罐/个 | 1 | 1 | 1 |

由表 4-3 可知，方案 1 兼顾了零能耗建筑供能系统的经济性与建设面积，两个优化目标都表现得较为优秀，虽然全寿命周期成本较方案 2 高 40%，但其建设面积缩小了 75%。对比而言，方案 2 可近似看作仅考虑经济性的单目标规划，得到的规划结果系统费用值最低，但是建设面积远大于其他两个方案。方案 3 可近似看作仅考虑建设面积最小的单目标规划，规划方案的系统建设面积最小，此时全部用户负荷需求由燃料电池机组消耗购买的氢燃料所支撑，经济性较差。

## 4.5　电力用氢

### 4.5.1　电力用氢的典型场景

场景 1：氢储能电站

氢储能电站是一种将电能转换为氢能进行储存，并在需要时将氢能转换回电能的能源储存和调节系统，有效地结合了新能源发电、电网输配电和氢能技术，旨在提高电网的稳定性和灵活性。氢储能电站通过将新能源电能转换为氢能进行储存，有效地解决了新能源发电的间歇性和波动性问题，实现了能源的灵活调配和高效利用；数据中心站对内依托信息技术连接信息流、能量流和业务流，通过互联互通实现能源和数据融合，构建数据储能系统，对氢储能、电储能进行柔性控制，实现荷侧用能、源侧发电等多对象的精准预测和统一调配，同时可对外提供租赁服务，拓展电网企业盈利模式。氢储能电站如图 4-27 所示。

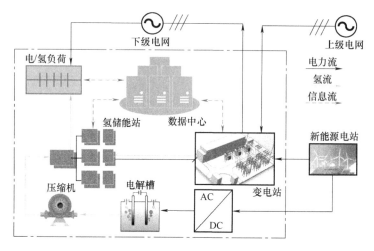

**图 4-27  氢储能电站**

经济性分析：在此场景下建立电制氢经济性模型，配置 100MW 电解水制氢机组、15.8t 储氢罐及 104MW 燃料电池机组，平均每日制氢设备利用小时数为 8h 并提供每日 4h 辅助服务。在不考虑输运成本的情况下，制氢平准化成本约为 32 元/kg，经济性有待提升。

场景 2：分布式氢能热电联供场景

分布式氢能热电联供是将氢气用于发电和供热的一种能源解决方案。其核心优势在于通过燃料电池机组、燃氢轮机进行热电联供，电能作为负荷中心电网的电压支撑和备用容量，起到调峰调频的作用，热能供给本地热负荷，提升终端能源效率和综合供能可靠性。

经济性分析：在此场景下建立电制氢经济性模型，配置 3400W 风电、1400W 光电、1000W 电解水制氢机组、2300W PEM 燃料电池机组、45Nm³ 储氢罐，平均每日制氢设备利用小时数为 9h。制氢平准化成本约为 26.1 元/kg，经济性有待提升。

场景 3：面向电网互动调节的分布式电氢制充注一体站场景

该场景采用分布式电制氢制、储、加一体设计，通过制/储氢消纳新能源电力并储存；通过电-氢转换，为电动汽车和燃料电池汽车提供充电、加氢服务，数据中心站对内依托信息技术连接信息流、能量流和业务流；通过互联互通实现能源和数据融合，构建数据储能系统，实现交通用能、新能源发电等多对象的精准预测和统一调配，防止交通领域不确定性负荷用电对电网的冲击。同时，为电网提供削峰填谷辅助服务，当电力过剩时，通过变电站将富余电力储存至电氢制充注一体站内；当电力缺失时，通过燃料电池机组将氢能转换为电能填补电网电力缺失。分布式电氢制充注一体站场景如图 4-28 所示。

图 4-28 分布式电氢制充注一体站场景

经济性分析：在此场景下建立电制氢经济性模型，配置 2.2MW 风电、2MW 光伏发电、4.2MW 火电机组、1.6MW 电解水制氢机组、2t 储氢罐，平均每日制氢设备利用小时数为 20h。在不考虑输运成本的情况下，制氢平准化成本约为 29 元/kg，经济性较好。

## 4.5.2 电力用氢的潜力分析

（1）长时储能

当电力系统中可再生能源电力占比超过 50% 时，极有可能在夏季出现持续近一周的电力过剩，而冬季则会出现持续近一周的电力缺失。氢储能兼具清洁二次储能和高效储能载体的技术，能够有效应对这一挑战。与传统储能技术相比，氢储能在储能时长上几乎没有刚性的容量限制，可以根据需求灵活调节，满足数天、数月乃至更长时间的储能需求，不仅能够平滑可再生能源的季节性波动，还为实现可再生能源的大规模跨季节储存提供了最佳的整体解决方案。

综合来看，氢能发展的不同阶段，其储存和运输需求将呈现出不同的特点。

在发展初期，氢气储存需求和运输半径相对较小，此时采用高压气态储运的转换成本较低，因此其更具性价比。随着氢能市场的逐步成熟，尤其是在中期，氢气需求半径将逐步扩大，此时气态氢和低温液态氢将成为主要的储运方式。远期来看，随着技术的进步，高密度、高安全性的储氢方式将逐步实现，氢能管网将更加完善，固态氢、有机液态氢等储运技术及相关管道输配标准也将相继出台和实施。根据储运成本占氢能供应链的30%的假设，预计2030年和2060年，储运设备的市场规模将分别达到3900亿元和12000亿元。

（2）提供调峰辅助容量

电网消纳新能源的能力，主要取决于其调峰能力。随着大规模新能源的接入及尖峰负荷的出现，电网的峰谷差将不断扩大。根据目前的预测，我国电力调峰辅助服务面临着巨大的容量调节缺口（见图4-29）。到2030年，容量调节缺口预计将达到1200GW，到2050年这一缺口将进一步扩大至约2600GW。到2060年，电力领域的用氢量将达到2000万t，可为电网提供约7000亿kWh的电力补充。氢储能系统具有高密度、大容量和长周期储存的优势，能够为电网提供强有力的调峰辅助服务，从而弥补峰谷差带来的电力缺失。调峰辅助服务的市场规模预计将达到10亿元。

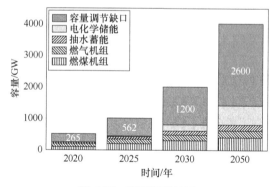

图 4-29　容量调节缺口

（3）氢储能电站

随着新能源电力成本的逐年下降，氢储能电站可以充分利用富余电力进行制氢，将电能转换为氢气进行储存。在此背景下，氢储能电站的发电成本预计将降至0.5元/kWh，同时具有零污染和零排放的优势，使其在经济竞争力和生态友好性方面优于传统的天然气发电和燃煤发电。根据《中国氢能源及燃料电池产业白皮书》（2019版）中的总体目标，预计氢储能电站的规模将在2030年和2060年分别达到5000座和20000座，氢储能电站的市场规模将在2030年和2060年分别达到400亿元和1200亿元。

# 第5章

# 光伏-电解槽直接耦合制氢技术

**5**

## 5.1 概述

　　光伏电解水制氢是利用光伏电池产生的直流电来电解水制取氢气的一种方式[1]，其从理论研究到实际应用经历了多个发展阶段，逐步成为清洁能源生产的重要手段。光伏电解水制氢的概念最早出现在20世纪70年代，当时的研究主要集中在理论研究和基础实验上。由于早期光伏电池效率低、成本高，加上电解技术尚未成熟，这一阶段的研究更多的是实验性质，未能实现大规模应用。进入21世纪，光伏技术迅速进步，太阳能电池的效率显著提高，成本大幅下降，为光伏电解水制氢技术的突破提供了坚实的基础。在21世纪10年代，光伏电解水制氢技术逐步商业化，各类试点项目在全球范围内展开，尤其是在太阳能资源丰富的地区。例如，德国、日本和美国等国都进行了大规模的示范项目，验证了该技术在实际应用中的可行性与经济效益。同时，电解技术也取得了显著进展，高温电解和低温电解技术逐渐成熟，提高了氢气的产量和纯度。进入21世纪20年代后，智能控制技术与多能互补成为光伏电解水制氢技术的新发展方向。研究人员总结了光伏-光热耦合系统在制氢技术中的应用，提出了系统控制和经济性优化的关键技术[2]。通过引入模糊逻辑控制器，提升了光伏电解槽系统的能量传输效率和稳定性[3]。此外，将光伏制氢与其他可再生能源（如风能、光热）相结合，实现多能互补，进一步提高了能源利用效率，降低了氢气生产成本。未来，光伏电解水制氢技术将继续向高效、低成本和大规模方向发展。新材料的应用、系统集成技术的改进以及智能控制技术的应用将进一步推动这一技术的普及与应用。

近年来，随着光伏系统的投资成本显著降低，使得光伏制氢的规模化应用变得更加可行。多数光伏制氢系统采用光伏电池通过 DC/DC 变换器与电解槽间接耦合的方式。这种方法可以实现光伏最大功率点跟踪（Maximum Power Point Tracking, MPPT），其中，MPPT 控制器通过实时侦测太阳能板的发电电压，追踪最高电压电流值，使系统实现最大功率输出从而提高系统性能，但也增加了初始投资成本和能量损失[4]。相对而言，直接耦合方式具有结构简单、能量利用率高且成本更低的优点，因而备受关注[5]。然而，光伏-电解槽（PV-EC）直接耦合制氢系统仍面临一些挑战。为了适应光伏发电的波动性，需要动态调整电解电堆阵列结构[6]。电解电堆容量过大会提升系统成本，容量过小虽然降低了系统初始投资，但也影响了对光伏波动的适应性。电解电堆的运行策略会影响其性能衰减速度，性能衰减过快会降低使用寿命，并增加制氢成本。为此，本章重点介绍了一种高效、经济的 PV-EC 直接耦合制氢技术。

在电-氢耦合系统的背景下，PV-EC 耦合系统的优化是实现高效制氢的关键。PV-EC 耦合制氢的优化通常是通过系统的运行控制与容量设计来实现的，其中优化方法涵盖了多种技术，包括优化算法、软件求解以及人工智能技术等。本章将介绍光伏阵列和电解槽设备的耦合结构与模型，并分析耦合系统的运行特性。针对容量配置问题，将介绍一种基于改进遗传算法和遍历搜索法的双层容量优化模型，采用 K 均值聚类算法（K-means）缩减光伏出力场景，优化系统收益并降低制氢成本。在运行优化方面，将着重介绍一种基于人工智能的求解方法，该方法利用深度强化学习（Deep Reinforcement Learning, DRL）技术来解决光伏直接耦合制氢系统的运行优化问题。具体来说，通过构建包含状态空间、动作空间、状态转移和奖励函数的马尔可夫模型，采用能够解决连续控制型问题的深度确定性策略梯度（Deep Deterministic Policy Gradient, DDPG）算法来训练智能体，使其能够在考虑电解电堆性能衰减和系统能量利用率的基础上做出最优的运行决策。通过先进的规划与优化技术，能够有效地实现光伏发电系统与电解电堆的高效直接耦合，从而促进了规模化光伏制氢产业的发展。

## 5.2　PV-EC 直接耦合制氢系统的结构与原理

### 5.2.1　系统结构与建模

#### 1. PV-EC 直接耦合制氢系统结构

光伏制氢作为一种可再生能源制氢的方式，因其具有绿色、可持续的特点，受到了广泛关注。光伏与电解电堆的直接耦合结构可以简化系统设计，降低投资成本，避免了传统系统中由 DC/DC 变换器带来的能量转换损耗。然而，如何高效地将光伏电池和电解电堆阵列进行匹配，使得系统能够在不同光照和环境条件下稳定运行，是直接耦合系统设计中的关键问题。

在现有的 PV-EC 直接耦合制氢系统中，电解电堆的单阵列结构由多个电解电池串并联组成，直接与光伏阵列连接，这种连接方式虽然设计简单且成本低，但其动态调节能力有限，难以快速适应光伏阵列输出波动，容易导致电压电流不匹配，从而降低了系统能量利用效率，目前适合小规模应用。相比之下，双阵列结构通过两个电解电堆阵列及母线和开关系统相互连接，能够实现更好的动态调节，通过调整开关状态，可以灵活改变电解电堆与光伏阵列连接的串并联数目，减少耦合失配损失，提高能量利用效率。其中，调节控制系统在此结构中起到了关键作用，通过实时监测光伏阵列的运行状态，生成控制信号来调整电解电堆配置。双阵列结构的优势在于更好地适应光伏阵列输出的动态特性，提高系统的能量转换效率和稳定性，降低运行成本，提升氢气生产的效率。所以电解电堆通常采用双阵列结构以保证制氢系统具有较好的动态调节特性[7]。PV-EC 直接耦合制氢系统结构示意图如图 5-1 所示。

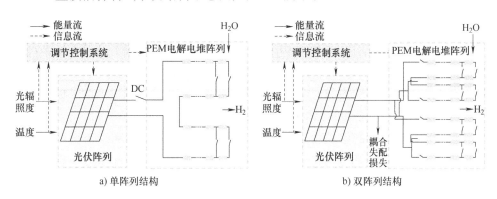

图 5-1　PV-EC 直接耦合制氢系统结构示意图

PV-EC 直接耦合制氢系统包含光伏阵列、电解电堆阵列、调节控制系统三个模块，其中光伏阵列由结构固定的光伏电池串并联构成，捕获太阳光能并向电解电堆阵列输送直流电能，光辐照度与温度是影响其输出电能的主要因素。电解电堆阵列由多个最小电解电池串并联组成，接收光伏阵列输出的直流电能并制取氢气，各单元间通过母线和开关互相连接，可动态调节开关状态从而改变与光伏阵列连接的电解电池串并联数目。对于直接耦合方式，光伏阵列与电解电堆阵列的电压、电流需要互相匹配，否则会出现耦合失配损失，降低系统整体能量利用效率。调节控制系统通过采集光辐照度与环境温度以及监测光伏阵列运行状态，并根据该信息产生电解电堆阵列各开关控制信号，控制电解电池接入系统的串并联数目，从而实现跟随光伏功率波动、降低系统的耦合失配损失。

**2. 光伏阵列模型**

基于光生伏特效应，光伏电池能将太阳光能转换成电能，其本质可视作一个 P-N 结，当有光照射到 P-N 结表面时，其会在两端形成空穴-电子对从而产生电动势，当外部连接负载时便产生了电流，空穴-电子对越多，则电动势越高、电流越大。对于光伏电池，产生空穴-电子对的数量主要与环境温度、光辐照度有关，因此需要建立模型描述光伏电池输出电压和电流与环境温度、光辐照度的关系。现阶段，广泛采用的光伏电池等效电路如图 5-2 所示[8]。

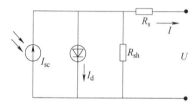

图 5-2　光伏电池等效电路

基于该电路，可得出光伏电池输出电压与电流的理论模型如下[10]：

$$I = I_{sc} - I_d \left( \exp\left( \frac{q(U+IR_s)}{nKT} \right) - 1 \right) - \frac{U+IR_s}{R_{sh}} \tag{5-1}$$

式中，$U$、$I$ 分别为光伏电池的输出电压与电流，单位分别为 V 和 A；$I_{sc}$ 为光生电流，单位为 A；$I_d$ 为阻断二极管流过的电流，单位为 A；$R_{sh}$、$R_s$ 分别为分流电阻与寄生电阻，单位为 Ω；K 为玻尔兹曼常数，单位为 J/℃；$n$ 为二极管理想品质因子；$T$ 为光伏电池的温度，单位为℃。

上述理论模型中的参数会随着外部环境条件而变化，不利于仿真计算。因此做出两点假设：$R_s$ 很小可忽略不计；$R_{sh}$ 趋近于无穷大。在此基础上建立光伏电池工程模型如下所示：

$$\begin{cases} I = I_{sc} \left( 1 - c_1 \left( \exp\left( \frac{U}{c_2 U_{oc}} \right) - 1 \right) \right) \\ c_1 = \left( 1 - \frac{I_m}{I_{sc}} \right) \exp\left( \frac{-U_m}{c_2 U_{oc}} \right) \\ c_2 = \left( \frac{U_m}{U_{oc}} - 1 \right) \left( \ln\left( 1 - \frac{I_m}{I_{sc}} \right) \right)^{-1} \end{cases} \tag{5-2}$$

式中，$U_m$、$I_m$ 分别为光伏最大功率点对应的电压与电流，单位分别为 V 和 A；$U_{oc}$ 为开路电压，单位为 V。在实际工况下，$U_m$、$I_m$、$U_{oc}$、$I_{sc}$ 的计算方法如下[11]：

$$\begin{cases} \Delta T = (T_{air} + KS) - T_{ref} \\ U_{oc} = U'_{oc}(1 - c\Delta T)(1 + b\Delta T) \\ U_{m} = U'_{m}(1 - c\Delta T)(1 + b\Delta T) \\ I_{sc} = I'_{sc}\dfrac{S}{S_{ref}}(1 + a\Delta T) \\ I_{m} = I'_{m}\dfrac{S}{S_{ref}}(1 + a\Delta T) \end{cases} \tag{5-3}$$

式中，$T_{air}$ 为环境温度，单位为 ℃；$S$ 为实际工况下的光辐照度，单位为 W/m²；$U'_{m}$、$I'_{m}$、$U'_{oc}$、$I'_{sc}$ 分别为参考工况下光伏最大功率点（MPP）的电压与电流、开路电压与光生电流，单位分别为 V、A、V、A，这些参数可在出厂商处得到；$S_{ref}$、$T_{ref}$ 分别为参考工况下的光辐照度与环境温度，单位分别为 W/m² 和 ℃；$a$、$b$、$c$ 分别为光伏电池温度系数，单位为 %/℃。

假设光伏阵列的串并联数目为 $N_{s}^{pv}$、$N_{p}^{pv}$，则任意工况下光伏阵列模型表示如下：

$$I = N_{s}^{pv} I_{sc}\left(1 - c_1\left(\exp\left(\frac{U}{c_2 N_{p}^{pv} U_{oc}}\right) - 1\right)\right) \tag{5-4}$$

**3. 电解电堆阵列模型**

通过建立数学模型，可描述 PEM 电解电池的工作特性，单个 PEM 电解电池的电压 $U_{el}$ 如下所示：

$$U_{el} = U_{rev} + U_{ohm} + U_{act} + U_{diff} \tag{5-5}$$

式中，$U_{rev}$、$U_{ohm}$、$U_{act}$、$U_{diff}$ 分别为可逆电压、欧姆过电势、活化过电势、扩散过电势，单位为 V。其中，$U_{diff}$ 占比较小，通常忽略[9]。

基于能斯特方程，$U_{rev}$ 计算如下：

$$U_{rev} = 1.229 - 0.009(T_{el} - 298.15) + \frac{RT_{el}}{2F}\ln\left(\frac{P_{H_2} P_{O_2}^{0.5}}{\alpha_{H_2O}}\right) \tag{5-6}$$

式中，$P_{H_2}$、$P_{O_2}$ 分别为氢气与氧气的分压，单位为 MPa；$R$ 为气体常数，单位为 J/(mol·K)；$\alpha_{H_2O}$ 为水的活度；$F$ 为法拉第常数，单位为 C/mol；$T_{el}$ 为电解槽工作温度，单位为 ℃。

PEM 电解槽主要以膜电阻为主，于是得出 $U_{ohm}$ 计算如下：

$$U_{ohm} = \frac{j\delta_{m}}{(0.005139\lambda - 0.00326)\exp\left(\dfrac{1}{303} - \dfrac{1}{T_{el}}\right)} \tag{5-7}$$

式中，$\delta_m$ 为 PEM 厚度，单位为 $\mu m$；$\lambda$ 为 PEM 含水量。

$U_{act}$ 计算公式为

$$\begin{cases} U_{act} = U_{act-a} + U_{act-c} \\ U_{act-a} = \dfrac{RT_a}{\alpha_a F} \ln\left( \dfrac{j}{2j_{o,a}} + \sqrt{1 + \left(\dfrac{j}{2j_{o,a}}\right)^2} \right) \\ U_{act-c} = \dfrac{RT_c}{\alpha_c F} \ln\left( \dfrac{j}{2j_{o,c}} + \sqrt{1 + \left(\dfrac{j}{2j_{o,c}}\right)^2} \right) \end{cases} \tag{5-8}$$

式中，$U_{act-a}$ 与 $U_{act-c}$ 分别为阳极过电势与阴极过电势，单位为 V；$T_a$ 与 $T_c$ 分别为阳极与阴极的温度，单位为℃；$\alpha_a$ 与 $\alpha_c$ 分别为阳极与阴极的电荷转移系数；$j_{o,a}$ 与 $j_{o,c}$ 为阳极与阴极的交换电流密度，单位为 $A/cm^2$；$j$ 为电流密度，单位为 $A/cm^2$。

基于法拉第定律，单个 PEM 电解电池制氢效率可表示如下：

$$\eta_{H_2} = \eta_F \frac{3600jA}{2F} \tag{5-9}$$

$$\eta_F = \frac{j^2}{(f_1 + j^2)} f_2 \tag{5-10}$$

式中，$\eta_{H_2}$ 为制氢速率，单位为 mol/h；$A$ 为 PEM 面积，单位为 $cm^2$；$\eta_F$ 为法拉第效率；$f_1$、$f_2$ 为法拉第相关系数，其计算方法如下：

$$\begin{cases} f_1 = f_{11} + f_{12} T_{el} \\ f_2 = f_{21} + f_{22} T_{el} \end{cases} \tag{5-11}$$

式中，$f_{11}$、$f_{12}$、$f_{21}$、$f_{22}$ 为法拉第效率系数，可通过拟合电解电池制氢效率曲线得到。

多个电解电池串并联连接组成电解电堆阵列，假设串并联数目分别为 $N_s$、$N_p$，则电解电堆阵列的外特性表示如下：

$$I_{stack} = N_p I_{el} \tag{5-12}$$

$$U_{stack} = N_s U_{el} \tag{5-13}$$

式中，$I_{stack}$ 与 $U_{stack}$ 分别为电解电堆阵列的电流与电压，单位分别为 A 和 V；$I_{el}$ 为单电解电池的电流，单位为 A，与电流密度的转换关系如下所示：

$$I_{el} = Aj \tag{5-14}$$

于是，得到电解电堆阵列的制氢速率 $q_{H_2}$ 为

$$q_{H_2} = \eta_F \frac{3600 N s I_{stack}}{2F} \tag{5-15}$$

## 5.2.2　系统耦合机理

在传统的光伏系统中，光伏 MPPT 通过优化控制器控制 DC/DC 变换器实现。光伏 MPPT 系统架构如图 5-3 所示[10]。

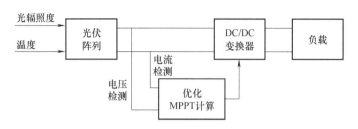

**图 5-3　光伏 MPPT 系统架构**

然而在 PV-EC 直接耦合制氢系统中，光伏阵列与电解电堆阵列采用直接连接，虽然消除了系统用于配置 DC/DC 变换器的投资成本以及电能变换过程产生的能量损失，但随之而来的问题是系统如何进行 MPPT 以提高能量利用率。对于光伏电池，其输出电能与负载的特性有关，以阻性负载为例，假设其电阻阻值为 $R$，其电压与电流呈现出如下所示的线性关系：

$$U = IR \tag{5-16}$$

于是当其与光伏电池直接连接时，光伏电池实际输出的电压与电流如图 5-4 所示。可见当负载变化时，光伏输出也产生变化，当阻性负载的伏安特性曲线与光伏电池输出特性曲线相交于最大功率点时便实现了 MPPT。因此对于光伏与负载直接连接的方式，可通过改变负载的伏安特性曲线从而实现光伏的 MPPT。

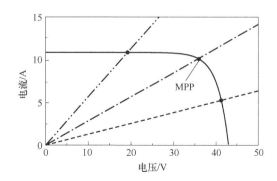

**图 5-4　光伏电池实际输出的电压与电流**

对于电解电堆阵列，可通过改变电解电池的串并联数目从而改变其外特性曲线。光伏阵列与电解电堆阵列匹配示意图如图 5-5 所示，可见当光辐照度固定时，光伏电池与不同串并联数目的电解电堆阵列工作点不同，为使得 PV-EC 直接耦合制氢系统具备较好的性能，通常以系统能量利用率或制氢速率最大为目标优化电解电池串并联数目。然而光辐照度的波动性致使光伏电池输出特性发生变化，导致与之匹配的最优电解电堆结构也会改变，因此需动态调节电解电池的串并联结构从而保证系统一直具备较高的能量利用率。

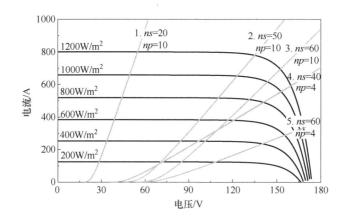

图 5-5　光伏阵列与电解电堆阵列匹配示意图

在进行 PV-EC 直接耦合制氢系统容量配置研究时，将电解电池视作静态结构的单层优化方法忽略了电解电堆阵列的动态调节过程，这会导致对于每种容量配置方案的经济性评估不准确从而不能选取最优的容量配置方案。此外，电解电堆阵列的调节范围和系统整体经济性与电解电池容量直接相关，配置容量过大能够提升光伏 MPPT 的能力，但也因此降低了系统的经济性，配置容量小减少了系统初始投资，但也降低了系统能量利用效率，导致系统经济性的变相降低。因此，对于 PV-EC 直接耦合方式，为电解电堆阵列配置适当的容量以平衡系统性能与电解电堆阵列调节范围具有重要意义。

综上，为了在光伏阵列与电解电堆阵列之间实现最佳的能量传输，需采取智能化的能量管理策略。光伏系统的输出功率随光照强度的变化而波动，使得对电解电池的调节过程变得尤为重要，采用模型预测控制和自适应控制的优化调度方法，能够为实时调整电解电堆阵列的工作状态，保持系统效率的最大化提供支撑。

## 5.3  PV-EC 直接耦合制氢系统运行控制优化

对于 PV-EC 直接耦合制氢系统，其整体性能与电解电池性能的不可逆衰减对电解电堆阵列运行的要求相互矛盾。一方面，为适应光伏输出的间歇性和不确定性、提高系统能量利用率或制氢速率，需动态调节电解电堆阵列的串联和并联结构，这会使得电解电堆进行频繁的启停操作。然而，电解电堆频繁启停会加速其不可逆衰减，从而提高系统的维护成本。因此，在光伏输出不确定的情况下，优化电解电堆运行策略以平衡系统整体性能和电解电堆不可逆衰减速度具有重要意义。

针对上述问题，利用 DRL 追求全周期最大收益的能力，以平衡 PV-EC 直接耦合制氢系统性能和电解电堆衰减速度，提出如图 5-6 所示的运行控制框架。所提控制方法包含日前离线训练和日内在线应用两个阶段。在日前离线训练阶段，综合考虑系统能量利用率、电解电堆启停约束、电解电堆电流密度约束以及光辐照度预测精度，将 PV-EC 直接耦合制氢系统的运行控制问题用马尔可夫决策过程（见 5.3.2 节）表示。利用 DDPG 算法求解该马尔可夫过程，并基于日前光辐照度和温度预测数据获得策略函数（即 DRL 的智能体）。在日内在线应用阶段，将处理后的日内光辐照度和温度滚动预测数据传递给策略函数，并计算当前电解电堆阵列的最优结构。

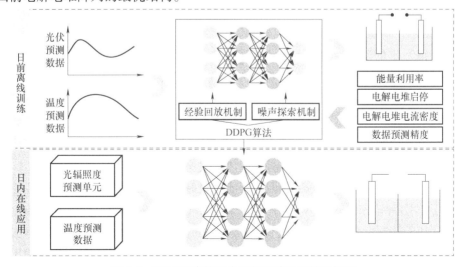

图 5-6  PV-EC 直接耦合制氢系统运行控制框架

### 5.3.1 系统优化算法

本节在运行控制问题中采用了基于 DRL 的优化模型。DRL 是机器学习领域的一个分支，其结合了深度学习的表征能力和强化学习求解时序决策问题的能力。强化学习任务通常可建模为马尔可夫决策过程，主要包含智能体、环境、动作、奖励值四部分。强化学习示意图如图 5-7 所示[11]。其中，智能体能够根据当前环境状态做出动作，该动作作用于环境致使其发生改变从而进入下一状态，在该过程中智能体会获得奖励值，该奖励值能够评估智能体所做动作的优劣，并基于该奖励值优化智能体行动的策略，使其获得更大的奖励值。与传统的启发式优化算法不同的是，奖励值的大小并不仅由当前获得的收益决定，还包括进行该动作后在未来能够获得的收益，因此强化学习方法的目标为最大化智能体在整个过程中获取的奖励值。基于该优点，可在奖励值中追加电解电堆结构频繁变动的惩罚项，以此来平衡电解电堆在整个周期结构变动次数与系统整体性能。智能体行动的策略可用一个环境→动作的映射函数来表示，在大多数情况下，该函数极其复杂且缺乏泛用的模型，因此国内外学者利用了深度学习强大的表征能力，采用神经网络拟合策略函数，自此衍生了深度强化学习方法[12]。

强化学习借鉴了行为主义心理学，是一类特殊的机器学习算法。与监督学习和无监督学习的回归分类目标不同的是，强化学习是一种最大化未来奖励的决策学习模型，通过与环境交互建立的马尔可夫决策过程解决复杂的序列决策问题。如图 5-7 所示，智能体处在环境中，执行动作后，获得一定的奖励，而环境由于智能体

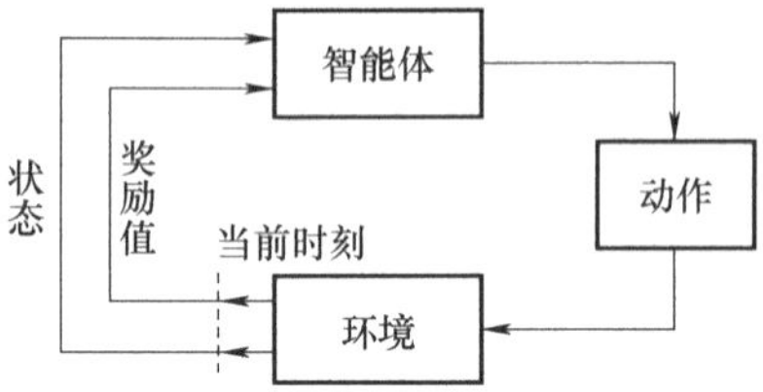

图 5-7 强化学习示意图

执行的动作发生状态的变化。依据每一步获得的奖励，通过特定的算法最大化未来的累计奖励是强化学习算法的核心。在强化学习中，环境状态、奖励函数、状态转移模型在智能体学习前已经搭建完毕，还需要优化智能体的策略函数使其获得全过程的最大收益。对于 DRL，智能体实际上是一个神经网络，因此策略函数的优化实质上是针对神经网络参数的优化。

本节考虑采用 DDPG 算法以训练智能体更好地进行决策与选择。DDPG 算法采用了演员-评论家（Actor-Critic，AC）架构，能够求解动作空间连续的控制问题，适用于该智能体策略函数的优化，算法的更新过程如图 5-8 所示。算法包含四个神经网络，其中 Actor 网络即前述的智能体，能够根据环境状态 $S_t$ 输出动作 $A_t$。Critic 网络为批判网络，能够根据当前状态 $S_t$ 对 Actor 的动作 $A_t$ 做出评价 $Q$。

Actor 目标网络以及 Critic 目标网络与上述两个网络功能相似，区别为 Actor 目标网络根据 $S_{t+1}$ 的状态输出动作 $A_{t+1}$，Critic 目标网络根据状态 $S_{t+1}$ 对 Actor 目标网络输出的动作 $A_{t+1}$ 做出评价 $Q'$。损失函数是表示神经网络拟合程度的指标，通过损失值能够优化网络的参数。对于 Actor 网络的优化，其目标为最大化 Critic 网络的评价 $Q$，由于神经网络优化的目标通常为最小化损失值，因此此处 Actor 的损失函数为 $-Q$。对于 Critic 网络，通常希望其对于 $A_t$ 的评估能更加准确，根据马尔可夫决策过程，前一时刻环境状态的 $Q$ 值与 $Q'$ 以及当前奖励值 $r_t$ 存在如下关系：

$$Q = r_t + \gamma Q' \tag{5-17}$$

式中，$\gamma$ 为衰减因子，体现了对未来奖励的重视程度，取值过小致使 Critic 网络无法及时预见光辐照度变化的趋势，取值过大将导致 Critic 网络过于重视具有不确定性的预期收益，无法做出准确评价。可得出 Critic 网络损失函数 TD-error 为

$$TD-error = Q - (r_t + \gamma Q') \tag{5-18}$$

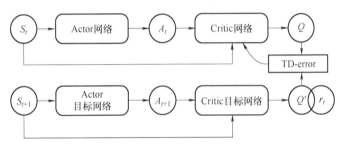

图 5-8　DDPG 算法的更新过程

对于 Actor 目标网络和 Critic 目标网络，网络参数在迭代过程中不需要优化，可直接由 Actor 网络和 Critic 网络参数赋值得到，DDPG 算法中采用滑动平均值更新方法。以 Actor 目标网络为例，假设 Actor 目标网络参数为 $\theta$，Actor 网络参数为 $\theta_a$，则更新后目标网络参数 $\theta'$ 计算方式如下：

$$\theta' = \kappa\theta + (1-\kappa)\theta_a \tag{5-19}$$

式中，$\kappa$ 为滑动平均值的比例系数。

此外，DDPG 算法还采用了经验回放机制与噪声探索机制。

**1. 经验回放机制**

经验回放机制的基本思路是将智能体与环境互动产生的数据存放在经验池中，在智能体更新网络参数时从经验池中随机挑选一个批次的数据来训练，通过这种方式可以提高数据的使用效率、提高智能体的学习效率和稳定性。

**2. 噪声探索机制**

智能体的探索能力对于智能体的学习效率至关重要，在整个训练过程中，

通常希望智能体在初期能够随机输出动作以积累经验，后续逐渐减小其探索能力优化网络参数。然而神经网络实际上是一个由环境→动作的映射函数，缺乏探索能力是其固有的缺点，因此需要人为地为智能体做出的动作追加噪声使其具备探索能力。可引入智能体探索度参数 $\alpha$，从而实现对智能体探索能力的控制，当 $\alpha$ 大于 0.2 时不采纳智能体的动作，随机选择可行的动作，反之则采纳智能体的动作。假设智能体训练次数 epiode 设为 $N$，在第 $m$ 次训练时，$\alpha$ 的计算方式如下：

$$\alpha = \left| \text{sample}\left( N\left(0, 1-\frac{m}{N}\right) \right) \right| \tag{5-20}$$

式中，sample( )表示对括号内的内容进行随机采样；$N\left(0, 1-\frac{m}{N}\right)$ 表示服从期望为 0、方差为 $1-\frac{m}{N}$ 的正态分布。

## 5.3.2　系统运行控制策略

马尔可夫决策过程是序贯决策的数学模型，用于在系统状态具有马尔可夫性质的环境中模拟智能体可实现的随机性策略与回报。未来的状态只与当前的状态有关而和过去的状态无关，就称为有马尔可夫性。推导未来的某个状态只需要知道当前的状态即可。马尔科夫决策过程又叫马尔科夫链，它是一个无记忆的随机过程。对于 PV-EC 直接耦合制氢系统，系统控制问题可视作一种随时间变化的复杂数学问题，且任一时刻其决策仅由当前状态决定，因此可将其转化为马尔可夫决策过程，其中光辐照度、温度预测数据以及电解电堆阵列的运行状态可对应 DRL 的环境状态，系统的调节控制系统（Adjustment Control System，ACS）对应 DRL 的智能体，系统的能量利用率、制氢速率、电解电堆衰减、光辐照度预测精度、温度预测精度等因素可共同对应 DRL 中智能体获得的奖励值，在各时刻电解电堆的运行策略对应 DRL 智能体输出的动作。根据马尔可夫模型，ACS 通过感知光辐照度、温度预测数据以及电解电堆阵列的运行状态等环境信息，根据优化目标确定电解电堆阵列的串并联数目，随着时间的推移，光辐照度、温度、电解电堆阵列进入下一个状态，ACS 继续感知信息并做出决策，周而复始直到整个周期结束，具体过程如图 5-9 所示。

根据马尔可夫模型建模步骤，总共分为状态空间、动作空间、状态转移、奖励值函数四个部分。

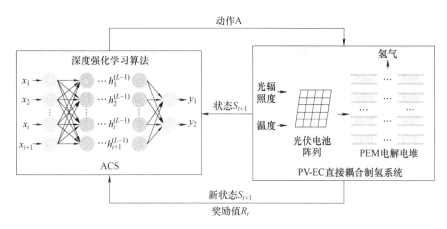

**图 5-9　PV-EC 直接耦合制氢系统马尔可夫决策过程**

**1. 状态空间设计**

PV-EC 直接耦合制氢系统的状态空间可由下式表示：

$$S_t = (Pv_0, Pv_1, \cdots, Pv_n, T_0, T_2, \cdots, T_n, ns_t, np_t) \tag{5-21}$$

式中，$S_t$ 为 PV-EC 直接耦合制氢系统在 $t$ 时刻的状态；$Pv_i$ 为自当前时刻起光辐照度预测数据；$T_i$ 为自当前时刻起第 $i$ 时刻的温度预测数据；$n$ 为预测数据的长度；$ns_t$ 为电解电堆阵列在 $t$ 时刻的串联数目；$np_t$ 为电解电堆阵列在 $t$ 时刻的并联数目。

**2. 动作空间设计**

动作函数可由下式表示：

$$A_t = (Ns_t, Np_t) \tag{5-22}$$

式中，$A_t$ 为电解电堆阵列在 $t$ 时刻起应采用的结构；$Ns_t$ 与 $Np_t$ 为电解电堆阵列在 $t$ 时刻的串联与并联数目。

**3. 状态转移设计**

当 PV-EC 直接耦合制氢系统按照动作 $A_t$ 动作后，将由状态 $S_t$ 转移到 $S_{t+1}$，状态转移方程可由下式表示：

$$S_{t+1} = \tau(S_t, A_t, \omega_t) \tag{5-23}$$

式中，$\omega_t$ 表示环境的随机性，其代表了环境固有的可变性，不被智能体的动作影响，在 PV-EC 直接耦合制氢系统中 $\omega_t$ 来自于光辐照度、温度的不确定性。假设在 $t$ 时刻系统的状态、智能体输出动作如式（5-21）和式（5-22）所示，则在 $t+1$ 时刻，系统状态可由下式表示：

$$S_{t+1} = (Pv_1, Pv_2, \cdots, Pv_{n+1}, T_1, T_2, \cdots, T_{n+1}, Ns_t, Np_t) \tag{5-24}$$

#### 4. 奖励值函数设计

为了提升直接耦合制氢系统的性能，通常以能量利用率或制氢速率最大为目标优化电解电堆阵列运行策略[13]，本章根据两个目标分别建立奖励值函数，并在后续算例分析部分对比两种策略，在此过程中光伏电池与电解电堆阵列工作点的计算依然采用了 5.2 节的电解电堆阵列简化模型以简化计算。

（1）以能量利用率最大为目标的奖励值函数

在此目标下，奖励值函数可由下式表示：

$$R_t = G_t P_t \tag{5-25}$$

式中，$G_t$ 为 $t$ 时刻系统获得的预期收益；$P_t$ 为 $t$ 时刻电解电堆电流密度的惩罚项。

对于 $G_t$ 的计算需要分两种情况讨论，当智能体输出的动作 $A_t$ 与前一时刻电解电堆阵列的串并联数目一致时，可直接由下式计算：

$$G_t = \frac{I_{\text{stack},t} V_{\text{stack},t}}{I_{\text{MPP},t} V_{\text{MPP},t}} \tag{5-26}$$

式中，$I_{\text{stack},t}$、$V_{\text{stack},t}$ 分别为 $t$ 时刻电解电堆阵列的电压与电流，可联立式（5-4）、（5-31）求解；$I_{\text{MPP},t}$、$V_{\text{MPP},t}$ 分别为 $t$ 时刻光伏电池最大功率点处的电压与电流，通过联立式（5-2）、（5-3）求解。

当电解电堆阵列结构改变时，通常希望此次结构变动相较于结构保持不变能获得更大的预期收益，因此当智能体输出的动作 $A_t$ 与前一时刻电解电堆阵列的串并联数目不一致时，$G_t$ 值不仅与当前时刻的收益有关，还包括此结构能够获得的预期收益。参考马尔可夫模型，该情景下 $G_t$ 的计算过程如图 5-10 所示。当环境状态向下一时刻转移时会获得奖励值 $r_t$，由式（5-26）计算，$G_t$ 的计算由 $r_t$ 与下一时刻的预期收益 $G_{t+1}$ 构成，$G_{t+1}$ 以及后续状态的计算与 $G_t$ 的计算一致。此外，$G_{t+1}$ 还乘以系数 $\beta$，这是将预期的收益折算到当前时刻的折算系数，表现了当前收益与预期收益之间的权衡，通过该方式能适当地减小环境不确定性对于决策的影响[14]，在 PV-EC 直接耦合制氢系统中的不确定性即为光辐照度和温度预测误差。

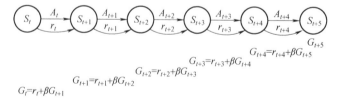

**图 5-10  PV-EC 直接耦合制氢系统奖励值的求解过程**

综上，在该场景下 $t$ 时刻的 $G_t$ 的计算表达式如下：

$$G_t = \frac{1}{n} \sum_{i=0}^{n} \beta^i r_{t+i} \tag{5-27}$$

式中，$n$ 为计算周期的长度，此处除以 $n$ 是为了求取平均收益，与电解电堆阵列结构不变动情景下的 $G_t$ 保持在同一数量级。

$P_t$ 计算如下：

$$P_t = \begin{cases} w(j_t - j_h) & j_t > j_h \\ 0 & j_h \geqslant j_t \geqslant j_l \\ w(j_l - j_t) & j_t < j_l \end{cases} \tag{5-28}$$

式中，$j_t$ 为执行该动作后电解电堆的电流密度，单位为 $A/cm^2$，可联立式（5-1）、式（5-30）和式（5-35）求解；$w$ 为惩罚项的系数；$j_h$、$j_l$ 分别为设定的电解电堆电流密度上限与下限，单位为 $A/cm^2$。

（2）以制氢速率最大为目标的奖励值函数

以制氢速率最大为目标的奖励值函数同样采取式（5-25）的结构，仅 $G_t$ 的计算与之不同。在电解电堆阵列结构不变的情况下，$G_t$ 计算如下：

$$G_t = \frac{f_2 j_t^3 3600A}{(f_1 + j_t^2) 2F} \tag{5-29}$$

式中，$f_1$、$f_2$ 的计算参考式（5-11）。

在电解电堆阵列结构变化的情况下，$G_t$ 的计算过程与式（5-27）相似，其中每一个过程 $r_t$ 的计算与式（5-29）一致。

通过引入先进的人工智能技术，不仅能提升系统的整体效率，还为未来大规模应用提供了可靠的技术支持。上述技术的应用使得系统能够动态适应光伏发电的波动性，从而实现更高的稳定性和更低的能耗，展现了其在优化系统性能和提高经济效益方面的巨大潜力。

## 5.4　PV-EC 直接耦合制氢系统规划设计优化

### 5.4.1　系统拓扑优化设计

近年来，相关研究表明利用电解电堆之间的开关系统，结合适当的控制策略，可以提高系统运行效率并减少能量传递损失。常用的策略包括电流电压（ⅣⅤ）估计法、光伏组件温度法和光伏电流法[15]。光伏ⅣⅤ估计法基于测量的光辐照度数据和光伏电池工作温度信息来控制电解电堆串联和并联结构。该方法虽然实现了光伏电池输出的高效计算，但也存在以下缺点：首先，光辐照度的测量需要太阳辐射计，并且必须求解复杂的非线性方程；其次，该方法需要精确的光伏电池与电解电堆的IV特性，当这些特性由于性能衰减而变化时，会导致系统最佳工作点的偏移。光伏组件温度法利用光伏电池的工作温度和输出电流，基于光伏电池温度与其 MPP 电压的关系计算电解电堆最佳串并联结构。光伏电流法利用光伏输出电流与电解电堆最佳串联数目间的负相关特性，当电流增加至一定阈值时减少电解电堆的串联数目，反之增加串联数目。由于该方法仅需测量光伏输出电流，因此是三者中最容易实现的控制方法。

## 5.4.2　系统结构参数规划

合理配置电解电堆容量能够提升 PV-EC 直接耦合制氢系统的经济性，这一过程需要准确评估不同电解电堆结构所带来的预期收益。基于前述 PV-EC 直接耦合制氢系统模型可知，为适应光伏功率波动需动态调节电解电堆阵列的串并联数目，而调节策略实际上是一个优化问题[16]，因此提出规划嵌套运行的双层优化配置模型，容量配置模型架构如图 5-11 所示。所提外层模型为容量配置模型，目标函数为规划周期内收益最高，运行策略优化模型考虑了电解电堆阵列动态调节特性，以日内各时段制氢量最大为目标、电解电堆安全运行为约束，优化典型日各时刻的电解电堆串并联结构。该模型内外层决策之间相互影响，表现为上层决策变量——电解电堆阵列容量作为参数传递给下层电解电堆容量约束；下层优化模型的目标函数值——制氢量作为参数影响上层的经济性评估。

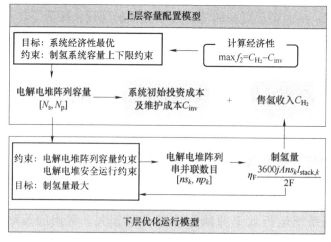

**图 5-11　容量配置模型架构**

**1. 基于改进遗传算法的运行优化模型**

由 5.2 节建立的 PV-EC 直接耦合制氢系统模型得知，电解电堆阵列与光伏阵列模型均为复杂的非线性模型，两者实际工作点的求取十分复杂，甚至出现无解的情况，不利于容量配置模型的求解。且由前述可知，电解电堆与光伏阵列工作点均在电解电堆极化曲线的线性区，因此采用一次曲线拟合电解电堆在线性区的工作点曲线，能够满足一定求解精度的同时简化系统工作点的求取。

假设电解电堆串并联数目为 $N_s$、$N_p$，于是电解电堆阵列外特性可由下式表示：

$$I_{stack} = a \frac{N_p}{N_s} U_{stack} + b N_p \tag{5-30}$$

与式（5-15）联立可得电解电堆阵列的制氢速率如下：

$$\eta_{H_2} = \eta_F \frac{3600 N_s I_{stack}}{2F} \tag{5-31}$$

此外，为了简化计算以便于分析，需要对系统做出如下假设：

1）系统内各电解电池单元极化曲线一致。

2）接入系统的各电解电池单元运行在相同工作点。

3）运行过程中电解电堆阵列工作温度、压力等环境变量维持恒定。

遗传算法是一种随机搜索的启发式算法，适用于求解非线性优化问题[17]。运行优化的控制变量为电解电堆阵列在典型日内各时段的串并联结构，模型以系统制氢量最高为目标，目标函数表示如下：

$$\max f = \sum_{k=1}^{24} \eta_F \frac{3600 j A n s_k I_{stack,k}}{2F} \tag{5-32}$$

式中，$ns_k$ 为电解电堆阵列在 $k$ 时刻的串联数目；$I_{stack,k}$ 为电解电堆阵列在 $k$ 时刻的工作电流，可通过联立式（5-4）和式（5-30）求解。

内层制氢系统的容量由外层算子决定，控制变量随机搜索范围存在如下约束：

$$\begin{cases} 0 < ns_k \leq N_s \\ 0 < np_k \leq N_p \end{cases}, \forall k \in [0,24] \tag{5-33}$$

由前述可知，电解电堆不宜工作在较高的电流密度下，而在较低的电流密度下 PEM 可能会因为水分不足而脱水，导致电解效率降低，甚至影响 PEM 的性能和寿命[18]。因此需控制电解电堆的电流密度在合理范围，目标函数中需追加

如下的惩罚项 $q$：

$$q = \begin{cases} w(j_k - 1.5)^2, & j_k \geqslant 1.5 \\ w(j_k - 0.1)^2, & j_k \leqslant 0.1 \end{cases} \tag{5-34}$$

式中，$j_k$ 为电解电堆在 $k$ 时刻的电流密度，单位为 $A/cm^2$，计算方式如下：

$$j_k = \frac{I_{stack,k}}{Ans_k} \tag{5-35}$$

由图 5-4 可知，电解电堆阵列的串联数目对于系统工作点影响更大，因此对遗传算法做出如下改进，以加快模型收敛速度。在整个搜索过程中，假设串联算子变异的概率为 $P$，并联算子变异的概率可设为 $1-P$，通过在前期增大 $P$，在后期减小 $P$，便可以获得更好的收敛速度，因此定义 $P$ 在第 $n$ 次循环时的取值方法为

$$P = 0.2 + 0.8\frac{N-n}{N} \tag{5-36}$$

式中，$N$ 为总的迭代次数。

**2. 基于遍历搜索法的容量配置模型**

外层容量优化配置模型的控制变量为电解电堆阵列的串并联容量，在内层优化时该变量作为各算子寻优的边界值。由于仅有两个变量，因此外层可采用遍历的方法。容量优化配置模型的控制变量可表示为 $u = [N_s, N_p]$，目标函数如下：

$$\max f_2 = C_{H_2} - C_{inv} \tag{5-37}$$

$$\begin{cases} C_{H_2} = \sum_{i=1}^{m} f c_h d_i M_{H_2}/1000 \\ C_{inv} = (N_s N_p c_e + C_{pv})\dfrac{r(1+r)^{N_G}}{(1+r)^{N_G}-1} \end{cases} \tag{5-38}$$

式中，$C_{H_2}$ 为系统售氢收益；$C_{inv}$ 为投资成本；$f$ 为各典型日对应的制氢量，单位为 mol，由内层优化得出；$c_h$ 为售氢价格，单位为元/kg，文中取 40；$m$ 为典型日个数，由 K-means 聚类算法确定；$d_i$ 为该典型日对应的天数；$M_{H_2}$ 为氢气的摩尔质量；$c_e$ 为电解电堆的单价，单位为元/台，文中取 1500；$C_{pv}$ 为光伏电池的初始投资，为固定值；$r$ 为贴现率，文中取 0.1；$N_G$ 为规划周期，单位为年，文中取 25。

为进一步简化计算过程，首先进行变量步长较大的粗略计算，基于该结果再进行步长为 1 的精细计算。在粗略计算中，$N_s$ 范围取 [10,100]，步长为 10，$N_p$ 范围取 [2,20]，步长为 2。

## 5.5 案例分析

### 5.5.1 算例参数

为了体现方法的有效性，分别在简单场景和复杂场景下分析 PV-EC 直接耦合制氢系统能量利用率、制氢速率、电解电堆电流密度、电解电堆串并联结构变化等情况。两种场景下的光辐照度与温度数据均来自于辽宁地区环境数据，数据时间分辨率为 15min。不同场景环境数据变化情况如图 5-12 所示。

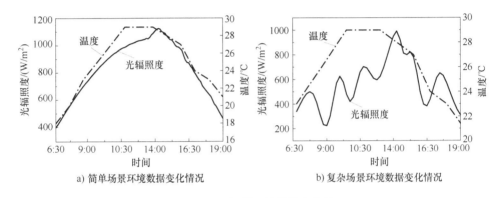

a) 简单场景环境数据变化情况　　　　　　　b) 复杂场景环境数据变化情况

**图 5-12　不同场景环境数据变化情况**

按照图 5-6 所示的思路搭建仿真模型，需日前与日内两个预测精度的光辐照度与温度数据。由于气温预测技术已较为成熟，且细微的预测误差给系统带来的影响较小，因此温度数据直接采用图 5-12 中的数据。对于现有光伏功率预测技术，日前短期光伏预测准确率约为 91%，日内光伏超短期功率预测准确率约为 97%，根据技术现状模拟光伏预测。首先，日前光辐照度预测数据如图 5-13 所示，共 5 组数据，在智能体每回合训练开始前随机选择一组数据。

在线应用阶段，长短时记忆（Long Short-Term Memory，LSTM）网络可以有效地传递和表达长时间序列中的信息并且不会导致长时间序列前的有用信息被忽略。因此，可以借助 LSTM 拟合时序数据的能力，搭建基于 LSTM 的光辐照度预测模块。对于 $t$ 时刻，LSTM 输入数据为前 10 个时刻的光辐照度数据，输出为未来 8 个时刻的光辐照度数据，基于两个场景的数据划分数据集并优化 LSTM 网络参数，通过控制 LSTM 网络的训练次数实现预测精度的控制，最终得到的两种场景日内光辐照度预测数据如图 5-14 所示。光辐照度预测误差见表 5-1,由表可知,预测误差伴随着预测时间的增加而增大,在 $t_8$ 时刻的平均误差达到了 4.1%,满足前述所提的光伏预测领域研究现状。相较于简单场景,复杂场景下的预测误差更大,符合实际情况。

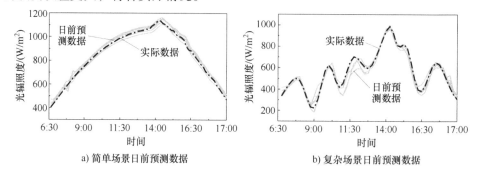

a) 简单场景日前预测数据　　　　　　b) 复杂场景日前预测数据

**图 5-13　日前光辐照度预测数据**

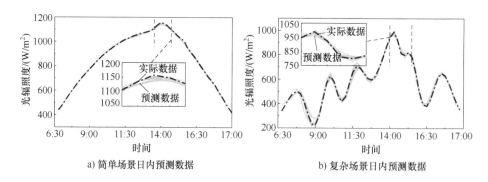

a) 简单场景日内预测数据　　　　　　b) 复杂场景日内预测数据

**图 5-14　日内光辐照度预测数据**

**表 5-1　光辐照度预测误差表**

| | $t_1$ | $t_2$ | $t_3$ | $t_4$ | $t_5$ | $t_6$ | $t_7$ | $t_8$ |
|---|---|---|---|---|---|---|---|---|
| 复杂场景 | 100% | 99.6% | 98.7% | 97.4% | 96.7% | 96.1% | 95.6% | 95.2% |
| 简单场景 | 100% | 99.7% | 99.1% | 98.6% | 97.9% | 97.4% | 97.1% | 96.7% |

基于 Python3.7 环境搭建仿真系统模型,其中光伏电池与电解电堆仿真参数见表 5-2。光伏电池串并联数目为 4×60,电解电池串并联数目采用第 3 章得出的 51×5。算法步长设置为 15min,即每 15min 输出一次动作,预测数据维度为 8,对应的实际时间为 2h,每次训练随机选取的数据数目 batch 取 16。DDPG 算法中 Actor 与 Critic 网络设置见表 5-3。其中 Actor 网络输入数据维度为 18,包含光辐照度与温度预测数据 8×2 以及当前电解电堆阵列串并联数目 $[N_s, N_p]$,输出层数

据维度为 2，对应动作 $A_t$。Critic 网络输入数据维度为 20，包括环境状态 18 以及 $A_t$ 的维度 2，输出数据维度为 1，对应 $Q$ 值，两者对应的目标网络结构参数与自身一致。

表 5-2　光伏电池与电解电堆仿真参数

| 设备 | 参数（参考工况） | 符号 | 单位 | 数值 |
|---|---|---|---|---|
| 光伏电池 | 光辐照度 | $S_{ref}$ | W/m$^2$ | 1000 |
| | 环境温度 | $T_{ref}$ | ℃ | 25 |
| | 开路电压 | $U_m$ | V | 33.6 |
| | 短路电流 | $I_m$ | A | 9.68 |
| | MPP 电压 | $U_{oc}$ | V | 41.1 |
| | MPP 电流 | $I_{oc}$ | A | 10.2 |
| | 额定功率 | $P$ | W | 325 |
| | 单价 | m | 元/个 | 900 |
| 电解电堆 | 氢气分压 | $P_{H_2}$ | MPa | 1000 |
| | 膜面积 | $A$ | cm$^2$ | 100 |
| | 氧气分压 | $P_{O_2}$ | MPa | 25 |
| | 阴极温度 | $T_c$ | ℃ | 70 |
| | 阳极温度 | $T_a$ | ℃ | 70 |
| | 阳极电荷转移系数 | $\alpha_a$ | — | 2.0 |
| | 阴极电荷转移系数 | $\alpha_c$ | — | 0.5 |
| | 阴极交换电流密度 | $j_{o,c}$ | A/cm$^2$ | $1\times10^{-3}$ |
| | 阳极交换电流密度 | $j_{o,a}$ | A/cm$^2$ | $1\times10^{-6}$ |
| | 膜厚度 | $\delta_m$ | μm | 200 |
| | 膜含水量 | $\lambda$ | — | 20 |
| | 法拉第效率系数 | $f_{11}$ | A$^2$/m$^4$ | 478645.74 |
| | | $f_{12}$ | A$^2$/(m$^4\cdot$℃) | −2953.15 |
| | | $f_{21}$ | | 1.0396 |
| | | $f_{22}$ | ℃$^{-1}$ | −0.00104 |

表 5-3　DDPG 算法中 Actor 与 Critic 网络设置

| | 输入层数据维度 | 输出层数据维度 | 激活函数 | 网络层数 | 神经元配置 | 学习率 |
|---|---|---|---|---|---|---|
| Actor 网络 | 18 | 2 | Relu | 4 | [64,64,32,32] | 0.0001 |
| Critic 网络 | 20 | 1 | Relu | 4 | [64,64,32,32] | 0.00001 |

### 5.5.2 运行控制结果

在简单场景下，衰减因子 $\gamma$ 取 0.9，将能量利用率设置为目标一，制氢速率设置为目标二。简单场景下电解电堆阵列串并联变化曲线与电流密度变化曲线如图 5-15 所示。

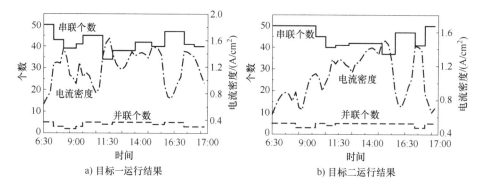

a) 目标一运行结果　　　　　　　　b) 目标二运行结果

**图 5-15　简单场景下电解电堆阵列串并联变化曲线与电流密度变化曲线**

两种优化目标下电解电堆阵列变化曲线不同，这是因为系统能量利用率仅与电解电堆极化曲线和串并联数目有关，而系统制氢速率与电解电堆工作的电流密度有关，在一般情况下系统能量利用率更高仅说明电解电堆阵列曲线更贴近光伏阵列 MPP 曲线，并不说明电解电堆工作电流密度更优。对于以能量利用率为目标的控制策略，运行周期内结构变换 7 次，最快 45min 变换一次结构，最高利用时长为 135min，平均利用时长达到了 107min。以制氢速率为目标的控制策略在运行周期内结构变换 9 次，最短与最高利用时长分别为 30min 与 120min，平均利用时长为 83min。在电流密度方面，两者在运行周期内电解电堆工作电流密度均在 $0.2\sim1.8\mathrm{A/cm^2}$ 的合理范围。

图 5-16 所示为简单场景下系统能量利用率与制氢速率。目标一运行周期内系统总能量利用率为 97.3%，制氢量为 9.173kg，目标二系统总能量利用率为 96.5%，制氢量为 10.07kg，符合各自的优化目标。然而对于优化目标为能量利用率的运行结果，其在始末时刻的能量利用率低于优化目标为制氢速率的能量利用率，这是因为 DRL 方法在决策时会考虑未来的状况，在初始时刻采用该串并联结构虽然并不能使当前获得的奖励最优，但该结构能获得更大的预期收益，在末时刻虽然能通过变换结构获得更高的能量利用率，但变换结构会导致电解电堆发生启停动作加速电解电堆的性能衰减，因此末时刻电解电堆阵列未变换

结构。优化目标为制氢速率的运行结果也出现了同样的现象，也是因为前述原因。

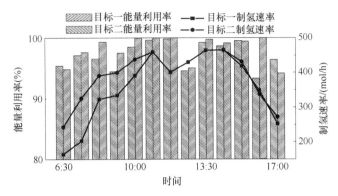

图 5-16　简单场景下系统能量利用率与制氢速率

在复杂场景下，衰减因子 $\gamma$ 同样取 0.9。复杂场景下电解电堆阵列串并联变化曲线与电流密度变化曲线如图 5-17 所示。对于目标一，在整个运行周期内电解电堆阵列结构变换 12 次，最短利用时长为 30min，最大运行时长为 120min，平均利用时长为 62.5min。对于目标二，电解电堆阵列在运行周期内结构变换 10 次，最短利用时长为 45min，最长运行时长为 150min，平均利用时长为 75min。可见，相较于简单场景，复杂场景下电解电堆阵列需更频繁地变换结构以适应更剧烈的光辐照度波动。在电流密度方面，不同优化目标在运行周期内电解电堆工作电流密度同样在 $0.2\sim1.8A/cm^2$ 的合理范围。

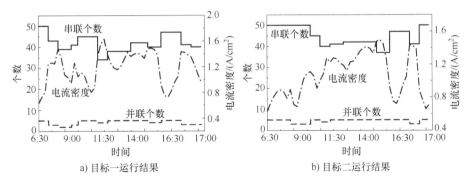

图 5-17　复杂场景下电解电堆阵列串并联变化曲线与电流密度变化曲线

图 5-18 所示为复杂场景下系统能量利用率与制氢速率。可见该场景下同样出现了在某些时刻，目标一的能量利用率低于目标二、目标二的制氢速率高于目标一的现象。目标一运行周期内系统总能量利用率为 95.3%，制氢量为

8.93kg，目标二系统总能量利用率为 92.7%，制氢量为 9.58kg，符合各自优化目标，且验证了前述 DRL 算法旨在获取全过程最大收益的特点。

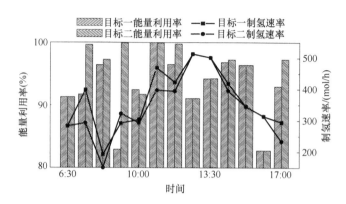

图 5-18　复杂场景下系统能量利用率与制氢速率

由前述可知，衰减因子 $\gamma$ 体现了人类对于未来收益的重视程度，符合金融学上获得的利益，且能够产生新的利益因而更有价值[19]，因此 $\gamma$ 的取值对于智能体训练的结果有着十分重要的影响。本节分别计算 $\gamma$ 取 0.85、0.90、0.95 时系统的性能表现，进而分析 $\gamma$ 对于运行结果的影响。简单场景下不同衰减因子系统运行结果见表 5-4，由表可知，随着 $\gamma$ 的增大电解电堆结构变动次数减少，且各自的优化目标也展现出下降的趋势，这是因为 $\gamma$ 越小，智能体相对变得"短视"，在做决策时更看重当前收益。当 $\gamma$ 由 0.85 变换至 0.90 时，以能量利用率为目标的结构变动次数减少了 4 次，能量利用率降低了 0.7%，以制氢速率为目标的结构变动次数减少了 2 次，制氢量仅降低 0.08kg。当 $\gamma$ 由 0.90 变换至 0.95 时，以能量利用率为目标的结构变动次数减少了 1 次，能量利用率降低了 0.4%，以制氢速率为目标的结构变动次数减少了 1 次，制氢量也仅降低 0.09kg。综合来看，在简单场景下 $\gamma$ 值越大给出的策略更优。

表 5-4　简单场景下不同衰减因子系统运行结果

| | 衰减因子 | $\gamma=0.85$ | $\gamma=0.90$ | $\gamma=0.95$ |
|---|---|---|---|---|
| 以能量利用率为目标 | 结构变动次数 | 11 | 7 | 6 |
| | 总能量利用率（%） | 98.0 | 97.3 | 96.9 |
| | 制氢量/kg | 9.05 | 9.17 | 8.89 |
| | 平均利用时长/min | 68 | 107 | 125 |
| | 最小利用时长/min | 30 | 45 | 4 |
| | 最大利用时长/min | 105 | 135 | 165 |

（续）

| | 衰减因子 | $\gamma=0.85$ | $\gamma=0.90$ | $\gamma=0.95$ |
|---|---|---|---|---|
| 以制氢速率为目标 | 结构变动次数 | 11 | 9 | 8 |
| | 总能量利用率（%） | 97.2 | 96.5 | 96.3 |
| | 制氢量/kg | 10.15 | 10.07 | 9.98 |
| | 平均利用时长/min | 68 | 83 | 94 |
| | 最小利用时长/min | 30 | 30 | 30 |
| | 最大利用时长/min | 120 | 120 | 150 |

　　复杂场景下不同衰减因子系统运行结果见表 5-5。与简单场景一致，随着 $\gamma$ 的增大电解电堆结构变换次数降低，但当 $\gamma$ 由 0.85 变换至 0.90 时，以能量利用率为目标的结构变动次数没有减少，能量利用率降低了 1.79%，以制氢速率为目标的结构变动次数也没有减少，制氢量降低了 0.2kg。当 $\gamma$ 由 0.90 变换至 0.95 时，以能量利用率为目标的结构变动次数减少了 2 次，能量利用率降低了 0.5%，以制氢速率为目标的结构变动次数减少了 1 次，制氢量降低了 0.18kg。综合来看，$\gamma$ 取 0.85 要优于取 0.90 的策略，这说明在光辐照度剧烈波动的情况下，不应过于看重决策的预期收益。综合两个场景的分析可以得出，针对不同的场景选择合适的衰减因子能够使智能体学习策略更优。

表 5-5　复杂场景下不同衰减因子系统运行结果

| | 衰减因子 | $\gamma=0.85$ | $\gamma=0.90$ | $\gamma=0.95$ |
|---|---|---|---|---|
| 以能量利用率为目标 | 结构变动次数 | 12 | 12 | 10 |
| | 总能量利用率（%） | 97.09 | 95.3 | 94.9 |
| | 制氢量/kg | 9.047 | 8.93 | 9.14 |
| | 平均利用时长/min | 62.5 | 62.5 | 75 |
| | 最小利用时长/min | 30 | 30 | 45 |
| | 最大利用时长/min | 105 | 120 | 105 |
| 以制氢速率为目标 | 结构变动次数 | 10 | 10 | 9 |
| | 总能量利用率（%） | 94.8 | 92.7 | 95.2 |
| | 制氢量/kg | 9.78 | 9.58 | 9.40 |
| | 平均利用时长/min | 75 | 75 | 83 |
| | 最小利用时长/min | 45 | 45 | 45 |
| | 最大利用时长/min | 105 | 150 | 150 |

# 参 考 文 献

［1］ 孙浩，吴维宁，陈丽杰，等. 新能源电解水制氢技术发展研究综述［J］. 电源学报，2024.

［2］ LI Y, XU X, BAO D, et al. Research on Hydrogen Production System Technology Based on Photovoltaic-Photothermal Coupling Electrolyzer［J］. 2023, 16 (24)：79-82.

［3］ BENGHANEM M, CHETTIBI N, MELLIT A, et al. Type-2 fuzzy-logic based control of photovoltaic-hydrogen production systems［J］. 2023, 48 (91)：35477-35492.

［4］ SLAH F, HAYTHAM G, FAOUZI B. Hydrogen Production Station Using Solar Energy［C］. 2021 IEEE 2nd International Conference on Signal, Control and Communication (SCC), 2021.

［5］ 刘柯壮. 光伏发电直接耦合 PEM 电解水制氢系统性能研究［D］. 西安：西安理工大学，2023.

［6］ 刘业凤，马俊琳，周明杰. 太阳能制氢直接耦合连接技术能量传递研究［J］. 电源技术，2014, 38 (01)：63-66.

［7］ 李军舟，赵晋斌，曾志伟，等. 具有动态调节特性的光伏制氢双阵列直接耦合系统优化策略［J］. 电网技术，2022, 46 (05)：1712-1721.

［8］ 张蕊. 风光互补制氢系统的建模与优化运行方法的研究［D］. 石家庄：河北科技大学，2021.

［9］ 钱圣涛，何勇，翁武斌，等. 阴离子交换膜电解水制氢技术的研究进展［J］. 新能源进展，2024, 12 (01)：1-14.

［10］ 王诗雯，刘飞，庄一展，等. 基于有功指令共享的两级式光伏并网系统低电压穿越控制策略［J］. 电力自动化设备，2023, 43 (04)：99-105.

［11］ 陈仲铭，何明. 深度强化学习原理与实践［M］. 北京：人民邮电出版社，2019.

［12］ 陈世勇，苏博览，杨敬文. 深度强化学习核心算法与应用［M］. 北京：电子工业出版社，2021.

［13］ LIU Y F, MA J L, ZHOU M J. Experimental Study on Direct Coupling in a photovoltaic-electrolyte hydrogen generation system［J］. Energy Development, 2013, 860-863：18-21.

［14］ 冯忠楠，文汀，林湘宁，等. 兼顾全局效益最优与利益分配公平的独立海岛群能量生产输运模式研究［J］. 中国电机工程学报，2021, 41 (17)：5923-5936.

［15］ ALHARBI A G, OLABI A G, REZK H, et al. Optimized energy management and control strategy of photovoltaic/PEM fuel cell/batteries/supercapacitors DC microgrid system［J］. Energy, 2024, 290.

［16］ 陈中，陈嘉琛，万玲玲. 基于随机演化动力学的多微网-配电网自组织协同调节策略［J］. 电力系统自动化，2023, 47 (02)：24-33.

［17］ 贾龙飞，乔尚岭，陶云飞，等. 冗余机械臂逆运动学求解方法研究进展［J］. 控制与

决策，2023，38（12）：3297-3316.

[18] BARICCI A，BONANOMI M，YU H，et al. Modelling analysis of low platinum polymer fuel cell degradation under voltage cycling：Gradient catalyst layers with improved durability［J］. Journal of Power Sources，2018，405：89-100.

[19] 逄金辉，冯子聪. 基于不确定性的深度强化学习探索方法综述［J］. 计算机应用研究，2023，40（11）：3201-3210.

# 第6章
# 规模化电解水制氢站集成优化技术

**6**

## 6.1　概述

电解水制氢站作为未来能源体系中不可或缺的一环，其设计和运营正逐渐成为研究焦点。制氢站由单个或多个电解水制氢机组构成，单机组制氢站以其紧凑的结构和相对较低的成本，成为实验室研究和小规模工业应用的理想选择，足以满足特定场景下的需求，如科学实验、小型化工生产或氢能示范项目。多机组制氢站大幅提升了制氢规模，不仅能够根据实时需求灵活调整参与运行的机组数量，还能够通过优化控制策略提升整体运行效率和经济性。多机组制氢站适用于满足工业规模的氢气需求，或是作为大规模可再生能源储存和转换的基础设施，其应用范围涵盖了重工业、交通运输燃料补给以及季节性能源调峰等多个领域。

绿氢需求量正随着国家对碳中和目标的推进而急剧增长，单个机组的容量瓶颈限制了氢气的大规模生产潜力，促使行业转向多机组联合制氢的方向。尽管现有研究已经对电制氢站的容量规划与运行控制进行了详尽探讨，但大多以整个电制氢站作为研究主体，在其并网规划中很少考虑到内部各机组之间的动态互动关系的影响。先进的能量管理与控制策略不仅能够延长多机组制氢站的等效服役寿命，还能够显著改善功率调节特性，确保在面对电网波动或需求突变时，仍能保持稳定高效。通过对多机组之间的互联关系进行深入分析，建立合理的运行状态监测与协调机制，以及制定科学的负荷均衡与优先级分配策略，可提升制氢站的灵活性和能源利用效率。

本章旨在全面剖析制氢站的内部结构，揭示其内部各机组之间的互联模式与协同机制。在此基础上，梳理并模型化现有的多机组制氢站能量管理策略，评估其在实际应用中的效能与局限。同时，介绍了考虑站内机组间关系的电制氢站并网规划方法以及相应的数学模型，并基于不同的模型规划方法介绍对应的求解算法。

## 6.2　电解水制氢机组的结构和接线方式

### 6.2.1　碱性电解水制氢机组的内部结构

本节以某万吨级光伏绿氢示范项目为例进行介绍，该碱性制氢站配置了 7 套碱性制氢机组，其中 6 个机组包含 8 个电解电堆，1 个机组包含 4 个电解电堆。每个机组配置 1 套氢气纯化装置，每 4 个电解电堆共用 1 台气液分离装置。碱性电解水制氢机组的内部结构示意图如图 6-1 所示。碱性电解电池的电解质通

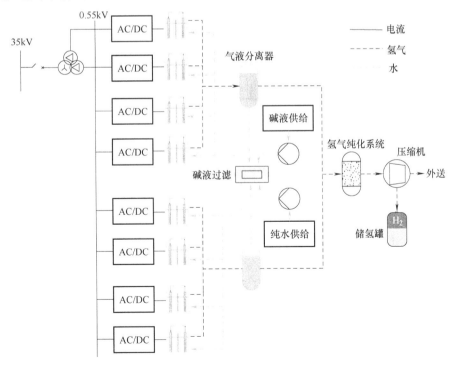

**图 6-1　碱性电解水制氢机组的内部结构示意图**

常是 25%~30%KOH 水溶液，通过泵或由于温度梯度和气泡浮力的自然循环除去产物气泡和热量。水在阴极侧消耗、在阳极侧产生，两侧的电解液流在进入电池之前混合，以防止电解液流的相应稀释或浓缩。电解产生的氧气直接释放到空气中，产生的氢气经由气液分离器脱去水分，再经由氢气纯化系统干燥再生提高其纯度，纯化后的氢气一部分储存在储氢罐中，另一部分则经由氢气管道加压外送至塔河炼化。

## 6.2.2　PEM 电解水制氢机组的内部结构

目前，常见的单堆 PEM 电解水制氢机组的内部结构示意图如图 6-2 所示，整个机组中仅有一个大容量的电堆。PEM 电解电池用特殊的质子交换膜允许质子从阳极传输到阴极，同时阻止电子直接穿越膜，迫使电子通过外部电路形成电流，其提供的腐蚀性酸性体系需要使用贵金属催化剂，如用于阳极的铱和用于阴极的铂，为了防止膜的化学降解同时减少金属部件腐蚀，在阳极处供应去离子水。氢气在阴极生成后经过气液分离、脱氧、干燥、压缩后进行储存或管道运输。

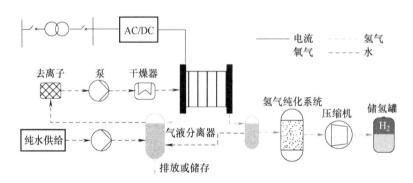

**图 6-2　单堆 PEM 电解水制氢机组的内部结构示意图**

含多个 PEM 电解电堆的制氢机组目前还处于示范利用阶段，国内首台兆瓦级 PEM 电解水制氢机组在安徽六安氢能综合利用示范站落地，多堆 PEM 电解水制氢机组的内部结构示意图如图 6-3 所示。该机组由 4 个 250kW 电堆组成，并采用 4 台变流器分别控制，额定功率下产氢量为 220Nm³/h，每个电堆各配置 1 台气液分离器，4 个电堆公用 1 台氢气纯化系统，纯化后的氢气储存在储氢罐中，以供给燃料电池机组使用。

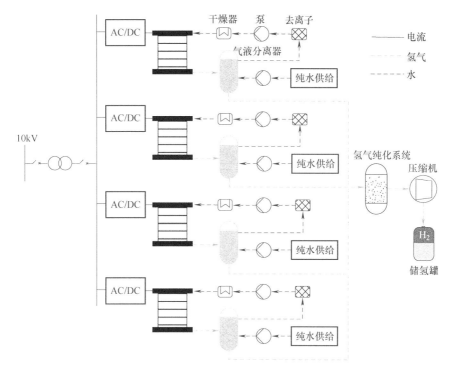

**图 6-3　多堆 PEM 电解水制氢机组的内部结构示意图**

## 6.2.3　制氢机组的接线方式

随着制氢技术的进步，大规模制氢机组的应用日益普及。为满足不断增长的高功率、高效率需求，多电堆并联制氢系统逐渐成为主流。然而，多电堆并联对系统电路设计和拓扑结构提出了严峻的挑战，特别是在提升能量利用效率、保障系统稳定性和降低设备成本等方面。为了优化系统性能，目前制氢机组主要采用集中式和分布式两种接入方式。集中式接入方式进一步细分为直流侧并联集中式接入和交流侧并联集中式接入，分别在直流侧或交流侧将制氢机组并联后集中接入交流母线，作为独立负荷单元。其中，交流侧并联集中式接入应用较为广泛，例如新疆库车绿氢示范项目。分布式接入方式则是将制氢机组接入各分布式电源的直流母线，与分布式发电机组共同构成发电单元，例如河北建投沽源风电制氢综合利用示范项目。以下对三种接入方式进行详细阐述。

（1）直流侧并联集中式接入

直流侧并联集中式接入是将多个制氢机组的变流器输出通过直流汇流母线并联后，经高功率集中式整流设备接入交流母线（见图 6-4）。该方式通过优化直流侧电压和电流分配,降低传输损耗,提高系统效率。同时,直流汇流母线便于实现功率平滑分配,能够快速响应电网调度需求。整流设备和能量管理系统集中部署,具有效率高、功率调节灵活和易于维护等优点。

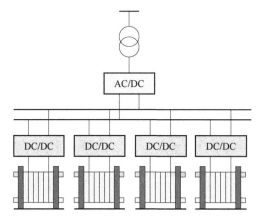

**图 6-4    直流侧并联集中式接入方式示意图**

然而,该方式对直流母线的电压稳定性和抗扰动能力要求较高,需配备完善的电气保护和监控机制。随着系统规模的扩大,直流汇流母线可能面临着短路电流增加的风险,对设备选型和设计提出了更高的要求。此外,该方式存在单点故障风险,即集中式整流设备故障可能导致整个系统停运。

尽管该方式简化了系统结构并降低了初期投资和维护成本,但其扩展性和灵活性存在局限性。当系统需要扩容以增加电解电堆数量时,原有的集中式整流设备可能无法满足新增功率需求,需进行设备升级或更换,这不仅增加了成本,还可能导致停机,影响运营效率和市场竞争力。因此,在设计阶段需综合考虑系统扩展性和运行可靠性,以平衡成本与效益。

(2)交流侧并联集中式接入

交流侧并联集中式接入是将每个制氢机组的整流输出通过独立变流器转换为交流电后接入公共交流母线(见图6-5)。每个制氢机组具备独立的整流和控制系统,形成独立的工作单元,可单独控制和监测,增强了系统的灵活性、冗余性和可靠性。即使某个变流器发生故障,其余单元仍可正常运行,确保了制氢过程的连续性。此外,该方式支持模块化扩展,只需增加电堆及相应变流器即可实现产能提升,无需对原有系统进行大规模改造。交流侧并联集中式接入方式具有高可靠性、灵活扩展性和独立功率控制等优点。

然而,该方式对控制精度要求较高。需要实现精确的相位和电压同步,以避免环流问题,同时确保交流母线的稳定性。由于每个电堆需配备独立变流器,系统成本相对较高。此外，多变流器协调运行增加了控制复杂性，对调节和保护机制提出了更高的要求。

交流侧并联集中式接入方式的实际应用已在多个示范项目中取得成效。例如，新疆库车绿氢示范项目和安徽六安兆瓦级氢能综合利用示范站均采用此方式，充分利用其高可靠性和模块化扩展特性，实现了制氢系统的高效运行和灵活升级。

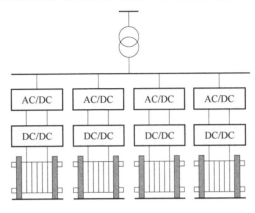

**图 6-5　交流侧并联集中式接入方式示意图**

（3）分布式接入

分布式接入是将制氢机组直接接入分布式电源的直流母线，与分布式发电单元构成发电与制氢一体化系统（见图 6-6）。通过就地制氢，可显著降低电能传输损耗，实现高效的能源转换与利用。该方式模块化程度高、扩展便捷，尤其适用于中小规模制氢项目及微网或离网模式，可在局部电力网络中实现能源的自给自足与灵活调度。具有能量利用效率高、灵活性强和适应微网运行等优点。

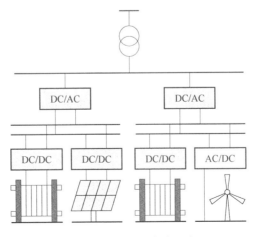

**图 6-6　分布式接入方式示意图**

典型案例如河北建投沽源风电制氢综合利用示范项目，通过将风力发电与制氢设备直接集成，实现风电消纳与制氢的协同运行，充分发挥分布式接入的优势。

然而，该方式对系统协调控制提出了较高的要求，特别是直流母线的电压稳定性。为了保障系统的可靠性和稳定性，需要进一步优化控制策略与保护机制，克服相关技术挑战。

## 6.3 电解水制氢机组运行优化

电堆是可再生能源电解水制氢技术的关键设备，目前单个电堆制造水平尚处于几百千瓦至兆瓦级之间，大规模制氢工程中一般需要多个电堆组合，形成电解水制氢机组。理论研究表明，电堆的协调运行策略是影响制氢机组使用寿命的重要因素。当前针对可再生能源与电制氢机组的控制策略研究大多是从整体的角度进行考虑和设计，未从机组各个电堆出发来充分挖掘其运行特性。而如果电堆之间的协调控制策略过于简单，会使得各个电堆的启停次数过多同时连续运行于波动功率的时间过长。启停次数等指标是直接影响电堆寿命的因素，将这些约束融入控制策略中可以极大地提高制氢机组的使用寿命和产氢效率。

### 6.3.1 多电堆耦合运行策略

大型电解水制氢机组一般由多个电堆组成，各个电堆之间共用一套辅机完成制氢过程。多电堆能量分配不均匀会导致整体效率低下，电堆在不同工况下的适应性和兼容性问题，影响系统的稳定运行，多电堆耦合运行对于提升氢气产量、稳定性和经济性至关重要。

**1. 电堆运行特性**

通过连续调节电堆的电流，来对电堆的产氢量进行灵活控制，进而实现对风电实时变化的快速响应，单个电堆的输入输出功率表示为

$$P_{\text{stack}}^t = k_1 N_{\text{cell}} U_{\text{cell}}^t I_{\text{cell}}^t \tag{6-1}$$

$$Q_{\text{stack}}^t = \eta_{\text{F}} N_{\text{cell}} \frac{I_{\text{cell}}^t}{2F} \tag{6-2}$$

式中，$P_{\text{stack}}^t$ 为电堆在 $t$ 时刻的输入功率，单位为 kW；$k_1$ 为功率单位转换系数，取值为 $1 \times 10^{-6}$；$Q_{\text{stack}}^t$ 为电堆在 $t$ 时刻的制氢速率，单位为 $\text{m}^3/\text{h}$；$U_{\text{cell}}^t$ 为单个电池

在 $t$ 时刻的工作电压，单位为 V；$I_{cell}^t$ 为电池在 $t$ 时刻的运行电流，单位为 A；$N_{cell}$ 为串联电池数量；$\eta_F$ 为法拉第效率，取值 99%；F 为法拉第常数，取值 96485C/mol；2 表示每生产 1 单位氢气需要 2 单位电子转移。

将式（6-1）和式（6-2）联立可求得碱性电堆运行时输入电量，$P_{stack}^t$ 与产氢速率 $Q_{stack}^t$ 的关系如下所示：

$$Q_{stack}^t = \frac{k_2 \eta_F P_{stack}^t}{2F k_1 U_{stack}^t} \tag{6-3}$$

基于目前的研究成果，电堆的工作特性及工作约束可归纳为：

1）启停特性：起动初期，电堆因温度不足无法立即产氢，消耗的功率主要用于升温，直至达到产氢温度，这导致首次起动时间较长。相反，停机时电堆能将功率快速降至零，展现其作为可中断负荷的高效可控性。

2）运行调节特性：从电堆的启停特性可知，电堆从高温、大功率点往低温、小功率点可实现功率大范围的快速调节，当从低温、低功率点快速向高温、高功率点转换时，功率调节速度较慢，主要是由于电解液升温所需的时间较长，如果功率上升速度过快，氢氧两侧液位出现偏差，会造成系统连锁停机。

3）功率调节范围：在低功率状态下，电堆受内部材料特性的制约，需维持不低于特定阈值的运行功率，以防氢氧混合超过爆炸极限。鉴于电堆作为能量转换装置，其反应存在延迟，实际上，电堆可在短时间内低于氢气安全功率限值运转，具体时长依据电堆容量，可变范围为几分钟。电堆在工作时，其功率可以短时超过额定功率，达到额定功率的 110%～130%。

**2. 多电堆协同运行策略**

多电堆协同运行最常见的策略是均分策略和链式策略，均分策略确保了所有电堆在同一时刻承载相同的功率输入，见式（6-4），确保了所有电堆能够作为一个高度协同的整体运作，策略简单且能够提升系统整体的响应速度和协调性。

$$P_{1,stack} = P_{2,stack} = \cdots = P_{n,stack} = \frac{P_{el}}{n} \tag{6-4}$$

式中，$P_{i,stack}$ 为单个电堆的运行功率，单位为 kW；$P_{el}$ 为制氢机组的运行功率，单位为 kW；$n$ 为机组内电堆数量。

链式策略是依据电堆的运行功率，将电堆逐个投入运行，假设处于运行状态的电堆数量为 $m$ 个，则各个电堆的运行功率可表示为

$$\begin{cases} P_{1,stack} = P_{2,stack} = \cdots = P_{m-1,stack} = P_{stack}^N \\ P_{m,stack} = P_{el} - (m-1)P_{stack}^N \\ P_{m+1,stack} = P_{m+2,stack} = \cdots = P_{n,stack} = 0 \end{cases} \tag{6-5}$$

式中，$P_{stack}^{N}$为电堆的额定容量，单位为 kW。

电解制氢本质上是一个吸热过程。理论上，在标准条件下，当施加的电压达到 1.23V 的分解电压，电解反应启动，此时系统需从外界摄取热能。然而此电压下反应速率极为缓慢，为加速氢气生成，工业实践中会增大电流强度。此举虽然提升了产氢效率，但也增加了欧姆过电势，同时伴随产生焦耳热效应。当电压升至 1.48V 的热中性点，系统内部的焦耳热生成与电解过程的热吸收达到平衡，反应呈现无热效应。进一步提升电流，产氢速率加快，电流传导产生的热能超出电解所需的热吸收，此时需采取有效散热措施，以维持电堆温度的稳定。考虑到电堆内部共享的辅机系统，如热交换器，这一架构允许系统在部分电堆处于工作状态时，利用多余热量去保持非活动电堆的温度接近理想工作范围，即热备用状态。这种备用状态意味着，即使面对突然的功率需求变化，例如电网波动或生产需求的激增，处于热备用状态的电堆能够迅速起动，无缝接入生产流程。处于运行状态的电堆可采用如下所示的均分策略和链式策略：

$$\begin{cases} P_{1,stack} = P_{2,stack} = \cdots = P_{m,stack} = \dfrac{P_{el}}{m} & \text{运行} \\ P_{m+1,stack} = P_{m+2,stack} = \cdots = P_{n,stack} = 0 & \text{热备用} \end{cases} \tag{6-6}$$

$$\begin{cases} P_{1,stack} = P_{2,stack} = \cdots = P_{m-1,stack} = P_{stack}^{N} & \text{运行} \\ P_{m,stack} = P_{el} - (m-1)P_{stack}^{N} & \text{运行} \\ P_{m+1,stack} = P_{m+2,stack} = \cdots = P_{n,stack} = 0 & \text{热备用} \end{cases} \tag{6-7}$$

值得注意的是，这一策略的有效实施依赖于精准的温度控制和快速的功率调配机制。通过精密的传感器网络持续监控电堆状态，并结合先进的控制系统，能够实时调整功率分配和热交换效率，确保无论是在满负荷还是部分负荷条件下，所有电堆都能够维持在最佳工作温度，进而提升整体系统的能效比和运行稳定性。

## 6.3.2 多机组协同运行优化

目前关于电制氢站内多机组的协同运行策略可大致分为两种，即功率分配策略和多状态优化策略。功率分配策略侧重于如何将满足系统运行需求的电制氢站总功率分配给制氢机组，而多状态优化策略则是考虑如何调整制氢机组的运行状态使得电制氢站能够满足系统运行需求。两者的研究对象虽略有差异，但最终都以降低制氢机组启停次数，提高电制氢站使用寿命为目的。

**1. 制氢机组运行特性**

电制氢机组由多个电堆并联组成，其输入输出模型可表示为

$$P_{el}^t = \sum_{i=1}^{N_{stack}} u_{i,stack}^t P_{i,stack}^t \tag{6-8}$$

$$Q_{el}^t = \sum_{i=1}^{N_{stack}} u_{i,stack}^t Q_{i,stack}^t \tag{6-9}$$

式中，$N_{stack}$ 为电堆数量；$u_{i,stack}^t$ 为 0 或 1，表示 $t$ 时刻电堆的开停机状态。

当机组内的电堆以最大功率运行时，此时便是机组的最大运行功率，机组的最低运行功率则取决于单个电堆运行的最低功率，机组的运行功率范围如下所示：

$$P_{stack}^{min} \leqslant P_{el}^t \leqslant N_{stack} P_{stack}^{max} \tag{6-10}$$

式中，$P_{stack}^{min}$、$P_{stack}^{max}$ 分别为电堆的最小和最大运行功率，单位为 kW。

**2. 功率分配策略**

目前关于电制氢站内机组的功率分配策略主要包括传统的链式策略和均分策略，以及在传统策略基础上改进的轮值策略、双层轮值策略和轮值-均分策略。功率分配策略依据电制氢站的运行功率，将其划分为不同的运行工况，从而采用不同的分配策略将功率分配给制氢站内的机组。

假设电制氢站的运行功率为 $P_{EL}$，共有 $n$ 个机组，每个机组的额定功率相同，且均为 $P_{el}^N$，$P_{el}^{min}$ 是机组的最小运行功率，$P_{el}^{max}$ 为机组的最大运行功率，由于机组能够短期运行在过载状态，故 $P_{el}^{max} > P_{el}^N$。分别对电制氢站内的机组从 1 号到 $n$ 号编号，下面将以上述假设前提条件，介绍不同的功率分配策略。

（1）链式策略

链式策略是依据电制氢站的运行功率，将机组逐个起动，前一个机组达到额定功率后再起动下一个机组，以此类推，直到满足要求。假设最后一台起动的机组编号为 $m+1$，则 1 号机组至 $m$ 号机组处于额定功率运行，剩余功率 $P_{res}$ 计算如下所示：

$$P_{res} = P_{EL} - m P_{el}^N \tag{6-11}$$

电制氢站内各机组的运行功率可表示为

$$\begin{cases} P_{1,el} = P_{2,el} = \cdots = P_{m,el} = P_{el}^N \\ P_{m+1,el} = P_{res} \\ P_{m+2} = P_{m+3} = \cdots = P_n = 0 \end{cases} \tag{6-12}$$

式中，$P_{i,el}$ 为制氢站内 $i$ 号机组的运行功率，其中 $i \in \{1, 2, \cdots, n\}$。

在链式策略下，电制氢站可根据实际的运行情况调整投入运行的机组数量，但存在编号靠后的机组频繁启停或者处于停机的现象，机组的运行时长和运行状态不均衡，这导致电制氢站寿命加剧衰减。

（2）均分策略

均分策略意味着制氢站内恒定数量的机组投入运行，电制氢站的运行功率被平均分配给每个机组，电制氢站内各机组的运行功率可表示为

$$P_{1,\mathrm{el}} = P_{2,\mathrm{el}} = \cdots = \frac{P_{\mathrm{EL}}}{n} \tag{6-13}$$

由制氢机组的效率特性曲线可知，电解效率随着运行功率的增大先上升后下降，故当各个机组的运行功率越接近效率最高点时，电制氢站的电解效率越高，相较于链式策略，均分策略下电制氢站的电解效率更高，且均分策略下各机组的运行功率与运行时长一致。然而各机组运行功率不可低于电解槽的安全运行功率，均分策略下电制氢站的运行功率范围有所缩短。

（3）轮值策略

轮值策略是在链式策略的基础上增加对机组分配功率的轮值，链式策略中编号靠后的机组长期处于停机或者波动状态，电制氢站长期运行后会导致制氢站内各机组运行时长和运行状态不均衡。为了避免机组长时间工作在非稳定状态下，对机组进行轮值分配功率，轮值的原理如下。

将机组从 1 到 $n$ 依次编号后，$t$ 时刻按照功率分配策略从编号为 1 的机组开始分配功率，在下一时刻时，则从编号为 2 的机组开始分配功率，如此实现轮值，如图6-7所示。

根据机组的运行状态和电制氢站的输入功率可以分为两种工作场景：

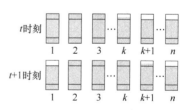

**图6-7 轮值编号示意图**

情景 1：过载工况 $P_{\mathrm{EL}} > nP_{\mathrm{el}}^{\mathrm{N}}$。

该工况下电制氢站工作于过载状态。此时系统内所有机组都运行于额定功率，也不能完全满足条件时，利用机组的过载特性，将部分机组置于过载工况，运行在过载状态的机组数量 $m$ 以及剩余功率计算如下所示：

$$m = \left\lfloor \frac{P_{\mathrm{EL}} - nP_{\mathrm{el}}^{\mathrm{N}}}{P_{\mathrm{el}}^{\mathrm{max}} - P_{\mathrm{el}}^{\mathrm{N}}} \right\rfloor \tag{6-14}$$

$$P_{\mathrm{rest}} = P_{\mathrm{EL}} - mP_{\mathrm{el}}^{\mathrm{max}} - (n-m)P_{\mathrm{el}}^{\mathrm{N}} \tag{6-15}$$

式中，$\lfloor \ \rfloor$ 表示"下取整"的计算符号。

将前 $m$ 个机组置于最高功率运行，剩余功率 $P_{\mathrm{rest}}$ 分配给编号为 $m+1$ 的机组，

各个机组的运行功率如下所示：

$$
\begin{cases}
P_{1,\text{el}}=P_{2,\text{el}}=\cdots=P_{m,\text{el}}=P_{\text{el}}^{\max} \\
P_{m+1,\text{el}}=P_{\text{el}}^{\text{N}}+P_{\text{rest}} \\
P_{m+2,\text{el}}=P_{m+3,\text{el}}=\cdots=P_{n,\text{el}}=P_{\text{el}}^{\text{N}}
\end{cases}
\tag{6-16}
$$

在过载工况下，轮值后各个机组的运行功率如下所示：

$$
\begin{cases}
P_{2,\text{el}}=P_{3,\text{el}}=\cdots=P_{m+1,\text{el}}=P_{\text{el}}^{\max} \\
P_{m+2,\text{el}}=P_{\text{rest}} \\
P_{m+3,\text{el}}=\cdots=P_{n,\text{el}}=P_{1,\text{el}}=P_{\text{el}}^{\text{N}}
\end{cases}
\tag{6-17}
$$

情景 2：未过载工况 $P_{\text{EL}}<nP_{\text{el}}^{\text{N}}$。

此种工况下电制氢站内的机组并未全部起动即可满足要求，工作于额定功率的机组个数为 $m$，剩余功率则分配给另一个机组，制氢站内的机组都处于停机状态，运行在额定状态的机组数量 $m$ 和剩余功率 $P_{\text{rest}}$ 如下所示：

$$
m=\left\lfloor \frac{P_{\text{EL}}}{P_{\text{el}}^{\text{N}}} \right\rfloor
\tag{6-18}
$$

$$
P_{\text{rest}}=P_{\text{EL}}-mP_{\text{el}}^{\text{N}}
\tag{6-19}
$$

制氢站内各机组的运行功率如下所示：

$$
\begin{cases}
P_{1,\text{el}}=P_{2,\text{el}}=\cdots=P_{m,\text{el}}=P_{\text{el}}^{\text{N}} \\
P_{m+1,\text{el}}=P_{\text{rest}} \\
P_{m+2,\text{el}}=P_{m+3,\text{el}}=\cdots=P_{n,\text{el}}=0
\end{cases}
\tag{6-20}
$$

未过载工况下，轮值后各个机组的运行功率如下所示：

$$
\begin{cases}
P_{2,\text{el}}=P_{3,\text{el}}=\cdots=P_{m+1,\text{el}}=P_{\text{el}}^{\text{N}} \\
P_{m+2,\text{el}}=P_{\text{rest}} \\
P_{m+3,\text{el}}=\cdots=P_{n,\text{el}}=P_{1,\text{el}}=0
\end{cases}
\tag{6-21}
$$

相较于链式策略，轮值策略在均衡各机组的运行时长和运行状态方面有所提升，但在未过载工况中仍存在机组的频繁启停，且部分时间剩余功率小于机组的最低运行功率，会导致机组的运行存在安全风险。

（4）双层轮值策略

双层轮值策略，即将机组的轮值策略分为两层。外层采用先起动先关闭的原则，使每个机组运行时长尽可能均衡。假设 $t$ 时刻有 $m$ 个机组运行，当输入功率增大时，先起动编号较大的机组；当输入功率减小时，先关闭编号较小的机组，以此类推。同时，考虑到机组过载时间不能过长，内层采用轮值策略，将处于非额定运行功率的机组在处于运行状态的机组中按照编号由小到大进行轮值，尽可能保证 $t$ 时刻处于非额定状态的机组在下一时刻额定运行。为避免机组频繁启停，根据机组运行状态部分的计算，当前机组运行个数与下一时刻运行个数之差大于或等于 1 时才进行外层轮值，否则只进行内层轮值。

情景 1：过载工况 $P_{EL}>nP_{el}^{N}$。

该工况下，电制氢站内各机组的计算方法与轮值策略中过载工况下各机组功率计算方法相同，详情见式（6-14）~式（6-16）。由于机组仅可短期运行在过载状态，长期处于过载状态会加剧电解水制氢机组的热损耗，会极大地缩减机组的运行寿命，对电解水制氢机组过载运行时长进行限制，如下所示：

$$0 \leqslant T_{i,\text{over}} \leqslant T_{o,\max} \tag{6-22}$$

式中，$T_{i,\text{over}}$ 和 $T_{o,\max}$ 分别为机组 $i$ 的单次过载运行时长和最大过载时长，单位为 h。

情景 2：未过载工况 $P_{EL} \leqslant nP_{el}^{N}$。

处于额定状态的机组数量 $m$ 以及剩余功率 $P_{rest}$ 的计算见式（6-18）~式（6-19），此时可以根据剩余功率 $P_{rest}$ 与机组的最低运行功率 $P_{el}^{\min}$ 的大小分为两种情况：

1）$P_{rest}<P_{el}^{\min}$，即剩余功率无法满足下一个机组安全运行，则将已起动的机组置于过载运行工况，从而避免机组处于低功率运行导致危险事故的发生，各机组的运行状态如下所示：

$$\begin{cases} P_{1,el}=P_{el}^{N}+P_{rest} \\ P_{2,el}=P_{3,el}=\cdots=P_{m,el}=P_{el}^{N} \\ P_{m+1,el}=P_{m+2,el}=\cdots=P_{n,el}=0 \end{cases} \tag{6-23}$$

2）$P_{rest}>P_{el}^{\min}$，即剩余功率能够满足下一个机组安全运行，则起动下一个机组，各机组的运行状态如下所示：

$$\begin{cases} P_{1,el}=P_{2,el}=\cdots=P_{m,el}=P_{el}^{N} \\ P_{m+1,el}=P_{rest} \\ P_{m+2,el}=P_{m+3,el}=\cdots=P_{n,el}=0 \end{cases} \tag{6-24}$$

双层轮值策略相较于轮值策略，增加了外层轮值，有效降低了机组的启停次数，均衡机组运行时长，且避免了机组运行在最低安全功率下，延长了电制氢站的寿命，但其功率分配策略并未考虑到机组的电解效率，当电制氢站的运行功率大幅波动时，部分机组仍会被迫停机。

（5）轮值-均分策略

轮值-均分策略是将轮值策略和均分策略相结合，利用轮值策略中机组可以短期运行在过载状态这一特性，拓宽电制氢站的运行范围，汲取均分策略中提升电制氢站机组效率的优点，制定了轮值-均分策略，基于机组的运行状态和效率特性曲线，将电制氢站的运行功率分为 3 种情景。

情景 1：过载工况。

该工况下，电制氢站内各机组的计算方法与轮值策略中过载工况下各机组功率计算方法相同，详情见式（6-14）~ 式（6-16）。轮值后各个机组的运行功率见式（6-17），同时对机组的过载运行时长加以限制，见式（6-22）。

情景 2：稳定工况 $nP_{el}^{min} \leq P_{EL} \leq nP_{el}^{N}$。

该工况下，此时电制氢站的总输入功率能够满足机组工作在稳定状态下，为了提高电制氢站的整体制氢效率，均衡机组的运行状态和运行时长，在此工况下采用均分策略，各个机组的运行功率见式（6-13）。

情景 3：低功率工况 $P_{el}^{min} \leq P_{EL} \leq nP_{el}^{min}$。

此时总输入功率不能支撑每个机组工作在低功率状态，为了减少机组停机数量及停机时间，将机组工作在低功率状态，处于工作状态的机组数量 $m$、剩余功率 $P_{rest}$ 如下所示。

$$m = \left\lfloor \frac{P_{EL}}{P_{el}^{min}} \right\rfloor \tag{6-25}$$

$$P_{rest} = P_{EL} - mP_{el}^{min} \tag{6-26}$$

由于剩余功率低于机组安全运行的最小功率，为了满足机组的安全运行约束，因此将剩余功率分配给编号为 1 的机组，各个机组的运行功率如下所示：

$$\begin{cases} P_{1,el} = P_{el}^{min} + P_{rest} \\ P_{2,el} = P_{3,el} = \cdots = P_{m,el} = P_{el}^{min} \\ P_{m+1,el} = P_{m+2,el} = \cdots = P_{n,el} = 0 \end{cases} \tag{6-27}$$

为避免在此工况下机组频繁启停，当前机组运行个数与下一时刻运行个数之差大于或等于 1 时才进行轮值，同时对机组的启停次数进行约束。

$$0 \leq Y_i \leq Y_{max} \tag{6-28}$$

式中，$Y_i$ 为第 $i$ 个机组的停机次数；$Y_{max}$ 为机组允许的最大停机次数。

轮值-均分策略能够均衡各机组的运行时长和运行状态，尤其在稳定工况中大幅减少机组的启停次数，降低机组功率波动幅度，且提升电制氢站的平均电解效率。

**3. 多状态优化策略**

多状态优化策略主要以单个机组为对象，利用优化算法协调电制氢站各个机组的运行关系，确定各个机组的运行状态，进而使由多个机组组成的电制氢站能够满足系统要求。

机组的状态可以分为生产状态、冷待机状态、热待机状态和空闲状态。

1）生产状态：即机组处于工作状态，机组的输入功率范围从最低运行功率 $P_{el}^{min}$ 到额定功率 $P_{el}^{N}$，短期内可在过载功率下运行。

2）冷待机状态：在这种状态下，机组关闭，即减压和冷却。只需要控制单元和防冻系统的低功耗。

3）热待机状态：机组关闭，但是保持工作必要的槽温和压力，需要较大的待机功耗去维持。

4）空闲状态：由于整个系统（电堆、冷却、纯化和压缩单元）必须经过净化，一般使用充入氮气，排挤设备的空气并检测设备气密性。

基于上述阐述，热待机状态和工作状态切换的时间间隔非常短，统一认为是正常运行状态。使用二进制变量来表示机组的状态：即工作状态 $L$、冷待机状态 $S$、空闲状态 $I$，见式（6-29）。并使用两个二进制变量起动间隔 $Y_t$、关机间隔 $Z_t$，表示起动和关机间隔。

$$I=\begin{cases}1 & 空闲\\0 & 非空闲\end{cases}, \quad S=\begin{cases}1 & 冷待机\\0 & 非冷待机\end{cases}, \quad L=\begin{cases}1 & 生产\\0 & 非生产\end{cases} \qquad (6\text{-}29)$$

图 6-8 给出了单个机组运行状态示意图，包括在每个操作状态和过渡时的变量和允许值。各个变量有如下关系：

1）在时间间隔 $t$ 内，机组处于空闲状态（$I_t=1$），不需要负载（$P_{el}^t=0$），因此不产生氢（$Q_{el}^t=0$）。

2）机组处于冷待机状态（$S_t=1$）时，需要一个待机加载（$P_{el}^t=P_{sb}$），但氢气产量为零。

3）机组处于工作状态（$L_t=1$）时，在机组的功率上、下限内运行，$P_{el}^{min}$ 和 $P_{el}^{max}$ 为其功率上、下限值。

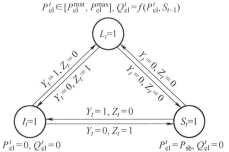

**图 6-8　单个机组运行状态示意图**

4）完全起动时间（$I_t{\to}S_t$ 或 $I_t{\to}L_t$），此时间段机组不可用，将完全起动时间作为优化时间尺度 $\Delta t_1$。

5）冷起动时间（$S_t{\to}L_t$），冷起动过程中不产氢，但考虑到优化时间尺度 $\Delta t_1$，使用产氢速率惩罚来表示在时间尺度 $\Delta t_1$ 整体中冷起动的过程中的能量损耗。

上述主要描述了机组不同运行状态下的限制，进一步给出机组功率和产气速率的关系，以计算每个状态下的氢产量。再引入二进制变量 $W_t$，在连续的时间间隔 $(S_{t-1} \rightarrow L_t)$ 内从备用状态到生产状态时，$W_t$ 置 1，关系如下所示：

$$Q_{el}^t = \alpha_i (P_{el}^t - S_t P_{sb}) + \beta_i L_t - \gamma_3 W_t \tag{6-30}$$

式中，$\alpha_i$ 和 $\beta_i$ 分别为机组功率与产气速率的分段线性拟合系数，是由输入输出相关关系的构造得到的，见式（6-2）；从空闲状态和冷待机状态变成工作状态需要升温升压，故使用系数 $\gamma_3$ 表示这一过程的能量需求并转化为产氢速率的惩罚系数。

其中 $W_t$ 满足如下约束：

$$\begin{cases} W_t \leqslant S_{t-1} \\ W_t \leqslant L_t \\ W_t \geqslant S_{t-1} + L_t - 1 \end{cases} \tag{6-31}$$

多状态优化策略能够根据系统最优运行需要及时调整机组的运行状态，而该策略是以单个机组为主体，缺乏多机组之间的协调控制，后续可增加机组的运行时长约束、启停次数约束等进一步完善。

**4. 电制氢站运行优化**

电制氢站作为一种灵活性资源，接入电网后可以减少由于新能源出力的波动性和随机性导致的高弃电量，同时可以将产生的氢气供给氢负荷使用，提升"绿氢"使用占比。电制氢站运行优化模型的通式可表示为

$$\begin{cases} \min f(\boldsymbol{x}) \\ \text{s. t. } g(\boldsymbol{x}) \leqslant 0 \end{cases} \tag{6-32}$$

式中，$\boldsymbol{x} = [x_1, x_2, \cdots, x_n]$ 为决策变量，可以为电制氢站内各机组出力，各能源机组出力等；$f(\boldsymbol{x})$ 为目标函数，通常情况下系统运行成本最小等经济性指标，可根据未解决问题的需要设置目标函数；$g(\boldsymbol{x})$ 为约束条件，包括机组出力约束、机组出力约束、电制氢站能量管理约束等。以下为典型的风电制氢电站运行优化模型。

（1）目标函数

综合考虑电网购电成本和弃电成本之和最小作为目标函数。

$$\min C = c_{grid} \sum_{t=1}^{T} P_{grid}^t + c_{cut} \sum_{t=1}^{T} P_{NEC}^t \tag{6-33}$$

式中，$C$ 为总成本；$c_{grid}$ 为单位电价，单位为元/kWh；$P_{grid}^t$ 为 $t$ 时刻的购电量，单位为 kWh；$c_{cut}$ 为单位弃电惩罚成本，单位为元/kWh；$P_{NEC}^t$ 为 $t$ 时刻的弃电量，单位为 kWh。

（2）约束条件

基于前文提到的电制氢站功率分配策略，要满足机组和电制氢站的运行约束、功率平衡约束以及储氢罐运行约束。

1）单个机组运行约束：出于安全考虑，机组的运行功率不能低于最低运行功率，不能高于最大过载运行功率，同时限制机组不可连续运行在过载状态，如果 $t$ 时刻机组处于过载状态，则下一时刻机组不可过载运行。

$$P_{el}^{min} \leqslant P_{el}^t \leqslant P_{el}^{max} \tag{6-34}$$

2）电制氢站运行约束：电制氢站的总输入功率要小于各个机组置于过载状态的运行功率，其最小输入功率则是单个机组的最低运行功率。

$$P_{el}^{min} \leqslant P_{EL}^t \leqslant nP_{el}^{max} \tag{6-35}$$

3）功率平衡约束：电网购电、风电出力、弃风量、电负荷和电制氢站的功率平衡约束为

$$P_{grid}^t + P_{NE}^t - P_{NEC}^t = P_L^t + P_{EL}^t \tag{6-36}$$

$$P_{EL}^t = \sum_{i=1}^{n} P_{i,el}^t \tag{6-37}$$

$$Q_L^t = \sum_{i=1}^{n} Q_{i,el}^t \tag{6-38}$$

式中，$P_{NE}^t$ 为 $t$ 时刻的新能源出力，单位为 kW；$P_L^t$、$Q_L^t$ 分别为 $t$ 时刻的电负荷和氢负荷，单位分别为 kW 和 m³/h。

4）储氢罐运行约束：储氢罐在充、放气的过程中，为了确保其工作的可靠性，储氢罐的荷电状态应该限制在一定范围内，见式（6-39）~式（6-41）。同时，为了满足次日的运行条件，储氢罐内的初始储氢量要相同，其约束条件见式（6-42）。

$$Q_{tan}^{t+1} = Q_{tan}^t + x_{in}^t Q_{in}^t + y_{out}^t Q_{out}^t \tag{6-39}$$

$$0 \leqslant x_{in}^t + y_{out}^t \leqslant 1 \tag{6-40}$$

$$Q_{tan}^{min} \leqslant Q_{tan}^t \leqslant Q_{tan}^{max} \tag{6-41}$$

$$Q_{tan}^0 = Q_{tan}^T \tag{6-42}$$

式中，$Q_{tan}^{t+1}$、$Q_{tan}^t$、$Q_{tan}^0$ 和 $Q_{tan}^T$ 分别为储氢罐在 $t+1$ 时刻、$t$ 时刻以及运行周期的首末时段的氢含量，单位为 m³；$x_{in}^t$、$y_{out}^t$ 为二进制变量，表示 $t$ 时刻储氢罐的进气和出气状态；$Q_{tan}^{max}$ 和 $Q_{tan}^{min}$ 为储氢罐内氢含量的上限和下限，单位为 m³。

## 6.3.3 案例分析

选取某地区风电和电、氢负荷典型场景如图 6-9 所示，风电装机容量为

65MW，选取 8 个容量为 2MW 的机组组成电制氢站，单位电价取 0.53 元/kWh；单位弃风惩罚成本取 0.63 元/kWh。

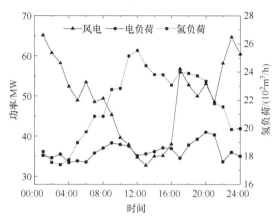

**图 6-9　风电出力及电、氢负荷曲线**

设置了以下两种方案进行对比分析：

方案 1：电制氢站采用轮值策略。

方案 2：电制氢站采用轮值-均分策略。

采用方案 1 的电制氢站中各机组的运行功率如图 6-10 所示。由于夜间氢负荷的需求较小，机组未全部处于运行状态则可满足负荷需求，在轮值策略下，为了避免单个机组一直处于停机状态，所以在夜间几乎每个机组都存在启停现象，其中整个运行周期内，4~7 号机组出现两次停机。由于方案 2 在稳定工况中采用均分策略，平均分配每个机组的运行功率，使得电制氢站在夜间并未出现机组处于停机状态，如图 6-11 所示。在整个运行周期内，每个机组均处于运行状态。在 17：00 时风电充裕，利用机组的过载特性，使得 1 号和 2 号机组运行在过载状态，在满足氢负荷需求后将剩余氢气储存在储氢罐中，以在风电低谷期释放氢气减少电制氢站制氢量。

电制氢站在方案 1 和方案 2 下，各机组的启停次数、停机时长以及运行功率波动标准差见表 6-1。在轮值策略的作用下，方案 1 中各个机组的运行时长相近，且运行状态相似，但是每个机组的功率波动幅度较大，其中 7 号机组的功率波动标准差最大为 0.69。方案 2 采用轮值-均分策略，将功率波动的影响均分给电制氢站内的各个机组，因此电制氢站内机组并未出现停机状态，各个机组之间的运行功率变化趋于一致，机组的功率波动幅度较为稳定，功率波动标准差在 0.24~0.27 之间。此外，相较于方案 1，电制氢站的整体电解效率由 55.49%提升至 56.96%，提高了电制氢站的制氢效率。

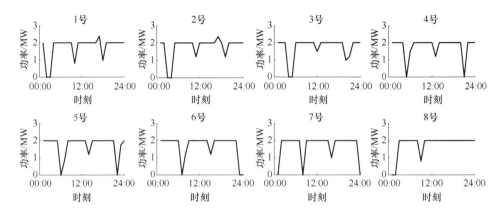

图 6-10　轮值策略下各机组的运行功率

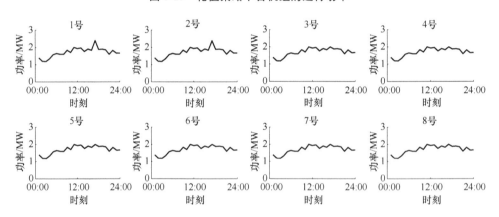

图 6-11　轮值-均分策略下各机组的运行功率

表 6-1　机组运行性能对比

| 机组编号 | 启停次数 | | 停机时长/h | | 功率波动标准差 | |
| --- | --- | --- | --- | --- | --- | --- |
| | 方案 1 | 方案 2 | 方案 1 | 方案 2 | 方案 1 | 方案 2 |
| 1 | 1 | 0 | 2 | 0 | 0.63 | 0.27 |
| 2 | 1 | 0 | 2 | 0 | 0.60 | 0.27 |
| 3 | 1 | 0 | 2 | 0 | 0.60 | 0.24 |
| 4 | 2 | 0 | 2 | 0 | 0.58 | 0.24 |
| 5 | 2 | 0 | 2 | 0 | 0.60 | 0.24 |
| 6 | 2 | 0 | 3 | 0 | 0.69 | 0.24 |
| 7 | 2 | 0 | 3 | 0 | 0.69 | 0.24 |
| 8 | 1 | 0 | 2 | 0 | 0.60 | 0.24 |

## 6.4　制氢站集群并网规划优化

大规模电解水制氢站的部署，有助于缓解电力储存难题，为新能源并网提供了创新解决方案。制氢站的灵活性和可调度性将使其成为电力系统中不可或缺的一部分，有助于提高电网的稳定性和可靠性。然而，制氢站的广泛应用面临地理位置、技术发展和经济成本等挑战。高昂的储运成本制约了绿色氢能的发展，科学规划制氢站容量与位置，有助于降低其应用成本。制氢站集群并网为能源行业提供了可持续发展的新途径，能促进结构的优化和能源安全的提升。本节将探讨考虑机组互动特性的制氢站并网规划模型，以期实现制氢站与电网的高效协同。

### 6.4.1　数学模型

电解水制氢站集群并网规划问题与常规规划问题类似，可分为单层和双层规划两类。单层规划侧重于在单一决策层面寻找最优解，其目标通常较为直接，如最小化制氢成本或最大化能源利用率，而决策变量和约束条件相对简单，便于模型构建和求解。相比之下，双层规划问题则在深度和广度上更为复杂，它考虑了不同层次决策主体间的交互作用，如制氢站与电网、市场参与者之间的博弈关系，以及多阶段决策过程中的不确定性因素，从而寻求在多层次目标下的整体最优策略。一般而言，将长时间尺度的规划问题放在上层优化中求解，将短时间尺度的运行问题放在下层优化中求解。上层的目标函数和约束条件依赖于下层的最优解，同时下层的最优解会受到上层决策变量的影响。在这种决策机制下，下层采取的策略会影响上层的决策环境，使上层在达到自身优化目标的同时，必须考虑下层采取的运行策略。

在确定制氢站并网规划的具体模型时，设计者必须深入理解系统本身的特性，包括但不限于制氢站的运行机制、能源供需动态和电网约束等。通过精细化建模，可以将这些复杂因素融入数学模型中，同时采取有效的计算策略，如分解算法、启发式搜索或近似求解方法，以减小计算规模，提高求解精度和效率。这样的并网规划模型，不仅要准确反映系统运行的物理规律，还需兼顾经济性和可行性。

**1. 规划层模型**

（1）目标函数

制氢站并网规划层优化模型的目标函数一般为投资和运行总费用最小，决策变量包括建设容量和建设节点，投资费用由制氢站的建设容量决定，运行成本由运行层优化模型求解得到。

$$\min C = C_{\text{inv}} + C_{\text{op}} \tag{6-43}$$

式中，$C_{\text{inv}}$ 为电制氢站的投资成本，单位为元；$C_{\text{op}}$ 为运行成本，单位为元。

（2）投资决策约束

1）制氢站最大建设容量约束：在规划制氢站建设容量时，不应超过由施工设备等条件决定的最大容许并网容量。

$$0 \leqslant n_{i,k} \leqslant n_{i,k}^{\max} \tag{6-44}$$

式中，$n_{i,k}$、$n_{i,k}^{\max}$ 分别为电制氢站 $i$ 在电网节点 $k$ 的建设容量及其最大建设容量。

2）制氢站建设节点约束：电制氢站的建设节点受地理、技术等方面的影响，考虑到技术和用地的限制制氢站建设节点应满足下式约束：

$$k \in \Omega_{\text{C}} = \{a, b, c, \cdots\} \tag{6-45}$$

式中，$k$ 为制氢站在电力网络的接入点；$\Omega_{\text{C}}$ 为电网中可建设制氢站的集合。

3）财政约束：制氢站建设成本不应该超过预先设定的资金预算。

4）能源政策约束：各地区根据自身特点制定不同的能源发展规划走不同的能源发展路线。

### 2. 运行层模型

（1）目标函数

运行层聚焦于制氢站并网后的经济高效运行，决策变量包括制氢站各机组的运行功率、储氢罐的进出气量、新能源电源出力等，运行费用通常包括向电网购电成本、新能源弃电费用、网络损耗成本等。

$$\min C_{\text{op}} = C_{\text{grid}} + C_{\text{cut}} + C_{\text{loss}} \tag{6-46}$$

式中，$C_{\text{grid}}$ 为购电成本，单位为元；$C_{\text{cut}}$ 为新能源弃电成本，单位为元；$C_{\text{loss}}$ 为网络损耗成本，单位为元。

（2）生产模拟约束

1）机组运行约束：机组运行功率不可超过其最大过载功率，同时处于安全角度，不可低于最低运行功率。

$$P_{\text{el}}^{\min} \leqslant P_{\text{el}}^{t} \leqslant P_{\text{el}}^{\max} \tag{6-47}$$

除此之外，机组的运行功率受到6.3.2节电制氢站多机组协同运行策略的限制。

2）制氢站运行约束：由6.3节可知，电制氢站的最低安全运行功率取决于单个机组的最低安全运行功率，最高运行功率为制氢站内各机组均处于过载状态运行时的功率，如下所示：

$$P_{\text{el}}^{\min} \leqslant P_{\text{EL}}^t \leqslant nP_{\text{el}}^{\max} \tag{6-48}$$

3）储氢罐运行约束：储氢罐内的氢气含量由上一时刻储氢量与进气量或者出气量决定，见式（6-49）；为保证储氢罐的安全储备，对最低氢含量进行限制，见式（6-50）；为避免储氢罐同时出现进气和出气两种状态，对其运行状态进行限制，见式（6-51）；为对储氢罐的进气量和出气量进行限制，确保不超过储氢罐的额定容量，见式（6-52）~式（6-53）；为确保每天初始时段储氢罐内氢含量相同，也表示为运行周期内首末时段的储氢罐氢气含量相同，见式（6-54）。

$$Q_{i,\tan}^{t+1} = Q_{i,\tan}^t + x_{t,\text{in}}^t Q_{i,\text{in}}^t + y_{i,\text{out}}^t Q_{i,\text{out}}^t \tag{6-49}$$

$$Q_{i,\tan}^{\min} \leqslant Q_{i,\tan}^t \leqslant Q_{i,\tan}^{\max} \tag{6-50}$$

$$0 \leqslant x_{i,\text{in}}^t + y_{i,\text{out}}^t \leqslant 1 \tag{6-51}$$

$$0 \leqslant Q_{i,\text{in}}^t \leqslant x_{i,\text{in}}^t Q_{i,\text{in}}^{\max} \tag{6-52}$$

$$0 \leqslant Q_{i,\text{out}}^t \leqslant y_{i,\text{out}}^t Q_{i,\text{out}}^{\max} \tag{6-53}$$

$$Q_{i,\tan}^0 = \frac{1}{2} Q_{i,\tan}^{\max} \tag{6-54}$$

$$Q_{i,\tan}^0 = Q_{i,\tan}^T \tag{6-55}$$

式中，$Q_{i,\tan}^t$、$Q_{i,\tan}^{t+1}$ 和 $Q_{i,\tan}^0$、$Q_{i,\tan}^T$ 分别为储氢罐 $i$ 在 $t$ 时刻、$t+1$ 时刻以及运行周期首末时刻的氢气含量，单位为 $m^3$；$Q_{i,\text{in}}^t$ 和 $Q_{i,\text{out}}^t$ 分别为储氢罐 $i$ 在 $t$ 时刻的进气量和出气量，单位为 $m^3$；$x_{i,\text{in}}^t$ 和 $y_{i,\text{out}}^t$ 为二进制变量，分别为 $t$ 时刻储氢罐 $i$ 的进气状态和出气状态，当 $x_{i,\text{in}}^t = 1$ 时表示储氢罐 $i$ 在 $t$ 时刻处于进气状态，当 $y_{i,\text{out}}^t = 1$ 时表示储氢罐 $i$ 在 $t$ 时刻处于出气状态；$Q_{i,\tan}^{\min}$ 和 $Q_{i,\tan}^{\max}$ 分别为储氢罐 $i$ 的最小和最大容量；$Q_{i,\text{in}}^{\max}$ 和 $Q_{i,\text{out}}^{\max}$ 分别为节点 $i$ 处储氢罐的最大进气量和最大出气量，单位为 $m^3$。

4）各机组出力约束：

$$P_{jn}^{\min} \leqslant P_{jn}^t \leqslant P_{jn}^{\max} \tag{6-56}$$

式中，$P_{jn}^{\min}$、$P_{jn}^{\max}$、$P_{jn}^t$ 分别为 $n$ 类机组中机组 $j$ 最小、最大出力和机组在 $t$ 时刻的实际出力，单位为 kW；$n$ 为机组类型。

5）机组爬坡约束：为了保证机组运行的稳定性和安全性，机组在单位时间内能够增加或者减少的最大功率受到限制，如下所示：

$$\begin{cases} P_{jn}^t - P_{jn}^{t-1} \leqslant R_j^{\text{up}} \\ P_{jn}^{t-1} - P_{jn}^t \leqslant R_j^{\text{down}} \end{cases} \tag{6-57}$$

式中，$R_j^{\text{up}}$ 和 $R_j^{\text{down}}$ 分别为机组上下爬坡速率，单位为 kW/h。

6）新能源出力约束：

$$\begin{cases} P_{jW}^t + P_{jW,cut}^t = P_{jW,fore}^t \\ P_{jPV}^t + P_{jPV,cut}^t = P_{jPV,fore}^t \end{cases} \quad (6\text{-}58)$$

式中，$P_{jW}^t$、$P_{jPV}^t$分别为风电、光伏在运行模拟中各时刻的实际出力，单位为 kW；$P_{jW,fore}^t$、$P_{jPV,fore}^t$分别为弃风值和风电理论出力值，单位为 kW；$P_{jW,cut}^t$、$P_{jPV,cut}^t$分别为弃光值和光伏理论出力值，单位为 kW。

7）新能源弃电量约束：为了提高系统对新能源利用率，对其新能源弃电量进行约束。

$$\begin{cases} 0 \leqslant P_{jW,cut}^t \leqslant P_{jW,cut}^{max} \\ 0 \leqslant P_{jPV,cut}^t \leqslant P_{jPV,cut}^{max} \end{cases} \quad (6\text{-}59)$$

式中，$P_{jW,cut}^{max}$、$P_{jPV,cut}^{max}$分别为弃风、弃光的最大值，单位为 kW。

8）功率平衡约束：机组、新能源出力、电制氢站运行之和与电负荷平衡。

$$\sum_{n \in \Omega_e} \sum_{j=1}^{m_n} P_{jn}^t + \sum_{k=1}^{n_{EL}} P_{k,EL}^t = P_L^t \quad (6\text{-}60)$$

式中，$\Omega_e$为各机组类型集合；$n_{EL}$为电制氢站的数量，$P_L^t$为 $t$ 时刻的电负荷，单位为 kW。

考虑电力网络结构，运行模拟约束条件还包括潮流方程约束、节点电压约束以及线路潮流安全约束。

1）潮流方程约束：电力在网络中的流动遵循基尔霍夫定律，维持电能的供需平衡。

$$\begin{cases} \sum_{n \in \Omega_e} P_{n,g}^t + P_{EL,g}^t - P_{L,g}^t = U_g \sum U_k (G_{gk}\cos\theta_{gk} + B_{gk}\sin\theta_{gk}) \\ \sum_{n \in \Omega_e} Q_{n,g}^t + Q_{EL,g}^t - Q_{L,g}^t = U_g \sum U_k (G_{gk}\sin\theta_{gk} - B_{gk}\cos\theta_{gk}) \end{cases} \quad (6\text{-}61)$$

式中，$P_{n,g}^t$、$P_{EL,g}^t$、$P_{L,g}^t$分别为 $t$ 时刻以节点 $g$ 相连的 $n$ 类型发电机、制氢站的有功出力以及电负荷需求，单位为 kW；若 $P_{EL,g}^t = 0$，则表示该节点制氢站出力为 0 或者无制氢站，无功功率的含义类似。

2）节点电压约束：电压幅值受其实际运行条件限制，防止过电压或欠电压现象，保障电力设备的安全运行，其幅值约束如下所示：

$$U_g^{min} \leqslant U_g^t \leqslant U_g^{max} \quad (6\text{-}62)$$

式中，$U_g^{min}$、$U_g^{max}$分别为 $t$ 时刻节点 $g$ 的电压最大值和最小值，单位为 V；$U_g^t$为 $t$ 时刻节点 $g$ 的电压，单位为 V。

3）线路潮流安全约束：为避免线路过载，确保电力传输通道在安全载流量范围内，防止因电流过大而导致的设备损坏或电网故障流，经线路的电流幅值大小受到限制。

$$I_i^{\min} \leq I_i^t \leq I_i^{\max} \qquad (6\text{-}63)$$

式中，$I_i^{\min}$ 和 $I_i^{\max}$ 分别为线路 $i$ 允许流经的电流最大值，单位为 A；$I_i^t$ 为 $t$ 时刻流经线路 $i$ 的电流，单位为 A。

## 6.4.2　求解方法

在求解方法方面，概括起来可以分为三种类型，即求解器求解、智能算法以及混合优化算法，规划模型及求解方法分类如图 6-12 所示。

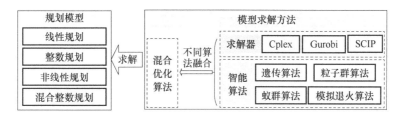

**图 6-12　规划模型及求解方法分类**

在制氢站规划模型中，如果目标函数和约束条件是线性的，则此模型为线性规划模型。在此基础上，如果模型中的变量含有整数，例如在制氢站线性规划模型中考虑了制氢站选址布点问题，此时模型中的变量既含有实数，又含有整数，该模型就转变成了混合整数线性规划。对于上述模型，可利用 Cplex、Gurobi、SCIP 等商业优化求解器求解，其在处理结构化的数学规划问题更为高效。

非线性规划模型是指包含非线性目标函数或约束，如规划模型中常见的电网潮流计算方程便是非线性的，此时可根据非线性方程的特性，选择合适的数学方法（如分段线性化逼近、泰勒级数展开、大 M 法等）将非线性规划转化为线性规划进行求解。但在涉及复杂系统、多变量和非线性关系的场景中，非线性规划模型往往涉及大量的决策变量和复杂的约束条件，这导致规划问题的空间维度非常高，难以转化成线性模型求解，此时将采用智能算法求解，例如遗传算法、粒子群算法、蚁群算法、模拟退火算法等。智能算法通常具有较强的鲁棒性，能够容忍一定程度的模型误差或数据噪声，适用于更复杂、模糊或高纬度问题。

以上求解方法并不互斥，研究人员和工程师通常会根据问题性质、复杂度、可用数据和要求选择合适的一种或多种算法来求解规划模型。两种及以上算法相结合称为混合优化算法，对于复杂优化问题的求解，将多个求解算法组合在一起，形成一个多层次或多阶段的混合算法，可普遍提高求解性能和效率。混合优化算法求解流程如图 6-13 所示。

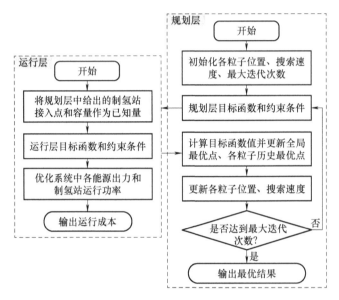

**图 6-13　混合优化算法求解流程**

以制氢站选址定容双层规划模型为例，外层为规划层，以制氢站的投资成本和系统运行成本之和最小为目标函数，决策变量为电制氢站的接入点和接入容量，并将其带入内层运行层中，优化各设备出力以达到经济性最优，并将运行成本返回至规划层。此时规划层可使用粒子群算法，内层是系统优化运行模型，在采用二阶锥松弛法将潮流方程转化为线性方程后，内层模型转化为线性方程，则使用 Cplex 求解器求解，两种求解方法嵌套使用可提高模型的收敛速度和解的精确度。

其模型的求解步骤如下：

1）初始化各粒子的位置和搜索速度，即制氢站的并网节点和并网容量，并作为运行层的已知条件。

2）输入优化层的目标函数和约束条件，优化系统各能源出力，将运行成本反馈至规划层的目标函数中。

3）接受运行成本后，计算规划层目标函数，更新全局最优制氢站并网节点和并网容量。

4）更新粒子群内各粒子位置和搜索速度。

5）若达到最大迭代次数，则算法结束，否则重复步骤 2)~步骤 4)。

### 6.4.3　案例研究

采用 IEEE33 节点标准系统进行仿真分析，节点 1 接入光伏电源，节点 5 和节点 12 接入风电电源，某地区典型场景日如图 6-14 所示。假设单个机组的容量为 1MW，机组的单位建设成本为 1800 元/kW，网上单位购电成本为 0.53 元/kWh，弃电惩罚成本为 0.63/kWh，单位氢气价格为 20 元/kg。

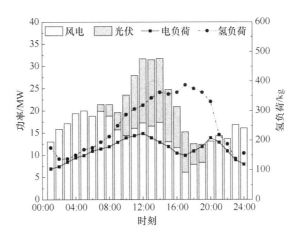

图 6-14　典型场景日

针对不同制氢站规划数量，接入电网的制氢站接入节点、建设容量以及规划成本见表 6-2。

表 6-2　不同制氢站规划数量下接入节点、建设容量以及规划成本

| 规划数量 | 电网节点 | 建设容量/MW | 运行成本/万元 | 建设成本/万元 | 总成本/万元 |
| --- | --- | --- | --- | --- | --- |
| 0 | — | 0 | 7833.2 | 0 | 7833.2 |
| 1 | 12 | 10 | 5205.5 | 211.4 | 5416.9 |
| 2 | 3、12 | 7、7 | 2029.7 | 296.0 | 2325.7 |
| 3 | 3、5、12 | 7、3、7 | 1863.2 | 359.4 | 2222.6 |
| 4 | 3、5、11、12 | 7、3、2、5 | 1864.1 | 359.4 | 2223.5 |

制氢站集群并网前，电网中的风电和光伏只用于满足电负荷需求，为了保持功率平衡，大量的风电和光伏资源被浪费且氢负荷完全由系统从网上购氢来

满足,导致系统总运行成本高达 7833.2 万元。当建设 1 座制氢站时,制氢站安装节点位于电网节点 12,容量为 10MW,由于系统当中有新能源接入,弃电量和购氢量下降,系统的运行成本降低。制氢站扩展至 2 座时,其接入点均在新能源接入点附近,能够及时利用附近的可再生能源电解制氢,避免电网长距离输电,降低网络损耗。当规划制氢站的数量达到 3 座时,制氢站的运行成本和规划总成本达到最优。而当再增加制氢站的规划数量后,由于电网局部地区的负载增加,线路传输电流增大,网络损耗随之增加,总经济性下降。因此,建设 3 座制氢站时,规划总成本最低,经济性最优,在电网中的接入节点为节点 3、节点 5 和节点 12,如图 6-15 所示。

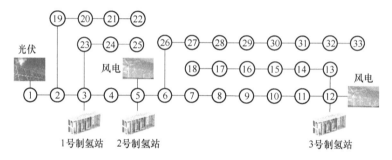

**图 6-15  电网中制氢站接入点示意图**

1 号制氢站内各机组运行结果如图 6-16 所示。在 10:00—17:00 时段内,1 号制氢站内各机组都处于运行状态,由于首末时段光伏发电较少,富裕新能源较低,均分策略使得各个机组低功率运行;在 12:00—14:00 时段内,电负荷降低,电网中富裕电力增加,同时为了满足高氢负荷需求,机组的运行功率明显提升,采用过载轮值策略,提升机组的运行功率以制取更多的氢气。

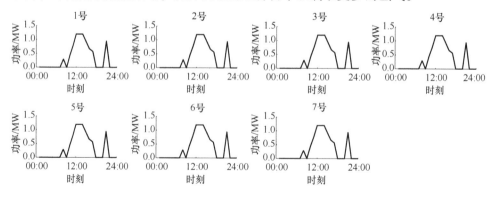

**图 6-16  1 号制氢站内各机组运行结果**

2 号制氢站内各机组运行结果如图 6-17 所示，夜间氢负荷需求较少，均分策略使得每个机组都处于工作状态，均衡机组运行时长。在 09：00—15：00 时段，光伏出力增加，风电出力降低，距离光伏距离较近的 2 号制氢站，开始提高运行功率，电解水制氢储能；在 17：00—20：00 时段，氢负荷需求较大而新能源出力降低，2 号制氢站处于停机状态，储氢罐放气供给氢负荷使用。

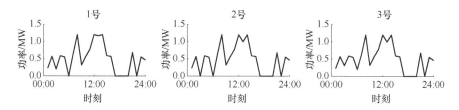

图 6-17　2 号制氢站内各机组运行结果

在整个运行周期内，3 号制氢站内各机组运行结果如图 6-18 所示，机组高功率运行多集中在夜间风电出力高峰期，电解制氢产生的氢气在满足氢负荷需求后储存在储氢罐中。下午由于新能源出力降低，均分策略使得机组共同承担功率波动的风险，同时降低了运行功率，避免了机组在某一时刻大幅度降低功率，处于停机状态。

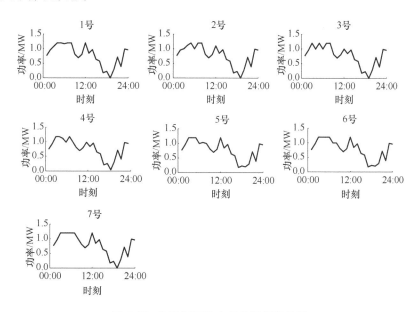

图 6-18　3 号制氢站内各机组运行结果

# 参 考 文 献

［1］ 沈小军，聂聪颖，吕洪. 计及电热特性的离网型风电制氢碱性电解槽阵列优化控制策略［J］. 电工技术学报，2021，36（03）：463-472.

［2］ 许志恒. 电-气互联系统优化运行及其电转气设备规划研究［D］. 广州：华南理工大学，2018.

［3］ 程浩忠. 电力系统规划［M］. 2版. 北京：中国电力出版社，2014.

# 第7章

## 碱性-PEM混联制氢站集成优化技术

**7**

### 7.1 概述

随着新能源发电占比日渐上升，利用新能源电力制取的绿色氢气，能够有效降低"三弃"（弃风、弃光、弃水）电量，提升新能源电力系统的运行经济性、灵活性和消纳能力，为未来氢能应用终端提供低成本的绿色氢源。

在绿氢的浪潮下，国内外新能源制氢项目处于激增状态。碱性电解槽是目前国际上技术最成熟的水电解制氢方式。其效率较高，且不使用铂和铱等贵金属为催化剂，具有单槽容量大[1]、价格低廉等优势[2]。据高工氢电产业研究院统计[3]，2021—2023 年国内公开披露绿氢项目共有 161 个，其中规划项目 66 个、在建项目 51 个、建成项目 44 个，在已披露技术路线的绿氢项目当中，碱性制氢的项目个数超过 70%，其装机规模合计占比超 90%，占据主流地位，2023 年国内建成绿氢项目来源[4]如图 7-1 所示。

然而，随着新能源电力系统运行的稳定性要求不断提高，碱性电解槽在制氢时由于自身性能的限制，存在制氢功率响应速度慢、新能源消纳率低等问题，在应对具有高随机、间歇性的新能源出力时存在限制，难以实现快速、可靠的源-荷匹配[5]，通常还需要与其他电源或者储能设备配合才能够满足系统灵活高效的运行要求，难以保证制氢的技术经济性。质子交换膜（Proton Exchange Membrane，PEM）电解电堆具有体积小[6]、电流密度大、制氢纯度高和响应速度快等优点[7]，与碱性电解电堆相比，更适应于跟踪波动频繁的新能源发电功率。然而，PEM 电解电堆需使用贵金属催化剂和双极板来加快反应动力学，具有较

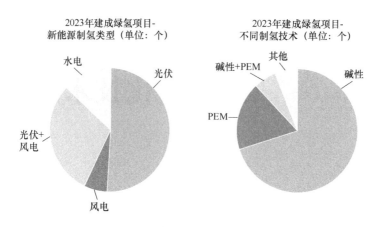

图 7-1　2023 年国内建成绿氢项目来源

高的制造成本，限制了其大规模工程应用[8]。为此，结合碱性和 PEM 电解电堆的差异化特征，"碱性+PEM"组合的混联制氢方式应运而生，该制氢方式融合了宽功率调节范围、高效率电解制氢和灵活性响应速度等多种技术优势，为提高水电解制氢能效、可靠性和经济性提供新的思路。

　　本章将通过介绍混联制氢系统的结构与原理，阐述碱性和 PEM 电解电堆耦合系统的结构框架和功能，以凸显混联制氢模式的性能优势。通过分析不同类型电解槽的运行特性，将介绍考虑启停和能效，适用于混联制氢系统的运行优化策略，以确保制氢系统运行状态的高效和稳定；进一步地，将介绍混联制氢系统的容量优化规划方法，综合考量系统的产氢能效和运行成本，以实现混联制氢系统的最优容量配置，并描述适用于混联制氢系统的技术经济评估方法，以确保规划方案的实用性和经济性。最后，将通过对新能源发电-制氢站的实际案例分析，验证混联制氢技术的可行性，为推广混联制氢模式的市场化应用提供理论基础，也对于推动电-氢互动技术的发展具有重要的科学和工程价值。

## 7.2　混联制氢站的结构与原理

　　目前，新能源发电-制氢技术的发展面临若干关键挑战，主要包括制氢系统的能效低和对新能源波动的适应能力不强，为克服这些限制，研究碱性和 PEM 电解电堆的混联制氢方式，通过拓宽制氢系统的功率范围、增强系统的灵活性调节能力来提升安全和能效，成为当下的研究热点。本节将首先通过介绍混联制氢系统的整体功能框架，明确系统的组成和工作流程。随后，将描述碱性和 PEM 电解电堆的制氢功率模型运行特性。最后，将通过阐述两类电解电堆的工作和启停状态，进一步分析混联制氢站的功能机理，为实现混联制氢的协同运行提供了基础。

## 7.2.1　结构设计

本节结合现有制氢系统的需求与技术特征，初步提出了一种典型的混联制氢站设计方案。新能源-混联制氢站的整体系统结构主要包括新能源发电系统、制氢和储氢系统，其中，制氢系统是由多台碱性和 PEM 电解电堆组成的电解电堆阵列，两种类型电解电堆通过 DC/DC 变换器与新能源发电机组连接。以光伏-混联制氢站为例，整体结构与功能框架如图 7-2 所示。

其中，碱性和 PEM 电解电堆的气液管理、给水系统和去离子过程分别由各自的辅助设备完成，而冷凝、纯化和压缩过程均由一套共用的辅助设备完成。在功能原理方面，新能源场站发电的电力通过功率分配策略，根据发电功率的波动情况和两种类型电解电堆的性能差异，将不同的发电功率频段划分至碱性和 PEM 电解电堆阵列中，用于维持制氢系统的高效运行。其中，高功率段、稳定性功率由碱性电解电堆承担，低功率、波动性强的功率由 PEM 电解电堆承担），混联系统生产的氢气由储氢罐进行储存，供给氢能终端。

## 7.2.2　运行机理

为了深入了解混联制氢系统的特性，本节将分别从两种制氢设备的功率模型、工作状态和运行特性三个方面，阐述碱性和 PEM 电解电堆的运行机理。

（1）碱性和 PEM 电解电堆的制氢功率模型

碱性电解电堆：其功率主要受其自身极化特性（电压 $V$ 随电流强度 $I$ 或电流密度 $j$ 的变化）及响应速度等因素影响。根据碱性电解电堆的极化特性关系，其电解制氢功率模型为

$$P_{\mathrm{AEL}} = I_{\mathrm{el}} \times \left( V_0 + \frac{r}{A_{\mathrm{cell}}} + s\log\left( \frac{T_{\mathrm{el}}}{A_{\mathrm{cell}}} I_{\mathrm{el}} + 1 \right) \right) \tag{7-1}$$

式中，$I_{\mathrm{el}}$ 与 $T_{\mathrm{el}}$ 分别为电解电堆的电流与温度，单位分别为 A 和℃；$r$ 为电解液欧姆电阻参数，单位为 Ω；$A_{\mathrm{cell}}$ 为电解电堆的有效面积，单位为 $\mathrm{cm}^2$；$s$ 为电极过电压系数；$V_0$ 为可逆电压，单位为 V。

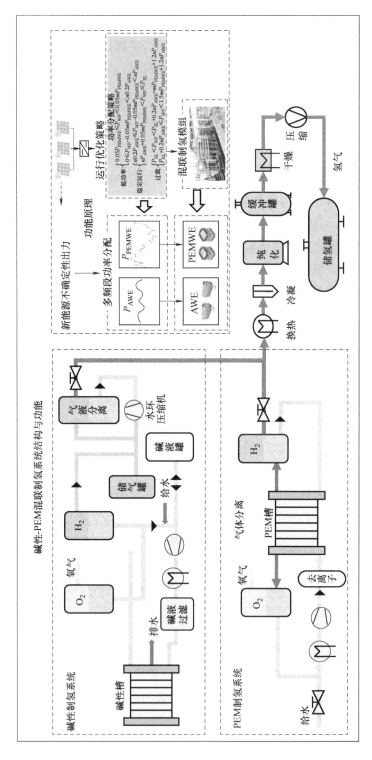

图 7-2　光伏-混联制氢站整体结构与功能框架

PEM 电解电堆：其工作特性可以用电压和电流密度的关系来表示，电解总电压 $V_{pem}$ 由开路电压 $V_{ocv}$、活化过电势 $V_{act}$、扩散过电势 $V_{diff}$ 和欧姆过电势 $V_{ohm}$ 组成，制氢功率模型为

$$\left.\begin{aligned} V_{ocv} &= V_0 + \frac{RT}{z\mathrm{F}}\ln\frac{a_{H_2}a_{O_2}^{0.5}}{a_{H_2O}} \\ V_{act} &= \frac{RT_a}{\alpha_a\mathrm{F}}\sinh^{-1}\left(\frac{J}{2J_{0,a}}\right) + \frac{RT_c}{\alpha_c\mathrm{F}}\sinh^{-1}\left(\frac{J}{2J_{0,c}}\right) \\ V_{diff} &= \frac{RT_a}{4\mathrm{F}}\ln\frac{C_{O_2,m}}{C_{O_2,mo}} + \frac{RT_c}{2\mathrm{F}}\ln\frac{C_{H_2,m}}{C_{H_2,mo}} \\ V_{ohm} &= \delta_m\frac{J}{\sigma_m} \end{aligned}\right\} \tag{7-2}$$

$$V_{pem} = V_{ocv} + V_{act} + V_{diff} + V_{ohm} \tag{7-3}$$

$$P_{PEM} = I_{el}\times\left[V_{ocv}(T_{el},a) + V_{act}(T_{el},a,j) + V_{diff}(T_{el},c) + V_{ohm}(\delta_m,\sigma_m,j)\right] \tag{7-4}$$

式中，$R$ 为气体常数，单位为 J/(mol·℃)；$T$ 为电解温度，单位为℃；$z$ 为电解反应过程中参与的摩尔电子数，单位为 mol；F 为法拉第常数，单位为 C/mol；$a_{H_2}$、$a_{O_2}$、$a_{H_2O}$ 分别为氢气、氧气、水的活度，且 $a_{H_2O}=1$；$T_a$ 和 $T_c$ 分别为阳极和阴极的反应温度，单位为℃；$\alpha_a$ 和 $\alpha_c$ 分别为阳极和阴极的电荷转移系数；$J$ 为电流密度，单位为 A/cm²；$J_{0,a}$ 和 $J_{0,c}$ 分别为阳极和阴极的交换电流密度，单位为 A/cm²；$C_{O_2,m}$ 和 $C_{H_2,m}$ 分别为膜和多孔电极交界面上的氧气和氢气浓度，单位为 mol/L；$C_{O_2,mo}$ 和 $C_{H_2,mo}$ 分别为膜和多孔电极交界面上的氧气和氢气浓度的标准参考值，单位为 mol/L；$\delta_m$ 为膜的厚度，单位为 μm；$\sigma_m$ 为膜的电阻率，单位为 Ω·m。

（2）碱性和 PEM 电解电堆的工作状态

由于碱水制氢装置本身特性以及氢气渗透性强的特点，氢气渗透率受负荷影响相较于气体产物生成的速率受电流密度的影响小，导致渗透的氢气被氧气稀释，使碱性电解电堆在低功率运行条件下氧中氢浓度较高，在氧中氢浓度超过 4% 时易引发燃爆，行业内通常以氧中氢浓度为 2% 作为碱性电解电堆的停机指标，这也是导致碱性电解电堆不能长时间运行于低功率段的原因。而 PEM 电解电堆的质子交换膜气体渗透率低，能够有效避免氢气和氧气的气体交叉渗透现象，所以能够长时间工作在低功率段，且功率运行范围宽。电解电堆的最低工作点由设备本身决定，根据现有资料统计可知，碱性电解电堆的最低工作点通常在其额定功率的 20%～40% 之间[9]，PEM 电解电堆的最低工作点通常低于

其额定功率的 10%，本节为了简化分析，设碱性电解电堆的最低工作点为 20%，PEM 电解电堆的最低工作点为 5%。

结合现有碱性和 PEM 电解电堆的输出功率以及运行特性，划分出混联制氢系统在应对不同新能源输入功率下的工作状态（见图 7-3 和图 7-4）。

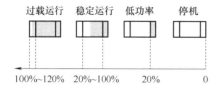

图 7-3　碱性电解电堆工作状态示意图　　图 7-4　PEM 电解电堆工作状态示意图

1）碱性电解电堆。

① 停机状态：$0 \leqslant P_{alk} < 0.2P_{ALK}$

② 低功率状态：$P_{alk} = 0.2P_{ALK}$

③ 稳定运行状态：$0.2P_{ALK} < P_{alk} \leqslant P_{ALK}$

④ 过载运行状态：$P_{ALK} < P_{alk} \leqslant 1.2P_{ALK}$

式中，$P_{alk}$ 为碱性电解电堆的实际运行功率，$P_{ALK}$ 为碱性电解电堆的额定功率。

2）PEM 电解电堆。

① 停机状态：$0 \leqslant P_{pem} < 0.05P_{PEM}$

② 低功率状态：$P_{pem} = 0.05P_{PEM}$

③ 稳定运行状态：$0.05P_{PEM} \leqslant P_{pem} \leqslant P_{PEM}$

④ 过载运行状态：$P_{PEM} < P_{pem} \leqslant 1.5P_{PEM}$

式中，$P_{pem}$ 为 PEM 电解电堆的实际运行功率，$P_{PEM}$ 为 PEM 电解电堆的额定功率。

常见的碱性电解电堆的工作范围是 20%～120%，PEM 电解电堆的工作范围为 5%～150%。

（3）碱性和 PEM 电解电堆的运行特性

除了工作状态不同以外，碱性和 PEM 电解电堆在启停特性方面也存在区别。为了体现两者的启停特性差异，采用具有代表性的典型案例进行阐述。碱性和 PEM 电解电堆的起动过程示意图如图 7-5 所示。

分析上图可知，在制氢装置的起动过程中，碱性电解电堆相较于 PEM 电解电堆表现出明显的起动滞后性。碱性电解电堆的起动时间甚至超过 60min，主要是由于其需要预热以达到适宜的反应温度，即便在达到额定负载功率之后，碱性电解电堆仍需大约 10min 的时间来升至平衡温度。这种较长的起动时间和温

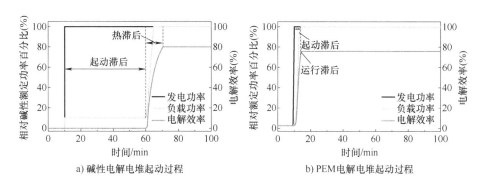

a) 碱性电解电堆起动过程　　　　　b) PEM电解电堆起动过程

**图 7-5　碱性和 PEM 电解电堆的起动过程示意图**

度滞后导致了电能利用率的降低，且由起动过程中的动态响应和温度滞后造成的能量损耗高达 75% 以上。相对而言，PEM 电解电堆展现出了更快的响应速度和更佳的运行灵活性。PEM 电解电堆在起动时的迟滞时间显著缩短，其在起动过程中产生的能量损耗仅占大约 25%。这种高效的起动特性使得 PEM 电解电堆特别适合于匹配适应风能和太阳能等新能源的波动性出力。

此外，随着制氢技术的成熟，单台碱性电解电堆的容量逐渐增大，即使通过多台碱性电解电堆协调制氢，其最低运行功率需要保持在 20% 以上时，仍会导致较多的新能源弃电量。现有研究通常通过两种措施来减少新能源电力浪费：①配置储能装置以平抑新能源功率的峰值，实现电力平衡；②减小碱性电解电堆的装机容量，以拓宽制氢功率范围。然而，配置储能系统不仅增加了综合成本，还增加了系统控制的复杂性，而减小单台碱性电解电堆的额定容量则变相提高了单位投资和运维成本，增加了系统的整体投入，无法保证在最大化消纳新能源的同时兼顾经济性。为了解决这些关键问题，采用 PEM 电解电堆与碱性电解电堆混联制氢，通过 PEM 电解电堆平抑新能源功率的峰值，达到类似于储能的功能。

如图 7-6 所示，相比于单一采用单台或多台碱性电解电堆，由碱性-PEM 电解电堆混联制氢系统具有更宽的功率调节范围。假设系统有 $n$ 台碱性电解电堆、$m$ 台 PEM 电解电堆，额定容量分别记为 $ALK_N$、$PEM_N$，碱性电解电堆的最低工作点为 $0.3ALK_N$，PEM 电解电堆的最低工作点为 $0.05PEM_N$，在这种配置下，整个混联制氢系统的最低功率能够达到 $0.05PEM_N$，与仅采用碱性电解电堆相比，最低工作点降低了单台电堆额定容量的 25%，为新能源电力的消纳提供了有利条件。

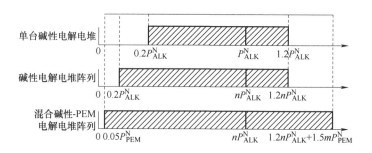

图 7-6　混联制氢系统功率拓展调节范围

## 7.3　混联制氢站运行优化模拟

新能源-制氢系统的运行优化模拟技术是提升系统性能的关键技术，随着制氢输入功率的变化，如何有效、灵活地分配功率和切换多台电解槽的运行状态，从而实现制氢系统的高效运行，是国内外制氢技术研究重点关注的问题。

现有资料提出了多种规模化制氢系统的运行优化策略，例如均分、轮值和滚动优化策略[10]，在第 6 章中已详细介绍，本节在此简单介绍。均分策略是使每个电解槽承担相同的功率制氢，在新能源出力波动性较大时，考虑到单台电解槽的功率调节能力，功率均分运行模式无法保证整个电解槽阵列的高效运行，并且容易造成弃电和大面积停机等后果。轮值策略则是为了避免电解槽阵列长时间运行在过载/低功率段，在制氢膜组的外层控制电解槽阵列依次承担输入功率，一定程度上能够减少制氢系统的启停次数，从而提高整体性能。上述运行策略主要针对单一类型的电解槽阵列，而混联制氢系统中不同类型电解槽的运行特性不同，传统的运行策略无法在满足灵活、高效、经济的条件下保证其安全稳定运行。

鉴于上述问题，本节将介绍一种适用于"碱性+PEM"混合水电解制氢系统的运行优化策略，在考虑制氢系统高效运行的同时，兼顾考虑碱性和 PEM 电解电堆的调节范围、启停以及运行特性。通过对两种电解电堆进行能效分析，得到不同功率下混联系统的产氢效益，再对两种设备工作状态的组合划分，建立准确的功率分配数学模型，模拟不同工况下多台、多类型电解槽的功率响应状态，从而为实现混联制氢系统的安全、高效和经济运行提供了可行方案。

## 7.3.1　能效分析

尽管碱性电解电堆的成本低于 PEM 电解电堆，但制氢效率也是市场选择的重要指标之一。目前，电解槽制氢的效率通常采用固定系数，而由于新能源发电功率具有不确定性，因此应考虑不同输入功率下制氢效率的变化，以及产氢速率的不同。在制氢能效方面，制氢效率与制氢输入功率相关联，在混联制氢系统中，碱性和 PEM 电解电堆在不同的制氢功率下制氢效率区别较大，为此，需要考虑两种电解槽制氢效率的变化因素。其产氢速率变化关系如下所示：

$$\begin{cases} v_{\text{alk}}(t) = \eta_{\text{alk}}(t) P_{\text{alk}}(t) / q_{\text{H}_2} \\ v_{\text{pem}}(t) = \eta_{\text{pem}}(t) P_{\text{pem}}(t) / q_{\text{H}_2} \end{cases} \tag{7-5}$$

式中，$v_{\text{alk}}(t)$、$v_{\text{pem}}(t)$ 分别为碱性和 PEM 电解电堆在 $t$ 时刻的制氢速率，单位为 $\text{Nm}^3/\text{h}$，$\eta_{\text{alk}}(t)$、$\eta_{\text{pem}}(t)$ 为两种电解槽的制氢效率；$P_{\text{alk}}(t)$、$P_{\text{pem}}(t)$ 为两种电解槽的制氢功率，单位为 kW；$q_{\text{H}_2}$ 为氢气的单位产氢速率能耗，单位为 $\text{kWh}/\text{Nm}^3$。

根据国内外企业及研究机构的相关统计，碱性电解电堆能量转换率约为 70%，相比之下，PEM 电解电堆则能够达到 75%~85% 之间，甚至更高。为了直观体现这两种电解槽在制氢效率上的差异，图 7-7 展示了碱性和 PEM 电解电堆制氢效率曲线。

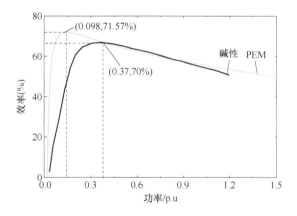

**图 7-7　碱性和 PEM 电解电堆制氢效率曲线**

由图 7-7 可知，碱性电解电堆的制氢效率普遍在 60%~70%，而 PEM 电解电堆的制氢效率能够达到 65%~72%。更重要的是，PEM 电解电堆能够在更低的工作点（10% 负荷条件）下实现效率的最大化，这一点与碱性电解电堆相比，显示出更为宽广的操作范围。这种特性使得 PEM 电解电堆在应对可再生能源波动性较大的电力输入时，能够更加灵活地调整运行状态，优化混联系统整体的制氢系统效率。

为了更准确地刻画不确定性出力下的制氢效益，根据图 7-7 的制氢效率曲线，采用分段线性拟合方法，根据不同类型电解槽的制氢效率以及输入功率区间进行划分，分段求解碱性和 PEM 电解电堆的产氢速率，图 7-8 所示为碱性和 PEM 电解电堆制氢速率拟合曲线。

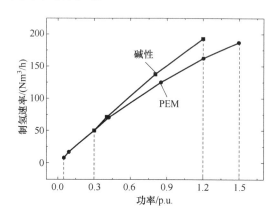

图 7-8　碱性和 PEM 电解电堆制氢速率拟合曲线

由图 7-8 可知，考虑到电解槽的全寿命周期效率和全运行功率段运行区间，在相同的容量参数下，低功率段和过载功率段的 PEM 电解电堆相比于碱性电解电堆具有更高的氢气产量，基于现有的氢气价格，长周期运行碱性-PEM 电解电堆的混联制氢系统相比单一碱性电解电堆制氢系统具有更好的效益。

## 7.3.2　功率分配策略

现有的新能源制氢站运行策略多是针对单一类型的电解槽阵列进行优化运行，而解决混联制氢系统运行优化的研究较少。首先碱性和 PEM 电解电堆的混合运行优化的目的是为了提高整个制氢系统的效率和可靠性，这种策略涉及对电解槽在不同运行工况的性能进行控制和调整。结合两种电解槽的运行特性，通过合理分配输入功率，从而实现混联系统的优化运行。优化运行中最主要应考虑两个因素：①碱性和 PEM 电解电堆的功率调节范围与启停特性（包括冷起动和热起动性能）；②需考虑不同类型新能源发电的出力特性（风力发电在以分钟和小时级的短时间尺度出力波动性较大，而在长时间尺度的出力范围较稳定，光伏发电在以分钟和小时级的短时间尺度出力较平滑，但在日内出力特性主要由其出力水平决定，存在夜晚出力为零的情况，且受季节和光照影响较大）。

这里结合两种电解槽的工作状态，按照停机、低功率、稳定运行和过载运行四种运行工况对新能源发电输入功率进行了划分，初步建立了适用于混联制氢系统的功率分配模型，组合功率分配策略流程示意图如图 7-9 所示。由图可知，组合功率分配模型包括碱性和 PEM 电解电堆全部的运行功率段，能够满足混联制氢系统在全工况条件下运行。

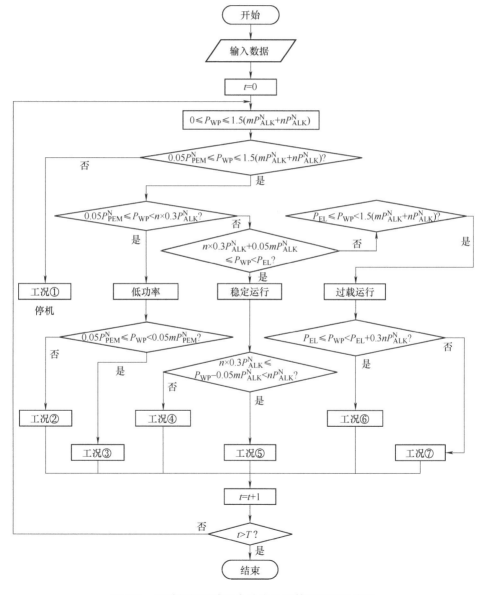

图 7-9　混联制氢系统组合功率分配策略流程示意图

碱性电解电堆存在氢气安全运行的最低功率限制，并且在运行时对输入功率的稳定性要求较高，不适合频繁启停，使其在动态响应方面存在局限性。相对地，PEM 电解电堆以其快速起动和灵活调节的能力而受到青睐，其能够在较低的运行工作点上高效运行。通过结合这两种电解槽的特性，根据不同的新能源发电功率输入大小，制定更为精细的电解槽阵列内部功率分配策略，从而优化整个制氢系统的运行效率和适应性。

1）停机工况（工况①）：如图 7-10 所示，在该工况下，由于输入功率小于任何一台电解槽的最小运行功率，因此混联制氢系统处于停机状态。

$$\begin{cases} P_{\mathrm{WP}} \leqslant 0.05 P_{\mathrm{PEM}}^{\mathrm{N}} \cap P_{\mathrm{WP}} \leqslant 0.3 P_{\mathrm{ALK}} \\ P_{\mathrm{alk}}^1 = \cdots = P_{\mathrm{alk}}^i = 0 \\ P_{\mathrm{pem}}^1 = \cdots = P_{\mathrm{pem}}^j = 0 \end{cases} \quad (7-6)$$

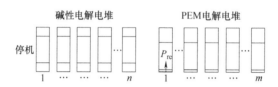

图 7-10　混联制氢系统停机状态示意图

2）低功率运行工况：该工况下输入功率无法满足混联制氢系统中每台电解槽均达到最低功率运行点，为了确保新能源发电被消纳的同时减少制氢设备的启停次数，将低功率运行工况分为以下情况，如图 7-11 所示。

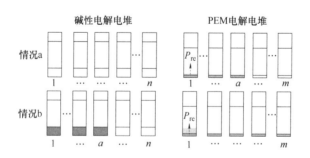

图 7-11　混联制氢系统低功率运行状态示意图

工况②：当输入功率范围为 $0.05 P_{\mathrm{PEM}}^{\mathrm{N}} \leqslant P_{\mathrm{WP}} < 0.05 m P_{\mathrm{PEM}}^{\mathrm{N}}$ 时，优先使 PEM 电解电堆工作在低功率状态，其中 $a$ 台 PEM 电解电堆运行功率为 $0.05 P_{\mathrm{PEM}}^{\mathrm{N}}$，剩余波动性功率 $P_{\mathrm{re}}$ 由起始 PEM 电解电堆承担。

$$\begin{cases} P_{\mathrm{WP}} = 0.05aP_{\mathrm{PEM}}^{\mathrm{N}} + P_{\mathrm{re}} \\ P_{\mathrm{pem}}^2 = \cdots = P_{\mathrm{pem}}^a = 0.05P_{\mathrm{PEM}}^{\mathrm{N}} \\ P_{\mathrm{pem}}^1 = P_{\mathrm{re}} + 0.05P_{\mathrm{PEM}}^{\mathrm{N}} \\ P_{\mathrm{alk}}^1 = \cdots = P_{\mathrm{alk}}^i = 0 \end{cases} \tag{7-7}$$

式中，$a$ 为参与低功率和波动性功率运行的 PEM 电解电堆台数，且 $1 \leqslant a < m$，剩余波动性功率范围是 $0 \leqslant P_{\mathrm{re}} < 0.05P_{\mathrm{PEM}}^{\mathrm{N}}$。

工况③：当输入功率范围为 $0.05mP_{\mathrm{PEM}}^{\mathrm{N}} \leqslant P_{\mathrm{WP}} < 0.05mP_{\mathrm{PEM}}^{\mathrm{N}} + 0.3nP_{\mathrm{ALK}}^{\mathrm{N}}$ 时，所有 $m$ 台 PEM 电解电堆工作在低功率状态，其中有 $b$ 台碱性电解电堆运行功率为 $0.3P_{\mathrm{ALK}}^{\mathrm{N}}$，波动性功率 $P_{\mathrm{re}}$ 则由起始 PEM 电解槽依次承担。

$$\begin{cases} P_{\mathrm{WP}} = 0.05mP_{\mathrm{PEM}}^{\mathrm{N}} + 0.3bP_{\mathrm{ALK}}^{\mathrm{N}} + P_{\mathrm{re}} \\ P_{\mathrm{pem}}^2 = \cdots = P_{\mathrm{pem}}^j = 0.05P_{\mathrm{PEM}}^{\mathrm{N}} \\ P_{\mathrm{pem}}^1 = P_{\mathrm{re}} + 0.05P_{\mathrm{PEM}}^{\mathrm{N}} \\ P_{\mathrm{alk}}^1 = \cdots = P_{\mathrm{alk}}^b = 0.3P_{\mathrm{ALK}}^{\mathrm{N}} \end{cases} \tag{7-8}$$

式中，$b$ 台碱性电解电堆工作在最低功率点，且 $1 \leqslant b < n$，剩余波动性功率范围是 $0 \leqslant P_{\mathrm{re}} < 0.3P_{\mathrm{ALK}}^{\mathrm{N}}$。

3）稳定运行工况：在该工况下，输入功率能够使混联制氢系统中的每台电解槽都达到最低功率，使全部制氢设备均处于运行状态，根据功率范围将稳定运行工况分为两种情况，如图 7-12 所示。

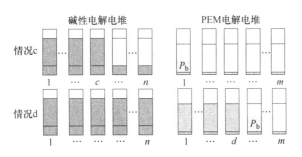

**图 7-12　混联制氢系统稳定运行状态示意图**

工况④：当输入功率范围为 $0.3nP_{\mathrm{ALK}}^{\mathrm{N}} \leqslant P_{\mathrm{WP}} - 0.05mP_{\mathrm{PEM}}^{\mathrm{N}} < nP_{\mathrm{ALK}}^{\mathrm{N}}$ 时，为了保证系统配置的经济性，所有 $m$ 台 PEM 电解电堆处于最低功率状态 $0.05P_{\mathrm{PEM}}^{\mathrm{N}}$，优先使碱性电解电堆达到额定功率状态 $P_{\mathrm{ALK}}^{\mathrm{N}}$，剩余波动性功率 $P_{\mathrm{re}}$ 由起始 PEM 电解电堆依次承担。

$$\begin{cases} P_{WP} = 0.05mP_{PEM}^{N} + 0.3cP_{ALK}^{N} + P_{re} \\ P_{pem}^{2} = \cdots = P_{pem}^{j} = 0.05P_{PEM}^{N} \\ P_{pem}^{1} = P_{re} + 0.05P_{PEM}^{N} \\ P_{alk}^{1} = \cdots = P_{alk}^{c} = P_{ALK}^{N} \\ P_{alk}^{c+1} = \cdots = P_{alk}^{m} = 0.3P_{ALK}^{N} \end{cases} \tag{7-9}$$

式中，以额定功率运行的碱性电解电堆台数为 $c$，且 $1 \leqslant c < m$，$m-c$ 台碱性电解电堆仍运行在低功率状态 $0.3P_{ALK}^{N}$；剩余波动性功率范围是 $0 \leqslant P_{re} < 0.7P_{ALK}^{N}$。

工况⑤：输入功率范围为 $0.05mP_{PEM}^{N} + nP_{ALK}^{N} < P_{WP} \leqslant P_{EL}$ 时，所有 $n$ 台碱性电解电堆均运行在额定功率状态 $P_{ALK}^{N}$，使 $d$ 台 PEM 电解电堆满载运行在额定功率状态 $P_{PEM}^{N}$，$n-d$ 台 PEM 电解电堆仍运行在低功率状态 $0.05P_{PEM}^{N}$，剩余的波动性功率 $P_{re}$ 由起始 PEM 电解电堆承担。

$$\begin{cases} P_{WP} = nP_{ALK}^{N} + (0.05n + 0.95d)P_{PEM}^{N} + P_{re} \\ P_{pem}^{2} = \cdots = P_{pem}^{d} = P_{PEM}^{N} \\ P_{pem}^{d+1} = \cdots = P_{pem}^{d} = 0.05P_{PEM}^{N} \\ P_{pem}^{1} = 0.05P_{PEM}^{N} + P_{re} \\ P_{alk}^{1} = \cdots = P_{alk}^{n} = P_{ALK}^{N} \end{cases} \tag{7-10}$$

式中，以额定功率运行的 PEM 电解电堆台数为 $d$，且 $1 \leqslant d < n$；剩余波动性功率范围是 $0 \leqslant P_{re} < 0.95P_{PEM}^{N}$。

4）过载运行工况：该工况下使混联制氢系统的 $n+m$ 台电解槽均工作在额定功率状态下仍然无法完全消纳输入功率，因此，为了保证制氢设备配置的经济性，需要使部分制氢设备处于过载运行，将该工况分为两种情况，如图 7-13 所示。

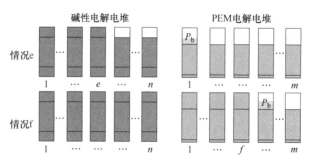

**图 7-13　混联制氢系统过载运行状态示意图**

工况⑥：当输入功率范围为 $P_{EL} \leqslant P_{WP} < P_{EL} + 0.3nP_{ALK}^N = mP_{PEM}^N + 1.3nP_{ALK}^N$ 时，该情况下优先使碱性电解电堆运行在过载状态 $1.2P_{ALK}^N$，$m$ 台 PEM 电解电堆满载运行在额定功率状态 $P_{PEM}^N$，剩余波动性功率 $P_{re}$ 由起始 PEM 电解电堆依次承担。

$$
\begin{cases}
P_{WP} = (0.3e + n)P_{ALK}^N + mP_{PEM}^N + P_{re} \\
P_{pem}^2 = \cdots = P_{pem}^m = P_{PEM}^N \\
P_{pem}^1 = P_{PEM}^N + P_{re} \\
P_{alk}^1 = \cdots = P_{alk}^e = 1.3P_{ALK}^N \\
P_{alk}^{e+1} = \cdots = P_{alk}^n = P_{ALK}^N
\end{cases}
\tag{7-11}
$$

式中，过载运行的碱性电解电堆台数为 $e$，且 $1 \leqslant e < n$，其他 $n-e$ 台碱性电解电堆运行在额定功率状态；剩余波动性功率范围是 $0 \leqslant P_{re} < 0.2P_{ALK}^N$。

工况⑦：当输入功率范围为 $P_{EL} + 0.3nP_{ALK}^N \leqslant P_{WP} \leqslant 1.5mP_{PEM}^N + 1.2nP_{ALK}^N$ 时，该情况下所有 $n$ 台碱性电解电堆均运行在过载状态 $1.2P_{ALK}^N$，剩余的过载功率由 $f-1$ 台 PEM 电解电堆承担，剩余波动性功率 $P_{re}$ 由第 $f$ 台 PEM 电解电堆承担。

$$
\begin{cases}
P_{WP} = 1.2nP_{ALK}^N + (m + 0.5f)P_{PEM}^N + P_{re} \\
P_{pem}^1 = \cdots = P_{pem}^{e-1} = 1.5P_{PEM}^N \\
P_{pem}^e = P_{PEM}^N + P_{re} \\
P_{pem}^e = \cdots = P_{pem}^m = P_{PEM}^N \\
P_{alk}^1 = \cdots = P_{alk}^n = 1.3P_{ALK}^N
\end{cases}
\tag{7-12}
$$

式中，过载运行的 PEM 电解电堆台数为 $f$，且 $1 \leqslant e < m$，其他 $n-f$ 台 PEM 电解电堆运行在额定状态；剩余波动性功率范围是 $0 \leqslant P_{re} \leqslant 0.5P_{PEM}^N$。

根据上述详细的混联制氢系统组合功率分配策略划分，能够综合考虑碱性和 PEM 电解电堆的工作状态和运行特性，实现混联电解电堆阵列工作状态的控制与优化运行，为混联系统的安全、高效制氢提供了理论基础。

## 7.4　混联制氢站容量优化规划

新能源-制氢站的容量规划设计是探究电解水制氢与新能源发电系统如何高效耦合的重要举措，对于实现能源结构的优化和推动清洁能源转型具有深远意义。现有研究多聚焦于实现混联制氢系统容量配置成本的最小化，以提高系统的经济性，然而，这些研究往往忽略了制氢设备技术性能对容量配置的影响，以及技术进步可能带来的容量规划调整需求。

为了克服这些挑战，混联制氢系统的容量规划设计需要采取更为全面的方法，主要包含以下因素：①规划应基于对制氢技术的深入分析，包括不同类型电解槽的产氢效率、运行成本以及运行特性；②考虑新能源的高不确定性出力对混联制氢系统规划的影响；③综合考虑到市场需求、政策支持、激励措施以及潜在的技术风险对规划的影响。

在新能源-制氢站的容量规划设计中，常用的方法包括人工智能算法和仿真求解工具，这些方法通过构建数学模型来实现系统的容量配置，并运用评估手段来衡量系统的技术经济特性。本节内容介绍了如何在容量规划中同时考虑产氢效率和运行成本，并结合 7.3 节所述的运行策略，实现混联制氢系统的容量优化设计，同时，简要介绍了技术经济特性评估方法在混联制氢系统中的应用，为推广可持续、高效且具有成本效益的混联制氢系统提供了设计方案。

## 7.4.1 容量参数设计

混联制氢系统实现容量优化配置的目标主要有两点：①系统的产氢效率以及产氢量；②混联系统在项目周期内的运行成本。

### 1. 产氢效益

为了准确计算混联制氢系统的整体效益，根据 7.3.1 节所述的混联制氢系统在各出力段工作效率的不同，计算典型时段内每台电解槽的产氢量，通过各台设备和时段的叠加，以及单位体积氢气的售氢收益，计算得到混联制氢系统的年化产氢收益为

$$C_Q = -\left( \sum_{z=1}^{Z} \sum_{i=1}^{n} \sum_{t=1}^{T} c_{H_2} v_{alk}^i(t) + \sum_{z=1}^{Z} \sum_{j=1}^{m} \sum_{t=1}^{T} c_{H_2} v_{pem}^j(t) \right) \tag{7-13}$$

式中，产氢收益 $C_Q$ 相当于系统的负成本，单位为元；$v_{alk}^i(t)$、$v_{pem}^j(t)$ 分别为 $t$ 时刻第 $i$ 台碱性电解电堆和第 $j$ 台 PEM 电解电堆的制氢速率，单位为 $Nm^3/h$；$c_{H_2}$ 为单位体积氢气售氢单价，单位为元；$T$ 为典型时段包含的小时数，单位为 h；$Z$ 为全年对应的时段数。

### 2. 运行成本

为了实现混联制氢系统在项目周期内的成本最低，求解目标考虑了设备的运行成本和产氢效益。其中，混联制氢系统的运行成本涵盖制氢设备的投资成本 $C_{inv}$、运行维护成本 $C_{om}$ 和寿命周期内的置换成本 $C_{re}$，制氢效益则定义为年产氢量的等效售氢收益 $C_Q$。具体如下：

$$\min C_{\text{year}} = C_{\text{inv}} + C_{\text{om}} + C_{\text{re}} + C_Q \tag{7-14}$$

（1）混联制氢设备的投资成本

混联制氢设备的投资成本包括碱性和 PEM 电解电堆的投资成本：

$$\text{CRF}(r, Y_{\text{op}}) = r(1+r)^{Y_{\text{op}}} / ((1+r)^{Y_{\text{op}}} - 1) \tag{7-15}$$

$$C_{\text{inv}} = c_{\text{alk}} n P_{\text{ALK}}^{\text{N}} \text{CRF}(r, Y_{\text{PC}}) + c_{\text{pem}} m P_{\text{PEM}}^{\text{N}} \text{CRF}(r, Y_{\text{PC}}) \tag{7-16}$$

式中，$c_{\text{alk}}$、$c_{\text{pem}}$ 为碱性和 PEM 电解电堆的单位投资成本，单位为元/kW；$Y_{\text{PC}}$ 为系统的全寿命周期年限。

（2）混联制氢设备的运行维护成本

混联制氢设备的运行维护成本包括碱性和 PEM 电解电堆的运行维护成本：

$$C_{\text{op}} = \beta_1 c_{\text{alk}} n P_{\text{ALK}}^{\text{N}} + \beta_2 c_{\text{pem}} m P_{\text{PEM}}^{\text{N}} \tag{7-17}$$

式中，$\beta_1$、$\beta_2$ 分别为碱性和 PEM 电解电堆的运行维护系数。

（3）混联制氢设备寿命周期内的置换成本

$$\text{SFF}(r, Y) = r / ((1+r)^{Y_{\text{PC}}} - 1) \tag{7-18}$$

$$C_{\text{re}} = c_{\text{alk}} n P_{\text{ALK}}^{\text{N}} f_{\text{re}}^{\text{ALK}} \text{SFF}(r, Y_{\text{ALK}}) - c_{\text{alk}} n P_{\text{ALK}}^{\text{N}} \frac{Y_{\text{ALK}}^{\text{su}}}{Y_{\text{ALK}}} \text{SFF}(r, Y_{\text{PC}}) +$$

$$c_{\text{pem}} n P_{\text{PEM}}^{\text{N}} f_{\text{re}}^{\text{PEM}} \text{SFF}(r, Y_{\text{PEM}}) - c_{\text{pem}} n P_{\text{PEM}}^{\text{N}} \frac{Y_{\text{PEM}}^{\text{su}}}{Y_{\text{PEM}}} \text{SFF}(r, Y_{\text{PC}}) \tag{7-19}$$

式中，$f_{\text{re}}^{\text{ALK}}$、$f_{\text{re}}^{\text{PEM}}$ 分别为碱性和 PEM 电解电堆的置换比例系数；$Y_{\text{ALK}}$、$Y_{\text{PEM}}$ 为两种电解电堆的使用寿命；$Y_{\text{ALK}}^{\text{su}}$、$Y_{\text{PEM}}^{\text{su}}$ 为两种电解电堆在项目周期结束后的剩余使用寿命。

## 7.4.2　技术经济特性评估

技术经济特性评估是容量规划的一个常规步骤，是对规划项目的技术可行性和经济性进行全面分析。本书其他章节已讲述了对于技术经济特性的定量分析方法，本节以混联制氢系统为对象，介绍了一种定性的评估方法，包括对不同电解技术的效率、成本和可靠性的评估。该方法能够帮助理解外部因素如何影响项目，确保项目能够适应未来的变化。总之，技术经济特性评估能够为指导项目规划、实施和优化，以实现经济可行和环境可持续的新能源-制氢站。

技术经济特性评估用以确定项目可行性和效益。为了阐明混联制氢系统的技术经济特征，本节主要从两个方面考虑：

1）技术层面分析：制氢设备的技术特性和发展程度对混联制氢系统的效果有直接影响，技术发展越成熟，系统的能效就提升得越快。随着混联制氢系统的规划设计、协同优化方法的不断改进，能够进一步提升系统技术发展的质量和效益。根据技术适用性、技术可行性、技术成熟度对制氢效率、设备性能、新能源适应性等方面的混联制氢技术进行分析研究。为实现技术效果对比，其技术适用性越高，即技术的适用场景越多，技术可行性越高，安全指数和技术成熟度就越高，说明该项技术有利于混联制氢技术的推广与应用。

2）经济层面分析：经济性是评估混联制氢技术可持续性的关键因素。未来，随着新能源发电与各类制氢设备投运的成本持续降低，利用新能源进行混联制氢具有显著的成本优势。尤其是在弃风弃光电量的利用上，混联制氢技术可以有效提高新能源消纳比例，提高用氢产量。此外，由于 PEM 电解电堆的功率范围较宽，在相同的新能源装机容量下，制氢设备的容量配置相比于单一采用碱性电解电堆具有容量优势，并且相比于单一采用 PEM 电解电堆具有成本优势。因此，随着设备成本的进一步降低，经济性分析能够在新能源-混联制氢中发挥更显著的作用，促进能源结构的优化和能效的提升。

评价步骤为按照综合评价指标建立的原则，采用定性与定量分析方法，通过专家研讨和数据统计的形式，构建混联制氢系统的评价指标体系。

采用层次分析法进行评估，指标体系分为目标层、准则层、指标层和方案层。目标层为混联制氢技术提供效果评价，准则层分为技术特性和经济特性两种类型，又可细分为 5 项性能指标；指标层为混联制氢技术具体的 13 项性能指标，技术评价指标体系见表 7-1。

**表 7-1  混联制氢系统技术评价指标体系**

| 目标层 | 准则层 | 子准则层 | 指标层 |
| --- | --- | --- | --- |
| 混联制氢技术效果评价 | 技术特性 | 技术可行性 | 设备寿命 |
| | | | 安全指数 |
| | | 技术适用性 | 技术难度 |
| | | | 能量转化效率 |
| | | | 新能源适应性 |
| | | 技术成熟性 | 应用规模 |
| | | | 应用范围 |
| | 经济特性 | 经济成本 | 投资费用 |
| | | | 运行费用 |
| | | | 维护费用 |
| | | | 置换费用 |
| | | 经济收益 | 净现值 |
| | | | 产氢收益 |

技术经济特性评估主要是基于主观和客观因素，通过定性和定量的方式实现：

1）定性分析：通过上述因素进行两两比较标度，得到不同指标的重要性；基于重要性对比，以及判断矩阵及特征向量计算，评价混联制氢系统的技术可行性、适用性和成熟度；通过判断矩阵的一致性检验，校验对比度的正确性；最后，对每项准则分别进行评价，利用层次分析法将准则层和指标层的主导观判断与经验入模型，通过量化和归一化处理后，确定各项准则或指标的权重，利用模糊综合评价方法对指标层的不确定因素进行等级排序分析，最终获得评价结果。

2）定量分析：对定量的指标可通过构造综合评价函数 $y=f(\omega,x)$，并求出综合评价结果。式中 $\omega=(\omega_1,\omega_2,\cdots,\omega_m)^T$ 为指标权重向量，$x=(x_1,x_2,\cdots,x_m)^T$ 为各评价指标的状态向量，即指标评价值。

通过上述步骤，能够全面获得混联制氢系统的技术性能和经济性评估结果，这些结果为系统的容量规划提供了决策依据。这种评估方法不仅适用于混联制氢技术，也适用于本书介绍的其他技术，在前述章节中已详细介绍，此处不再进行详述。

## 7.5　案例研究

案例分析选取了西北某地区的光伏发电场站作为混联制氢系统的应用场景，通过数学建模和仿真分析，对不同时间尺度下的运行优化和容量规划进行了求解。

其中，光伏场站的装机容量为 11MW，由于光伏制氢场站的成本较低，现有工程实际较多采用光伏制氢，并且考虑到光伏发电出力的波动性，特别是在夜间出力降至零的情况，这种场景能够全面覆盖混联制氢系统可能遇到的所有工作状态，因此，本节选择光伏制氢系统作为仿真分析的对象。

为了简化分析，假设碱性和 PEM 电解电堆的单堆装机容量均为 1MW，其部分技术和经济性数据见表 7-2。

表 7-2　碱性与 PEM 电解电堆技术和经济性数据

| 设备类型 | 参数 | 数值 |
|---|---|---|
| 碱性电解电堆 | 额定容量 | 1MW |
| | 电解效率（%） | 65~75[1] |
| | 功率调节范围（%） | 20~120 |
| | 电解电堆成本/（元/kW） | 3100[1,2] |
| | 运维成本 | 2%装机成本[2] |
| | 设备寿命 | 10 年 |

（续）

| 设备类型 | 参数 | 数值 |
|---|---|---|
| PEM 电解电堆 | 额定容量 | 1MW |
| | 电解效率（%） | 70~90[1] |
| | 功率调节范围（%） | 5~150 |
| | 电解电堆成本/（元/kW） | 8100[1,2] |
| | 运维成本 | 2%装机成本[2] |
| | 设备寿命 | 20 年 |

相关的技术和经济参数包括但不限于效率、成本、寿命、启停特性等。

根据 7.3 节和 7.4 节所述的运行优化与容量规划方法，针对以下两种场景进行求解：

1）1h 级运行优化与容量规划。

2）15min 级运行优化与容量规划。

场景 1）1h 时间尺度：

1h 级 11MW 光伏场站出力曲线如图 7-14 所示。

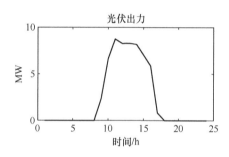

**图 7-14　1h 级 11MW 光伏场站出力曲线**

其中，0:00—8:00 和 19:00—24:00 这两个时段的光伏出力水平为 0，上午 10:00 出力达到峰值，出力状态平滑。通过所提运行优化策略计算并得到混联制氢系统中碱性和 PEM 电解电堆 1h 级运行功率曲线，如图 7-15 所示。

由图 7-15 可知，每台电解电堆的出力状态基本一致，过载功率主要由前 3 台碱性电解电堆承担，这是因为 1h 级光伏出力数据波动性小，出力特征较为平滑，为了使每台电解电堆均衡地承担过载功率，根据第 6 章所述的轮值运行策略，将过载功率循环分配至每台电解电堆中，优化分配后的运行功率曲线如图 7-16 所示。

碱性和 PEM 电解电堆阵列功率曲线如图 7-17 所示。

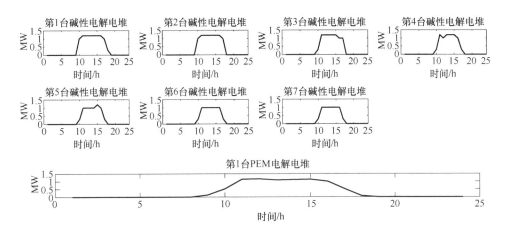

图 7-15　碱性和 PEM 电解电堆 1h 级运行功率曲线

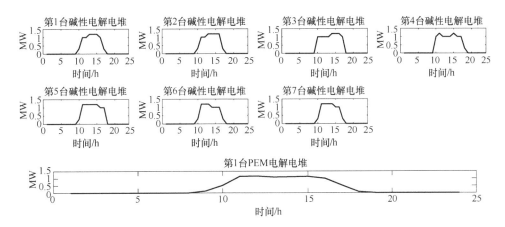

图 7-16　过载功率分配后的多堆电解电堆 1h 级运行功率曲线

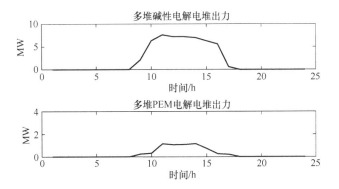

图 7-17　碱性和 PEM 电解电堆阵列功率曲线

场景 2) 15min 时间尺度：15min 级 11MW 光伏场站出力曲线如图 7-18 所示。

由图 7-17 和图 7-18 可知，15min 级与 1h 级的 0 出力时段基本一致，但是 15min 分辨率的出力波动性明显较大。通过所提运行优化策略计算并得到混联制氢系统中碱性和 PEM 的多堆电解电堆 15min 级运行功率曲线，如图 7-19 所示。

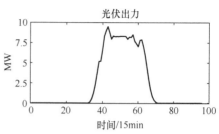

图 7-18　15min 级 11MW
光伏场站出力曲线

由图 7-19 可知，较为平滑的稳定输入功率由碱性电解电堆承担，波动性强的功率主要由 PEM 电解电堆承担，为了验证这一观点，增大 PEM 电解电堆的容量占比进行分析，结果如图 7-20 所示。

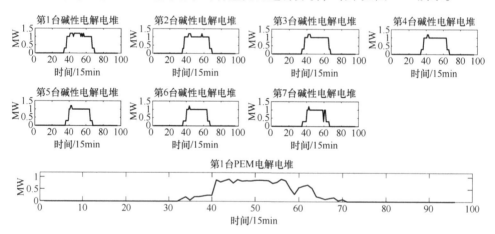

图 7-19　碱性和 PEM 的多堆电解电堆 15min 级运行功率曲线

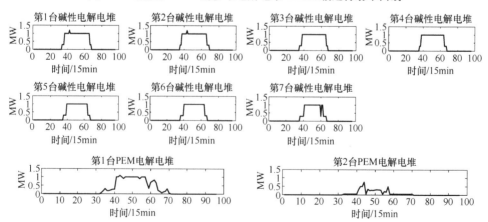

图 7-20　碱性和 PEM 容量占比为 7∶2 时多堆电解电堆 15min 级运行功率曲线

由图 7-20 可知，随着 PEM 电解电堆容量占比的增加，碱性电解电堆的功率波动性显著减小，在该运行策略下，PEM 电解电堆能够承担更多的波动性功率，进一步提高了混联制氢系统的整体性能。

采用 7.4 节所述的容量规划数学模型，结合上述案例，基于 MATLAB 的 yalmip 工具箱，采用 Cplex 求解器求解混联制氢系统的容量规划结果，见表 7-3。

表 7-3  混联制氢系统容量规划结果

| | 碱性电解电堆 | PEM 电解电堆 | 混联制氢系统 |
|---|---|---|---|
| 装机容量/MW | 7 | 1 | 8 |
| 装机成本/万元 | 384.89 | 109.97 | 494.86 |
| 运维成本/万元 | 56 | 16 | 72 |
| 置换（回收）成本/万元 | 255.71 | −10.975 | 244.74 |
| 年化总成本/万元 | | 811.59 | |

当碱性电解电堆装机成本为 3100 元/kW，PEM 电解电堆为 8000 元/kW 时，根据光伏发电制氢的规划结果可知，由 7 台 1MW 的碱性电解电堆和 1 台 1MW 的 PEM 电解电堆组成的混联制氢系统成本最低，即碱性和 PEM 电解电堆的容量占比为 7：1。

随着近年来技术的发展，PEM 电解电堆的运行成本也随之降低，因此，根据规划结果进行灵敏性分析，研究在 PEM 电解电堆成本变化时，混联制氢系统运行成本的变化趋势，结果如图 7-21 所示。

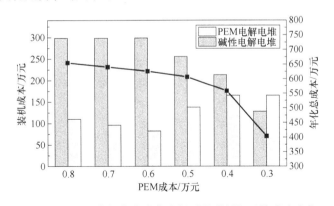

图 7-21  PEM 电解电堆成本降低时混联制氢系统成本变化

由图 7-21 可知，混联制氢系统的总成本随 PEM 电解电堆成本的降低而快速降低，当 PEM 电解电堆分别降低 20% 和 50% 时，年化总成本分别降低了 31.49 万元和 105.4 万元，具有较好的经济性。

# 参 考 文 献

［1］ JANG D, CHO H S, KANG S. Numerical modeling and analysis of the effect of pressure on the performance of an alkaline water electrolysis system ［J］. Applied Energy, 2021, 287：116554.

［2］ ZAITER I, RAMADAN M, BOUABID A, et al. Potential utilization of hydrogen in the UAE's industrial sector ［J］. Energy, 2023, 280：128108.

［3］ "ALK+PEM" 组合制氢成趋势 ［EB/OL］.（2023-10-24）［2024-07-30］. https：//h2.in-en. com/html/h2-2429532.shtml.

［4］ GGII 数据：2023 年中国建成绿氢项目 387MW, 同比实现翻番增长 ［EB］.（2024-02-19）［2024-08-05］.

［5］ SHEN X, ZHANG X, LI G, et al. Experimental study on the external electrical thermal and dynamic power characteristics of alkaline water electrolyzer ［J］. International Journal of Energy Research, 2018, 42 （10）：3244-3257.

［6］ Investigation on performance of proton exchange membrane electrolyzer with different flow field structures ［J］. Applied Energy, 2022, 326：120011.

［7］ UPADHYAY M, KIM A, PARAMANANTHAM S S, et al. Three-dimensional CFD simulation of proton exchange membrane water electrolyser：Performance assessment under different condition ［J］. Applied Energy, 2022, 306：118016.

［8］ SAPOUNTZI F M, GRACIA J M, WESTSTRATE C J, et al. Electrocatalysts for the generation of hydrogen, oxygen and synthesis gas ［J］. Progress in Energy and Combustion Science, 2017, 58：1-35.

［9］ BUTTLER A, SPLIETHOFF H. Current status of water electrolysis for energy storage, grid balancing and sector coupling via power-to-gas and power-to-liquids：A review ［J］. Renewable and Sustainable Energy Reviews, 2018, 82：2440-2454.

［10］ 田雪沁, 冯亚杰, 袁铁江, 等. 考虑电氢负荷柔性的多堆电解槽优化运行 ［J］. 电网技术, 2024：1-10.

# 第8章

# 制氢站电-氢互动控制优化技术

**8**

## 8.1 概述

　　制氢站作为综合能源系统中的关键能量转换和储存设施，在电-氢互动控制优化中具有核心地位。如何高效整合分散可再生能源，确保氢气生产的稳定性与高效性，同时实现与电网的良好互动，是当前制氢技术研究的重点方向。因此，有必要从制氢站的并网控制策略、协调控制策略等多个层面开展深入研究，推动电-氢互动控制优化技术的创新与发展。

　　由于制氢站在构成、与电网连接形式及运行方式上的特殊性，相关研究面临诸多新的要求与挑战，主要包括以下几个方面：①电网互动性。随着可再生能源在电力系统中的比例不断提高，电网负荷和频率波动加剧，对制氢站电解产氢过程提出了更高的要求。控制技术需具备快速响应能力，能够根据电网需求动态调整制氢站运行模式，确保在不同电网运行状态下实现稳定供氢，同时最大限度地提升电力系统的稳定性和可靠性。②高效能利用。制氢站需实现电解过程中电力供需的精准匹配，以避免能源浪费或生产中断。同时，管理电解装置的稳定性与安全性尤为重要，确保在不同负荷条件下高效运行，并与电力系统实现有效互操作性，从容应对负荷波动与市场需求变化。③离网运行能力。在离网模式下，制氢站需在无稳定电网供应的情况下，确保氢气生产的持续性与经济性。这要求精准平衡离网系统的能力与需求，避免过度投资或产能不足问题。同时，还需克服离网环境下能源储存与利用的技术限制，确保装置的长期可靠性与经济可行性。

为充分发挥制氢站的关键作用，需实施高效的并网控制与协调控制，以确保制氢站与电网的稳定互联，同时优化能源利用并快速响应电网需求。在并网控制方面，应通过实时调节制氢站产能，适应电网负荷波动和可再生能源的不确定性；协调控制则需统筹管理制氢站内部各电解装置的运行，并优化其与电网之间的协同交互，以最大化能源利用效率。在离网系统中，制氢站的容量规划尤为重要，需要在独立运行模式下平衡能源需求与生产能力，确保持续稳定的氢气生产和经济可行性。这要求深入研究能源储存与供给的动态特性，并设计高效的运行策略以应对多变的离网条件。通过深入研究与优化，不仅能够显著提升电网的稳定性和能源利用效率，还可有效降低制氢成本，使其成为推动可再生能源大规模应用和电力系统稳定运行的重要支柱。

## 8.2 制氢站并网控制策略

### 8.2.1 控制目标

制氢站作为电力系统与氢能系统的桥梁，承担着将电能高效转换为氢能并实现储能与灵活调节的关键任务。在并网运行模式下，制氢站通过电解水技术将多余的电力，特别是波动性强的可再生能源电力，如风能和太阳能，转换为清洁氢能，从而实现电力系统的负荷平衡与能量优化。

制氢站并网控制策略的主要目标是确保制氢设备与电网之间的稳定连接，同时实现能源的高效利用与动态响应。其原理是通过调节电解装置的输入电功率，适应电网负荷的实时变化，缓解电网频率和电压波动。同时，制氢站可以作为电网的辅助服务提供者，参与频率响应、无功补偿和黑启动等功能，从而提升电力系统的稳定性和可靠性。

在制氢站并网运行中，变流器的控制策略对系统的动态特性和稳定性具有决定性影响。根据控制方法的不同，变流器可分为跟网型变流器（Grid-Following Converter，GFL）和构网型变流器（Grid-Forming Converter，GFM）。

跟网型变流器依赖电网信号运行，其主要功能是跟随电网电压的幅值和相位，实现功率的精确注入或吸收。它通过同步锁相环（Phase-Locked Loop，PLL）检测电网电压的幅值和相位，以电流源的形式注入功率或吸收功率，适用于稳定电网环境下的能量交互。然而，随着高比例可再生能源接入电力系统，电网的强度逐渐减弱，频率和电压波动性显著增加，传统的跟网型变流器在弱电网甚至孤岛模式下难以满足稳定运行的要求。

构网型变流器则能够自主设定输出电压幅值和频率，表现为电压源特性，不依赖外部电网信号。相比之下，构网型变流器因其能够主动支撑电网电压和频率，在复杂运行条件下表现出更强的适应性和稳定性。其核心特点包括模拟同步发电机特性、提供虚拟惯性以及自主调节电网电压和频率。这些特性使其在弱电网和孤岛模式下，能够作为电网的"主动支撑者"，保障系统的可靠运行。

构网型变流器可以显著提升制氢站的动态响应能力和运行灵活性，使其能够在复杂电网环境中保持稳定运行。因此，制氢站并网控制策略的研究重点逐渐向构网型变流器倾斜。在制氢站中，构网型变流器的控制策略需要针对制氢设备的特性和运行需求进行进一步优化。特别是在电解水制氢过程中，由于负载特性与电网动态需求的耦合，构网型变流器不仅需要具备强大的动态功率调节能力，还需确保电解电堆的高效运行。

变流器作为制氢站并网控制的核心设备，其控制策略直接决定了系统的动态响应能力和运行灵活性。针对制氢站的运行需求，制氢站并网变流器的控制策略需在多工况和复杂电网环境中进行优化设计。在实际应用中，下垂控制和虚拟同步发电机（Virtual Synchronous Generator，VSG）控制是两种被广泛采用的控制方式。下垂控制基于功率-频率（P-f）和无功-电压（Q-V）特性，通过调整输出功率和无功电流，实现在多设备并联运行中功率的自动分配和电网电压、频率的稳定支撑。下垂控制结构简单、响应快速，适用于制氢站中对多变工况的动态调节需求。VSG 控制通过模拟同步发电机的惯性和阻尼特性，能够提供更自然的频率响应和电压调节能力。在复杂电网环境下，VSG 控制策略进一步增强了制氢站对电网扰动的适应性，并提高了电解装置与电网的协调运行性能。

本节将针对下垂控制和 VSG 控制两种控制策略进行详细分析，讨论它们的原理以及在制氢站并网控制中的优化设计方法。

### 8.2.2　VSG 控制

VSG 控制通过模拟传统同步发电机的机械和电磁特性，使变流器具备与同步发电机相似的惯性和阻尼特性。其核心原理是在变流器控制策略中引入虚拟惯性环节，使有功功率、无功功率与频率、电压之间形成类似同步发电机的外特性。当电网发生扰动时，VSG 能够像同步发电机一样自动调节输出功率，有效提升系统的动态响应能力并维持电网的稳定运行。

在制氢站中应用 VSG 技术，主要通过调节电解功率提供虚拟惯性支撑，使制氢站具备类似传统发电机的稳定性和调节能力，显著提升其在电力系统中的运行性能。制氢站的 VSG 控制策略的典型结构如图 8-1 所示，整体由功率外环控制、虚拟阻抗控制、内环控制以及驱动控制等模块组成。

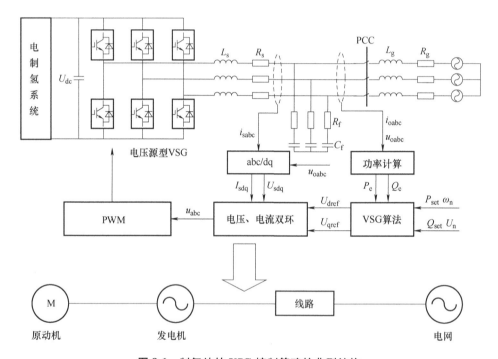

**图 8-1　制氢站的 VSG 控制策略的典型结构**

其中，功率外环控制模块包括虚拟功频控制和虚拟励磁控制环节。为适应制氢站的特殊运行条件，需要在虚拟功频控制中对阻尼参数进行优化调整。虚拟功频控制和虚拟励磁控制基于同步发电机的调速器方程、转子运动方程、励磁调节器方程及定子电压方程推导而来，使变流器具备模拟同步发电机的有功-频率下垂、无功-电压下垂特性，以及惯量和阻尼特性。

虚拟阻抗控制模块通过调整 VSG 的输出阻抗特性，在无需增加硬件设备的情况下提升系统性能。内环控制模块主要包括电压环和电流环控制，通过生成调制信号，经 PWM 后得到驱动信号以控制开关器件的开断，从而精准调节电解制氢功率，实现稳定高效的系统运行。

如图 8-2 所示，VSG 的整体控制策略具体包括：功频控制环节根据 VSG 功率

变化及角频率 $\omega$ 计算得到对应的功率调整值，并通过模拟机械部分得到相角 $\theta$；无功调节部分根据无功功率与电压变化计算得到内电势幅值 $E_m$。虚拟内电势经过虚拟阻抗及电压、电流内环控制生成调制信号，最终通过 PWM 与驱动电路实现变流器功率的控制，确保制氢站的高效运行与电网稳定性。

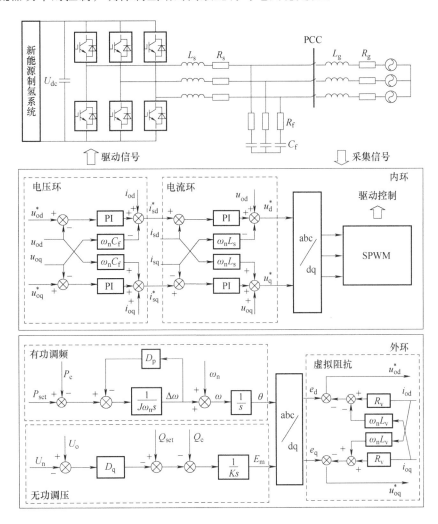

**图 8-2　VSG 的整体控制策略**

（1）虚拟功频控制

虚拟功频控制环节由调速器方程以及转子运动方程推导而来，主要模拟同步发电机的有功-频率下垂特性以及转子惯量和阻尼特性。为简化控制，采用隐极式同步发电机二阶模型，转子极对数取为 1，得到 VSG 虚拟转子控制方程，如下所示：

$$\begin{cases} J\dfrac{\mathrm{d}\omega}{\mathrm{d}t}=T_{\mathrm{m}}-T_{\mathrm{e}}-D(\omega-\omega_{\mathrm{n}}) \\ \dfrac{\mathrm{d}\theta}{\mathrm{d}t}=\omega \end{cases} \tag{8-1}$$

式中，参数 $\omega$、$T_{\mathrm{m}}$、$T_{\mathrm{e}}$ 可以用下式求得：

$$\omega=2\pi f \tag{8-2}$$

$$T_{\mathrm{m}}=\frac{P_{\mathrm{m}}}{\omega}\approx\frac{P_{\mathrm{m}}}{\omega_{\mathrm{n}}} \tag{8-3}$$

$$T_{\mathrm{e}}=\frac{P_{\mathrm{e}}}{\omega}\approx\frac{P_{\mathrm{e}}}{\omega_{\mathrm{n}}} \tag{8-4}$$

式中，$J$ 为 VSG 虚拟惯量，单位为 $\mathrm{kg/m^2}$；$T_{\mathrm{m}}$、$T_{\mathrm{e}}$ 分别为虚拟机械转矩与虚拟电磁转矩，单位为 $\mathrm{N\cdot m}$；$D$ 为阻尼参数，单位为 $\mathrm{kW/(rad/s)^2}$；$\omega$、$\omega_{\mathrm{n}}$ 分别为 VSG 输出虚拟角频率和额定角频率，单位为 $\mathrm{rad/s}$；$f$ 为 VSG 输出频率，单位为 $\mathrm{Hz}$；$\theta$ 为 VSG 虚拟内电势相角，单位为 $\mathrm{rad}$；$P_{\mathrm{m}}$、$P_{\mathrm{e}}$ 分别为虚拟机械功率与虚拟电磁功率，单位为 $\mathrm{kW}$。

在功率扰动时，同步发电机调速器根据转子角频率调整输出功率以维持系统平衡。当输出功率增加时，电磁功率也随之增加，此时，转子同时受到机械转矩和电磁转矩的影响，释放动能以稳定系统功率，导致转子角频率下降。为了保持发电机输出频率的稳定，原动机调速器自动响应，增加发电机的输出功率。在这个过程中，发电机的输出频率在转子动能和调速器的协同作用下逐渐下降，最终达到另一个稳定的运行点。根据同步发电机的有功-频率下垂特性，得到 VSG 的虚拟调速器方程如下所示：

$$P_{\mathrm{m}}=P_{\mathrm{set}}+K_{\mathrm{p}}(\omega_{\mathrm{n}}-\omega) \tag{8-5}$$

式中，$P_{\mathrm{set}}$ 为 VSG 有功功率设定值，单位为 $\mathrm{kW}$；$K_{\mathrm{p}}$ 为有功下垂系数，单位为 $\mathrm{kW\cdot s/rad}$。

将 VSG 的虚拟转子控制方程及虚拟调速器方程联立可以得到 VSG 虚拟功频控制方程为

$$\begin{cases} J\dfrac{\mathrm{d}\omega}{\mathrm{d}t}=\dfrac{P_{\mathrm{set}}-K_{\mathrm{p}}\Delta\omega-P_{\mathrm{e}}}{\omega_{\mathrm{n}}}-D\Delta\omega \\ \Delta\omega=\omega-\omega_{\mathrm{n}} \end{cases} \tag{8-6}$$

式中，$\Delta\omega$ 为 VSG 角频率偏差值，单位为 $\mathrm{rad/s}$。

取 VSG 阻尼系数 $D_{\mathrm{p}}=K_{\mathrm{p}}+D\omega_{\mathrm{n}}$，可以化简 VSG 虚拟功频控制方程如下所示。

化简后的 VSG 虚拟功频控制框图如图 8-3 所示。

$$\begin{cases} J\omega_n \dfrac{\mathrm{d}\omega}{\mathrm{d}t} = P_{set} - P_e - D_p \Delta\omega \\ \Delta\omega = \omega - \omega_n \end{cases} \tag{8-7}$$

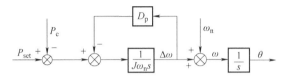

**图 8-3　VSG 虚拟功频控制框图**

（2）阻尼参数优化调整

当电网发生频率扰动时，制氢机组与蓄电池作为 VSG 参与调节，提供能量与功率支撑。它们在扰动时刻的运行状态决定了功率调整的限度，间接影响了 VSG 主动参与电网调节的能力。以系统频率降低为例，如果制氢机组功率较低以及蓄电池过度放电时，仍足量响应惯量与一次调频支撑，将会导致 VSG 过度响应，平抑新能源波动能力下降，甚至因电量不足而停机。阻尼系数 $D_p$ 是 VSG 一次调频的重要指标，其影响了 VSG 主动参与电网调节过程中准稳态的功率输出。为了避免过度调节，应根据制氢机组与蓄电池的不同运行状态，优化调整阻尼系数。

首先，定义制氢机组和蓄电池的功率状态，分别见式（8-8）和式（8-9）。

$$\alpha_H = \frac{P_{el}^*}{P_{eln}} \tag{8-8}$$

$$\alpha_{bat} = \frac{P_{bat}^*}{P_{bat}^{max}} \tag{8-9}$$

式中，$P_{el}^*$ 和 $P_{bat}^*$ 为制氢机组和蓄电池的运行功率，单位为 kW；$P_{eln}$ 为制氢机组的额定运行功率，单位为 kW；$P_{bat}^{max}$ 为蓄电池的最大充放电功率，单位为 kW。

当系统频率变化量一定时，VSG 的有功功率变化量与阻尼系数 $D_p$ 成正比，$D_p$ 越大，其在调频响应作用下的有功功率调整量越大。由于低压配网频率变化限值为 ±0.5Hz，VSG 阻尼系数应设置在系统频率变化 0.5Hz 时，制氢机组与蓄电池完全释放功率，VSG 一次调频过度响应，导致触发限幅环节，平抑波动能力下降。因此，VSG 阻尼系数可表示为

$$D_p = D_{p1} + D_{p2} \tag{8-10}$$

式中，$D_{p1}$、$D_{p2}$ 分别为考虑制氢机组状态和蓄电池状态的阻尼系数分量，单位

为 kW·s/rad。

在考虑制氢机组状态的阻尼系数自适应优化部分，设置调频死区为 $a$ Hz。针对这一方法，具体分为角频率差值 $\Delta f>a$ 和 $\Delta f<-a$ 两种情况进行分析。

当 $\Delta f>a$ 时，系统频率较高，VSG 进行一次调频响应需要降低有功出力，此时制氢机组功率调节区间为 $(\alpha_{\mathrm{H}}-\alpha_{\mathrm{H,min}})P_{\mathrm{eln}}$；当 $\Delta f<-a$ 时，系统频率较低，VSG 进行一次调频响应需要增加有功出力，此时制氢机组功率调节区间为 $(1-\alpha_{\mathrm{H}})P_{\mathrm{eln}}$。因此，考虑制氢机组状态的阻尼系数需要针对两种情况进行设置。其阻尼系数自适应优化方程可表示为

$$D_{\mathrm{p1}}=\begin{cases}\dfrac{(1-\alpha_{\mathrm{H}})}{2\pi\times0.5}P_{\mathrm{eln}} & \Delta f>a,\alpha_{\mathrm{H}}\neq0 \\[3mm] \dfrac{(\alpha_{\mathrm{H}}-\alpha_{\mathrm{H,min}})}{2\pi\times0.5}P_{\mathrm{eln}} & \Delta f<-a,\alpha_{\mathrm{H}}\neq0 \\[3mm] 0 & \text{其他}\end{cases} \qquad(8-11)$$

式中，$\alpha_{\mathrm{H,min}}$ 为制氢机组的最低功率状态。

在考虑蓄电池状态的阻尼系数自适应优化部分，蓄电池状态分为功率状态与荷电状态，阻尼系数需要根据蓄电池的功率状态进行调整。此外，当蓄电池的荷电状态较高或较低时，为避免蓄电池过度充放电，同时延长 VSG 一次调频支撑时间，需要额外调整阻尼系数。当系统频率升高时，需要 VSG 降低有功出力，若蓄电池荷电状态较高（85%~90%），为延长支撑时间，需要适当减小阻尼系数；当系统频率降低时，需要 VSG 增加有功出力，若蓄电池荷电状态较低（20%~25%），同样需要适当减小阻尼系数。其阻尼系数自适应优化方程可表示为

$$D_{\mathrm{p2}}=\begin{cases}\dfrac{(1-\alpha_{\mathrm{bat}})}{2\pi\times0.5}P_{\mathrm{bat}}^{\max}\dfrac{S_{\mathrm{bat,max2}}-S_{\mathrm{bat}}}{S_{\mathrm{bat,max2}}-S_{\mathrm{bat,max1}}} & \Delta f>a,S_{\mathrm{bat,max1}}<S_{\mathrm{bat}}\leqslant S_{\mathrm{bat,max2}} \\[3mm] \dfrac{(1-\alpha_{\mathrm{bat}})}{2\pi\times0.5}P_{\mathrm{bat}}^{\max} & \Delta f>a,S_{\mathrm{bat}}\leqslant S_{\mathrm{bat,max1}} \\[3mm] \dfrac{(\alpha_{\mathrm{bat}}+1)}{2\pi\times0.5}P_{\mathrm{bat}}^{\max}\dfrac{S_{\mathrm{bat}}-S_{\mathrm{bat,min1}}}{S_{\mathrm{bat,min2}}-S_{\mathrm{bat,min1}}} & \Delta f<-a,S_{\mathrm{bat,min1}}<S_{\mathrm{bat}}\leqslant S_{\mathrm{bat,min2}} \\[3mm] \dfrac{(\alpha_{\mathrm{bat}}+1)}{2\pi\times0.5}P_{\mathrm{bat}}^{\max} & \Delta f<-a,S_{\mathrm{bat}}>S_{\mathrm{bat,min2}} \\[3mm] 0 & \text{其他}\end{cases} \qquad(8-12)$$

式中，$S_{\mathrm{bat,min1}}$ 和 $S_{\mathrm{bat,min2}}$ 分别为蓄电池荷电状态的最低限值和过低警戒值；$S_{\mathrm{bat,max1}}$ 和 $S_{\mathrm{bat,max2}}$ 分别为蓄电池荷电状态的过高警戒值和最高限值。

（3）虚拟励磁控制

虚拟励磁控制环节主要模拟同步发电机励磁系统的无功-电压调节特性，励磁系统由励磁调节器以及功率调节单元组成。当系统无功功率不平衡时，发电机输出电压产生偏差，励磁调节器根据电压偏差值调整励磁电压。通过分析同步发电机的励磁调节原理，可以得到 VSG 虚拟励磁控制方程为

$$E_{m} = \frac{1}{Ks}(Q_{set} - K_{q}(U_{o} - U_{n}) - Q_{e}) \tag{8-13}$$

式中，$E_{m}$ 为 VSG 虚拟内电势幅值，单位为 V；$K$ 为无功积分系数；$Q_{set}$、$Q_{e}$ 分别为无功功率给定值与实际值，单位为 kvar；$K_{q}$ 为无功下垂系数，单位为 V/kvar；$U_{n}$、$U_{o}$ 分别为输出电压额定值与实际值，单位为 V。

由式（8-13）可以得到 VSG 虚拟励磁控制框图，如图 8-4 所示。

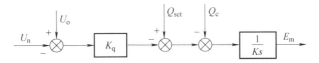

**图 8-4　VSG 虚拟励磁控制框图**

根据虚拟功频控制环节得到的虚拟内电势相角以及虚拟励磁控制环节得到的内电势幅值，可以合成 VSG 虚拟内电势，其三相瞬时表达式为

$$\boldsymbol{E}_{abc} = \begin{bmatrix} e_{a} \\ e_{b} \\ e_{c} \end{bmatrix} = \begin{bmatrix} E_{m}\sin\theta \\ E_{m}\sin\left(\theta - \dfrac{2\pi}{3}\right) \\ E_{m}\sin\left(\theta + \dfrac{2\pi}{3}\right) \end{bmatrix} \tag{8-14}$$

（4）虚拟阻抗控制

在 VSG 的功率外环控制策略中，虚拟功频控制环节与虚拟励磁控制环节使得变流器具有惯量、阻尼以及调频调压特性，其输出信号合成虚拟内电势输入虚拟阻抗控制环节。虚拟阻抗控制环节主要模拟同步发电机的定子电压方程，其在 $d$-$q$ 坐标系下的控制方程可表示为

$$\begin{cases} u_{od}^{*} = e_{d} - R_{v}i_{od} + \omega L_{v}i_{oq} \\ u_{oq}^{*} = e_{q} - \omega L_{v}i_{od} - R_{v}i_{oq} \end{cases} \tag{8-15}$$

式中，$u_{od}^{*}$、$u_{oq}^{*}$ 为参考电压的 $d$、$q$ 轴分量，单位为 V；$e_{d}$、$e_{q}$ 为虚拟内电势的 $d$、$q$ 轴分量，单位为 V；$i_{od}$、$i_{oq}$ 为输出电流的 $d$、$q$ 轴分量，单位为 A；$R_{v}$ 为虚拟电阻，单位为 Ω；$L_{v}$ 为虚拟电抗，单位为 mH。

根据式（8-15），可以得到 VSG 虚拟阻抗控制框图，如图 8-5 所示。虚拟阻抗控制环节使得变流器可以灵活调整其阻抗特性，有利于抑制高频谐波以及功率振荡。

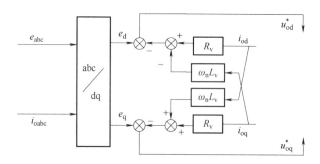

**图 8-5　VSG 虚拟阻抗控制框图**

（5）电压、电流内环控制

为保证变流器控制速度，提高 VSG 输出电能质量，通过功率外环控制以及虚拟阻抗环节生成电压参考信号，再通过内环控制器实现对变流器的精准控制。内环控制器一般采用基于 PI 控制的电压、电流双闭环控制方法。

VSG 电压、电流内环控制框图如图 8-6 所示，其中 $u_d^*$、$u_q^*$ 为调制信号，其作为输入信号传送至 PWM 模块并生成驱动信号，实现对变流器的控制。

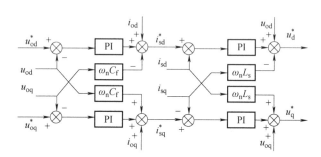

**图 8-6　VSG 电压、电流内环控制框图**

### 8.2.3　下垂控制

下垂控制通过模拟同步发电机的下垂特性，实现对变流器的有功功率和无功功率的独立解耦控制。其基本原理是：通过监测输出功率，根据下垂特性动态调整输出频率和电压幅值的参考值，从而实现系统有功功率和无功功率的合理分配，确保电网与变流器之间的功率平衡。

制氢站的下垂控制策略典型结构如图 8-7 所示。与 VSG 控制类似，下垂控制在功能上具有显著的动态调节能力，其核心特征在于通过下垂特性实现功率分配。当电网电压或频率低于预设值时，变流器会降低输出电压和频率，从而减少制氢功率；反之，当电网电压或频率高于预设值时，变流器则提高输出电压和频率，以增加制氢功率。

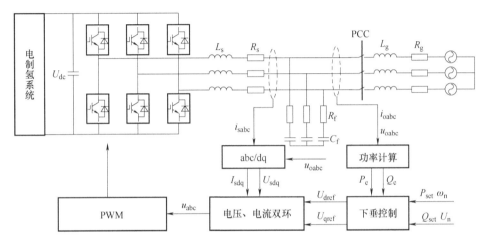

**图 8-7　制氢站的下垂控制策略典型结构**

由于下垂控制策略的某些模块与 VSG 控制相似，本节不再赘述相关模型的细节，而将重点聚焦于下垂控制模块的具体设计与优化，以进一步提升制氢站在多变电网环境中的运行性能和稳定性。

下垂控制通过调节变流器输出电压的幅值和相角，分别实现对无功功率和有功功率的精确调节。鉴于输出电压相角与角频率之间的紧密关系，下垂控制策略通常将相角调节问题转换为对输出电压角频率的动态控制，从而更高效地实现功率分配和平衡。下垂特性的数学描述见式（8-16），下垂控制功率控制框图如图 8-8 所示，清晰展示了各模块的逻辑关系与信号流向。

$$\begin{cases} \omega = \omega_n - m(P - P_{set}) \\ V = V_n - n(Q - Q_{set}) \end{cases} \quad (8\text{-}16)$$

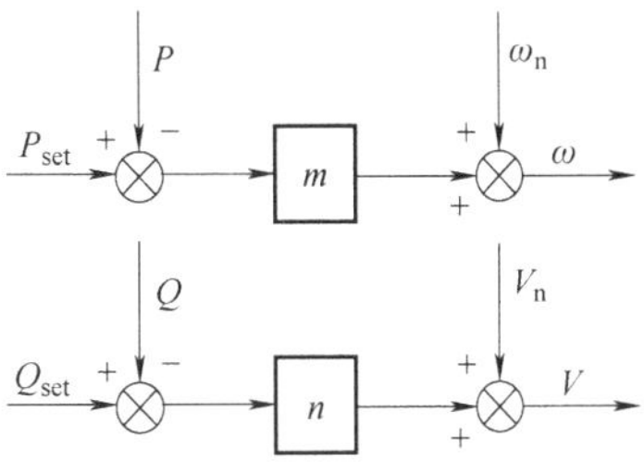

**图 8-8　下垂控制功率控制框图**

式中，$\omega_n$ 为电网额定角频率，单位为 rad；$V_n$ 为电网额定电压幅值，单位为 V；$P_{set}$ 和 $Q_{set}$ 分别为变流器在额定电压频率和幅值情况下对应的有功功率和无功功率输出，单位分别为 kW 和 kvar；$m$ 和 $n$ 分别为有功-频率和无功-电压下垂系数。

图 8-9 所示为下垂特性曲线，图中清晰地反映了变流器在不同工况下的功率调节规律。在制氢站运行过程中，为确保变流器单元在满足负荷电能质量要求的同时避免过载运行，下垂系数 $m$ 和 $n$ 的取值需依据以下公式合理设定：

$$\begin{cases} m = \dfrac{\omega_n - \omega_{min}}{P_{max} - P_{set}} \\[3mm] n = \dfrac{V_n - V_{min}}{Q_{max} - Q_{set}} \end{cases} \tag{8-17}$$

式中，$P_{max}$ 为变流器在允许的频率范围内能够输出的最大有功功率，单位为 kW；$\omega_{min}$ 为变流器输出最大有功功率时对应的最小角频率，单位为 rad；$Q_{max}$ 为在允许电压范围内能够输出的最大无功功率，单位为 kvar；$V_{min}$ 为变流器输出最大无功功率时对应的最小电压幅值。

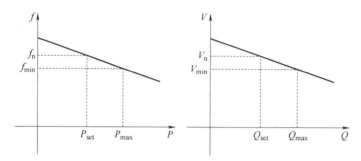

图 8-9 下垂特性曲线

## 8.2.4 算例分析

（1）算例系统

为展示 VSG 控制策略在制氢站并网控制中的应用效果，本节构建了制氢站并网控制仿真模型。在仿真中，直流侧电源采用恒压源进行模拟。表 8-1 列出了 VSG 控制策略的具体仿真参数，作为本算例分析的基础。通过该模型，分析 VSG 控制策略在不同工况下的动态响应和电网调节效果。

表 8-1 VSG 控制策略的具体仿真参数

| 参数 | 单位 | 数值 | 说明 |
| --- | --- | --- | --- |
| $U_{dc}$ | V | 1000 | 直流母线电压 |
| $R_s$ | Ω | 0.01 | 输出电阻 |
| $L_s$ | mH | 0.3 | 输出电感 |

（续）

| 参数 | 单位 | 数值 | 说明 |
|------|------|------|------|
| $R_f$ | Ω | 1 | 滤波电阻 |
| $C_f$ | μF | 25 | 滤波电感 |
| $P_{set}$ | kW | 1000 | 给定有功功率 |
| $Q_{set}$ | kvar | 0 | 给定无功功率 |
| $U_g$ | V | 380 | 电网电压 |
| $U_n$ | V | 311 | 额定电压 |
| $\omega_n$ | rad/s | 314 | 额定角频率 |
| $f_n$ | Hz | 50 | 额定频率 |
| $J$ | kg·m$^2$ | 20 | 虚拟惯量 |
| $D_p$ | kW·s/rad | 314 | 阻尼系数 |
| $R_v$ | Ω | 0 | 虚拟电阻 |
| $L_v$ | mH | 2 | 虚拟电感 |
| $K$ | —— | 1 | 无功积分系数 |
| $K_q$ | V/kvar | 0.015 | 无功下垂系数 |
| $f_{sw}$ | kHz | 10 | 开关频率 |
| $f_s$ | kHz | 200 | 采样频率 |

（2）仿真结果与分析

在仿真过程中，设定仿真时间为 16s，VSG 的给定功率为 1000 kW。初始阻尼系数设置为 314，并在系统稳定后引入 VSG 阻尼系数自适应控制环节。为了分析 VSG 控制策略的动态响应效果，本次仿真选择了电网频率下降的典型工况进行分析。具体来说，在不同时间点改变制氢机组功率、蓄电池功率和荷电状态，观察 VSG 阻尼系数以及系统输出参数的变化情况。阻尼系数自适应仿真结果如图 8-10 所示，自适应策略下的 VSG 输出功率与频率如图 8-11 所示，展示了在电网扰动下，VSG 控制策略如何根据实时工况调整阻尼系数，以实现系统稳定性和电能质量的有效保障。通过这些结果，进一步验证了 VSG 控制策略在复杂电网环境中的自适应调节能力。

在 VSG 并网自适应控制策略下，系统的具体运行情况如下：

1）0~2s：VSG 接入电网，此时阻尼系数为 314，输出功率上升至给定值 1000kW 后，系统进入稳态，频率为 50Hz。

2）2~6s：蓄电池荷电状态为 50%，制氢机组与蓄电池功率状态分别为 1 和 0，根据自适应方法，VSG 阻尼系数值为 220。4s 时，电网频率下降 0.2Hz，VSG 进行惯量与一次调频响应，按照阻尼系数值为 220 增发功率，参与电网调频。

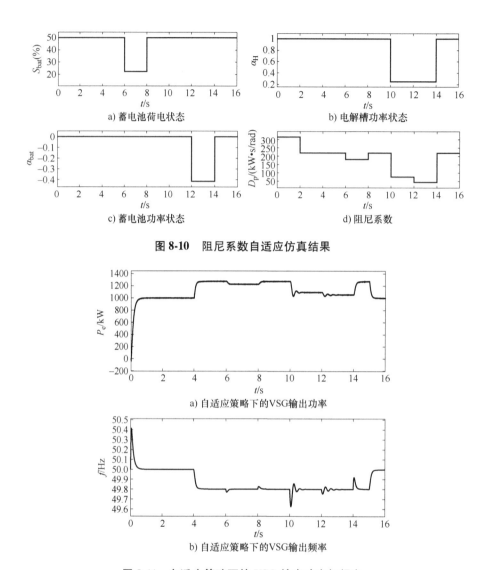

图 8-10　阻尼系数自适应仿真结果

a) 自适应策略下的VSG输出功率

b) 自适应策略下的VSG输出频率

图 8-11　自适应策略下的 VSG 输出功率与频率

3）6~15s：蓄电池荷电状态、制氢机组与蓄电池功率状态依次发生改变，VSG 阻尼系数随之产生变化。6~10s 时，蓄电池荷电状态由 22.5% 升至 50%，此时阻尼系数先下降后上升。在蓄电池荷电状态较低时降低阻尼系数，适当减小输出功率，有利于延长一次调频支撑时间。10~14s 时，制氢机组与蓄电池功率状态相继下降，阻尼系数也随之降低，VSG 输出功率减小。14~15s 时，制氢机组与蓄电池状态恢复初始值，阻尼系数回升，VSG 输出功率增加。

4）15~16s：频率恢复，VSG 按给定功率运行，系统恢复稳定。

在上述过程中，VSG 阻尼系数根据系统运行状态优化调整，有效避免了 VSG 过度响应导致的系统平抑波动能力下降或停机等问题，优化了新能源制氢系统中的 VSG 响应效果。

## 8.3　制氢站协调控制策略

### 8.3.1　控制目标

在制氢站中，协调控制策略的核心目标是通过精确管理各子系统之间的复杂交互，平衡波动性可再生能源的供给与氢气生产需求，从而确保系统的稳定性与高效运行。其基本原理在于构建一个多层次、多目标的协调控制框架，通过全局优化对风电机组、光伏机组、电解水制氢机组、储能装置及与电网的互动进行统筹。这一框架不仅促进了风电、光伏与制氢系统之间的高效耦合，还显著提升了制氢站的运行可靠性，同时增强了其对电网的适应性与互动能力。该策略为高比例可再生能源接入和清洁能源的大规模应用提供了坚实的技术支撑。

通过优化各子系统的协同运行，制氢站不仅能够在不同负荷与环境条件下稳定运行，还能高效响应电网调度需求，从而提升整体能源利用效率。图 8-12 展示了制氢站整体运行控制结构，揭示了各子系统之间的交互关系、控制层次以及信息流动路径。

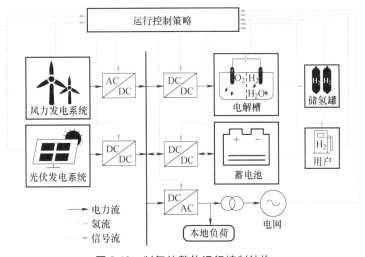

图 8-12　制氢站整体运行控制结构

接下来将深入探讨有限状态机和模型预测控制两种典型控制方法，重点分析它们在制氢站协调控制策略中的具体应用。每种控制方法都具有独特的优势，能够在不同的运行条件下精细调节系统性能，从而优化整体效率。通过对这些方法的详细分析，将阐明它们如何提升制氢站的运行效率、增强系统的动态适应性，并实现可再生能源与氢气生产系统的高效协同。接下来，将分别探讨每种控制方法的基本原理、优势特点以及在实际应用中的具体效果。

## 8.3.2　有限状态机

有限状态机（Finite State Machine，FSM）是一种数学模型，用于描述系统或设备在不同状态下的行为及状态之间的转换。每个状态代表系统可能处于的某一特定情形，而状态之间的转移则由预定义的条件和动作触发。在实际应用中，确定性有限状态机（Deterministic Finite State Machine，DFSM）具有单一状态转移路径的特性，适用于需要精确控制的场景，如制氢站的能量管理。该模型能够有效优化系统运行，确保在各种操作条件下，制氢站各个设备的能源供给得以精确调控，从而保障系统的安全性与稳定性。

有限状态系统通常可以通过 Mealy 机器进行建模，这些机器接收输入后进行状态转移，并且可能在每个转移步骤产生输出。定义 $M$ 是一个五元组：

$$M = (Q, T, R, q_0, W) \tag{8-18}$$

式中，$Q$ 为系统的有限集合；$T$ 为系统的输入集合；$R$ 为系统的状态转移函数；$q_0$ 为系统运行的初始状态；$W$ 为系统运行的终止状态集合。

制氢站根据系统各单元的运行状态，可分为以下 10 种运行模式。基于有限状态机的能量管理策略如图 8-13 所示。

（1）运行模式 1

系统满足：

$$\begin{cases} P_r - P_e > P_{eln} + P_{bat}^{max} \\ S_{bat} \leqslant S_{bat}^{max} \\ p_{sto} < p_{sto}^{max} \end{cases} \tag{8-19}$$

式中，$P_r$ 为新能源发电功率，单位为 kW；$P_e$ 为系统的输出功率，单位为 kW；$P_{eln}$ 为制氢机组的额定功率，单位为 kW；$S_{bat}$ 和 $S_{bat}^{max}$ 分别为蓄电池的荷电状态及其最大值；$p_{sto}$ 和 $p_{sto}^{max}$ 分别为储氢罐的压强及其最大值，单位为 MPa；$P_{bat}^{max}$ 为蓄电池的最大运行功率，单位为 kW。

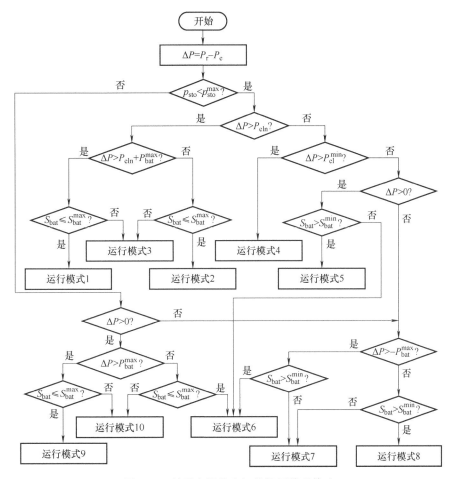

**图 8-13　基于有限状态机的能量管理策略**

此时新能源弃电并运行在定功率模式，制氢机组按额定功率运行，蓄电池按最大充电功率充电，即

$$\begin{cases} P_{\text{elref}} = P_{\text{eln}} \\ P_{\text{rref}} = P_{\text{eln}} + P_{\text{e}} + P_{\text{bat}}^{\max} \end{cases} \tag{8-20}$$

式中，$P_{\text{elref}}$ 和 $P_{\text{rref}}$ 分别为制氢机组和新能源机组的参考运行功率，单位为 kW。

（2）运行模式 2

系统满足：

$$\begin{cases} P_{\text{eln}} < P_{\text{r}} - P_{\text{e}} \leqslant P_{\text{eln}} + P_{\text{bat}}^{\max} \\ S_{\text{bat}} \leqslant S_{\text{bat}}^{\max} \\ p_{\text{sto}} < p_{\text{sto}}^{\max} \end{cases} \tag{8-21}$$

此时新能源发电系统运行在 MPPT 模式，制氢机组按额定功率运行，蓄电池充电，即

$$
\begin{cases}
P_{elref} = P_{eln} \\
P_{rref} = P_{opt}
\end{cases}
\tag{8-22}
$$

式中，$P_{opt}$ 为 MPPT 模式下新能源的最大功率，单位为 kW。

（3）运行模式 3

系统满足：

$$
\begin{cases}
P_r - P_e > P_{eln} \\
S_{bat} > S_{bat}^{max} \\
p_{sto} < p_{sto}^{max}
\end{cases}
\tag{8-23}
$$

此时新能源弃电并运行在定功率模式，制氢机组按额定功率运行，蓄电池停机，即

$$
\begin{cases}
P_{elref} = P_{eln} \\
P_{rref} = P_{eln} + P_e
\end{cases}
\tag{8-24}
$$

（4）运行模式 4

系统满足：

$$
\begin{cases}
P_{el}^{min} < P_r - P_e \leqslant P_{eln} \\
p_{sto} < p_{sto}^{max}
\end{cases}
\tag{8-25}
$$

式中，$P_{el}^{min}$ 为制氢机组的最低参考功率，取为 $0.25P_{eln}$，单位为 kW。

此时新能源发电系统运行在 MPPT 模式，制氢机组降功率运行，蓄电池充放电以维持系统稳定，系统稳定后蓄电池功率为零，即

$$
\begin{cases}
P_{elref} = P_r - P_e \\
P_{rref} = P_{opt}
\end{cases}
\tag{8-26}
$$

（5）运行模式 5

系统满足：

$$
\begin{cases}
0 < P_r - P_e \leqslant P_{el}^{min} \\
S_{bat} > S_{bat}^{min} \\
p_{sto} < p_{sto}^{max}
\end{cases}
\tag{8-27}
$$

此时新能源发电系统运行在 MPPT 模式，制氢机组按最低参考功率运行，蓄电池放电，即

$$\begin{cases} P_{elref} = P_{el}^{min} \\ P_{rref} = P_{opt} \end{cases} \tag{8-28}$$

（6）运行模式 6

系统满足：

$$\begin{cases} 0 < P_r - P_e \leqslant P_{el}^{min} \\ S_{bat} \leqslant S_{bat}^{min} \end{cases} \tag{8-29}$$

$$\begin{cases} -P_{bat}^{max} < P_r - P_e \leqslant 0 \\ S_{bat} > S_{bat}^{min} \end{cases} \tag{8-30}$$

$$\begin{cases} 0 < P_r - P_e \leqslant P_{bat}^{max} \\ S_{bat} \leqslant S_{bat}^{max} \\ p_{sto} \geqslant p_{sto}^{max} \end{cases} \tag{8-31}$$

此时新能源发电系统运行在 MPPT 模式，制氢机组停机，蓄电池充放电以维持系统功率平衡，即

$$\begin{cases} P_{elref} = 0 \\ P_{rref} = P_{opt} \end{cases} \tag{8-32}$$

（7）运行模式 7

系统满足：

$$\begin{cases} P_r - P_e \leqslant 0 \\ S_{bat} \leqslant S_{bat}^{min} \end{cases} \tag{8-33}$$

此时新能源发电系统运行在 MPPT 模式，制氢机组与蓄电池停机，系统功率缺额由外部电网平衡，即

$$\begin{cases} P_{elref} = 0 \\ P_{rref} = P_{opt} \\ P_{set} = P_{opt} \end{cases} \tag{8-34}$$

（8）运行模式 8

系统满足：

$$\begin{cases} P_r - P_e \leqslant -P_{bat}^{max} \\ S_{bat} > S_{bat}^{min} \end{cases} \tag{8-35}$$

此时新能源发电系统运行在 MPPT 模式，制氢机组停机，蓄电池按最大放

电功率放电，系统功率缺额由外部电网平衡，即

$$\begin{cases} P_{elref} = 0 \\ P_{rref} = P_{opt} \\ P_{set} = P_{opt} + P_{bat}^{max} \end{cases} \tag{8-36}$$

（9）运行模式 9

系统满足：

$$\begin{cases} P_r - P_e > P_{bat}^{max} \\ S_{bat} \leqslant S_{bat}^{max} \\ p_{sto} \geqslant p_{sto}^{max} \end{cases} \tag{8-37}$$

此时新能源弃电并运行在定功率模式，制氢机组停机，蓄电池按最大充电功率进行充电，即

$$\begin{cases} P_{elref} = 0 \\ P_{rref} = P_e + P_{bat}^{max} \end{cases} \tag{8-38}$$

（10）运行模式 10

系统满足：

$$\begin{cases} P_r - P_e > 0 \\ S_{bat} > S_{bat}^{max} \\ p_{sto} \geqslant p_{sto}^{max} \end{cases} \tag{8-39}$$

此时新能源弃电并运行在定功率模式，制氢机组与蓄电池停机，即

$$\begin{cases} P_{elref} = 0 \\ P_{rref} = P_e \end{cases} \tag{8-40}$$

不同工作模式下系统各单元的工作状态见表8-2。

表 8-2  不同工作模式下系统各单元的工作状态

| 工作模式序号 | 制氢机组的工作状态 | 蓄电池的工作状态 | 新能源消纳情况 |
|---|---|---|---|
| 1 | 额定功率运行 | 最大充电功率充电 | 弃电 |
| 2 | 额定功率运行 | 充电 | 完全消纳 |
| 3 | 额定功率运行 | 停机 | 弃电 |
| 4 | 降功率运行 | 充、放电 | 完全消纳 |
| 5 | 最低功率运行 | 放电 | 完全消纳 |
| 6 | 停机 | 充、放电 | 完全消纳 |

（续）

| 工作模式序号 | 制氢机组的工作状态 | 蓄电池的工作状态 | 新能源消纳情况 |
|---|---|---|---|
| 7 | 停机 | 停机 | 功率不足 |
| 8 | 停机 | 最大放电功率放电 | 功率不足 |
| 9 | 停机 | 最大充电功率充电 | 弃电 |
| 10 | 停机 | 停机 | 弃电 |

### 8.3.3　模型预测控制

模型预测控制（Model Predictive Control，MPC）是一种基于当前状态和不同预测时域（$N_p$）控制量的优化控制方法。它通过预测模型计算未来一段时间内的系统输出，并将预测输出与期望目标进行比较，进而求解一个以预测控制变量为决策变量的优化问题，从而获得最优控制指令。模型预测控制基本原理示意图如图 8-14 所示。与 PID 控制算法不同，模型预测控制具有预测未来行为的能力，能够考虑未来控制误差，而 PID 控制仅基于当前误差进行调整。此外，模型预测控制作为一种有限时域的优化控制方法，相较于传统的最优控制，具有计算速度快、对系统参数要求较低等优势。

模型预测控制的主要步骤可以概括为以下几个阶段：①实时测量系统状态量；②基于系统模型预测未来状态变化；③评估输出误差和预测结果，以计算优化函数值；④根据设定的目标函数和约束条件选择最优控制策略序列；⑤将优化后的控制序列应用于系统。在制氢站的应用中，以上步骤可分为两个关

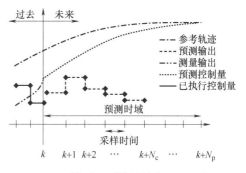

图 8-14　模型预测控制基本原理示意图

键部分：第一部分是通过建立电制氢系统的状态空间表达式构建预测模型，进而对未来的系统行为进行预测；第二部分则是建立包含目标函数和约束条件的实时调控模型，用于根据当前状态和目标要求调整制氢系统的运行策略。这一过程确保了制氢站在不同工作条件下的高效能量管理与稳定运行。

（1）电制氢系统的状态空间表达式建立

首先，需要明确定义制氢系统中的扰动输入 $r$、输出变量 $y$、控制变量 $u$ 和状态变量 $x$。扰动输入由氢负荷、风电和光伏的实时最大功率值和日前调度优化得到

的制氢机组状态等构成，表示为向量$\begin{bmatrix} P_{\text{the}} & n_{\text{load}} & \boldsymbol{l} & \boldsymbol{s} & \boldsymbol{w} \end{bmatrix}^{\text{T}}$；输出变量包括储氢罐压强、蓄电池荷电状态和从电网购电功率等，表示为向量$\begin{bmatrix} P_{\text{sto}} & S_{\text{bat}} & P_{\text{grid}} \end{bmatrix}^{\text{T}}$；制氢机组的启停和待机情况作为制氢机组状态参考，对多个制氢机组进行控制，控制变量可为$\begin{bmatrix} P_{\text{ele1}} \cdots P_{\text{eleN}} & P_{\text{bat}} & P_{\text{off}} \end{bmatrix}^{\text{T}}$，状态变量可为$\begin{bmatrix} P_{\text{sto}} & S_{\text{bat}} & P_{\text{grid}} \end{bmatrix}^{\text{T}}$，综合表达式如下所示：

$$\begin{cases} \boldsymbol{x} = \begin{bmatrix} P_{\text{sto}} & S_{\text{bat}} & P_{\text{grid}} \end{bmatrix}^{\text{T}} \\ \boldsymbol{u} = \begin{bmatrix} \boldsymbol{P}_{\text{ele}} & P_{\text{bat}} & P_{\text{off}} \end{bmatrix}^{\text{T}} \\ \boldsymbol{r} = \begin{bmatrix} P_{\text{the}} & n_{\text{load}} & \boldsymbol{l} & \boldsymbol{s} & \boldsymbol{w} \end{bmatrix}^{\text{T}} \\ \boldsymbol{y}_{\text{b}} = \begin{bmatrix} P_{\text{sto}} & S_{\text{B}} & P_{\text{grid}} \end{bmatrix}^{\text{T}} \\ \boldsymbol{y}_{\text{c}} = \begin{bmatrix} P_{\text{sto}} & S_{\text{B}} & P_{\text{grid}} \end{bmatrix}^{\text{T}} \end{cases} \tag{8-41}$$

式中，$P_{\text{sto}}$为储氢罐压强值，单位为 MPa；$S_{\text{bat}}$为蓄电池单元荷电状态；$P_{\text{grid}}$为从电网购电功率值，单位为 kW；控制变量中$\boldsymbol{P}_{\text{ele}}$为多个制氢机组出力功率值的一组向量，$P_{\text{ele1}\dots N}$为制氢机组功率，单位为 kW；$P_{\text{bat}}$为蓄电池的充放电功率值，单位为 kW；$P_{\text{off}}$为放弃风光出力功率值，单位为 kW；扰动变量中$P_{\text{the}}$为风光最大出力功率值，单位为 kW；$n_{\text{load}}$为氢负荷需求流量值，单位为 mol/s；$\boldsymbol{l}$为多个制氢机组正常运行的状态值的一组向量；$\boldsymbol{s}$为多个制氢机组冷待机状态值的一组向量；$\boldsymbol{w}$为多个制氢机组加热状态值的一组向量，在这里进行了简化，既表示制氢机组从冷待机状态变为工作状态的加热状态，也表示热待机状态，且$w=1$时制氢机组不产氢。

图 8-15 所示为制氢机组状态变化示意图。在日前计划中，工作状态 L 包括了加热状态和运行状态，且计算中只使用了热待机状态的制氢机组约束，因为工作状态和热待机状态的转换时间对于优化间隔可以忽略不计，故这样简化不影响结果。但是在短时间尺度上，既不能忽略从 $S \rightarrow L$ 的加热过程，也不能忽略制氢机组的热待机状态。因此，需要另外给出一种加热状态来更加准确地描述制氢机组状态转变这一过程。通过日前生产计划给出了制氢机组的基本状态，包括停机状态 I、冷待机状态 S 和工作状态 L。在 $S \rightarrow L$ 后，需要制氢机组温度从低温状态加热到能够正常工作的温度，从而在工作状态 L 的初期经历一段加热过程。可以看出工作状态 L 包含了 $w$ 和 $l$ 两种状态，这里假设制氢机组从低温到工作温度和保持工作温度所需的加热功率相同，即加热状态 $w$ 涵盖了热待机状态和 $S \rightarrow L$ 的加热状态。

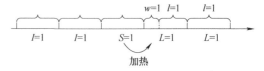

**图 8-15　制氢机组状态变化示意图**

其次，需要建立上述变量之间的关系并进行离散化处理。在制氢站运行过程中各个变量满足如下等式关系。

系统功率平衡方程为

$$\begin{cases} P_{\text{real}} = P_{\text{the}} - P_{\text{off}} \\ P_{\text{grid}} = \sum_{n=1}^{N} P_{\text{ele}N} - P_{\text{bat}} - P_{\text{real}} \end{cases} \tag{8-42}$$

式中，$P_{\text{real}}$ 为风光的实际出力功率值，单位为 kW。将式（8-42）转换成状态变量与控制变量和扰动变量的关系，则表示为

$$P_{\text{grid}} = \sum_{n=1}^{N} P_{\text{ele}n} - P_{\text{bat}} - P_{\text{the}} + P_{\text{off}} \tag{8-43}$$

将式（8-43）离散化得到：

$$P_{\text{grid}}(k+1) = \begin{bmatrix} 1 & \cdots & 1 \end{bmatrix}_{1 \times N} \boldsymbol{P}_{\text{ele}}^{\text{T}}(k) - P_{\text{bat}}(k) - P_{\text{the}}(k) + P_{\text{off}}(k) \tag{8-44}$$

式中，$P_{\text{grid}}(k+1)$ 为 $k+1$ 时刻从电网购电的功率值，单位为 kW；$\boldsymbol{P}_{\text{ele}}^{\text{T}}(k)$ 为 $k$ 时刻的制氢机组消耗功率值，单位为 kW；$P_{\text{bat}}(k)$ 为 $k$ 时刻蓄电池的充放电功率值，单位为 kW；$P_{\text{the}}(k)$ 为 $k$ 时刻风光最大出力功率值，单位为 kW；$P_{\text{off}}(k)$ 为 $k$ 时刻的弃风光功率值，单位为 kW；$N$ 为制氢机组的组数。

蓄电池荷电状态的离散表达式为

$$S_{\text{bat}}(k+1) = S_{\text{bat}}(k)(1-\sigma) - \frac{P_{\text{bat}}(k)\Delta\tau}{3600E_{\text{bat}}} \tag{8-45}$$

式中，$S_{\text{bat}}(k)$ 为 $k$ 时刻的荷电状态值；$\sigma$ 为蓄电池的充放电效率；$E_{\text{bat}}$ 为蓄电池的容量，单位为 kWh；$\Delta\tau$ 为时间间隔，单位为 60s。

储氢罐压强的离散表达式为

$$P_{\text{sto}}(k+1) = P_{\text{sto}}(k) + \frac{\Delta\tau R T_{\text{sto}}}{V_{\text{sto}} \times 10^6} \dot{n}_{\text{sto}}(k) \tag{8-46}$$

式中，$P_{\text{sto}}(k)$ 为 $k$ 时刻的储氢罐压强，单位为 MPa；$\dot{n}_{\text{sto}}(k)$ 为 $k$ 时刻的净氢气流入速率，单位为 mol/s，其表达式为

$$\dot{n}_{\text{sto}}(k) = \sum_{n=1}^{N} \dot{n}_{\text{ele}n}(k) - \dot{n}_{\text{load}}(k) \tag{8-47}$$

式中，$\dot{n}_{\text{ele}n}(k)$ 为制氢机组 $n$ 在 $k$ 时刻的生产氢气速率，单位为 mol/s，其表达式见式（8-48）；$\dot{n}_{\text{load}}(k)$ 为 $k$ 时刻的氢需求速率，单位为 mol/s。

$$\dot{n}_{\text{ele}n}(k) = \frac{A_1(P_{\text{ele}n}(k) - s_n(k)P_{\text{sb}} - w_n(k)P_{\text{heat}}) + A_2 l_n(k)}{3600} \tag{8-48}$$

式中，$P_{\text{ele}n}(k)$ 为 $k$ 时刻制氢机组 $n$ 的输入功率，单位为 kW；$P_{\text{heat}}$ 为制氢机组的冷起动功率，单位为 kW；$s_n(k)$ 为 $k$ 时刻制氢机组 $n$ 的待机状态变量；$l_n(k)$ 为 $k$

时刻制氢机组 $n$ 的正常运行状态变量。

以矩阵形式表示多个制氢机组电解功率与生产氢气速率的关系，表达式如下：

$$\dot{\boldsymbol{n}}_{\text{ele}}(k) = \frac{A_1 \boldsymbol{P}_{\text{ele}}^{\text{T}}(k) - A_1 P_{\text{sb}} \boldsymbol{s}^{\text{T}}(k) - A_1 P_{\text{heat}} \boldsymbol{w}^{\text{T}}(k) + A_2 \boldsymbol{l}^{\text{T}}(k)}{3600} \tag{8-49}$$

联立各离散方程，得到系统状态空间表达式为

$$\begin{cases} x(k+1) = \boldsymbol{A}x(k) + \boldsymbol{B}u(k) + \boldsymbol{D}r(k) \\ y_{\text{c}}(k) = \boldsymbol{C}_{\text{c}}x(k) \\ y_{\text{b}}(k) = \boldsymbol{C}_{\text{b}}x(k) \end{cases} \tag{8-50}$$

其中，各系数矩阵的表达式如下所示：

$$\boldsymbol{A} = \begin{pmatrix} 1 & 0 & 0 \\ 0 & 1-\sigma & 0 \\ 0 & 0 & 0 \end{pmatrix} \boldsymbol{B} = \begin{pmatrix} \varepsilon_1 \boldsymbol{\lambda} & 0 & 0 \\ 0 & \varepsilon_2 & 0 \\ \boldsymbol{\lambda} & -1 & 1 \end{pmatrix} \boldsymbol{C}_{\text{b}} = \begin{pmatrix} 1 & 0 & 0 \\ 0 & 1 & 0 \\ 0 & 0 & 1 \end{pmatrix}$$

$$\boldsymbol{C}_{\text{c}} = \begin{pmatrix} 1 & 0 & 0 \\ 0 & 1 & 0 \\ 0 & 0 & 1 \end{pmatrix} \boldsymbol{D} = \begin{pmatrix} 0 & \varepsilon_3 & \varepsilon_4 \boldsymbol{\lambda} & \varepsilon_5 \boldsymbol{\lambda} & \varepsilon_6 \boldsymbol{\lambda} \\ 0 & 0 & 0 & 0 & 0 \\ -1 & 0 & 0 & 0 & 0 \end{pmatrix} \tag{8-51}$$

其中：

$$\begin{cases} \varepsilon_1 = \dfrac{\Delta\tau R T_{\text{sto}} A_1}{3600 V_{\text{sto}} \times 10^6}, \varepsilon_2 = \dfrac{-\Delta\tau}{3600 E_{\text{bat}}} \\ \varepsilon_3 = -\dfrac{\Delta\tau R T_{\text{sto}}}{V_{\text{sto}} \times 10^6}, \varepsilon_4 = \dfrac{\Delta t R T_{\text{sto}} A_2}{3600 V_{\text{sto}} \times 10^6} \\ \varepsilon_5 = -\dfrac{\Delta\tau R T_{\text{sto}} A_1 P_{\text{sb}}}{3600 V_{\text{sto}} \times 10^6}, \varepsilon_6 = -\dfrac{\Delta\tau R T_{\text{sto}} A_1 P_{\text{heat}}}{3600 V_{\text{sto}} \times 10^6} \\ \boldsymbol{\lambda} = \begin{bmatrix} 1 & \cdots & 1 \end{bmatrix}_{1 \times N} \end{cases} \tag{8-52}$$

（2）系统运行实时调控

1）调控目标。

系统功率调控函数见式（8-53）。其核心在于最小化输出变量与日前计划值之间的误差以及各控制变量的增量。在制氢站中为实现储能系统和储氢系统在日内运行仍遵循一天周期内能量平衡的约束，取当前向前 $N_{\text{p}}$ 个时段内的储氢压强 $p_{\text{sto}}$ 和蓄电池荷电状态 $S_{\text{bat}}$ 的日前计划值构成跟踪控制目标向量。同时，设定 $P_{\text{grid}}$ 的跟踪控制目标始终为 0，以最大化利用风光能作为系统的能源来源，从而实现系统的经济运行。

$$\min J(\boldsymbol{x}(k),\Delta \boldsymbol{u}(k))=\sum_{j=1}^{N_{\mathrm{p}}}\|\boldsymbol{y}_{\mathrm{c}}(k+j\,|\,k)-\boldsymbol{y}_{\mathrm{ref}}(k+j\,|\,k)\|_{\boldsymbol{R}}^{2}+\sum_{j=1}^{N_{\mathrm{c}}}\|\Delta \boldsymbol{u}(k+j\,|\,k)\|_{\boldsymbol{Q}}^{2} \quad (8\text{-}53)$$

$$\begin{cases} \boldsymbol{R}=\mathrm{diag}(\alpha_{1},\alpha_{2},\alpha_{3}) \\ \boldsymbol{Q}=\mathrm{diag}(\lambda_{1},\lambda_{2},\lambda_{3},\lambda_{4}) \end{cases} \quad (8\text{-}54)$$

式中，$\boldsymbol{y}_{\mathrm{ref}}(k+j\,|\,k)$ 为参考轨迹向量，由日前调度结果储氢罐压强 $p_{\mathrm{sto}}$、蓄电池的荷电状态 $S_{\mathrm{bat}}$ 和 $P_{\mathrm{grid}}=0$ 组成；$\|\mathrm{X}\|_{\boldsymbol{R}}^{2}=\mathrm{X}^{\mathrm{T}}\boldsymbol{R}\mathrm{X}$ 代表二次型函数；$N_{\mathrm{p}}$ 和 $N_{\mathrm{c}}$ 分别为预测时域和控制时域；矩阵 $\boldsymbol{R}$ 为性能指标对于状态变量的权重因子；矩阵 $\boldsymbol{Q}$ 为性能指标对于控制量的权重阵；$\alpha_{i}(i=1,2,3)$ 为状态变量的权重因子；$\lambda_{i}(i=1,2,3,4)$ 为控制变量的权重因子。

2）运行约束。

在求解优化问题时，需要满足一定的约束条件。常见的约束包括装置运行边界形成的控制变量约束；控制变量增量约束，确保装置动作平稳，避免过大变化；此外，为保障系统安全，还需考虑输出约束，防止系统状态超出安全极限。系统运行的约束如下所示：

$$\mathrm{s.\,t.}\begin{cases} y(k)_{\min}<y(k)<y(k)_{\max} \\ u(k)_{\min}<u(k)<u(k)_{\max} \\ \Delta u(k)_{\min}<\Delta u(k)<\Delta u(k)_{\max} \end{cases} \quad (8\text{-}55)$$

在制氢站中，可包括电网线路的传输功率约束：

$$P_{\mathrm{grid}}^{\min}\leqslant P_{\mathrm{grid}}(k)\leqslant P_{\mathrm{grid}}^{\max} \quad (8\text{-}56)$$

式中，$P_{\mathrm{grid}}^{\min}$ 和 $P_{\mathrm{grid}}^{\max}$ 分别为从电网购电的最小和最大功率值，单位为 kW。

① 蓄电池荷电状态约束：

$$S_{\mathrm{bat}}^{\min}\leqslant S_{\mathrm{bat}}(k)\leqslant S_{\mathrm{bat}}^{\max} \quad (8\text{-}57)$$

式中，$S_{\mathrm{bat}}^{\min}$ 和 $S_{\mathrm{bat}}^{\max}$ 分别为蓄电池的最小和最大荷电状态值。

② 储氢罐压强约束：

$$P_{\mathrm{sto}}^{\min}\leqslant P_{\mathrm{sto}}(k)\leqslant P_{\mathrm{sto}}^{\max} \quad (8\text{-}58)$$

式中，$P_{\mathrm{sto}}^{\min}$ 和 $P_{\mathrm{sto}}^{\max}$ 分别为储氢罐的最小和最大压强值，单位为 MPa。

③ 蓄电池充放电功率约束：

$$P_{\mathrm{bat}}^{\min}\leqslant P_{\mathrm{bat}}(k)\leqslant P_{\mathrm{bat}}^{\max} \quad (8\text{-}59)$$

式中，$P_{\mathrm{bat}}^{\min}$ 和 $P_{\mathrm{bat}}^{\max}$ 分别为蓄电池最小和最大的充放电功率值，单位为 kW。

④ 弃电功率约束：

$$0\leqslant P_{\mathrm{off}}(k)\leqslant P_{\mathrm{the}}(k) \quad (8\text{-}60)$$

⑤ 制氢机组功率约束：

$$\begin{cases} P_{\mathrm{ele}n}(k) \in \left[ P_{\mathrm{ele}}^{\min}, P_{\mathrm{ele}}^{\max} \right] & l_n(k) = 1 \\ P_{\mathrm{ele}n}(k) = 0 & I_n(k) = 1 \\ P_{\mathrm{ele}n}(k) = P_{\mathrm{sb}} & s_n(k) = 1 \\ P_{\mathrm{ele}n}(k) = P_{\mathrm{heat}} & w_n(k) = 1 \end{cases} \tag{8-61}$$

式中，$P_{\mathrm{ele}}^{\min}$ 和 $P_{\mathrm{ele}}^{\max}$ 分别为制氢机组最小和最大的运行功率值，单位为 kW。

⑥ 控制变量增量的上下限：

$$\begin{cases} P_{\mathrm{ele}}^{\min} - P_{\mathrm{ele}}^{\max} \leqslant \Delta P_{\mathrm{ele}n}(k) \leqslant P_{\mathrm{ele}}^{\max} - P_{\mathrm{ele}}^{\min} \\ P_{\mathrm{bat}}^{\min} - P_{\mathrm{bat}}^{\max} \leqslant \Delta P_{\mathrm{bat}}(k) \leqslant P_{\mathrm{bat}}^{\max} - P_{\mathrm{bat}}^{\min} \\ -P_{\mathrm{grid}}^{\max} \leqslant \Delta P_{\mathrm{off}}(k) \leqslant P_{\mathrm{grid}}^{\max} \end{cases} \tag{8-62}$$

式中，$\Delta P_{\mathrm{ele}n}(k)$、$\Delta P_{\mathrm{bat}}(k)$ 和 $\Delta P_{\mathrm{off}}(k)$ 分别为 $k$ 时刻的电解功率增量、充放电功率增量和弃电功率增量，设置其增量为各自上下限的差值，单位为 kW。

通过构建的状态空间表达式和优化模型，可以将问题转化为标准的二次规划（Quadratic Programming, QP）问题。通过求解 QP 问题，可以得到第一个时域内的控制变量增量 $\Delta U$，并将其应用于系统，以得到相应的状态变量变化值。在下一时刻，重复上述计算过程。模型预测控制的算法流程图如图 8-16 所示。

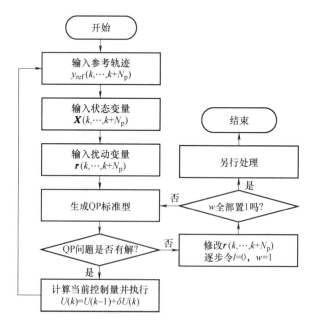

**图 8-16　模型预测控制的算法流程图**

### 8.3.4　算例分析

（1）算例系统

为展示模型预测控制在制氢站协调控制中的应用效果，本节构建了一个算例系统。该系统由以下部分组成：5MW 的风力发电机组和 3MW 的光伏电源构成可再生能源发电单元，为制氢提供电力；12 组制氢机组构成制氢单元，每组机组的额定功率为 0.6MW，最小工作功率为 0.09MW，冷待机功率为 0.02MW，热待机功率为 0.05MW，在最大功率下，12 组机组每天可连续生产约 3000kg 氢气；2.4MWh 的蓄电池构成储能单元，充放电功率为 0.24MW，足以支持所有制氢机组在冷待机模式下运行 10h，以平抑可再生能源发电的波动性并提供备用电源。为模拟实际运行中的电价波动，本算例设置了分时电价：峰时段电价为 1.055 元/kWh，平时段电价为 0.633 元/kWh，谷时段电价为 0.291 元/kWh，以引导制氢站在电价较低的时段运行，降低制氢成本。考虑到风能、光伏出力以及氢气负荷的预测通常存在一定的误差，为使算例更具代表性和普适性，本算例中使用的风光出力和氢气负荷时间曲线基于日前预测数据，并在此基础上叠加了符合正态分布的随机误差，以更贴近实际运行情况，并更有效地评估模型预测控制策略的鲁棒性和适应性。风光出力和氢负荷曲线如图 8-17 所示。

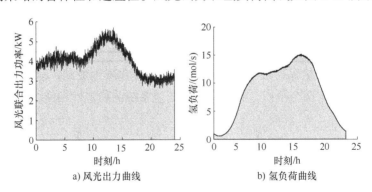

a) 风光出力曲线　　　　　　b) 氢负荷曲线

**图 8-17**　风光出力和氢负荷曲线

（2）仿真结果与分析

为验证模型预测控制的应用效果，仿真参数设置为 $N_p = 10$，$N_c = 5$，$R = 2000$。仿真结果中，储氢罐的压强和制氢机组电解功率曲线如图 8-18 所示。储氢罐的压强基本遵循日前预测的计划值。在 0~5h 期间，由于氢负荷较小且风光出力大于氢负荷，储氢罐的压强逐渐上升，制氢机组保持在最小功率状态。特别是在 2:40—3:30 时，储氢罐的压强达到了上限，制氢机组的电解功率开始逐步波动上升（见

237

图 8-18 中圆圈位置所示），此时制氢量恰好满足逐步增加的氢负荷需求。电解功率的波动反映了 12 组制氢机组在热待机状态和最低功率状态之间的切换，功率的差异以及每种状态下制氢机组的数量共同决定了这一波动过程。此外，制氢机组电解功率的较大波动与氢负荷的日内波动趋势相吻合，而较小的波动则对应着氢负荷的微幅变化。这些结果表明，模型预测控制能够有效调整制氢机组功率，以应对负荷波动，并确保系统在不同运行状态下的稳定性和高效性。

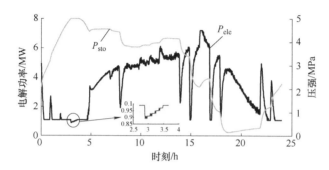

**图 8-18　储氢罐的压强和制氢机组电解功率曲线**

图 8-19 展示了其中两个制氢机组的电解功率曲线对比。由于选取的场景中未涉及空闲状态和冷待机状态，该制氢机组仅在正常运行和热待机状态之间切换。从图中可以看出，每个制氢机组的电解功率分配基本均匀，特别是在 2：40—3：30 期间，制氢机组的热待机时间存在差异，符合前述分析。电解功率的均匀分配反映了性能指标模型的要求，即控制变量（包括每个制氢机组的电解功率）增量应尽量保持最小，以优化系统运行并减少波动。这一策略确保了制氢机组之间的协调与平衡，有助于提升制氢系统的稳定性和能源利用效率。

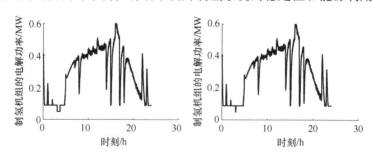

**图 8-19　两个制氢机组的电解功率曲线对比**

图 8-20 展示了蓄电池充放电功率和荷电状态的变化曲线。蓄电池的荷电状态变化与日前计划的参考值基本一致，始终维持在 0.2～0.9 的约束范围内。在 0～4h 时段，蓄电池处于最大功率充电状态，荷电状态 $S_{bat}$ 迅速上升。在 13～17h

时段，蓄电池在最大功率充电和放电之间切换，期间氢负荷、风光出力及电价较高。在此时段，当风光出力超过氢负荷所需电解功率时，蓄电池会尽可能吸收剩余的电能；而在电价较高且需购电的情况下，系统优先使用蓄电池储存的电能，从而提高了系统的经济性和运行效率。

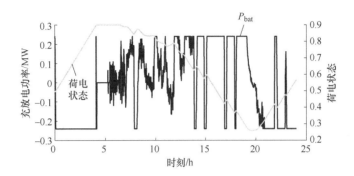

图 8-20　蓄电池充放电功率和荷电状态的变化曲线

图 8-21 展示了系统各功率变化曲线，包括实际风光出力功率 $P_{real}$、蓄电池充放电功率 $P_{bat}$、总电解功率 $P_{ele}$ 以及电网购电功率 $P_{grid}$。在 5～20h 时段，由于 $P_{real}$ 基本被系统吸收，表现为风光出力的波动状态。此时，$P_{ele}$ 与 $P_{real}$ 之间的差值通过蓄电池和电网购电功率进行弥补。当 $P_{ele} > P_{grid}$ 时，蓄电池充放电功率 $P_{bat}$ 和电网购电功率 $P_{grid}$ 均大于或等于 0；而当 $P_{ele} < P_{grid}$ 时，蓄电池充放电功率 $P_{bat}$ 小于或等于 0，$P_{grid}$ 等于 0。

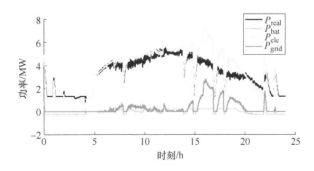

图 8-21　系统各功率变化曲线

通过上述仿真分析，可以看出模型预测控制策略在制氢站中的应用能够有效地优化系统运行，并提升其经济性与稳定性。在风光出力和氢负荷波动的影响下，模型预测控制策略通过实时调整电解水制氢机组的功率分配和蓄电池的充放电策略，确保系统在不同运行条件下平稳运行，并最大限度地利用可再生能源。特别是在风光出力超过氢负荷时，蓄电池能够高效储能，而在电网购电需求较高时，则充分发挥蓄电池储存电能的优势。此外，电解水制氢机组的功率分配与热待机状态的调整，进一步优化了电解水制氢机组的运行效率。整体来看，模型预测控制策略在制氢站中的应用不仅提升了系统的动态适应性，还增强了能源利用效率，为可再生能源与氢气生产系统的高效协同提供了强有力的技术支持。

# 参 考 文 献

［1］ 李建林，李光辉，梁丹曦，等. "双碳目标"下可再生能源制氢技术综述及前景展望［J］. 分布式能源，2021，6（05）：1-9.

［2］ 蔡国伟，孔令国，薛宇，等. 风氢耦合发电技术研究综述［J］. 电力系统自动化，2014，38（21）：127-135.

［3］ 郗捷，宋洁，王剑晓，等. 支撑中国能源安全的电氢耦合系统形态与关键技术［J］. 电力系统自动化，2023，47（19）：1-15.

［4］ 马腾飞，裴玮，肖浩，等. 基于纳什谈判理论的风-光-氢多主体能源系统合作运行方法［J］. 中国电机工程学报，2021，41（01）：25-39，395.

［5］ 胡宇飞，田震，查晓明，等. 构网型与跟网型变流器主导孤岛微网阻抗稳定性分析及提升策略［J］. 电力系统自动化，2022，46（24）：121-131.

［6］ 秦世耀，齐琛，李少林，等. 电压源型构网风电机组研究现状及展望［J］. 中国电机工程学报，2023，43（04）：1314-1334.

［7］ 张怡静，李智，时艳强，等. 基于储能惯量支撑的受端电网频率优化控制方法［J］. 电工技术学报，2024，39（11）：3556-3568.

［8］ 李晨阳. 基于虚拟同步机的微网逆变器并网稳定性研究［D］. 南京：东南大学，2019.

［9］ 吕志鹏，盛万兴，刘海涛，等. 虚拟同步机技术在电力系统中的应用与挑战［J］. 中国电机工程学报，2017，37（02）：349-359.

［10］ 张骞. 基于储能的虚拟同步控制策略研究［D］. 上海：上海交通大学，2019.

［11］ LIU J，MIURA Y，BEVRANI H，et al. Enhanced virtual synchronous generator control for parallel inverters in microgrids［J］. IEEE Transactions on Smart Grid，2016，8（05）：2268-2277.

［12］ 张中锋. 微网逆变器的下垂控制策略研究［D］. 南京：南京航空航天大学，2013.

［13］ 沈沉，吴翔宇，王志文，等. 微电网实践与发展思考［J］. 电力系统保护与控制，2014，42（05）：1-11.

［14］ SERNA A，YAHYAOUI I，NORMEY-RICO J E，et al. Predictive control for hydrogen production by electrolysis in an offshore platform using renewable energies［J］. International Journal of Hydrogen Energy，2016，42（17）：12865-12876.

［15］ 丁可. 基于模糊控制的直流微电网混合储能系统能量管理研究［D］. 镇江：江苏大学，2020.

# 第9章

# 电-氢-电耦合系统

9

## 9.1 概述

作为世界上最大的以煤为主体能源的国家，能源供给高碳结构带来的严峻环境问题和经济社会发展对能源日益增长的需求，是我国当前能源发展的主要矛盾之一。为实现"双碳"目标，必须推进能源转型，加快构建以新能源为主体的新型电力系统。在能源体系向高比例可再生能源转型的过程中，面临着多时空能量平衡的挑战，电-氢-电耦合系统为该问题的解决提供了全新的思路，是实现新能源消纳和能源系统高效安全运行的重要途径[1]。"以电为主、电氢融合"利用氢能的灵活优势，支撑新型电力系统优化构建。氢能的高能量密度属性有效弥补了电能在储存中的局限性；氢能还可以作为终端能源广泛使用，推动能源产业由"产供用"相对独立向综合能源服务转变，从而提供更加贴合需求的专业化服务。

电-氢-电耦合系统包含风/光发电、电制氢、储氢、燃料电池热电联供等诸多环节，涉及电转氢、氢转电/热等能源转换以及储存、运输等过程，涵盖电、热、气多能流耦合。源侧和荷侧频繁、快速的波动使耦合系统内部多能流耦合关系随之变动，导致运行工况多变，内外部稳态/暂态特征复杂，各环节耦合机理以及能源转换、储-释全环节效率关系难以明晰。从电网角度来看，氢能设备通过电力电子变换器与电网连接，对电网的转动惯量支撑能力有待评估，不同工况下多能流、物质流的控制方法以及运行策略尚不完善，参与电网调峰的支撑能力有待分析验证。

电-氢-电耦合系统实现路径根据运行目标的不同可分为两类：一类是以满足短时稳定供能为目标的制储输用一体的供能系统，即能源枢纽；另一类是以长时电力电量平衡可靠供能为目标的储能系统，即氢储能系统。本章将分别介绍能源枢纽与氢储能系统两种实现路径，具体包含基本结构及耦合形式、容量规划优化及并网运行控制方法。

## 9.2 能源枢纽

### 9.2.1 基本结构设计

电-氢-电互动能源枢纽内部涵盖制氢、储氢、氢发电等多种功能，涉及电能、氢能等多种能源链路。能源枢纽框架如图 9-1 所示，电源由太阳能发电、风电、水电、核电及其他可再生能源构成，能量流动链路及能量耦合关系需要通过基于制-储-发电一体能源站模型进一步分析，从而为能源枢纽高效运行控制及平抑功率波动等技术研究奠定基础。具体而言，在电能富裕时，能源枢纽利用电解水制氢机组将电能转换为氢能储存起来；在电力需求高峰时，氢能则可通过燃料电池机组、燃气轮机发电机组等设备快速转换为电能，支撑电力系统稳定运行，同时，通过联合烟气余热深度回收装置、氢能溴化锂热泵机组等装置供热/冷，用于补充太阳能集热间歇与热负荷波动造成的热能损失，支撑热力系

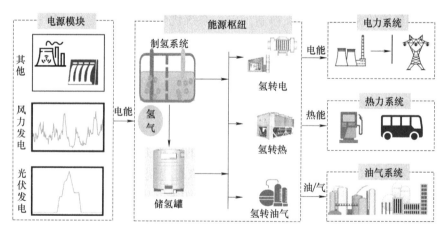

图 9-1　能源枢纽框架

统稳定运行。此外，氢能还可通过与煤、石油耦合生成天然气，或与天然气耦合被用于工业领域的氨/醇类化工产品生产、石油冶炼以及交通运输等，支撑油气系统稳定运行。因此，能源枢纽不仅可以解决新能源消纳问题，还可为当地工业、交通和建筑等领域提供清洁、价格低廉的氢能，推动氢能在交通、发电与工业等领域的多元应用，保障电、热、气能源网络的稳定供能，延长绿色产业链条[2]。在实际应用中，可根据具体的能源需求、系统条件、技术经济性等因素，按照以电定热、以热定电等不同的模式构成特定的能源枢纽。

## 9.2.2　容量规划优化

能源枢纽容量规划是一项复杂的系统工程，是一个多目标优化问题。在满足能源供需平衡的前提下，需要综合考虑经济性、可靠性、灵活性等多方面因素，并对负荷的不确定性进行建模。通过构建数学模型，将能源枢纽的运行规律抽象为优化问题，并采用高效的算法进行求解，从而实现能源枢纽的优化配置。

**1. 负荷不确定性建模**

负荷不确定性是指电力系统用能负荷随时间呈现随机波动特性，导致实际负荷与预测值之间产生偏差的现象。对负荷不确定性的合理建模对于能源枢纽的规划、运行和控制至关重要。若在容量规划中忽略负荷不确定性，仅基于预测的平均负荷进行设计，可能导致设备容量配置不足（无法满足高峰需求，影响供能可靠性）或过剩（增加投资成本，降低经济效益）。常用的不确定性建模方法有概率分布法、蒙特卡洛模拟、时间序列分析和负荷聚类分析等。

**2. 容量优化问题建模**

能源枢纽的容量优化配置通常可以描述为一个多目标、多约束的优化问题，涉及多种能源的集成、转换、分配和储存，需要综合考虑能源供需平衡、能源价格、能源转换效率、能源储存能力和能源环境影响等多个因素，标准形式为

$$
\begin{cases}
\text{V}-\min F(x) \\
\text{s. t. } g_i(x) \geq 0 (i=1,2,\cdots,m) \\
h_i(x) = 0 (i=1,2,\cdots,l)
\end{cases}
\tag{9-1}
$$

式中，$x = \begin{bmatrix} x_1 & x_2 & \cdots & x_n \end{bmatrix}^{\mathrm{T}}$ 为优化变量；$F(x) = \begin{bmatrix} f_1(x) & f_2(x) & \cdots & f_p(x) \end{bmatrix}$，$p \geq 2$，$F(x)$ 为目标函数；$g_i(x)$、$h_i(x)$ 分别为不等式约束和等式约束。

（1）确定决策变量

能源枢纽中通常以各设备功率、容量为决策变量。根据能源枢纽的组成结

构不同，待求解的设备容量也有所不同，一般包含电解水制氢机组的功率、储氢罐的容量、燃料电池机组的功率以及各类氢能转换设备（氢锅炉、氢燃气轮机等）的功率、容量。

（2）建立目标函数

能源枢纽以高效可靠供能为目标，其目标函数除投资成本、运维成本等一般性经济成本外，通常设置惩罚成本来确保能源枢纽的稳定供能，典型的目标函数可表示如下：

$$\min f = C_{vest} + C_{om} + C_{buy} + C_{pun} + C_{carbon} \tag{9-2}$$

式中，$f$ 为年化成本；$C_{vest}$、$C_{om}$、$C_{buy}$、$C_{pun}$、$C_{carbon}$ 分别为投资成本等年值、年运维成本、年购买能源成本、运行惩罚成本和碳排放成本，单位为元。

（3）设置约束条件

能源枢纽的约束条件根据其设备组成的不同而略有差别，主要包括电、热、气等能源功率平衡约束、各设备容量和出力约束等。电、热、气能源功率平衡约束一般表示如下。

1）电功率平衡约束：

$$P_{new}(\varphi, t) + P_{hfc}(\varphi, t) + P_{c,i}(\varphi, t) - P_{ab}(\varphi, t)$$
$$= P_{hec}(\varphi, t) + P_{load}(\varphi, t) + P_{r,k}(\varphi, t) - P_{loss}(\varphi, t) \tag{9-3}$$

式中，$P_{new}(\varphi, t)$、$P_{hfc}(\varphi, t)$、$P_{c,i}(\varphi, t)$ 分别为新能源机组、燃料电池机组、其他发电设备 $i$ 在第 $\varphi$ 个典型日第 $t$ 时刻输出的电功率，单位为 kW；$P_{hec}(\varphi, t)$、$P_{load}(\varphi, t)$、$P_{r,k}(\varphi, t)$ 分别为电解水制氢机组、电负荷、其他用电设备 $i$ 在第 $\varphi$ 个典型日第 $t$ 时刻输入的电功率，单位为 kW；$P_{ab}(\varphi, t)$、$P_{loss}(\varphi, t)$ 分别为第 $\varphi$ 个典型日第 $t$ 时刻的弃电功率、失电负荷功率，单位为 kW。

2）热功率平衡约束：

$$H_{hfc}(\varphi, t) + H_{hec}(\varphi, t) + H_{c,i}(\varphi, t) - H_{ab}(\varphi, t) = H_{load}(\varphi, t) + H_{r,k}(\varphi, t) - H_{loss}(\varphi, t)$$
$$\tag{9-4}$$

式中，$H_{hfc}(\varphi, t)$、$H_{hec}(\varphi, t)$、$H_{c,i}(\varphi, t)$ 分别为燃料电池机组、电解水制氢机组、其他产热设备 $i$ 在第 $\varphi$ 个典型日第 $t$ 时刻输出的热功率，单位为 kW；$H_{load}(\varphi, t)$、$H_{r,k}(\varphi, t)$ 分别为热负荷、其他用热设备 $i$ 在第 $\varphi$ 个典型日第 $t$ 时刻输入的热功率，单位为 kW；$H_{ab}(\varphi, t)$、$H_{loss}(\varphi, t)$ 分别为第 $\varphi$ 个典型日第 $t$ 时刻的弃热功率、失热负荷功率，单位为 kW。

3）气功率平衡约束：

$$Q_{c,i}(\varphi, t) - Q_{ab}(\varphi, t) = Q_{load}(\varphi, t) + Q_{r,k}(\varphi, t) - Q_{loss}(\varphi, t) \tag{9-5}$$

式中，$Q_{c,i}(\varphi, t)$ 为产气（氢）设备 $i$ 在第 $\varphi$ 个典型日第 $t$ 时刻输出的气（氢）

功率，单位为 kW；$Q_{load}(\varphi,t)$、$Q_{r,k}(\varphi,t)$ 分别为气（氢）负荷、其他用气（氢）设备 $i$ 在第 $\varphi$ 个典型日第 $t$ 时刻输入的气（氢）功率，单位为 kW；$Q_{ab}(\varphi,t)$、$Q_{loss}(\varphi,t)$ 分别为第 $\varphi$ 个典型日第 $t$ 时刻的弃气（氢）功率、失气（氢）负荷功率，单位为 kW。

**3. 优化问题求解**

在容量优化配置模型中，各设备功率、容量为大于或等于 0 的整数，其出力特性受其自身结构、运行机理等因素决定，$F(x)$、$g_i(x)$、$h_i(x)$ 在工程实际应用中通常是非线性的，优化问题求解较为复杂。一般采用分段线性化、大 M 法等方法将非线性问题线性化，构造混合整数线性规划模型，可采用现有的商业求解器 CPLEX 进行求解。

## 9.2.3　并网运行控制

电-氢-电耦合系统的能源枢纽并网运行控制，指的是将电能通过电解水等方式转换为氢能进行储存，并在需要时将氢能通过燃料电池等方式再次转换为电能，实现电能的双向转换和灵活调度的过程。在这个过程中，"枢纽"指的是连接电网和氢网的关键环节，包含电解水制氢机组、燃料电池机组、储氢装置以及相关的电力电子变换设备等。并网运行控制则强调该系统与电网的协调运行，通过能量管理系统对电、氢两种能量形式进行实时监控、优化调度和高效转换，以实现电网的调峰调频、可再生能源消纳、提高能源利用效率等目标。例如，在电网负荷低谷时段利用富余电能制氢储存，在高峰时段则将储存的氢能转换为电能回馈电网，从而起到削峰填谷的作用。此外，该系统还能参与电网的紧急事故处理，提高电网的可靠性和稳定性。

为了更有效地实现上述功能，需要对能源枢纽进行精确的运行控制。控制策略需要综合考虑电网状态、可再生能源出力、氢能系统状态以及负荷需求等多种因素。具体而言，并网运行控制通常分为顶层的能量管理与底层的功率控制。能量管理是能源枢纽控制的核心和决策层，其主要任务是根据宏观的运行目标和约束条件，制定最优的能量调度策略。功率控制是能源枢纽控制的执行层，其主要任务是根据能量管理层下达的指令，精确控制各个设备的运行状态，常用的功率控制方法包括最大功率点追踪（Maximum Power Point Tracking，MPPT）控制、下垂控制、虚拟同步发电机（Virtual Synchronous Generator，VSG）控制等。下面以基于 VSG 的协调控制技术为例，详细阐述能源枢纽并网控制的典型方法。该控制策略主要涵盖两大方面：一是能量管理策略，用于优化能源的分配与调度；二是 VSG 参数整定，以确保系统稳定运行和高效并网。图 9-2 所示为能源枢纽协调控制的工作原理示意图。

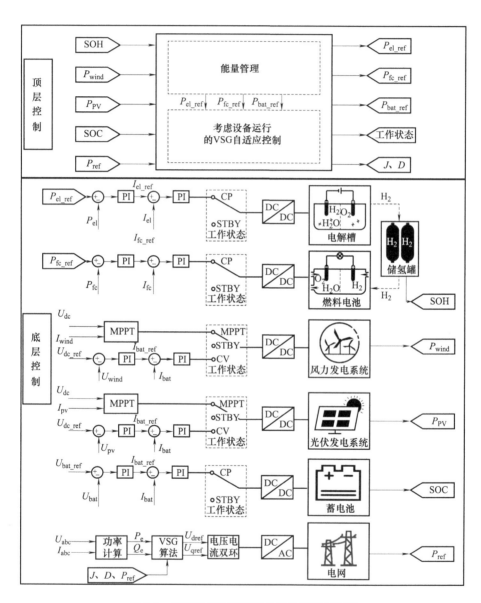

图 9-2　能源枢纽协调控制的工作原理示意图

## 1. 能量管理策略

根据能源枢纽各单元的运行状态，可分为以下 17 种运行模式。

（1）运行模式 1

系统满足：

$$\begin{cases} P_r - P_e > P_{eln} + P_{bat,ch}^{max} \\ SOC \leqslant SOC_{max} \\ SOH \leqslant SOH_{max} \end{cases} \tag{9-6}$$

式中，$P_r$ 为新能源发电功率，单位为 kW；$P_e$ 为 VSG 输出功率，单位为 kW，SOC 为电储能荷电状态；SOH 为储氢罐等效荷电状态。

此时新能源弃电并运行在定功率模式，电解水制氢机组按额定功率 $P_{eln}$ 运行，蓄电池按最大充电功率 $P_{bat}^{max}$ 充电，即

$$\begin{cases} P_{elref} = P_{eln} \\ P_{batref,ch} = P_{bat,ch}^{max} \\ P_{rref} = P_{eln} + P_{bat}^{max} + P_e \end{cases} \tag{9-7}$$

式中，$P_{rref}$ 为新能源参考功率，单位为 kW。

（2）运行模式 2

系统满足：

$$\begin{cases} P_r - P_e > P_{eln} \\ SOC > SOC_{max} \\ SOH \leqslant SOH_{max} \end{cases} \tag{9-8}$$

此时新能源弃电并运行在定功率模式，电解水制氢机组按额定功率运行，蓄电池停机，即

$$\begin{cases} P_{elref} = P_{eln} \\ P_{rref} = P_{eln} + P_e \end{cases} \tag{9-9}$$

（3）运行模式 3

系统满足：

$$\begin{cases} P_r - P_e > P_{bat,ch}^{max} \\ SOC \leqslant SOC_{max} \\ SOH > SOH_{max} \end{cases} \tag{9-10}$$

此时新能源弃电并运行在定功率模式，蓄电池按最大充电功率充电，电解水制氢机组关停，即

$$\begin{cases} P_{batref,ch} = P_{bat,ch}^{max} \\ P_{rref} = P_{bat,ch}^{max} + P_e \end{cases} \tag{9-11}$$

（4）运行模式4

系统满足：

$$\begin{cases} P_{eln} \leqslant P_r - P_e \leqslant P_{eln} + P_{bat,ch}^{max} \\ SOC \leqslant SOC_{max} \\ SOH \leqslant SOH_{max} \end{cases} \quad (9-12)$$

此时新能源发电系统运行在 MPPT 模式，电解水制氢机组按额定功率运行，蓄电池充电，即

$$\begin{cases} P_{elref} = P_{eln} \\ P_{batref,ch} = P_{opt} - P_{eln} - P_e \\ P_{rref} = P_{opt} \end{cases} \quad (9-13)$$

（5）运行模式5

系统满足：

$$\begin{cases} P_{el}^{min} \leqslant P_r - P_e \leqslant P_{eln} \\ SOH \leqslant SOH_{max} \end{cases} \quad (9-14)$$

式中，$P_{el}^{min}$ 为电解水制氢机组的最低参考功率，取为 $0.1P_{eln}$，单位为 kW。

此时新能源发电系统运行在 MPPT 模式，电解水制氢机组降功率运行，蓄电池充放电以维持系统稳定，系统稳定后蓄电池功率为零，即

$$\begin{cases} P_{elref} = P_{opt} - P_e \\ P_{rref} = P_{opt} \end{cases} \quad (9-15)$$

（6）运行模式6

系统满足：

$$\begin{cases} P_{el}^{min} \leqslant P_r - P_e \leqslant P_{bat,ch}^{max} \\ SOC \leqslant SOC_{max} \\ SOH > SOH_{max} \end{cases} \quad (9-16)$$

此时新能源发电系统运行在定功率模式，蓄电池按最大充电功率充电，电解水制氢机组停机，即

$$\begin{cases} P_{batref} = P_{opt} - P_e \\ P_{rref} = P_{opt} \end{cases} \quad (9-17)$$

（7）运行模式7

系统满足：

$$\begin{cases} 0 \leqslant P_r - P_e \leqslant P_{el}^{min} \\ SOC \geqslant SOC_{min} \\ SOH \leqslant SOH_{max} \end{cases} \tag{9-18}$$

此时新能源发电系统运行在 MPPT 模式，电解水制氢机组按最低参考功率运行，蓄电池放电，即

$$\begin{cases} P_{elref} = P_{elref}^{min} \\ P_{batref,dis} = P_{elref}^{min} - (P_{opt} - P_e) \\ P_{rref} = P_{opt} \end{cases} \tag{9-19}$$

（8）运行模式 8

系统满足：

$$\begin{cases} 0 \leqslant P_r - P_e \leqslant P_{el}^{min} \\ SOC \leqslant SOC_{min} \\ SOH > SOH_{max} \end{cases} \tag{9-20}$$

此时新能源发电系统运行在 MPPT 模式，电解水制氢机组停机，蓄电池充电，即

$$\begin{cases} P_{batref,ch} = P_{opt} - P_e \\ P_{rref} = P_{opt} \end{cases} \tag{9-21}$$

（9）运行模式 9

系统满足：

$$\begin{cases} 0 \leqslant P_r - P_e \leqslant P_{el}^{min} \\ SOC \leqslant SOC_{max} \\ SOH > SOH_{max} \end{cases} \tag{9-22}$$

此时新能源发电系统运行在 MPPT 模式，电解水制氢机组停机，蓄电池充电，即

$$\begin{cases} P_{batref,ch} = P_{opt} - P_e \\ P_{rref} = P_{opt} \end{cases} \tag{9-23}$$

（10）运行模式 10

系统满足：

$$\begin{cases} P_r - P_e > 0 \\ SOC > SOC_{max} \\ SOH > SOH_{max} \end{cases} \tag{9-24}$$

此时新能源弃电并运行在定功率模式，电解水制氢机组与蓄电池停机，即

$$P_{rref} = P_e \qquad (9\text{-}25)$$

（11）运行模式 11

系统满足：

$$P_e - P_r > P_{fcn} + P_{bat,dis}^{max} \qquad (9\text{-}26)$$

此时系统无法平衡，应尽量避免在此状况。

（12）运行模式 12

系统满足：

$$\begin{cases} P_{fcn} \leqslant P_e - P_r \leqslant P_{fcn} + P_{bat,dis}^{max} \\ SOC \geqslant SOC_{min} \\ SOH \geqslant SOH_{min} \end{cases} \qquad (9\text{-}27)$$

此时新能源发电系统运行在 MPPT 模式，燃料电池机组按额定功率运行，蓄电池放电，即

$$\begin{cases} P_{batref,dis} = P_e - P_{opt} - P_{fcn} \\ P_{fcref} = P_{fcn} \\ P_{rref} = P_{opt} \end{cases} \qquad (9\text{-}28)$$

（13）运行模式 13

系统满足：

$$\begin{cases} P_{bat,dis}^{max} \leqslant P_e - P_r \leqslant P_{fcn} + P_{bat,dis}^{max} \\ SOC \geqslant SOC_{min} \\ SOH < SOH_{min} \end{cases} \qquad (9\text{-}29)$$

此时系统无法平衡，应尽量避免在此状况。

（14）运行模式 14

系统满足：

$$\begin{cases} P_{fcn} \leqslant P_e - P_r \leqslant P_{fcn} + P_{bat,dis}^{max} \\ SOC < SOC_{min} \\ SOH \geqslant SOH_{min} \end{cases} \qquad (9\text{-}30)$$

此时系统无法平衡，应尽量避免在此状况。

（15）运行模式 15

系统满足：

$$\begin{cases} 0 \leqslant P_e - P_r \leqslant P_{fcn} \\ SOH \geqslant SOH_{min} \end{cases} \tag{9-31}$$

此时新能源发电系统运行在 MPPT 模式，燃料电池机组降功率运行，蓄电池放电以维持系统稳定，系统稳定后蓄电池功率为零，即

$$\begin{cases} P_{batref,dis} = P_e - P_{opt} \\ P_{rref} = P_{opt} \end{cases} \tag{9-32}$$

（16）运行模式 16

系统满足：

$$\begin{cases} 0 \leqslant P_e - P_r \leqslant P_{bat,dis}^{max} \\ SOC \geqslant SOC_{min} \\ SOH < SOH_{min} \end{cases} \tag{9-33}$$

此时新能源发电系统运行在 MPPT 模式，燃料电池机组停机，蓄电池放电以维持系统稳定。

（17）运行模式 17

系统满足：

$$\begin{cases} 0 < P_e - P_r < P_{fcn} + P_{bat,dis}^{max} \\ SOC < SOC_{min} \\ SOH < SOH_{min} \end{cases} \tag{9-34}$$

此时系统无法平衡，应尽量避免在此状况。

不同运行模式下各单元的工作状态见表 9-1。

表 9-1　不同运行模式下各单元的工作状态

| 运行模式序号 | 电解水制氢机组工作状态 | 燃料电池机组工作状态 | 蓄电池工作状态 | 新能源消纳情况 |
|---|---|---|---|---|
| 1 | 额定功率 | — | 最大充电功率 | 弃电 |
| 2 | 额定功率 | — | — | 弃电 |
| 3 | — | — | 最大充电功率 | 弃电 |
| 4 | 额定功率 | — | 充电 | 完全消纳 |
| 5 | 降功率运行 | — | 充放电 | 完全消纳 |
| 6 | — | — | 最大充电功率 | 弃电 |
| 7 | 最低功率运行 | — | 放电 | 完全消纳 |
| 8 | — | — | 充电 | 完全消纳 |

（续）

| 运行模式<br>序号 | 电解水制氢机组<br>工作状态 | 燃料电池机组<br>工作状态 | 蓄电池工作<br>状态 | 新能源消纳<br>情况 |
|---|---|---|---|---|
| 9 | — | — | 充电 | 完全消纳 |
| 10 | — | — | — | 弃电 |
| 11 | — | — | — | 功率不足 |
| 12 | — | 额定功率 | 放电 | 完全消纳 |
| 13 | — | — | — | 功率不足 |
| 14 | — | — | — | 功率不足 |
| 15 | — | 降功率运行 | — | 完全消纳 |
| 16 | — | — | 放电 | 完全消纳 |
| 17 | — | — | — | 功率不足 |

**2. 考虑设备运行的 VSG 自适应控制**

（1）转动惯量和阻尼系数对稳定性能的影响

VSG 向电网传输的有功功率和无功功率分别为

$$\begin{cases} P_e = \dfrac{U_g}{Z}\left(E\cos(\theta-\delta)-U_g\cos\theta\right) \\[3mm] Q_e = \dfrac{U_g}{Z}\left(E\sin(\theta-\delta)-U_g\sin\theta\right) \end{cases} \tag{9-35}$$

式中，$\theta$ 为 VSG 输出滤波阻抗角；$E$ 为发电机电势，单位为 V；$U_g$ 为公共耦合点电压，单位为 V。在实际系统中，滤波阻抗 $Z$ 中的电阻 $R$ 远小于电感分量 $L$，所以 $\theta$ 近似等于 90°，并且 $\delta$ 非常小，近似认为 $\sin\delta\approx\delta$，$\cos\delta\approx1$。因此，式（9-35）可以简化为

$$\begin{cases} P_e = \dfrac{3EU_g}{X}\delta = K_u\delta \\[3mm] Q_e = \dfrac{3U_g}{X}\left(E-U_g\right) \end{cases} \tag{9-36}$$

式中，$K_u=3EU_g/X$，表示 VSG 静态稳定极限，单位为 kW。

当 VSG 并网运行时，有功功率控制框图如图 9-3 所示。根据图 9-3 可得到 VSG 输出有功功率的闭环传递函数为

$$P_e = \frac{K_u}{J\omega_0 s^2 + D\omega_0 s + K_u}P_m + \frac{K_u(J\omega_0 s + D\omega_0)}{J\omega_0 s^2 + D\omega_0 s + K_u}(\omega_0-\omega_g) \tag{9-37}$$

式中，$J$ 为转动惯量，单位为 kg·m$^2$；$\omega_0$ 为额定频率，单位为 rad/s；$D$ 为阻尼

系数，单位为 N·m·s/rad；$\omega_g$ 为电网频率，单位为 rad/s。

采用拉普拉斯变化终值定理可以得到系统输出功率的稳态值：

$$P_{e\infty} = \lim_{s \to 0} s P_e = P_m + D\omega_0(\omega_0 - \omega_g) \tag{9-38}$$

式中，$P_m$ 为机械功率，单位为 kW。

在稳定状态下，如果电网为恒频电网 $\omega_0 = \omega_g$ 时，输出功率不存在稳态误差；如果电网频率保持缓慢波动 $\omega_0 \neq \omega_g$ 时，输出功率偏差随 $D$ 线性增加。

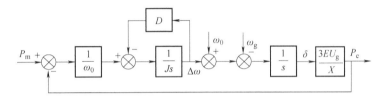

图 9-3　VSG 有功功率控制框图

接着对式（9-38）进行拉普拉斯变换可以得到频率调整量和输入功率之间的闭环传递函数：

$$\Delta\omega = \frac{1}{J\omega_0 s + D\omega_0}(P_m - P_e) \tag{9-39}$$

利用终值定理求取系统频率的稳态误差：

$$\Delta\omega_\infty = \lim_{s \to 0} s \Delta\omega = \frac{1}{D\omega_0}(P_m - P_e) \tag{9-40}$$

由式（9-39）可知，$D$ 越大，频率稳态偏差越小。但考虑到 $(P_m - P_e)$ 与 $D$ 有所关联，结合式（9-40）分析可知，系统频率稳态偏差仅与电网频率波动有关。

（2）转动惯量和阻尼系数对动态性能的影响

建立有功功率控制小信号模型可以分析系统的动态特性。通过小信号建模对图 9-4 中的有功功率控制回路进行线性化处理。其中，有功功率闭环传递函数为

$$\frac{\hat{P}_e}{\hat{P}_m} = \frac{K_u}{J\omega_0 s^2 + D\omega_0 s + K_u} \tag{9-41}$$

而 $P_m$ 到 $\Delta\omega$ 的传递函数为

$$\frac{\Delta\hat{\omega}}{\hat{P}_m} = \frac{s}{J\omega_0 s^2 + D\omega_0 s + K_u} \tag{9-42}$$

式（9-41）和式（9-42）都为典型的二阶系统，不同点是式（9-42）在复平面原点处有一个零点。因此可以采用典型二阶系统的时域分析方法，研究 $D$ 和 $J$ 对 VSG 输出功率和频率响应的影响。

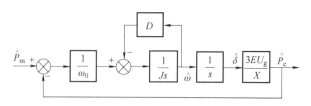

图9-4 有功功率控制小信号模型

根据二阶系统的标准形式，可以得到固有角频率 $\omega_n$ 和阻尼比 $\xi$，表达式如下：

$$\begin{cases} \xi = \dfrac{D}{2}\sqrt{\dfrac{\omega_0}{JK_u}} \\[3mm] \omega_n = \sqrt{\dfrac{K_u}{J\omega_0}} \end{cases} \tag{9-43}$$

在实际工程中，一般要求控制系统不发生振荡，还需要保证响应速度快、调节时间短。因此，系统一般设计为欠阻尼系统。通过对式（9-41）进行拉普拉斯反变换得到有功功率闭环传递函数的单位阶跃响应：

$$\hat{P}_e(t) = \hat{P}_m\left(1 - \frac{e^{-\xi\omega_n t}}{\sqrt{1-\xi^2}}\sin\left(\sqrt{1-\xi^2}\,\omega_n t + \arccos\xi\right)\right) \tag{9-44}$$

根据式（9-44）可得到峰值时间 $t_{p\_p}$、调节时间 $t_{s\_p}$ 和超调量 $\sigma_p$：

$$\begin{cases} t_{p\_p} = \dfrac{\pi}{\sqrt{1-\xi^2}\,\omega_n} \\[3mm] t_{s\_p} = \dfrac{3}{\xi\omega_n} \\[3mm] \sigma_p = \hat{P}_m e^{\frac{-\xi\pi}{\sqrt{1-\xi^2}}} \end{cases} \tag{9-45}$$

选用控制变量方法分析 $D$ 和 $J$ 对动态指标的影响，峰值时间、调节时间、超调量与 $D$、$J$ 的关系如图9-5所示。其中 $x$ 轴表示 $D$、$J$ 的变化，$y$ 轴表示每个动态指标的变化。

由图9-5可以看出，随着阻尼系数的增加，峰值时间变长，而调节时间和超调量在不断减小。显然，当惯量系数增加时，调节时间和超调量在持续增长，然而峰值时间是非单调函数，存在一个拐点，通过求导得到拐点的具体表达式为

$$J_{knee} = \frac{D^2}{2\omega_0 K_u} \tag{9-46}$$

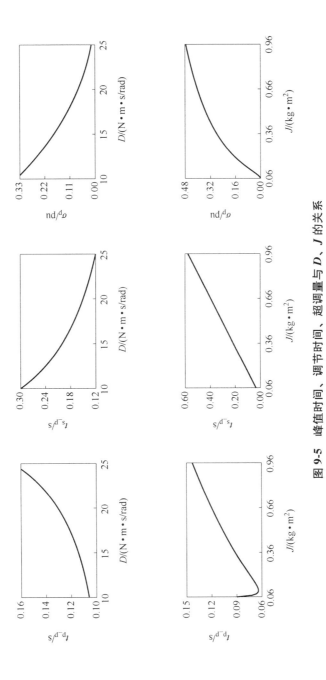

图 9-5　峰值时间、调节时间、超调量与 $D$、$J$ 的关系

同理，频率闭环传递函数的单位阶跃响应表示为

$$\hat{\omega}(t) = \hat{P}_{m}\left(\frac{\omega_{n}e^{-\xi\omega_{n}t}}{K_{u}\sqrt{1-\xi^2}}\sin\left(\sqrt{1-\xi^2}\,\omega_{n}t\right)\right) \quad (9\text{-}47)$$

峰值时间 $t_{p\_\omega}$、调节时间 $t_{s\_\omega}$、超调量 $\sigma_{\omega}$ 可以通过下式计算得到：

$$\begin{cases} t_{p\_\omega} = \dfrac{\arctan\sqrt{\dfrac{1-\xi^2}{\xi^2}}}{\omega_{n}\sqrt{1-\xi^2}} \\[4mm] t_{s\_\omega} = \dfrac{3}{\xi\omega_{n}} \\[4mm] \sigma_{\omega} = \dfrac{\omega_{n}}{K_{u}}e^{-\sqrt{\frac{\xi^2}{1-\xi^2}}\arctan\sqrt{\frac{1-\xi^2}{\xi^2}}} \end{cases} \quad (9\text{-}48)$$

采用相同的方法分析 $D$、$J$ 对频率动态性能的影响，各动态指标跟随 $D$、$J$ 的变化情况如图 9-6 所示。

由图 9-6 可知，所有的动态指标都随着 $D$ 的增加而单调递减，而当 $J$ 增大时，$t_{p\_\omega}$ 和 $t_{s\_\omega}$ 呈上升趋势，只有 $\sigma_{\omega}$ 减小。综合 $D$、$J$ 对有功输出特性的影响可以看出，当 $D$ 增加时，超调量和稳定时间减小，可以抑制输出功率和频率的振荡，从而提高系统稳定性。因此，在动态过程中可以选择提高阻尼系数。对于 $J$ 的增加可以抑制频率的超调，但不利于抑制功率的超调，同时系统的稳定时间增加可能会引起系统的振荡。基于对稳态和动态的详细分析，参数对系统稳态和动态的影响见表 9-2。超调量和调节时间是影响系统动态稳定的重要指标，与 $D$ 和 $J$ 有着密切的关系。

表 9-2　参数对系统稳态和动态的影响

| | 响应指标 | 阻尼系数 $D\uparrow$ | 惯量系数 $J\uparrow$ |
|---|---|---|---|
| 稳态响应 | $\Delta P$ | $\uparrow$ | — |
| | $\Delta\omega$ | — | — |
| 动态响应 | $t_{p\_p}$ | $\uparrow$ | $\downarrow$（拐点前） |
| | | | $\uparrow$（拐点后） |
| | $t_{s\_p}$ | $\downarrow$ | $\uparrow$ |
| | $\sigma_{p}$ | $\downarrow$ | $\uparrow$ |
| | $t_{p\_\omega}$ | $\downarrow$ | $\uparrow$ |
| | $t_{s\_\omega}$ | $\downarrow$ | $\uparrow$ |
| | $\sigma_{\omega}$ | $\downarrow$ | $\downarrow$ |

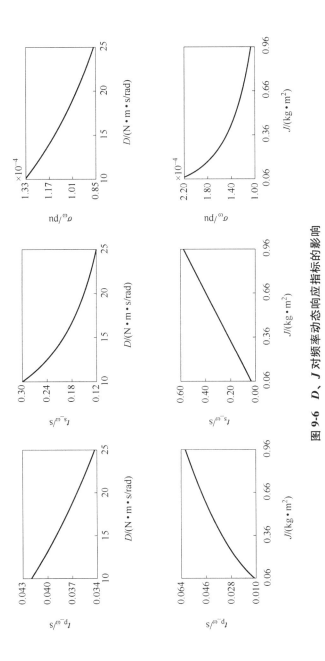

**图 9-6　D、J 对频率动态响应指标的影响**

（3）VSG 的自适应参数控制

基于上述分析，若虚拟惯量系数 $D$ 和阻尼系数 $J$ 选取不当，不仅可能引发系统振荡，破坏动态响应，还可能导致稳态误差增大，从而降低控制效果。为实现系统快速稳定运行，亟需引入自适应控制策略，根据系统实时状态对 $D$ 和 $J$ 进行在线调整，以适应系统参数变化和扰动的影响。

在实际运行中，并网 VSG 系统可能会发生出力波动或者负荷扰动的情况。当系统出现扰动时，VSG 的功角将会进行重复的衰减振荡过程。假设 VSG 给定有功从 $P_0$ 阶跃至 $P_1$，经过一段时间的振荡，系统会过渡到新的稳态。振荡过程的 VSG 功角曲线如图 9-7a 所示，角频率也会发生相应的变化。图 9-7b 和图 9-7c 分别给出了该过程中 VSG 角频率和角频率变化率曲线。从图中可以看出，频率偏差与频率变化率的特征是时刻发生变化的，所需要的惯量和阻尼大小也不相同。为优化 VSG 的控制性能，本书将系统的一个典型振荡周期划分为如图 9-7 所示的 8 个区域，根据不同区域的特性以及参数对系统的影响来自适应改变 VSG 参数。$D$、$J$ 的变化形式如下：

$$\begin{cases} D = D_0 + \Delta D \\ J = J_0 + \Delta J \end{cases} \tag{9-49}$$

式中，$J_0$ 为转动惯量的稳态值；$\Delta J$ 为根据规则转动惯量的变化量；$D_0$ 为阻尼系数的稳态值；$\Delta D$ 为根据规则阻尼系数的变化量。

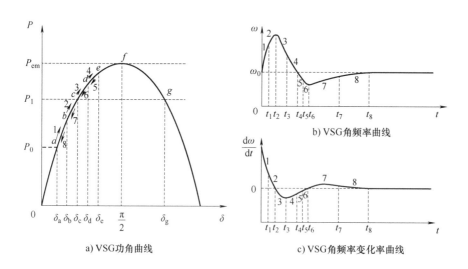

图 9-7　单个振荡周期内功角、角频率和角频率变化率的变化曲线图

通过对图 9-7 的具体分析，可以得到 $D$、$J$ 的变化规则。在区间 1 内，角频

率变化率 $\mathrm{d}\omega/\mathrm{d}t$ 跟随给定功率变化从 0 突增。由于角频率无法突变，角频率偏差 $\Delta\omega$ 则从 0 开始递增。此时，需要利用较大的转动惯量来增加峰值时间，以减小角频率的变化率，避免加速过快发生严重的超调现象。在此区间频率偏差尚小，较大的阻尼系数会缩短峰值时间，对 $J$ 的控制效果产生不利影响，所以 $\Delta D$ 设置为正的较小值。在区间 2 内，$\mathrm{d}\omega/\mathrm{d}t$ 趋于平缓，而 $\Delta\omega$ 递增至相对较大的值，此时 $\Delta J$ 可以设置为正的较小值缩短动态时间，同时阻尼系数相应增大以减小频率和功率的超调量。在区间 3 内，$\Delta\omega$ 开始回落但保持较高水平，$\Delta D$ 维持正的较大值，而 $\mathrm{d}\omega/\mathrm{d}t$ 由正变负，其绝对值从 0 迅速增加，该阶段为频率恢复阶段，需要将 $\Delta J$ 设为负的较大值，使角频率尽快趋于稳定。在区间 4 内，$\mathrm{d}\omega/\mathrm{d}t$ 仍为负值且绝对值较大，所以 $\Delta J$ 取负的较大值，$\Delta\omega$ 下降至正的较小值，考虑到 $D$ 会对有功稳态误差产生影响，$D$ 随着 $\Delta\omega$ 的减小而减小。

剩余区间的情况与上述分析相似，综上分析可知，$\Delta\omega$ 和 $\mathrm{d}\omega/\mathrm{d}t$ 共同决定规则，与 $D$、$J$ 呈现不同的联系。$D$ 和 $J$ 的变化规则见表 9-3。

表 9-3　$D$ 和 $J$ 的变化规则

| 区间序号 | 角速度偏差 | 角速度变化率 | $\Delta D$ | $\Delta J$ |
|---|---|---|---|---|
| 1 | 正小 | 正大 | 正小 | 正大 |
| 2 | 正大 | 正小 | 正大 | 正小 |
| 3 | 正大 | 负大 | 正大 | 负大 |
| 4 | 正小 | 负大 | 正小 | 负大 |
| 5 | 负小 | 负小 | 正小 | 正小 |
| 6 | 负大 | 负小 | 正大 | 正小 |
| 7 | 负大 | 正小 | 正大 | 负小 |
| 8 | 负小 | 正小 | 正小 | 负小 |

在确定规则后，需要选择合适的模型描述这些规则。鉴于系统对动态响应指标的要求，$D$、$J$ 参数的变化受到一定范围的限制。为了加快系统的响应速度，参数应能够在极大和极小值之间快速调整。对此，基于 Logistic 模型提出一种惯量阻尼综合控制方法，如式（9-50）和式（9-51）所示：

$$J = \begin{cases} J_0 & \left|\dfrac{\mathrm{d}\omega}{\mathrm{d}t}\right| \leqslant C_j \\[4mm] \dfrac{J_{\max}}{1+\dfrac{J_{\max}-J_0}{J_0}\mathrm{e}^{-r_1\left|\frac{\mathrm{d}\omega}{\mathrm{d}t}\right|}} & \Delta\omega\dfrac{\mathrm{d}\omega}{\mathrm{d}t}>0 \cap \left|\dfrac{\mathrm{d}\omega}{\mathrm{d}t}\right|>C_j \\[4mm] 2J_0-\dfrac{2J_0-J_{\min}}{1+\dfrac{J_0-J_{\min}}{J_0}\mathrm{e}^{-r_2\left|\frac{\mathrm{d}\omega}{\mathrm{d}t}\right|}} & \Delta\omega\dfrac{\mathrm{d}\omega}{\mathrm{d}t}<0 \cap \left|\dfrac{\mathrm{d}\omega}{\mathrm{d}t}\right|>C_j \end{cases} \tag{9-50}$$

$$D = \begin{cases} D_0 & |\Delta\omega| \leqslant C_d \\ \dfrac{D_{max}}{1+\dfrac{D_{max}-D_0}{D_0}e^{-r_3 t}} & |\Delta\omega| > C_d \end{cases} \tag{9-51}$$

式中，$J_{max}$ 为转动惯量上限值；$J_{min}$ 为转动惯量下限值；$D_{max}$ 为阻尼系数上限值；$C_j$、$C_d$ 分别为角频率变化率和角频率偏差的阈值；$r_1$、$r_2$ 为 $J$ 的固有增长率；$r_3$ 为 $D$ 的固有增长率。

在式（9-50）和式（9-51）中设置阈值是为了减少参数的变化次数，以确保系统稳定运行。然而，阈值的选取会直接影响系统的动态性能，若阈值设置过大，将会限制参数的调节范围；若阈值设置过小，会导致调节时间延长。目前尚未形成统一的阈值确定方法，为了避免阈值参数的整定，对固定增长率 $r$ 进行调整，具体表达式见式（9-52）：

$$\begin{cases} r_1 = a_1 \left| \dfrac{d\omega}{dt} \right|^2 \\ r_2 = a_2 \left| \dfrac{d\omega}{dt} \right|^2 \\ r_3 = a_3 \left| \Delta\omega \right|^2 \end{cases} \tag{9-52}$$

式中，$a_1$、$a_2$ 和 $a_3$ 分别为函数式的系数。

**3. 考虑设备运行状态的控制参数边界**

（1）设备运行的参数边界

VSG 的惯性支撑和阻尼特性所需能量需要燃料电池机组、电解水制氢机组和蓄电池参与提供。因此，在确定控制参数 $J$、$D$ 的边界时，需要充分考虑运行工况和物理约束，以确保系统的稳定性和设备的使用寿命。

当 VSG 系统得到幅值为 $\hat{P}_m$ 的阶跃指令时，根据式（9-45）可知，功率响应过程中存在最大值为

$$\hat{P}_{emax} = \left( 1 + e^{-\frac{\xi\pi}{\sqrt{1-\xi^2}}} \right) \hat{P}_m \tag{9-53}$$

混合储能系统的最大可调充放电功率应当与功率响应过程中的最大需求相匹配。储能系统的功率调节范围受其运行状态和功率调节上限的约束。首先对各储能设备的功率状态进行定义：

$$\alpha_{dev}(t) = \frac{P_{dev}(t)}{P_{dev}^{max}(t)} \tag{9-54}$$

式中，$P_{dev}(t)$ 为 $t$ 时刻的储能出力，单位为 kW；$P_{dev}^{max}(t)$ 为 $t$ 时刻的储能出力上

限，单位为 kW。

在系统运行过程中，蓄电池的最大功率调节范围为

$$\begin{cases} \hat{P}_{\text{bat,ch}}^{\max}(t) = (1-\alpha_{\text{bat,ch}}(t)) P_{\text{bat,ch}}^{\max}(t) \\ \hat{P}_{\text{bat,dis}}^{\max}(t) = (1-\alpha_{\text{bat,dis}}(t)) P_{\text{bat,dis}}^{\max}(t) \end{cases} \tag{9-55}$$

其中：

$$\begin{cases} P_{\text{cap,ch}}^{\max}(t) = \min\{P_{\text{cap,ch}}^{\text{N}}, (\text{SOC}_{\text{cap}}^{\max}-\text{SOC}(t)) E_{\text{cap}}(t)/(\eta_{\text{cap,ch}}\Delta t)\} \\ P_{\text{cap,dis}}^{\max}(t) = \min\{P_{\text{cap,dis}}^{\text{N}}, (\text{SOC}(t)-\text{SOC}_{\text{cap}}^{\min}) E_{\text{cap}}(t)\eta_{\text{cap,dis}}/\Delta t\} \end{cases} \tag{9-56}$$

式中，$P_{\text{cap,ch}}^{\text{N}}$、$P_{\text{cap,dis}}^{\text{N}}$ 分别为蓄电池的额定充放电功率，单位为 kW；$\text{SOC}_{\text{cap}}^{\max}$、$\text{SOC}_{\text{cap}}^{\min}$ 分别为蓄电池荷电状态的上下限；$\eta_{\text{cap,ch}}$、$\eta_{\text{cap,dis}}$ 分别为蓄电池的充放电效率；$E_{\text{cap}}(t)$ 为 $t$ 时刻蓄电池储存的能量，单位为 kWh。

在一定温度下，电解水制氢机组的功率随着电流的增加而持续增加，为确保电解水制氢机组的安全性，将其最大工作电流限制在额定工作电流范围内，对应的工作点为该温度下的额定功率。燃料电池机组在运行过程中，气体通过稳压阀进入阴阳极，其额定功率由不同温度下功率曲线的顶点决定。燃料电池机组的最大功率调节范围为

$$\hat{P}_{\text{fc}}^{\max}(t) = (1-\alpha_{\text{fc}}(t)) P_{\text{fc}}^{\max}(t) \tag{9-57}$$

其中：

$$P_{\text{fc}}^{\max}(t) = \min\{P_{\text{fc}}^{\text{N}}(T_{\text{fc}}), (E_{\text{tank}}(t)-E_{\text{tank}}^{\min})\eta_{\text{fc}}/\Delta t\} \tag{9-58}$$

式中，$P_{\text{fc}}^{\text{N}}(T_{\text{fc}})$ 表示电池温度为 $T_{\text{fc}}$ 时，燃料电池机组的额定功率，单位为 kW。

鉴于电解电堆组成材料的特性，商用的碱性电解水制氢机组最小运行功率限制在 25%～50%，以避免氧中氢浓度超过爆炸极限。相较之下，PEM 电解水制氢机组具有更宽的运行范围，其最大功率调节范围为

$$\hat{P}_{\text{el}}^{\max}(t) = (1-\alpha_{\text{el}}(t)) P_{\text{el}}^{\max}(t) \tag{9-59}$$

其中：

$$P_{\text{el}}^{\max}(t) = \begin{cases} \min\{P_{\text{el}}^{\text{N}}(T_{\text{el}}), (E_{\text{tank}}^{\max}-E_{\text{tank}}(t))/(\eta_{\text{el}}\Delta t)\} & (E_{\text{tank}}^{\max}-E_{\text{tank}}(t))/(\eta_{\text{el}}\Delta t)>P_{\text{el,op}}^{\min} \\ 0 & (E_{\text{tank}}^{\max}-E_{\text{tank}}(t))/(\eta_{\text{el}}\Delta t)\leqslant P_{\text{el,op}}^{\min} \end{cases}$$

$$\tag{9-60}$$

式中，$P_{\text{el}}^{\text{N}}(T_{\text{el}})$ 表示电堆温度为 $T_{\text{el}}$ 时，电解水制氢机组的额定功率，单位为 kW；$P_{\text{el,op}}^{\min}$ 为电解水制氢机组最小运行功率限制，取 $0.1P_{\text{el}}^{\text{N}}(T_{\text{el}})$。

该系统的能量管理策略如图 9-2 所示，工作状态主要包括不工作、独立工作和联合工作。当储能处于独立工作或联合工作时，需要分别满足式（9-61）和

式（9-62）的条件。

$$\hat{P}_{\text{bat}}^{\max}(t_0) \geq \hat{P}_{\text{emax}} \, | \, \hat{P}_{\text{hy}}^{\max}(t_0) \geq \hat{P}_{\text{emax}} \tag{9-61}$$

$$\hat{P}_{\text{cap}}^{\max}(t_0) + \hat{P}_{\text{hy}}^{\max}(t_0) \geq \hat{P}_{\text{emax}} \tag{9-62}$$

式中，$\hat{P}_{\text{cap}}^{\max}(t_0)$、$\hat{P}_{\text{hy}}^{\max}(t_0)$分别为在接收指令时，蓄电池和氢储能的最大功率调节范围。

（2）标准约束下的参数边界

为了确保系统运行性能符合逆变器并网的规定，依据相关标准和实际工程经验，确定了控制参数 $J$、$D$ 的取值范围。

有功功率的闭环传递函数见式（9-41），其固有角频率和阻尼比见式（9-43）。为了同时满足响应速度快和稳定性好，通常将阻尼比选择在 $0.5 < \xi < 1$ 之间。

其次，在参数选择时需要保留适当的裕度，以防止系统振荡导致失稳。二阶环节的幅值裕度 $h$ 和相角裕度 $\gamma$ 的表达式如下所示：

$$\begin{cases} h(\text{dB}) = \infty \\ \gamma = \arctan\left(2\xi \sqrt{\dfrac{1}{\sqrt{4\xi^4 + 1} - 2\xi^2}}\right) \end{cases} \tag{9-63}$$

为了使控制系统具有满意的性能，相角裕度 $\gamma$ 为 $30° \sim 70°$，幅值裕度 $h > 6\text{dB}$。本书选择 $\gamma > 50°$，根据式（9-63）求得 $\xi > 0.478$。

然后，考虑功率响应的调节时间。标准规定有功调频调节时间不大于 1s，得到：

$$t_{\text{s\_p}} = \frac{3}{\xi \omega_{\text{n}}} \leq 1 \tag{9-64}$$

为保证 VSG 与 SG 具有相同的低频特性并消除电压环对功率的影响，最大截止频率 $f_{\text{cmax}}$ 一般小于两倍额定频率的 10%。本书取 $f_{\text{cmax}} = 10\text{Hz}$，即

$$\omega_{\text{f}} = \omega_{\text{n}} \sqrt{\sqrt{4\xi^4 + 1} - 2\xi^2} \leq 20\pi \tag{9-65}$$

式中，$\omega_{\text{f}}$ 为截止角频率。

最后，需要满足逆变器并入电网连续运行的条件。根据 EN50438 标准，当系统频率变化 1Hz 时，逆变器应该提供额定容量为 $40\% \sim 100\%$ 的有功功率[3]。结合我国电网允许的频率偏差，对上述标准进行相应调整，从而得到阻尼系数的约束条件如下：

$$D = \frac{\Delta T}{\Delta \omega_{\max}} = \frac{\Delta P}{\omega_0 \Delta \omega_{\max}} \tag{9-66}$$

式中，$\Delta T$ 为逆变器转矩变化量，单位为 N/m；$\Delta P$ 为逆变器有功功率输出变化

量，单位为 kW；$\Delta\omega_{\max}$ 为系统的最大角频率偏差，单位为 rad/s。

综合考虑储能约束和标准约束后，得到了满足各边界条件的曲线集合，如图 9-8 所示。曲线围成的阴影部分即为 $J$ 和 $D$ 的取值范围。在该范围内，$J$ 和 $D$ 存在一定的耦合关系。所以验证控制策略时，在阴影部分寻找最大的内接四边形作为控制参数的取值范围。

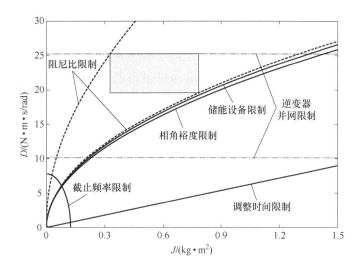

图 9-8　$J$ 和 $D$ 的取值范围

<br>

## 9.3　氢储能系统

### 9.3.1　基本原理与结构

#### 1. 氢储能系统的定义

氢储能系统是指利用富余的、非高峰的或低质量的电力来大规模制氢，将电能转换为氢能储存起来，然后再在电力输出不足时利用氢气通过燃料电池或其他方式转换为电能输送上网，以发挥电力调节的作用，这是电能到氢能再到电能的双向转换过程。

一方面，利用电解水制氢机组、储氢罐、燃料电池机组等氢能设备改善可再生能源并网特性、缓解输配电线路阻塞；另一方面，考虑可再生能源随机性对供能可靠性的影响，利用富余电能电解水制氢，以能量或者物质多形态灵活参与能源电力的长时平衡调节，以电-氢-电"双向耦合"方式支撑长时电力电量平衡。氢储能在时间尺度跨季节储能的同时，还可通过制、储、输、用环节在不同地理位置的联合实现储能的空间搬运，在空间范围内实现能量的转移与供需平衡，在中长时间尺度上解决供能可靠性[4]。

在短时间内，电力系统面临负荷快速波动和可再生能源出力不稳定的挑战。氢储能系统通过电解水制氢机组和燃料电池机组的双向快速功率调节，能够有效平抑这些波动，维持电网频率和电压的稳定。例如，当风力或光伏发电量突然增加时，电解水制氢机组可以迅速起动吸收多余的电力制氢；反之，当负荷突增或可再生能源出力骤降时，燃料电池机组则迅速起动将储存的氢气转换为电能并网，实现快速的功率平衡和频率调节，减少可再生能源瞬时功率变化及其对电网的冲击，提高电网的瞬时稳定性和电能质量。能源枢纽平抑风电波动效果图如图 9-9 所示。

在中长时间尺度上，电力负荷呈现明显的日变化和周变化规律，例如白天用电高峰、夜间用电低谷。氢储能系统可以利用夜间低谷时段的低价电力通过电解水制氢并储存，然后在白天高峰时段将储存的氢气转换为电能并网，实现"削峰填谷"，平滑负荷曲线，提高电网运行效率和经济性。此外，氢储能系统还可以作为重要的备用电源，在电网发生故障或紧急情况时

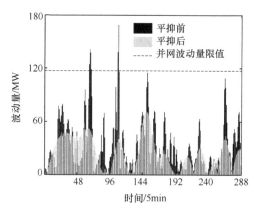

图 9-9　能源枢纽平抑风电波动效果图

提供可靠的电力供应，保障重要用户的用电需求，增强电力系统的可靠性和韧性。

从长远来看，随着大规模新能源的渗透及产业用电结构的变化，电网峰谷差将不断扩大。不同于传统火力发电机组，新能源发电具有功率随机波动与电量季节分布不均等特征。电源结构深刻变化后，如图 9-10 所示，极端天气情况下新能源电力平衡能力弱，新能源高占比电力系统中周-月尺度电能富裕和短缺交替出现，新型电力系统对于具有跨月与跨季能量调节能力的长时储能需求显著增长，通过大容量储氢设施实现氢能长时间储存，在电力缺口时利用燃料电池机组发电供能，支撑电力系统跨季节储能。此外，氢储能还可以作为国家或地区的能源战略储备，以应对突发的能源危机或地缘政治风险，保障能源安全。

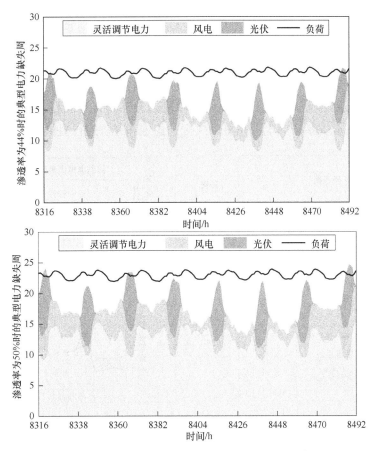

图 9-10　新能源高占比能源电力典型长周期平衡调节曲线

从空间尺度来看，在我国部分地区，电力输送能力的增长跟不上电力需求增长的步伐，在高峰电力需求时输配电系统会发生拥挤阻塞，影响电力系统正常运行。氢储能中"储-输"环节可充当"虚拟输电线路"，将氢储能配置在输配电系统阻塞段的潮流下游，电能被储存在没有输配电阻塞的区段，在电力需求高峰时氢储能系统释放电能，从而减少输配电系统容量的要求，缓解输配电系统阻塞的情况。考虑到输配电线路以长距离跨省、跨地域输运为主，若通过氢气运输的方式缓解输配电线路阻塞问题，相较于其他运输方式，管道输氢具有特殊优势。

在其他方面，利用氢能在低碳清洁、能量密度、储存时间等方面的优势，通过氢储能将电力系统与氢能系统耦合起来，在一定的市场交易规则下，参与调频、备用、惯量支撑等电力辅助服务，提高电力系统的安全性、可靠性和灵活性。

**2. 氢储能系统的基本结构**

氢储能系统的基本结构是基于制-储-输-发各环节设备物理特性、运行方式及性能指标，并结合不同应用场景下电网和氢网的需求，通过科学布局构建的基础架构。如图 9-11 所示，主要由制氢系统、储氢系统和氢发电系统三部分组成。氢储能系统通过电能-氢能-电能的转换路径实现能量流转，从而提升电网电能质量并创造氢能的附加价值。各子系统之间紧密耦合，形成相互依存、相互联系、相互补偿的协调优化运行模式，实现动态平衡，并依靠各环节设备的技术特性及其耦合关系，为电力系统的安全、稳定和经济运行提供有力支撑。

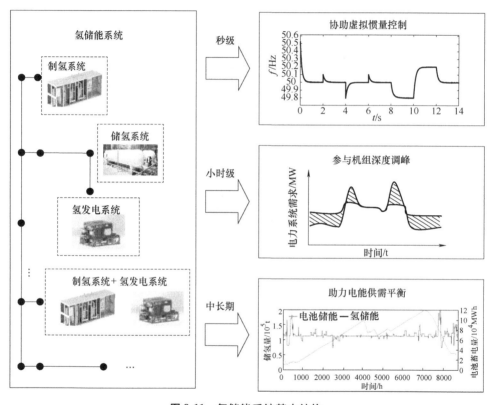

**图 9-11　氢储能系统基本结构**

## 9.3.2　容量规划优化

以季节性氢储能为核心的储能体系能够支撑新能源发电机组在长周期（年）维持电力电量平衡。功率型储能与氢储能互补应用是支撑新型电力系统构建的重要手段。电源-氢储能系统容量规划的任务是在考虑氢储能设备技术运行特性与电力系统电力电量平衡需求约束下，使氢储能投资决策经济合理。其本质是一个优化问题，数学模型如下所示：

$$\begin{cases} \min f(x,y) \\ \text{s. t. } g_i(x) \leq a_i; h_i(y) \leq b_i; k_i(x,y) \leq d_i \\ x \geq 0, y \geq 0 \end{cases} \tag{9-67}$$

式中，$f(x,y)$ 为优化目标；$x$ 与 $y$ 为优化变量，一般包括各类发电机组装机容量与输出功率；$g(x)$ 为与装机容量相关的约束条件，例如火电机组、新能源装机规模的上下限约束，主要受资源限制或政策的推动；$h(y)$ 为与机组发电功率相关的约束；$k(x,y)$ 为与装机容量和输出功率相关的约束，例如电力系统的电力平衡、电量平衡与备用约束等。

随着电力系统脱碳进程的深入，新能源电源占比大幅提升，系统可靠性面临挑战，为刻画新能源出力不确定性对规划的影响，负载缺失概率、电能缺失概率与能量缺失期望等可靠性指标被纳入目标函数或约束条件。为确保氢储能规划的经济性、环保性与可靠性，优化模型的目标函数与约束条件不断拓展，呈现高维度、非线性、多变量等特征，求解面临着挑战。可将复杂的氢储能规划模型分解为投资决策与生产模拟两部分，将规划转换为一个双层优化问题，数学模型见式（9-68）。上层优化任务主要包括确定氢储能容量配置；下层优化任务是在投资决策方案已知的条件下，考虑氢储能设备的运行特性，决策出经济可靠的运行方式，双层模型的上、下层优化相互迭代，上层优化为下层优化提供设备运行的边界条件，下层优化将计算的适应度值或决策变量反馈至上层优化的目标函数中。

$$\begin{cases} \min_x F_{\text{up}}(x,y) \\ \text{s. t. } H(x,y) = 0; G(x,y) \leq 0 \\ \min_y f_{\text{down}}(x,y) \\ \text{s. t. } h(x,y) = 0; g(x,y) \leq 0 \end{cases} \tag{9-68}$$

式中，$F_{\text{up}}(x,y)$ 与 $f_{\text{down}}(x,y)$ 分别为上层与下层优化的目标函数；$H(x,y)$ 与 $G(x,y)$ 分别为上层优化的等式与不等式约束；$h(x,y)$ 与 $g(x,y)$ 分别为下层优化的等式与不等式约束。

氢储能系统规划框架如图 9-12 所示，包含数据处理、电源-氢储能容量配置、功率型储能容量配置与运行模拟校验四个环节。其中，数据处理环节的输入包括规划区域内新能源发电与负荷的历史数据、规划水平年负荷预测数据以及电源与储能规划相关的技术经济参数，输出规划水平年以周时间尺度的新能源发电量与负荷耗电量时序曲线。电源-氢储能容量配置基于氢储能中长时间尺度运行模型，以电源与氢储能投资运行成本最小为目标，考虑规划决策约束、电量平衡约束与新能源发电量等约束，建立电源-氢储能容量配置模型，获得电源与氢储能容量配置方案与中长时间尺度氢储能的时序运行策略。功率型储能容量配置环节的输入为电源、氢储能的装机容量与氢储能中长期时序运行策略，其功能包含极端场景生成与功率型储能容量优化两部分，输出结果为满足极端场景下电力电量平衡的电储能容量配置方案。全年逐小时运行模拟校验环节的输入为电源、氢储能、功率型储能的装机容量以及以氢储能中长时间尺度的能量时序，以电源与功率型储能、氢储能运行成本最低为优化目标，考虑源储运行约束、电力平衡约束等，建立运行优化模型，获取全年经济运行方案；当输入的电源、储能容量配置方案不满足全年的电力电量平衡或新能源利用率约束时，对源储容量配置方案进行修正，直至满足约束。

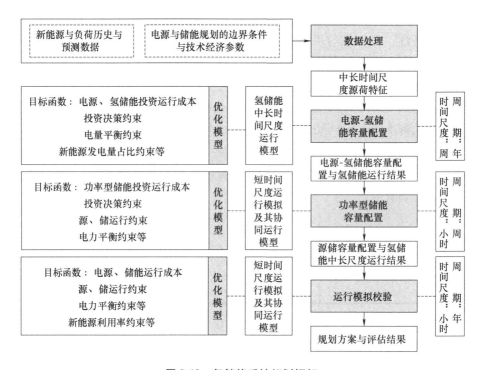

图 9-12　氢储能系统规划框架

## 1. 数据处理

考虑中长时间尺度时序运行模拟的电源-氢储能规划模型，需先掌握新能源发电量与负荷用电量中长时间尺度的波动规律。

全年逐小时的新能源历史实际发电功率数据按式（9-69）归一化获得新能源发电时序特征（后文简称发电功率特征序列）；发电功率特征序列以周为单位

叠加，生成以周为时间尺度的新能源发电量特征序列。

$$p_{\text{new\_a},y}=p_{\text{new\_b},y}/P_{\text{new},y} \tag{9-69}$$

式中，$p_{\text{new\_b},y}$ 与 $p_{\text{new\_a},y}$ 分别为归一化前后的新能源发电功率序列；$P_{\text{new},y}$ 为历史年份 $y$ 的新能源装机容量。

在负荷方面，与新能源发电量特征序列生成方法相同，基于负荷电量预测数据与历史负荷时序特征，生成规划水平年逐小时的负荷序列，见式（9-70）；以周为单位叠加负荷，生成中长时间尺度的负荷电量序列。

$$p_{\text{load},x} = (E_{\text{load},x}/E_{\text{load},y})p_{\text{load},y} \tag{9-70}$$

式中，$E_{\text{load},x}$ 与 $E_{\text{load},y}$ 分别为规划水平年 $x$ 与历史年份 $y$ 的负荷用电量，单位为 kWh；$p_{\text{load},x}$ 与 $p_{\text{load},y}$ 分别为规划水平年份 $x$ 与历史年份 $y$ 的负荷序列。

**2. 电源-氢储能容量配置**

（1）目标函数

以年均总成本最小作为电源-氢储能容量配置的优化目标，如下所示：

$$\min f_{\text{ATC1}} = C_{\text{inv}} + C_{\text{om}} \tag{9-71}$$

式中，$f_{\text{ATC1}}$ 为电源与氢储能的年均总成本，单位为元；$C_{\text{inv}}$ 与 $C_{\text{om}}$ 分别为年均投资成本与年均运行维护成本，单位为元；其中，年均投资成本计算如下：

$$R_{\text{c}} = (j(1+j)^r)/((1+j)^r-1) \tag{9-72}$$

$$C_{\text{inv}} = R_{\text{c}}\left(\sum_{l=1}^{L} P_l c_{\text{inv},l}\right) \tag{9-73}$$

式中，$R_{\text{c}}$ 为投资回报率；$r$ 为电源与储能系统的规划周期；$j$ 为年利率；$c_{\text{inv},l}$ 为设备 $l$（包括火电机组、风电/光伏发电机组、电解水制氢机组、储氢系统与燃料电池机组）的投资单价，单位为元/kW；$P_l$ 为设备 $l$ 配置的额定功率（容量）。

年均运行维护成本主要包括发电机组的燃料成本与启停成本、电解水制氢机组与燃料电池机组的启停与衰减成本，以及各类设备固定维护成本，见式（9-74），此处忽略新能源机组的运行成本。

$$C_{\text{om}} = \sum_{m=1}^{N_M}\sum_{t=1}^{N_T} P_{qt,m,t}c_{qt,m} + \sum_{m=1}^{N_M}\sum_{t=1}^{N_T} P_{op,m,t}c_{op,m} + \sum_{m=1}^{N_M}\sum_{t=1}^{N_T} P_{ma,m,t}c_{ma,m} + \sum_{o=1}^{N_O} f(p_{\text{el},o}) + \sum_{q=1}^{N_Q} f(p_{\text{fc},q})$$

$$\tag{9-74}$$

式中，$C_{\text{om}}$ 为年均运行维护成本；$P_{qt,m,t}$、$P_{op,m,t}$ 与 $P_{ma,m,t}$ 分别为时段 $t$ 设备 $m$ 的启停容量、运行功率与维护容量，单位为 kW；$c_{qt,m}$、$c_{op,m}$ 与 $c_{ma,m}$ 分别为设备 $m$ 的单位启停成本、单位运行成本与单位维护成本，单位为元/kW；$N_M$ 与 $N_T$ 分别为设备数与时段数；$f(p_{\text{el},o})$ 与 $f(p_{\text{fc},q})$ 分别为电解水制氢机组 $o$ 与燃料电池机组

$q$ 的衰减成本，是关于运行功率的函数。

（2）约束条件

优化约束条件主要包括发电机组与氢储能系统装机容量的上下限约束、新能源发电量占比约束、电量平衡约束以及中长时间尺度的氢储能运行约束，发电机组正常运行需满足最大和最小发电功率约束、机组启停时间约束、常规机组爬坡约束，此处不再复述。电源-氢储能容量配置时，以周的时间尺度，此处运行约束暂不包括发电-负荷电力平衡，仅考虑电量平衡。

$$\begin{cases} P_{g,m,\min} \leq P_{g,m} \leq P_{g,m,\max} \\ P_{hs,i,\min} \leq P_{hs,i} \leq P_{hs,i,\max} \end{cases} \tag{9-75}$$

式中，$P_{g,m,\max}$、$P_{g,m,\min}$ 分别为发电机组 $m$ 装机容量规划的上限与下限，单位为 kW；$P_{hs,i,\max}$、$P_{hs,i,\min}$ 分别为氢储能设备装机容量规划的上限与下限，单位为 kW。

$$\sum_{t=1}^{N_T} \sum_{k=1}^{N_K} E_{new,k,t} \geq \alpha_r E_{load} \tag{9-76}$$

式中，$E_{new,k,t}$ 为新能源机组 $k$ 在时段 $t$ 的发电量，单位为 kWh；$\alpha_r$ 为新能源渗透率；$E_{load}$ 为年用电量，单位为 kWh；$N_K$ 为新能源机组数量。

$$\sum_{k=1}^{N_K} E_{new,k,t} + \sum_{g=1}^{N_G} E_{other,g,t} - \sum_{o=1}^{N_O} E_{el,o,t} + \sum_{q=1}^{N_Q} E_{fc,q,t} = (1+R_{E,t})E_{load,t} \tag{9-77}$$

$$\begin{cases} 0 \leq E_{new,k,t} \leq E_{new\_max,k,t} \\ 0 \leq E_{other,g,t} \leq \Delta t P_{other\_max,g} \\ 0 \leq E_{el,m,t} \leq \Delta t P_{el\_max,m} \\ 0 \leq E_{fc,n,t} \leq \Delta t P_{fc\_max,n} \end{cases} \tag{9-78}$$

式中，$E_{new\_max,k,t}$ 为时段 $t$ 新能源机组 $k$ 的实际发电量生成，单位为 kWh；$P_{other\_max,g}$，$P_{el\_max,m}$ 与 $P_{fc\_max,n}$ 分别为其他发电机组、电解水制氢机组与燃料电池机组的装机容量，单位为 kW；$\Delta t$ 等于 1 周；$R_{E,t}$ 为时段 $t$ 电量备用系数。

**3. 功率型储能容量配置**

电源-氢储能容量配置方案能否满足系统极端场景下的调峰需求，需进行逐小时的电力电量平衡与调峰检验；若规划方案不能通过极端场景下的平衡校验，则需要增加配置功率型储能。

（1）目标函数

以功率型储能年均投资成本与运行维护成本最小作为功率型储能容量配置的目标，如下所示：

$$\min f_{ATC1} = C_{inv\_es} + C_{o\&m\_es} \tag{9-79}$$

式中，$f_{ATC1}$ 为功率型储能系统年均投资与运行维护成本，单位为元；$C_{inv\_es}$ 与 $C_{o\&m\_es}$ 分别为功率型储能年均投资成本与年均运行维护成本，单位为元。

（2）约束条件

优化约束条件除了需满足常规氢储能短周期运行约束、功率型储能运行约束、新能源消纳约束以及切负荷约束外，还包括所有极端场景下的电力电量平衡约束，如下所示：

$$\sum_{m=1}^{M} P_{g,m,t} + \sum_{n=1}^{N} \left( x_{es,n,d,t}P_{es,n,d,t} - x_{es,n,c,t}P_{es,n,c,t} \right) + \left( \sum_{o=1}^{O} x_{el,o,t}P_{el,o,t} - \sum_{q=1}^{Q} \left( x_{fc,q,t}P_{fc,q,t} \right) \right) = P_{load,t}$$

（9-80）

式中，$P_{g,m,t}$ 与 $P_{load,t}$ 分别为 $t$ 时刻发电机组 $m$ 的出力与负荷，单位为 kW；$M$、$N$、$O$ 与 $Q$ 分别为发电机组、功率型储能、电解水制氢机组与燃料电池机组的数量。

**4. 多时间尺度运行模拟校验**

考虑氢储能跨季能量调节与电-氢储能协同运行机制，采用全场景多时间尺度运行模拟方法，以校验源储容量配置方案的可行性。

以各周的运行成本 $f_{op\_week}$ 最低为优化目标，如下所示：

$$\min f_{op\_week} = C_{op\_week} + C_{lost\_week} + C_{loss\_week} \tag{9-81}$$

式中，$C_{op\_week}$、$C_{lost\_week}$ 与 $C_{loss\_week}$ 分别为发电机组与氢储能的操作成本、新能源弃电成本以及失负荷成本，单位为元/kW；其中，操作成本主要包括启停成本、运行成本（如火电机组的燃料成本、电解水制氢机组耗水成本等），以及功率型储能、氢储能设备的衰减成本，如式（9-82）～式（9-84）所示：

$$C_{op\_week} = \sum_{m=1}^{N_M} \sum_{t=1}^{N_T} P_{qt,m,t}c_{qt,m} + \sum_{m=1}^{N_M} \sum_{t=1}^{N_T} P_{op,m,t}c_{op,m} + \sum_{o=1}^{N_O} f(p_{el,o,T}) + \sum_{q=1}^{N_Q} f(p_{fc,q,T}) \tag{9-82}$$

$$C_{lost\_week} = \beta_{lost} \sum_{t=1}^{T} \sum_{k=1}^{N_K} P_{lost,k,t} \tag{9-83}$$

$$C_{loss\_week} = \beta_{loss} \sum_{t=1}^{T} P_{loss,t} \tag{9-84}$$

式中，$N_T$ 为一周的小时数；$f(p_{el,o,T})$、$f(p_{fc,q,T})$ 分别为第 $T$ 周电解水制氢机组与燃料电池机组的衰减成本；$\beta_{lost}$ 与 $\beta_{loss}$ 分别为新能源弃电与失负荷的惩罚因子；$P_{lost,k,t}$ 为新能源机组 $k$ 在时刻 $t$ 的弃电功率，单位为 kW；$P_{loss,t}$ 为时刻 $t$ 的失负荷，单位为 kW。

运行优化约束条件包括氢储能短周期运行约束、新能源消纳约束以及切负荷限制。

### 9.3.3　并网运行控制

氢储能系统在并网运行控制方面具有重要作用，它能够提供多种电力辅助服务，增强电力系统的稳定性和可靠性。电解制氢、氢发电可以实现超短期（秒级）的短时响应，缩短频率扰动的持续时间，储氢罐具有可以长期储存的优势，可实现从短期（小时级）到中长期（季节性）能源供需平衡的大时间范围内的储能需求[1]。

氢储能系统与风力发电系统的耦合，为实现清洁能源的高效利用和电网稳定运行提供了一种极具潜力的解决方案。将储能系统置于风电机组的中间直流环节，可充分发挥氢储能快速响应、能量密度高和可调节性强的优点，实现对风电功率的精细化调控。氢储能耦合风力发电系统的并网控制策略主要包括最大功率点跟踪（MPPT）控制、频率稳定控制、电压稳定控制和虚拟惯量控制等，其中，MPPT旨在最大化风能捕获，频率和电压稳定控制确保系统与电网的稳定连接，虚拟惯量控制则增强系统对频率扰动的动态响应能力。本书以氢储能系统耦合双馈感应发电机（DFIG）风力发电机组为研究对象，探讨虚拟惯量控制在氢储能并网中的应用，深入分析其对上述控制目标的实现效果，并系统性地阐述氢储能典型并网控制策略的技术路径和实际意义。

#### 1. 基本架构

氢储能耦合双馈风力发电系统的基本架构如图9-13所示。电网与双馈风机转子侧可以双向交换功率，置于双馈机中间直流侧的氢储能同样可以与风机转子侧进行功率的双向传输，进而调节风力发电系统的输出电能，保证频率稳定性。

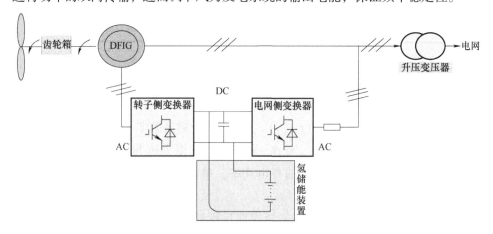

**图 9-13　氢储能耦合双馈风力发电系统的基本架构**

**2. 能量传递关系**

如图 9-14 所示，双馈风机变流器的直流环节加入储能装置之后，一方面在不同的运行状态下系统所需要的定子功率 $P_s$ 和转子转差功率 $P_r$ 的大小不受影响，另一方面由于氢储能系统置于双馈机中间直流环节，经过转子侧变换器从转子侧传输到电网或者由风机定子侧经过转子侧变换器传输到转子侧的功率 $P_{Sr}$，可以借助氢储能系统吸收或释放有功功率 $P_b$ 调节。一般情况下，电力系统的有功功率处于一个动态平衡的状态之下，一旦这种平衡被打破，系统的安全稳定运行状态也将受到挑战，此时，氢储能系统可以通过其快速的充放电功能去尽力维持这种平衡。功率失衡的情况分为以下两种：

第一种情况：当电网的有功出现缺额时（某时刻负荷突增），为了重塑电网的功率平衡，当双馈机处于超同步运行状态时，如果此时风电富余，那么双馈机将通过定转子两侧同时向电网输送能量，同时为了降低风能的损失，一部分能量将经过转子侧变换器输入氢储能系统进行电解制氢，转子侧转子转差输出功率 $P_r$ 由电解制氢功率 $P_b$ 与网侧变换器流入电网的功率 $P_{Sr}$ 组成；如果由于电网功率规划等原因此时风电不足，那么氢储能中的燃料电池机组将向风机直流侧输出电能以弥补功率的缺额，此时转子侧转子转差输出功率 $P_r$ 与燃料电池机组放电功率 $P_b$ 一起经过电网侧变换器流入电网。当双馈机处于次同步运行状态时，转子旋转磁场速度小于定子旋转磁场，转子侧励磁功率由转子侧变换器流入发电机转子，如果此时风电富余，那么双馈机定子侧功率 $P_{Sr}$ 经过电网侧变换器一部分流入氢储能系统通过电解水制氢机组制氢，另一部分则经过转子侧变换器流入转子绕组，如果此时风电不足，那么氢储能系统通过燃料电池机组放电将功率传输到转子绕组。

第二种情况：当电网有功过量时（某时刻负荷突减），整个系统的功率流动过程可以以此类推，在此不做赘述。

总而言之，将氢储能置于双馈机中间直流侧起到了能量缓冲器的作用，为整个系统的功率平衡做出贡献的同时也为电力系统功率及时调整争取了时间。

**3. 虚拟惯量定义**

现代电力系统中通常利用惯量常数 H 反映发电机组惯量对发电机整个运行过程的影响，传统发电机组惯量常数可表示如下：

$$H = \frac{E_{ks}}{S_N} = \frac{J\Omega_r^2}{2S_N} \tag{9-85}$$

式中，$E_{ks}$ 为传统机组正常工作时的转子动能；$J$ 为转动惯量，单位为 kg·m²；

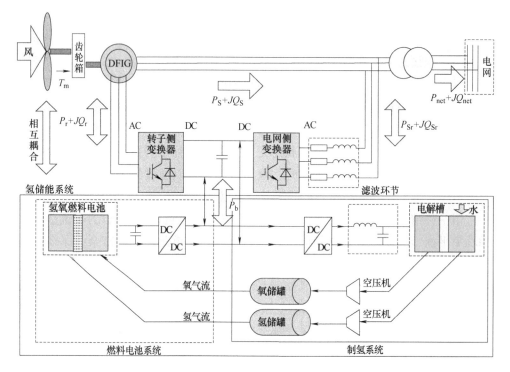

**图 9-14  氢储能耦合双馈风力发电系统能量传递关系**

$\Omega_r$ 为发电机额定转速；$S_N$ 为机组额定容量。

将传统同步机的转子运动方程惯量常数的表达公式结合起来，可以推导出电机惯性常数的另一种形式：

$$H = \frac{\Delta P^*}{2\omega^* \dfrac{\mathrm{d}\omega^*}{\mathrm{d}t}} = \frac{\Delta T_e^*}{2\dfrac{\mathrm{d}\omega^*}{\mathrm{d}t}} \tag{9-86}$$

由于 $\Delta\omega = 2\pi\Delta f$，角速度与系统频率直接成正比关系，标幺值是相同的，因此上式可进行如下变化：

$$f^* \frac{\mathrm{d}f^*}{\mathrm{d}t} H = \frac{\Delta P_e^*}{2} \tag{9-87}$$

对上式两端求取短时间 $\Delta t$ 时间内的定积分，得到发电系统在时间段 $\Delta t$ 内的平均广义惯量常数为

$$H_{\mathrm{WHFESS}} = \frac{P^*\Delta t}{[f^*(t+\Delta t)]^2 - [f^*(t)]^2} = \frac{\Delta E^*}{[f^*(t+\Delta t)]^2 - [f^*(t)]^2} \tag{9-88}$$

式中，$f^*(t)$ 为系统 $t$ 时刻的频率标幺值；$f^*(t+\Delta t)$ 为系统 $t+\Delta t$ 时刻的频率标幺

值；$P^*$ 为一小段时间 $\Delta t$ 内储能放电功率的标幺值；$\Delta E^*$ 为储能放电功率在 $\Delta t$ 时间内积累得到的能量标幺值。

风电耦合氢储能系统充电过程在制氢子系统中进行，放电过程在氢发电子系统中进行，其外在环境与所涉及的物理量差别较大，导致不同过程中虚拟惯量定义也有所不同。基于平均广义惯量常数定义风电氢储能系统充电过程中在某一小段时间 $\Delta t$ 内的平均广义惯量常数为

$$H_{\text{WHFESS}} = \frac{nFu_{\text{el}}^* \int_{t_0}^{t_0+\Delta t} m_{\text{el}}'(t)\,\mathrm{d}t}{\alpha_{\text{el}} N_{\text{el}} \left[ f^{*2}(t+\Delta t) - f^{*2}(t) \right]} \qquad (9\text{-}89)$$

式中，F 为法拉第常数；$n$ 为每 mol 水转移电子的摩尔数；$u_{\text{el}}^*$ 为电解电池电压的标幺值，单位为 V；$N_{\text{el}}$ 为电解电池的数量；$m_{\text{el}}'$ 为制氢子系统中储气罐的储氢速率。

放电过程中在某一小段时间 $\Delta t$ 内的惯量常数可做如下定义：

$$H_{\text{WHFESS}}' = \frac{kn_1(u_{\text{nearnst}}^* + u_{\text{act}}^* + u_{\text{ohmic}}^* + u_{\text{con}}^*)i_{\text{f}}^* \Delta t}{f^{*2}(t+\Delta t) - f^{*2}(t)} \qquad (9\text{-}90)$$

式中，$i_{\text{f}}^*$ 为电池放电运行时电流的标幺值；$k$ 为电池放电效率；$n_1$ 为单体燃料电池个数。

### 4. 虚拟惯量控制模型

由氢储能耦合风电系统虚拟惯量定义的推导分析，系统频率出现较大波动时，风氢耦合系统中的氢储能装置只有在近似的惯性常数内释放或者吸收与同步发电机惯量作用相同的能量，才能起到较好的调频效果，阻止系统频率进一步恶化。风氢耦合系统的虚拟惯量控制结构框图如图 9-15 所示。

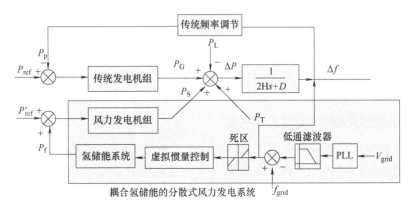

**图 9-15　风氢耦合系统的虚拟惯量控制结构框图**

图 9-15 中，$P_L$ 为负荷和电网交互的功率，单位为 kW；$P_G$ 为具有机械惯量响应的传统火电机组输出到电网的功率；$P_T$ 为与互联电网交互的功率，单位为 kW；$P_p$ 为传统发电机组调频功率；$P_S$ 为耦合氢储能系统的风力发电机组输出到电网的功率，单位为 kW；$P_f$ 为置于中间直流环节的氢储能输出功率，单位为 kW；$H$ 为系统虚拟惯量常数；$D$ 为系统阻尼；$f_{grid}$ 和 $V_{grid}$ 分别为给定的电网频率和电压。

由图 9-15 可知，正常状况下，系统处于有功功率平衡状态，频率不出现波动，氢储能发出功率为零，存在如下平衡方程：

$$P_G + P_S + P_T - P_L = \Delta P = 0 \tag{9-91}$$

进一步分析可知，风电机组输出功率的随机波动（例如风速随机波动）与负荷的投切可能会破坏式（9-91）所述的系统有功功率平衡，即引起系统出现频差。在不考虑氢储能系统发出功率时，功率偏差量 $\Delta P$ 和频率的改变量 $\Delta f$ 之间的关系可用下式描述：

$$2H \frac{\mathrm{d}\Delta f}{\mathrm{d}t} = \Delta P - D\Delta f = P_G + P_S + P_T - P_L - D\Delta f \tag{9-92}$$

设氢储能系统采用恒压充放电模式，充放电电压为 $u_f$，电流给定标幺值为 $i_f$，即

$$i_f = k_p \Delta f + k_d \frac{\mathrm{d}\Delta f}{\mathrm{d}t} \tag{9-93}$$

忽略变流器损耗及氢储能系统响应时间，得到虚拟惯量常数与虚拟惯量控制参数的关系如下：

$$\frac{(2H + u_f k_d)}{2} \frac{\mathrm{d}\Delta f}{\mathrm{d}t} = P_G + P_S + P_T - P_L - \frac{(D + k_p u_f)}{2} \Delta f \tag{9-94}$$

分析可知，比例系数 $k_p$ 与微分系数 $k_d$ 均为正时，风氢耦合系统的虚拟惯量将增大，有利于阻尼电力系统频率的突变，保持电网频率的稳定性。然而，风氢耦合系统的虚拟惯量的增大并不一定有利于电网频率保持在某一常值（例如50Hz），例如当电网频率恢复时，继续增大虚拟惯量则会延长频率波动的恢复时间，耦合系统虚拟惯量的增大对电力系统频率稳定的影响与电网频率的具体波动阶段有关。

### 5. 虚拟惯量模糊自适应控制方法

为了使氢储能装置具有遵照系统频率的变化动态调节虚拟惯量并且能够在发生频率事故时迅速和电网交换能量，达到平抑电网频率波动的目的，将频率偏差 $e$ 与频率偏差变化率 $e_c$ 以及修正参数 $\Delta k_{pf}$ 与 $\Delta k_{df}$ 作为控制器的输入与输出参数，构造一双输入双输出的模糊自适应 PD 控制器，动态模拟风电机组的虚拟惯

量响应特性，补偿风电系统的虚拟惯量。相应的模糊自适应 PD 控制结构图如图 9-16 所示。

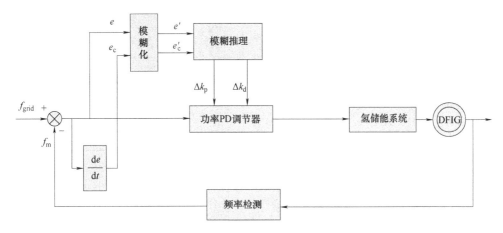

图 9-16　模糊自适应 PD 控制结构图

图 9-16 中，$e$ 和 $e_c$ 的定义如下：

$$e = f^* - f \tag{9-95}$$

$$e_c = \frac{\mathrm{d}(f^* - f)}{\mathrm{d}t} = \frac{\mathrm{d}e}{\mathrm{d}t} \tag{9-96}$$

分析可知，当 $e$ 为正时，$e_c$ 为正表示系统频率在恶化过程中，$e_c$ 为负则表示系统频率在恢复过程中；当 $e$ 为负时，$e_c$ 为正表示电网频率在恢复过程中，$e_c$ 为负则表示系统频率在恶化过程中。因此，模糊自适应 PD 控制器的基本推理规则可概括为系统频率逐渐恶化时应尽可能增大氢储能装置和系统交换能量，阻止频率的进一步恶化；而当系统逐渐频率恢复时应尽可能减小氢储能装置和系统交换能量，提升频率的恢复速度。

表 9-4 为参考风氢耦合系统的仿真特征，根据上述控制器基本推理规则而制定的模糊自适应 PD 控制器的控制规则表。其中，根据模糊控制理论中的控制规则，频率偏差 $e$ 和频率偏差变化率 $e_c$ 的基本论域分别设为 $[-2,1]$ 和 $[-3,3]$；模糊控制器输出 $\Delta k_p$ 与 $\Delta k_d$ 分别设置为 $[-12,12]$ 和 $[-3,3]$；控制器的输入量和输出量的模糊子集均可用 7 个字母简写表示为 $\{\mathrm{NB, NM, NS, ZO, PS, PM, PB}\}$；在考虑耦合系统稳定性的基础上，选择输入量隶属函数为高斯型，输出量隶属函数为三角形；基于双馈感应电机的调速特性，选择重心法作为解模糊化方法。图 9-17 所示为利用上文方法设计的模糊自适应 PD 控制器输出的修正参数图。

表 9-4 $\Delta k_{\mathrm{d}}$、$\Delta k_{\mathrm{p}}$ 的模糊控制规则表

| $\Delta k_{\mathrm{p}}/\Delta k_{\mathrm{d}}$ $e_{\mathrm{c}}$ <br> $e$ | NB | NM | NS | ZO | PS | PM | PB |
|---|---|---|---|---|---|---|---|
| NB | PB | PB | PB | PM | PS | ZO | NS |
| NM | PB | PB | PM | PS | ZO | NS | ZO |
| NS | PB | PM | PS | ZO | NS | ZO | PS |
| ZO | PM | PS | ZO | ZO | ZO | PS | PM |
| PS | PS | ZO | ZS | ZO | PS | PM | PB |
| PM | ZO | NS | ZO | PS | PM | PB | PB |
| PB | NS | ZO | PS | PM | PB | PB | PB |

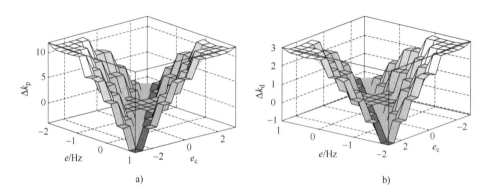

a)　　　　　　　　　　　b)

图 9-17　模糊自适应 PD 控制器输出的修正参数图

由图 9-17 可知，当 $e$ 与 $e_{\mathrm{c}}$ 符号相同即系统频率状况恶化时，修正参数 $\Delta k_{\mathrm{d}}$、$\Delta k_{\mathrm{p}}$ 均为非负数且大小随着输入量的增加而增加；当 $e$ 与 $e_{\mathrm{c}}$ 符号相反即系统频率状况好转时，修正参数 $\Delta k_{\mathrm{d}}$、$\Delta k_{\mathrm{p}}$ 均为非正数且大小随着输入量的增加而减小；结合式（9-94）可知，修正参数与虚拟惯量的大小直接相关，由此推出，在虚拟惯量自适应控制器的作用下，系统频率状况恶化时虚拟惯量自动增加以阻尼系统频率变化，系统频率状况好转时虚拟惯量自动减小以支持系统频率快速恢复。

## 9.4　案例分析

### 9.4.1　能源枢纽

#### 1. 基础数据

以图 9-18 所示的能源枢纽为例，通过电锅炉和 ORC 系统增加电热转换途径，

实现多种能源综合利用。以某工业园区全年风电出力及电负荷数据为样本进行实例分析。经有序聚类和模糊 C 均值聚类算法得到的电负荷场景聚类结果见表 9-5，不同场景下的电负荷曲线如图 9-19 所示。由于热负荷具有明显的季节性，典型日热负荷通过热电比确定，取春夏秋冬热电比分别为 76%、19%、76%、176%。从时间上看，场景 L2 和 L3 可近似为春季，场景 L4 可近似为夏季，场景 L5 可近似为秋季，场景 L1 和 L6 可近似为冬季，则场景 L1 ~ L6 的热电比分别为 176%、76%、76%、19%、76%、176%。天然气价格为 3.5 元/m³，最大购气量为 200m³/h；天然气的碳排放系数为 0.22kg/kWh；设置最大失负荷比例为 2%，最大弃风比例为 50%；失负荷惩罚单价为电价的 10 倍，弃风惩罚系数为 0.2 元/kWh，最大掺氢比例为 20%。能源枢纽内设备成本和寿命见表 9-6，设备效率参数见表 9-7[5]。

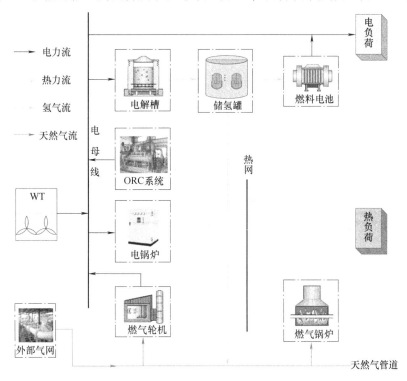

图 9-18　能源枢纽示意图

表 9-5　电负荷场景聚类结果

| 场景编号 | 日期 | 天数/天 | 时间范围/h | 概率（%） |
| --- | --- | --- | --- | --- |
| L1 | 1 月 1 日 ~ 1 月 22 日 | 22 | 1 ~ 528 | 6.3 |
| L2 | 1 月 23 日 ~ 5 月 7 日 | 106 | 529 ~ 3072 | 29.04 |

（续）

| 场景编号 | 日期 | 天数/天 | 时间范围/h | 概率（%） |
|---|---|---|---|---|
| L3 | 5 月 8 日~6 月 9 日 | 32 | 3073~3840 | 8.77 |
| L4 | 6 月 10 日~8 月 25 日 | 77 | 3841~5688 | 21.1 |
| L5 | 8 月 26 日~12 月 4 日 | 101 | 5689~8112 | 27.67 |
| L6 | 12 月 5 日~12 月 31 日 | 27 | 8113~8760 | 7.12 |

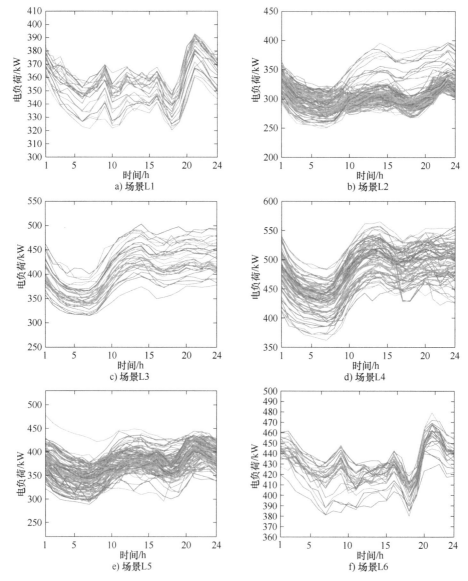

图 9-19  不同场景下的电负荷曲线

表 9-6　设备成本和寿命

| 设备 | 投资成本/（元/kW） | 运维成本 | 寿命/年 |
|---|---|---|---|
| 风力发电机组 | 5000 | 0.03 元/kWh | 20 |
| 电解水制氢机组 | 5000 | 0.1% | 20 |
| 燃料电池机组 | 8000 | 1% | 20 |
| 储氢罐 | 90 | 1% | 20 |
| 燃气轮机 | 3500 | 0.026 元/kWh | 20 |
| 燃气锅炉 | 500 | 0.017 元/kWh | 20 |
| 电锅炉 | 500 | 0.016 元/kWh | 20 |
| ORC | 2500 | 0.142 元/kWh | 20 |

表 9-7　设备效率参数

| 参数 | 数值（%） | 参数 | 数值（%） |
|---|---|---|---|
| 燃料电池机组发电效率 | 60 | 燃料电池机组余热回收效率 | 88 |
| 电解水制氢机组制氢效率 | 74 | 电解水制氢机组余热回收效率 | 88 |
| 燃气轮机发电效率 | 35 | 燃气轮机余热回收效率 | 83 |
| 燃气锅炉效率 | 85 | 电锅炉效率 | 95 |
| 储氢罐充放氢效率 | 98 | ORC 效率 | 20 |

**2. 容量配置结果**

为研究电锅炉、ORC 和氢储能系统对能源枢纽内各设备容量规划的影响，设置三种不同的规划方案进行对比分析。

方案 1：考虑燃气轮机的热电联产，并利用燃气锅炉补热，利用蓄电池保证供电可靠性，即电负荷由燃气轮机、风电和蓄电池满足；热负荷由燃气轮机和燃气锅炉满足。

方案 2：在方案 1 的基础上考虑电锅炉和 ORC 设备的热电转换功能，电负荷由风电、蓄电池、ORC 和燃气轮机满足；热负荷由燃气轮机、燃气锅炉和电锅炉满足。

方案 3：在方案 2 的基础上将蓄电池换成制氢-储氢-氢发电设备，并且考虑氢能设备的余热回收和向天然气管道内掺氢，电负荷由风电、燃气轮机以及燃料电池机组满足；热负荷由燃气轮机、氢能设备余热、电锅炉和燃气锅炉满足。

三种不同方案下的容量优化配置结果见表 9-8。

表 9-8　三种不同方案下的容量优化配置结果

| 参数 | 配置结果 | | |
|---|---|---|---|
| | 方案 1 | 方案 2 | 方案 3 |
| 风电/MW | 1.389 | 1.581 | 1.715 |
| 燃料电池机组/MW | — | — | 0.186 |

（续）

| 参数 | 配置结果 | | |
|---|---|---|---|
| | 方案 1 | 方案 2 | 方案 3 |
| 储氢罐/MWh | — | — | 25.903 |
| 电解水制氢机组/MW | — | — | 0.283 |
| 燃气轮机/MW | 0.143 | 0.196 | 0.105 |
| 电锅炉/MW | — | 0.666 | 0.504 |
| 燃气锅炉/MW | 1.351 | 1.161 | 1.166 |
| ORC/MW | — | 0.022 | 0.026 |
| 蓄电池/MWh | 8.932 | 4.016 | — |
| 蓄电池充放电功率/MW | 0.258 | 0.151 | — |
| 投资维护成本/万元 | 182.38 | 140.98 | 139.98 |
| 购气成本/万元 | 114.40 | 86.20 | 59.16 |
| 碳排放成本/万元 | 21.32 | 16.07 | 11.03 |
| 惩罚成本/万元 | 21.87 | 12.26 | 11.19 |
| 总成本/万元 | 339.97 | 255.51 | 221.36 |

由表 9-8 中的方案 1 和方案 2 可知，能源枢纽增加电锅炉和 ORC 后，风电装机和燃气轮机的容量增加，燃气锅炉容量、蓄电池容量和充放电功率均有所减少。这是因为，电锅炉可以将电能转换为热能供给热负荷，一方面为风电提供了一条消纳途径，使风电装机容量增加；另一方面，风电通过电锅炉转换为热能，减少了蓄电池蓄能，进而使蓄电池容量和充电功率有所下降。蓄电池容量降低影响了能源枢纽的供能可靠性，需要增加燃气轮机的配置来保证能源枢纽的供能可靠性。燃气轮机容量的增加与 ORC 的配置可以补充部分电能，使蓄电池放电功率有所下降。电锅炉的配置增加了能源枢纽的热电热转换途径使燃气锅炉容量降低。方案 2 比方案 1 总成本减少了 84.46 万元，降低了 24.84%，主要是因为加入电锅炉和 ORC 后，提高了风电装机容量，使能源枢纽购气需求降低，进而减少了购气成本和碳排放成本。并且电锅炉增加了风电消纳途径，ORC 增加了电负荷的补充途径，使蓄电池充放电功率降低，进一步节约了成本。由以上分析可知，能源枢纽中增设电锅炉和 ORC 设备后，提升了能源枢纽的电热互补能力，使能源枢纽的经济性显著提升。

对比方案 2 和方案 3 可知，将蓄电池换为制氢-储氢-氢发电设备后，风电装机容量增加了 0.134MW，燃气轮机容量减少了 0.091MW，电锅炉容量减少了 0.162MW，储氢罐容量为蓄电池容量的 6 倍多。这是因为，储氢罐成本比蓄电池成本低得多，配置较大的储氢罐对能源枢纽的经济性影响不大。储能容量的增加提升了能源枢纽的供能可靠性，使能源枢纽可以消纳更多的风电，进而导致风电容量提高，燃气轮机容量降低。并且电解水制氢机组容量比蓄电池额定功率大，使电锅炉容量减少。方案 3 比方案 2 总成本减少了 34.15 万元，降低了13.37%。这是因为，相较于蓄电池储能，配置储氢罐储存风电，在需要时可以提供氢气供给燃气轮机和燃气锅炉，还可以向能源枢纽提供热量，使购气成本和碳排放成本大幅降低，进而导致总成本下降。但是以蓄电池和氢储能作为能源枢纽中的储能时，燃气锅炉的容量都比较大，这是因为冬季热电比高，在热负荷达到峰值时，需要燃气锅炉补热。由以上分析可知，与传统的能源枢纽相比，基于氢能的能源枢纽可以充分发挥风电、燃气轮机、燃气锅炉、电锅炉、电解水制氢机组和燃料电池机组出力之间的互补优势，使经济性明显提高。

**3. 优化运行结果分析**

以风电资源富余的典型日 10 为例，分析设备运行情况，设备电功率优化结果如图 9-20 所示。

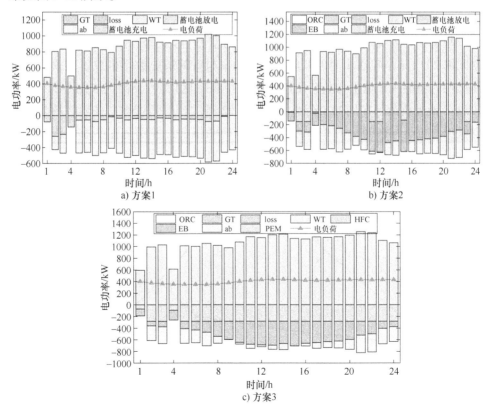

**图 9-20　典型日 10 设备电功率优化结果**

由图可知，典型日 10 全天都有富余的风电资源，储能系统只充电不放电。方案 1 中存在大量弃风，但是蓄电池并未达到额定充电功率。这是因为，方案 1 中只有蓄电池可以消纳风电，若蓄电池一直以额定功率充电会导致其容量过大使能源枢纽成本过高。因此，能源枢纽更偏向于弃风而不是让蓄电池以额定功率充电。在方案 2 中，能源枢纽可以利用电锅炉将风电转换为热能供给热负荷，与方案 1 相比弃风明显减少，说明加入电锅炉可以提升能源枢纽消纳风电的能力。但是，方案 2 中蓄电池只有 6 个时段达到了额定功率，并且在蓄电池未达到额定功率时也存在弃风现象。说明蓄电池的容量限制较大，在消纳风电上优势不足。由图 9-20c 可知，方案 3 只有在电解水制氢机组以额定功率运行时才会产生弃风，并且比方案 2 减少很多弃风。说明与蓄电池相比，利用氢能消纳风电更具优势。

## 9.4.2　氢储能系统

### 1. 基础数据

基于 9.3.2 节，为我国西北地区待建的新型电力系统规划电源与储能。依据区域 2021 年全年逐小时的新能源发电功率与负荷历史数据生成了以季度为时间尺度的新能源发电量与负荷用电量时序（归一化），特征曲线如图 9-21 所示。2023 年最大负荷所在周的负荷曲线如图 9-22 所示。由图可知，规划区域新能源发电量与负荷存在明显的季节性波动与反调峰特征，特别是在冬季，新能源发电量占比最低时负荷最大，这表明新能源大规模并网后，对长时能量调节需求将急剧增加。2030 年各类电源与储能规划仿真参数见表 9-9。

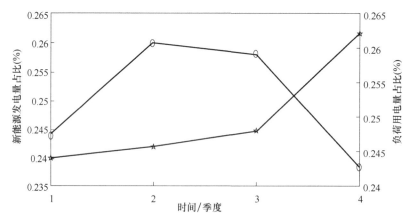

图 9-21　新能源发电量与负荷用电量的时序特征曲线

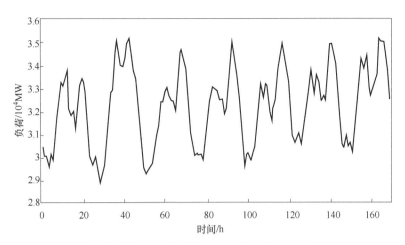

**图 9-22　2023 年最大负荷所在周的负荷曲线**

**表 9-9　2030 年各类电源与储能规划仿真参数**

| 参数 | 值 | 参数 | 值 |
|---|---|---|---|
| 火电装机容量规划区间/MW | [20000, 24000] | 风电装机容量规划区间/MW | [30380, 60000] |
| 光伏装机容量规划区间/MW | [37390, 60000] | 电池储能容量规划区间/MW | [10000, 50000] |
| 抽水蓄能容量规划值/MW | 5000 | 电解水制氢机组容量规划区间/MW | [0, 5000] |
| 燃料电池机组容量规划区间/MW | [0, 5000] | 储氢容量规划区间/t | [10000, 40000] |
| 新能源发电量目标占比（%） | ≥50 | 抽水蓄能最大功率持续放电小时数/h | 12 |
| 电池储能最大功率持续放电小时数/h | 6 | 火电装机容量单价/（万元/MW） | 600 |
| 火电机组单位发电燃料成本/（元/MWh） | 350 | 火电机组单位启停成本/（元/MW） | 250 |
| 光伏装机容量单价/（万元/MW） | 400 | 弃风/光单位成本/（元/MW） | 250 |
| 电池储能功率/容量单价/（万元/MW） | 250/150 | PEM 电解系统单价/（万元/MW） | 600 |
| 储氢单价/（万元/t） | 20 | 燃料电池机组单价/（万元/MW） | 600 |

**2. 容量配置结果**

为了量化分析季节性氢储能对电源规划的影响，设置如下对比方案：

方案 1：不包含季节性氢储能，仅含电池储能的源储规划。

方案 2：包含季节性氢储能与电池储能的源储规划。

两种方案电源与储能容量配置结果见表 9-10。

**表 9-10　两种方案电源与储能的容量配置结果**

| 参数 | 优化结果 | |
|---|---|---|
| | 方案 1 | 方案 2 |
| 火电装机容量/MW | 2.39×10⁴ | 2.00×10⁴ |
| 风电装机容量/MW | 6.00×10⁴ | 6.00×10⁴ |

(续)

| 参数 | 优化结果 | |
|------|------|------|
| | 方案1 | 方案2 |
| 光伏装机容量/MW | $6.00\times10^4$ | $6.00\times10^4$ |
| 电解水制氢机组装机容量/MW | 0 | $2.45\times10^3$ |
| 储氢容量/t | 0 | $1.83\times10^5$ |
| 燃料电池机组装机容量/MW | 0 | $3.92\times10^3$ |

获得电源、氢储能装机容量与中长时间尺度的氢储能运行结果后，分别选取净负荷最大时刻所在周、净负荷和最大周、净负荷功率持续上升最大时段所在周、净负荷功率持续下降最大时段所在周、净负荷持续高状态最长时段所在周与净负荷持续低状态最长时段所在周为6个极端场景，对电池储能容量进行规划。在6个极端场景下运行，电池储能最大运行功率与最大储电状态如图9-23所示，选取最大值作为规划值，电池储能容量配置结果见表9-11。

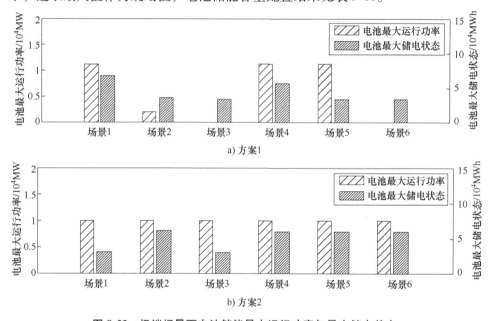

图 9-23　极端场景下电池储能最大运行功率与最大储电状态

表 9-11　电池储能容量配置结果

| 参数 | 优化结果 | |
|------|------|------|
| | 方案1 | 方案2 |
| 电池额定功率/MW | $1.13\times10^4$ | $1.00\times10^4$ |
| 电池最大储电量/MWh | $6.78\times10^4$ | $6.00\times10^4$ |

由图 9-23 可知：①方案 1 中极端场景 1 对电池储能的功率与储存容量需求最大，方案 2 极端场景 4~6 对电池储能的充放电功率与储存容量需求最大，原因是极端场景 1 为最大净负荷所在周，在净负荷最大时段火电机组以额定功率发电不具备调节能力；场景 4~6 中出现新能源持续低出力时段，方案 2 中的火电机组以额定功率运行，不具备调节能力，对电储能调节需求最大；②电池储电容量均为额定功率的 6 倍，达到规划设置参数的上限，这表明新型电力系统对周内长时持续储电与持续放电的调峰需求显著。

**3. 运行结果分析**

氢储能的运行结果如图 9-24 所示。由图可知，电解水制氢机组在第 5~24 周与第 33~42 周持续制氢，在第 43~52 周持续用氢发电，原因是：①在冬季新能源发电量小，在第 43~52 周方案 2 火电机组运行功率已达额定功率 $2.00 \times 10^4$MW，仍不能满足负荷需求，需要燃料电池发电；②与电池储能不同，氢储能各环节解耦配置，电解水制氢机组与燃料电池机组的额定功率不同，储氢容量不受充放电功率限制配置为 $1.83 \times 10^5$t，可支撑电解水制氢机组以额定功率持续充电 2987.75h，燃料电池机组以额定功率持续放电 746.94；③因考虑电解电堆的效率与衰减特性，电解水制氢机组的容量配置值与最大运行功率分别为 $2.45 \times 10^3$MW 与 $1.47 \times 10^3$MW；燃料电池机组的衰减特性同样被考虑，容量配置值与最大运行功率均为 $3.92 \times 10^3$MW，是因为其利用率偏低。

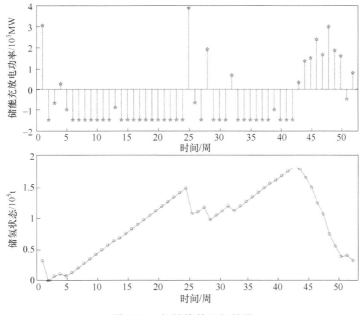

图 9-24　氢储能的运行结果

# 参 考 文 献

［1］郜捷，宋洁，王剑晓，等.支撑中国能源安全的电氢耦合系统形态与关键技术［J］.电力系统自动化，2023，47（19）：1-15.

［2］许传博，刘建国.氢储能在我国新型电力系统中的应用价值、挑战及展望［J］.中国工程科学，2022，24（03）：89-99.

［3］马燕峰，李鑫，赵书强.考虑储能约束的神经网络 VSG 参数自适应控制策略［J］.华北电力大学学报（自然科学版），2024，51（04）：57-68.

［4］姜海洋，杜尔顺，朱桂萍，等.面向高比例可再生能源电力系统的季节性储能综述与展望［J］.电力系统自动化，2020，44（19）：194-207.

［5］何彬彬，杨波，潘军，等.碳中和视角下的氢储能电热气耦合系统优化配置［J］.粘接，2022，49（11）：118-121.

# 第10章

# 电-氢-碳耦合系统

**10**

## 10.1 概述

电-氢-碳耦合是能源低碳转型的一种重要路径，也是氢能参与新型能源电力系统长周期平衡的基本形式之一。在能源电力生产端，通过新能源电解水制氢，充分利用绿氢物质可储存、时空可转移、形态可转换的特性，实现跨季节储存和跨区域输送，规模可高达数十吉瓦时；在能源电力消费端，绿氢可以能量或者物质多形态灵活参与能源电力的长周期平衡调节，作为原料驱动碳氢化合物生产，碳氢化合物体积密度相较于绿氢更高，更易实现规模化、远距离输运和长周期储存，电-氢-碳耦合是实现能源电力长周期平衡的关键。此外，利用绿氢替代工业生产过程的灰氢或者蓝氢，可大幅减少高耗能工业生产过程中排放的$CO_2$，高耗能工业尾气处理过程中引入绿氢，基于碳捕获、利用与封存技术将$CO_2$和氢气制成基础化学品，实现工业尾气的绿色资源化利用，减少碳排放的同时节约大量能源资源。电-氢-碳耦合系统利用新能源电能清洁、可再生优势解决化石能源利用高碳排和高能耗难题，也将高能耗石油炼化工业产能转化成电能需求以消纳新能源，其实践意义特别突出。

新能源电能与氢、碳多形式耦合转化、储存、传输与生产利用，以不同的能源形式支撑能源电力系统电力电量平衡，其耦合集成的关键在于考虑多能源形式、多时间/空间尺度的协调运行。电-氢-碳耦合构建新型电力系统能量平衡体系，具有长时间尺度储能、跨能源形式、广域传输等关键特征。传统的储能数学模型无法刻画其更长时间、更广区域能量调节特征，且同时计及其跨时间、空间调节特性的运行机制还未形成,规划建模与运行控制较难。因此,研究考虑电-氢-碳耦合的多重时间-空间尺度协同方法是现阶段研究的重点。本章将从电-氢-碳耦合的基本形态出发,分析多种电-氢-碳耦合实现路径,介绍电-氢-碳耦合系统集成优化和运行控制过程中的重要方法,最后将通过考虑储-用氢特性的制氢系统规划、风-氢-煤耦合系统能量广域协调控制和系统动力学建模分析几个案例对电-氢-碳耦合进行更具体的阐述。

## 10.2　电-氢-碳耦合的基本形态与实现路径

### 10.2.1　电-氢-碳耦合的基本形态

电-氢-碳耦合的基本形态为,绿氢作为原料与化石能源耦合制备的富氢化合物发电供能,以及参与至关重要的化肥、合成材料等国民经济物质循环体系的构建。电-氢-碳耦合能源电力系统概念示意图如图 10-1 所示。氢能结合 H2X 技术参与工业生产合成甲烷、甲醇等富氢化合物,富氢化合物作为低成本的功能型资源长周期储备,与电力、工业、建筑、交通网络耦合,拓展绿氢的储输和消纳形态、规模及其边界。以绿氢为媒介的电-氢-碳耦合极大地拓展了能源电力负荷类型和边界,氢能的负荷特性是电-氢-碳耦合支撑长周期能源电力平衡机理的重要体现,而绿氢的储能特性在电-氢-碳耦合长周期能源电力平衡中也呈现不同的特性,从电力系统的角度来看,电-氢-碳耦合主要呈现储能和负荷两方面特性。

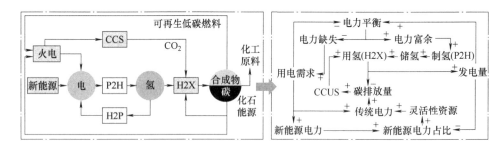

图 10-1　电-氢-碳耦合能源电力系统概念示意图

在负荷特性方面,关键问题是电-氢-碳耦合系统中氢气需求预测及其柔性的建模。目前,氢需求预测方法主要包括两个方面:一方面是利用时序分析、神经网络模型、机器学习等技术手段,通过挖掘历史数据的内在关系来推测未来的氢需求；另一方面是采用回归分析、多元时序模型等方法建立相关影响因素与用氢量之间的模型，从而实现氢负荷的预测。然而，现有的预测方法存在对数据不敏感、算法精度有限、模型的泛化能力不足等问题，无法保证预测精度。在参与能源系统减碳的场景下，绿氢作为终端能源应用于交通、工业和建筑等领域时，还应考虑能源供应和需求的匹配关系，结合氢负荷的可转移、可中断等柔性特征，降低源荷匹配的时敏特征支撑能源电力的平衡，这方面还需进一步研究。

在储能特性方面，电-氢-碳耦合的储能作用机制主要包括两个部分。一是采用 P2H 结合 CCS 技术，通过 H2X 环节合成的可再生富氢化合物具有较高的能量密度，易于储存和输送，在电网电能不足时，可燃烧该化合物发电并网，构成电-氢-碳循环储能系统，与电-氢-(电)循环的储能作用形成互补的长周期平衡能力机制，从而提高储能的响应速度和持续时间；二是利用氢能或其化合物在输储、转换和利用过程中的时滞特征形成的能源电力源荷匹配缓冲型储能，并通过建立管道负反馈调节机制形成输氢过程的虚拟储能特性。其中，P2H、H2X 作为柔性负荷参与需求侧响应具有成熟的模型，而 P2H-H2X 结合 CCS 火力发电的模型及技术经济特性等目前还不清楚。近几年来虽然管道掺氢技术也得到了广泛应用，但利用管网的缓冲作用作为虚拟储能方面的研究还比较少，需进一步研究。

### 10.2.2　电-氢-碳耦合的实现路径

随着现代煤化工产业的迅猛发展和炼油装置加工高硫、重质油比例的增加，氢气作为化工生产系统中的重要原料，其需求量急剧增加。目前，氢气主要采用煤气化法、天然气法、烃类蒸汽转化法等进行大规模生产，在制氢过程中消耗大量的化石能源并排放大量的 $CO_2$。采用电解水制氢技术生产氢气，可有效减少 $CO_2$ 排放，提高可再生能源的利用率。近年来，可再生能源发电制氢广泛应用于煤化工系统、合成氨系统等工业场景。在此，基于电-氢-碳耦合的基本形式，对电-氢-煤化工耦合系统、电-氢-石油化工耦合系统、电-氢-醇/烃耦合系统和电-氢-氨耦合系统几种实现路径进行介绍。其中，电-氢-氨耦合系统中合成氨过程没有碳元素直接参与，但由于电制氢过程减少传统氢源的碳排放，此处将其作为特殊的电-氢-碳耦合路径进行介绍。

（1）电-氢-煤化工耦合系统

电-氢-煤化工耦合系统主要由风力发电、电能分配、氢储能及分配、甲醇氢氧燃料、煤化工五个子系统构成（见图 10-2）。其中，风力发电子系统包括风力发电机组和其配套的控制系统，风力发电机组负责将风能转化为电能，其控制系统通过最大功率点跟踪（MPPT）等技术优化发电效率，并确保风电机组与电网的稳定运行。电能分配子系统主要包括 AC/DC、AC/AC 变流器以及功率分配控制器，当电网能够消纳风电时，风力发电系统的一部分电能经过 AC/AC 变流器对本地或外地负荷供电，当风力发电对电网友好性下降（电网功率波动）或者电网不能消纳实时风电时，通过功率分配控制器将相应份额风电功率通过 AC/DC 变流器送给氢储能系统，把电能转换为氢能，通过电能分配系统实现风电的高消纳。氢储能及分配子系统包括电解水制氢机组及其电源控制模块、压力储存设备以及气体分配模块等，压力储存设备主要包括空气压缩机和高压氢氧储存设备，气体分配模块主要由氢气、氧气气泵与相应控制模块构成，主要功能是通过控制策略的要求调整氢气与氧气的流量与压力等技术指标，将不能"友好"并网的风电通过氢能的方式储存，并在一定程度上削弱风电并网对电网引起的波动。煤化工子系统包括煤气化、气体合成反应器等设备，煤化工工艺的产物包括多种基础化学品和合成气，传统煤化工的污染与能耗主要体现在煤炭在气化过程中的氧气获取与产物合成的配氢气过程；传统工艺获取高质量氧气的方式是高耗能的"空分"；甲烷蒸汽重整是目前性价比较高的制氢方法，但在氢气生产过程中需要耗费大量的能源和燃料，且产生有害气体。而通过风电电解水产生的副氧可解决传统制取氧气高能耗问题，产生的氢气可解决合成甲醇用氢高能耗、高污染的弊端，使这看似不相关的两者高度整合实现互取所需的目标。甲醇氢氧燃料发电系统包括气体燃烧室、燃气轮机等设备，其功能是当氢气与氧气"富裕"而风电并网不友好或负荷需求大的情况下，采用将氢氧/甲醇混合燃烧发电并网的方式，使电力系统在短时间内稳定运行。

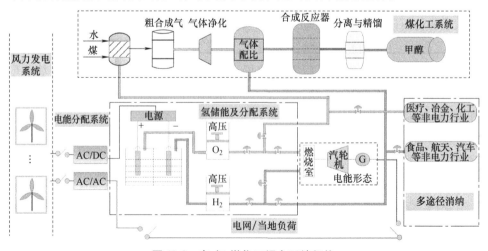

**图 10-2　电-氢-煤化工耦合系统架构**

电-氢-煤化工耦合系统的优势在于：①尽可能多地消纳风电，将不连续、不稳定的电能转换成连续、稳定的氢能储存；②降低煤化工工艺的高污染、高能耗问题，有很大的环境和社会价值；③提高风电并网比例的同时降低发电成本且不破坏电网稳定性；④简化医疗、冶金等领域的传统制氢氧气工艺途径，在一定程度上降低该过程的污染和能耗。

（2）电-氢-石油化工耦合系统

石油炼制是以原油为材料通过各种工艺流程得到人们需要的柴油、汽油等成品油的生产过程。根据不同的原油种类和产品构成，炼油工艺流程复杂多样，但基本的生产单元和流程结构是类似的。一般来讲，石油炼制过程中主要包括 4 类不同的生产单元：①原油分割，将原油在常压蒸馏或减压蒸馏塔中分离出不同馏分；②烃类的转换过程，包括热裂化、催化裂化和加氢裂化等将大分子烃类分解为小分子烃的过程，催化重整、异构化等通过重新排列分子结构生成碳数相同的新分子结构的过程，烷基化、聚合等将小分子连接形成较大的分子的过程；③物料处理，主要包括流股进入反应器前的预处理和除杂；④组分调和，一般是炼油厂的最后一个生产单元，主要是将不同的汽油组分调和来满足汽油产品的杂质含量和辛烷值等要求。电-氢-石油化工耦合系统主要由可再生能源发电制氢、储氢、炼厂氢网络几个部分构成，工艺环节通过电能、热能、氢气、油品等能量或物质管路相连通，且通路内部不存在能量形态改变或者物性变化的过程或者元件，能量形态或者物性变化过程有且仅在环节内部发生，按照这个原则，对耦合系统进行基本工艺环节的划分，得到电-氢-石油化工耦合系统基本工艺环节的物质-能量流域交互关系图，如图 10-3 所示。

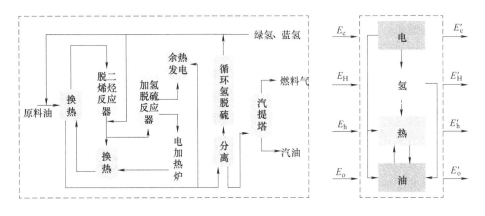

**图 10-3　电-氢-石油化工耦合系统基本工艺环节的物质-能量流域交互关系图**

在电-氢-石油化工耦合系统中，高纯度、高随机波动的新能源电解水氢源，取代较低纯度、高稳定的工业灰氢甚至蓝氢氢源，减少甚至完全消除制备灰氢的燃料气消耗，促进传统加氢裂化、加氢精制等工艺机制和参数优化，传统氢阱参数可能发生改变，推动引入绿氢的 CCUS 尾气处理等新的工艺节点形成新的氢阱等；物质流的深刻变化，联动热源、热阱和换热网络变化等。相较于天然气或者煤炭制灰氢的传统高能耗工业网络，电-氢-石油化工耦合系统呈现的特点有：①受随机性新能源绿电供能可靠性约束，多系统耦合集成难度大：绿电制氢替代天然气制氢，耦合网络节能减碳潜力大，但系统效率受高比例随机性新能源供能可靠性的约束，集成难度更大；②随机性新能源经能量流-物质流耦合交互，多系统耦合动力学机制复杂：能量流-物质流耦合交互影响，耦合网络形态受随机性因素影响大，时空形态随机动态变化，动力学机制更复杂；③随机性新能源影响能量流-物质流动态平衡，多系统耦合稳定性差：随着高比例随机性新能源绿电与绿氢的输入，耦合系统能量流-物质流的动态平衡脆弱，新能源消纳能力提升的同时，安全稳定运行控制难。因此，创新实现时变新能源消纳和高能耗工业节能减碳，发展电-氢-石油化工耦合系统需要重点解决耦合网络节能减碳的集成效率、耦合网络时空形态变化的动力学机制、多系统耦合的稳定性等挑战。

（3）电-氢-醇/烃耦合系统

我国作为全球化工产品生产的重要国家之一，在醇类和烃类化合物的生产上占据显著地位。以甲醇为例，我国已实现较大规模的生产，据统计 2024 年甲醇产量为 8677 万 t，同比增长约 3.67%，未来几年仍将有显著增长。在化工领域，甲醇作为氢气下游第二大化工品，占比达 24%，可以转换为绝大多数工业产品，包括甲醛、甲胺、烯烃等。在能源领域，它作为一种清洁优质的燃料，可以用于内燃机，其环保性甚至优于传统汽油。甲醇汽油已经在中国山西等多个省份得到应用，M85/M15 甲醇汽油已有国家标准，市场价格与汽油接近。此外，甲醇的化学特性使其易实现不同能源形式之间的高效转换，甲醇就地重整制氢被认为是未来加氢站重要的氢能获取渠道，甲醇燃料电池也是目前能源领域重要的研究方向。目前比较成熟的电转甲醇技术路线为基于低温电解进行电转氢后通过二氧化碳加氢合成甲醇，流程如图 10-4 所示。涉及的反应主要有两部分：一是电解水制氢反应；二是二氧化碳加氢合成甲醇反应。其中二氧化碳加氢合成甲醇反应式如下所示：

$$CO_2+3H_2 \rightleftharpoons CH_3OH+H_2O, \Delta H_{298K}^0 = -49.5kJ/mol \tag{10-1}$$

目前应用中的甲醇合成催化剂主要有锌铬体系（$ZnO/Cr_2O_3$）和铜基体系（$CuO/ZnO/Al_2O_3$），直接将上述催化剂应用于二氧化碳加氢过程中，反应生

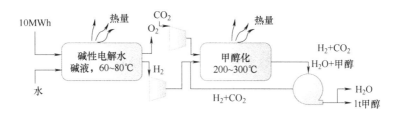

a) 低温电解方式

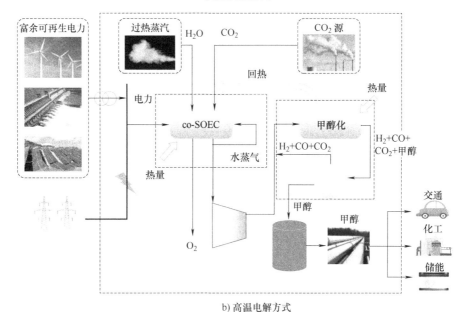

b) 高温电解方式

图 10-4　电制氢合成甲醇流程[4]

成的水会带来铜基催化剂失活的问题，故需要开发新型催化剂体系。铜基催化剂的操作条件一般反应温度为 250℃，反应压力为 5MPa，目前没有成熟催化剂体系与工艺流程能高效地转换二氧化碳和氢气生成甲醇，合成甲醇单位收率一般低于 80%。

（4）电-氢-氨耦合系统

据国家统计局统计结果显示，2023 年全国合成氨产量为 5489.36 万 t，且显示出强劲的增长势头。在化工领域，氨是氢气在工业领域规模最大的下游化工品，耗氢量占比为 47%，且氨是世界上继硫酸之后的第二大生产化学品，用于制造氨水、氮肥（尿素、碳铵等）、复合肥料、硝酸、铵盐、纯碱等，广泛应用于化工、轻工、化肥、制药、合成纤维等领域。在能源领域，氨以其高热值和在内燃机及燃料电池中的直接应用，成为交通和发电的潜在清洁能源选择。

目前比较成熟的电转氨技术路线为：首先通过电解电池进行电转氢，然后通过哈伯合成氨反应器，将氮气与氢气合成氨，流程如图 10-5 所示。涉及的反应主要有两部分：一是电解水制氢反应；二是哈伯合成氨反应。反应式如下所示：

$$H_2O \rightarrow H_2 + \frac{1}{2}O_2 , \Delta H^0_{298K} = 285.8 kJ/mol \tag{10-2}$$

$$N_2 + 3H_2 \rightleftharpoons 2NH_3 , \Delta H^0_{298K} = -92.4 kJ/mol \tag{10-3}$$

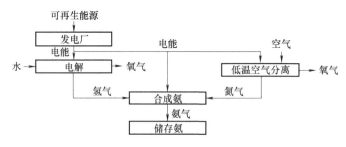

图 10-5　电制氢合成氨流程

根据催化剂和反应工艺的不同，哈伯合成氨主要有 3 条技术路线：基于铁基催化剂、钌基催化剂以及 $Co_3Mo_3N$ 催化剂等。其中铁基催化剂的工艺流程最为成熟，一般反应温度为 $450 \sim 525℃$，反应压力为 $15 \sim 32MPa$，能效可达 67%左右。近年来，为了节能增产，一些学者研究在低于 400℃ 与 10MPa 反应条件下基于钌基催化剂以及 $Co_3Mo_3N$ 催化剂的合成氨反应，但仍面临着催化剂价格较高或反应速率较慢等问题。

## 10.3　电-氢-碳耦合系统集成优化方法

电-氢-碳耦合系统集成优化中，需要在电-氢耦合的基础上增加 CCUS、H2X 设备的运行约束，考虑需求侧响应、储能运行约束的变化，在 CCUS 技术约束下对"电、氢、碳"多能流耦合转换、分配和储存关系的精细化建模存在重大挑战，尤其是现阶段单一碳流的精细化描述仍与电力潮流紧密相连，使得多能流精细化建模难度进一步加大。能源集线器可量化不同形式能量的品质差异，可以考虑借助多层级能源集线器构建电、氢、碳多能流耦合矩阵，用以描述多能流的转换、分配和储存关系。此外，考虑到 H2X 技术生产富氢化合物过程的复杂影响，生产系统参数设计协同规划是一个重要的研究方向，工业生产中氢网络和热网络的设计与分析都离不开夹点分析技术。在整个耦合网络的容量配置上，规划-运行协同的全寿命周期经济性评估模型是普遍的解决方式。在更长时间尺度上研究电-氢-碳耦合系统的演变路径时，系统动力学是一个非常有效的工具。

## 10.3.1　数学规划优化

本章介绍的数学规划优化方法主要是针对耦合网络中的可再生能源发电制氢系统的规划问题，其主要任务是确定设备新增装机容量及其投产时间，在考虑不同类型机组技术运行特性与电力系统电力电量平衡需求约束下，使设备投资决策经济合理，其本质是一个优化问题，通用数学模型如下所示：

$$\min f(x,y)$$
$$\text{s. t. } g(x) \leqslant a; h(y) \leqslant b; k(x,y) \leqslant d \tag{10-4}$$
$$x \geqslant 0, y \geqslant 0$$

式中，$f(x,y)$ 为优化目标；$x$ 与 $y$ 为优化变量，一般包括各类发电机组装机容量与输出功率；$g(x)$ 为与装机容量相关的约束条件，例如火电机组、新能源装机规模的上下限约束，主要受资源限制或政策的推动；$h(y)$ 为与机组发电功率相关的约束；$k(x,y)$ 为与装机容量和输出功率相关的约束，例如电力系统的电力平衡、电量平衡与备用约束等。

规划模型一般以投资与运行成本之和最小为优化目标，其中投资成本又包括机组一次性投资购买费用、安装建造费用与设备替换费用等，运行成本主要包括燃料费用、机组启停成本，运行过程中涉及的维修费用、设备衰减费用也已逐步纳入运行成本范畴。随着电力系统清洁转型，风电、光伏与 CCUS 技术广泛应用，为计及新能源等清洁发电技术对电力系统减排降碳的影响，规划目标由单一经济性目标转向兼顾环保性的多目标追求，将降低 $CO_x$、$SO_x$ 与 $NO_x$ 等污染物排放量作为优化目标之一，或将碳排放量推算为经济成本纳入总成本目标，或建立碳排放约束。随着电力系统脱碳进程的深入，新能源电源占比大幅提升，系统可靠性面临挑战，为刻画新能源出力不确定性对电源规划的影响，负载缺失概率、电能缺失概率与能量缺失期望等可靠性指标被纳入目标函数或约束条件，为确保电源规划的经济性、环保性与可靠性，优化模型的目标函数与约束条件不断拓展，呈现高维度、非线性、多变量等特征，模型求解面临着挑战。

基于分解协调思想，可将复杂的规划模型分解为投资决策与生产模拟两部分，将规划转换为一个双层优化问题，数学模型见式（10-5）。上层优化任务主要包括确定设备选址与容量配置；下层优化任务是在投资决策方案已知条件下，考虑运行特性，优化机组组合，决策出经济可靠的运行方式，双层模型的上、下层优化相互影响，上层优化为下层优化提供机组运行的边界条件，下层优化将计算的适应度值或决策变量反馈至上层优化的目标函数中。

$$\begin{cases} \min_{x} F_{\text{up}}(x,y) \\ \text{s. t. } H(x,y)=0; G(x,y) \leqslant 0 \\ \min_{y} f_{\text{down}}(x,y) \\ \text{s. t. } h(x,y)=0; g(x,y) \leqslant 0 \end{cases} \quad (10\text{-}5)$$

式中，$F_{\text{up}}(x,y)$ 与 $f_{\text{down}}(x,y)$ 分别为上层与下层优化的目标函数；$H(x,y)$ 与 $G(x,y)$ 分别为上层优化的等式与不等式约束；$h(x,y)$ 与 $g(x,y)$ 分别为下层优化的等式与不等式约束。

在双层规划框架下，投资决策模型一般以年/月为时间尺度，电力平衡约束中负荷取年/月最大值，新能源出力取置信容量，但该模型难以刻画新能源发电与负荷不同时间尺度波动性对电源规划的影响，所得电源投资决策方案需满足下层运行模拟优化约束才具可行性。下层生产模拟优化的主要方式有基于持续负荷曲线的非时序随机生产模拟与考虑新能源与负荷时序特性的运行模拟两类。前者重点关注各类发电机组随机故障对系统可靠经济运行的影响；后者以新能源与负荷的时序曲线为参照，在明确系统调峰需求的情况下，考虑机组启停时间、爬坡速率等时序运行约束，获得更精确的规划方案与运行计划。时序运行模拟优化一般以 1h 为尺度，模拟周期选择日、周、月甚至年。

特别的是，在电-氢-碳耦合网络中，不仅需要关注电负荷，还需要考虑氢负荷特性。对于不同的应用领域，氢能需求变化特点不同，氢负荷曲线形态特征也具有明显差异。氢负荷长期预测对国家的能源结构调整、氢能基础设施布局规划等决策制定具有重要意义；中期预测结果主要用于指导城市/地区级的能量管理与优化调度；短期的预测结果常被用于控制系统稳定运行，适用于园区或更小的控制对象。

## 10.3.2　系统动力学

系统动力学是面向具有多变量、高阶次、多回路和强非线性的复杂反馈系统整体适应性研究的理论基础，由美国学者将系统动力学引入能源领域，经过学者们在能源需求、能源结构和能源政策等问题上的不断探索与完善，形成理论与实证相辅相成的能源系统动力学应用形态。系统动力学在系统论、控制论和信息论等系统理论基础上产生，开放系统、反馈、控制和信息等是系统动力学的核心概念。基于系统动力学理论开发的系统中，以因果关系回路作为基本单元，系统中的"信息"沿着因果回路传输，对下一个节点产生正反馈或负反馈，形成系统内部信息互为因果的反馈闭环。系统中的关键变量具有累积效应，系统与外界环境不断进行物质与信息交流，制定系统控制策略时，调整信息与环境流通，进而控制系统关键变量。这种思想将系统状态与决策紧密联系，将结构、功能和历史的方法高度统一，使系统动力学模拟过程反映决策与仿真的特点。系统动力学理论主要包括以下几个方面：

1) 系统理论：系统由一定数量的个体组成，其本身又是某一更大系统的个体。个体之间相互依存，形成具有一定功能的有机结合体。系统之外对系统产生约束的部分称为环境，是系统存在的基础。系统内部个体之间相互作用，以特定条件为目标闭环流动。

2) 信息反馈理论：系统动力学融合控制理论和反馈控制等多种反馈理论，系统中的所有个体均处于因果回路中，某一因素变化均会引发其他因素变化，并且影响下一次决策过程，依次循环，形成系统信息反馈行为。

3) 决策理论：为实现某一确定目的，决策者将对环境做出对应的调整策略，所提出的调整原则称为政策。按照政策的要求，以实际情况为依据，做出的决定称为决策。政策属于系统的目标参数，决策是系统内部运行过程，建立系统动力学模型是对系统决策过程的模拟。

4) 系统动力学：系统动力学中结合古典流体力学的思想，将不同要素间的相互作用以物质的形式体现，以"流"的形式表征信息的流动过程，系统得以运行。系统要素流转过程中，能反映政策实施的"延迟"现象，实现系统运转过程的定量研究。

5) 计算机仿真技术：复杂网络系统的仿真过程十分繁杂，计算机技术发展迅猛，极大提升了系统的计算能力，使得复杂网络系统仿真成为可能。

随着自组织理论和复杂适应系统理论的兴起，系统动力学的研究内容不再限于对系统运行的描述，而是聚焦多变量、高阶次、多回路和自组织耗散结构的复杂时变反馈系统的动力学机制的分析，从而寻求改善系统运行的机会和途径。系统动力学的应用已拓展至社会经济诸多领域，形成世界动力学、城市动力学和能源动力学等应用形态。

当使用系统动力学对能源系统的能源替代问题、能源碳排放问题和动态发展问题进行研究时，应依靠对问题的理解和归纳，挖掘系统行为与内在机制间的互动关系，确定系统发展过程产生变化形态的因果关系，通过流、状态变量、速率变量、辅助变量、常量 5 种主要基本要素构建包含多个因果循环回路的因果关系网络，并基于因果关系网络和要素间的关系表征式，构建能源系统动力学模型，模拟不同调控策略下未来能源系统运行状态和发展趋势。系统动力学对能源系统的建模过程可归纳为以下 3 个步骤。

1）步骤 1：考虑能源系统的整体性和层次关系，以 $k$ 个具有因果关系的子系统 $S_i$ 搭建表征系统 $S$ 的因果关系网络，因果关系网络中包含 $p$ 个反馈循环回路 $E_j$。据此，系统 $S$ 如下所示：

$$S = \{ S_i \in S, i = 1, 2, \cdots, k \} = \{ E_j \in S, j = 1, 2, \cdots, p \} \tag{10-6}$$

所有子系统中，仅有部分子系统能够对系统产生十分明显的影响，子系统 $S_{i1}$ 与子系统 $S_{i2}$ 间通过关系矩阵 $W_{1,2}$ 连接，其连接关系如下所示：

$$S_{i1} = W_{1,2} S_{i2} \tag{10-7}$$

2）步骤 2：通过系统动力学中的流、状态变量、速率变量、辅助变量、常量 5 种主要基本要素对能源系统动力学模型进行描述，状态变量是系统内具有累积效应的变量，可由状态方程表示；速率变量表征状态变量累积速度，可由速率方程表示；辅助变量是介于状态变量与速率变量之间的变量，可由辅助方程表示。相应数学模型见式（10-8）~式（10-10）。

$$L_{t_1} = L_{t_0} + \int_{t_0}^{t_1} R_{t_0, t_1} \, \mathrm{d}t \tag{10-8}$$

$$R_{t_0, t_1} = \frac{L_{t_1} - L_{t_0}}{\Delta t} \tag{10-9}$$

$$A_{t_1} = \alpha f(L_{t_1}, R_{t_0, t_1}, \mathrm{C}) \tag{10-10}$$

式中，$t_0$、$t_1$ 分别为过去、现在的某一时刻；$L_{t_0}$、$L_{t_1}$ 分别为 $t_0$、$t_1$ 时刻的状态变量；$\Delta t$ 为 $t_0$、$t_1$ 时刻的时间间隔；$R_{t_0, t_1}$ 为 $\Delta t$ 时间间隔内存量变化量；$\alpha$、$f$ 分别为速率变量与状态变量关系系数和连接关系；$A_{t_1}$ 为 $t_1$ 时刻的辅助变量；C 为常数。

3）步骤 3：通过"流"描述 4 类变量间的连接方式和信息的传输，变量间的连接关系如下所示：

$$\begin{bmatrix} R \\ A \end{bmatrix} = W \begin{bmatrix} L \\ A \end{bmatrix} \tag{10-11}$$

式中，$L$、$R$、$A$ 分别为状态变量向量、速率变量向量、辅助变量向量；$W$ 为变量关系矩阵，可描述某一时刻状态变量、速率变量、辅助向量的非线性关系，当系统为线性矩阵时，$W$ 为常数矩阵。

根据上述三个步骤，构建电-氢-碳耦合系统动力学模型，结合自组织理论和系统动力学理论，假设系统内有 $m_1$ 个状态变量和 $m_e$ 个外生变量，电-氢-碳耦合系统模拟过程中状态变量和速率变量的动态过程如下所示：

$$\begin{cases} F(L_1) = \dfrac{\partial L_1}{\partial t} = f_1(L_1(t), \cdots, L_{m_1}(t), \phi_{1,1}(t), \cdots, \phi_{1,m_e}(t)) \\[2mm] F(L_2) = \dfrac{\partial L_2}{\partial t} = f_2(L_1(t), \cdots, L_{m_1}(t), \phi_{2,1}(t), \cdots, \phi_{2,m_e}(t)) \\[2mm] \quad\vdots \\[2mm] F(L_{m_1}) = \dfrac{\partial L_{m_1}}{\partial t} = f_{m_1}(L_1(t), \cdots, L_{m_1}(t), \phi_{m_1,1}(t), \cdots, \phi_{m_1,m_e}(t)) \end{cases} \quad (10\text{-}12)$$

从宏观层面，基于系统动力学理论研究框架，以"新能源电力→+发电量→+电力电量平衡→+电力富余→+氢能→+富氢化合物→+发电量→-碳排放量→+新能源电力"为主回路绘制反映电-氢-碳交互作用和反馈机制的因果回路图，基于此，构建涵盖电-氢-碳耦合全技术路径的能源电力系统动力学模型，如图 10-6 所示。

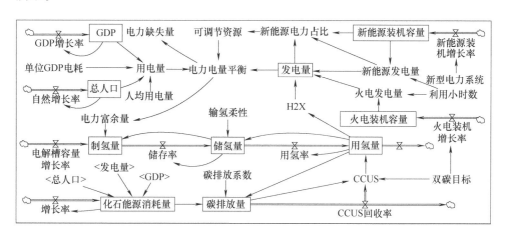

**图 10-6　电-氢-碳耦合发展路径系统动力学模型**

### 10.3.3　氢夹点分析技术

夹点分析法是由 Linnhoff 和 Hindmarsh 提出的基于热力学原理的启发式方法，最初应用于换热网络分析、合成与优化。随着应用范围的不断扩大，现已成为过程工业综合的方法论，主要应用范围为工业领域和能源电力领域，工业领域包括换热网络、水网络、氢网络。电-氢-碳耦合网络涉及工业生产过程，如合成氨、甲烷、石油炼化等，氢网络是其中的重要组成部分，在这方面夹点分析技术是一个强有力的工具。

（1）剩余氢量法

优化氢气网络、合理使用氢气资源对保持炼油原料和产品的灵活性和工厂的节能降耗具有重要意义。20世纪90年代末，英国曼彻斯特理工大学工程集成研究中心的ALVES首先提出并详细解释了氢夹点的概念以及相应的氢网络优化方法，着手于炼厂的整个氢气网络，统一对氢气网络瓶颈进行分析，使全网络氢气能够得到梯级利用。该方法引入了剩余氢量的概念，整个系统的剩余氢量必须大于0才有优化的可能。首先根据氢源和氢阱的流量与氢气纯度建立氢源、氢阱的流量-浓度复合曲线图，然后计算剩余氢量并作剩余氢量图，不断假设最高浓度氢源的流量，通过多次迭代，使氢气网络最终的剩余氢量为0，剩余氢量为0的点对应的氢气浓度即为夹点，则所假设的最高浓度氢源流量为最小公用工程用量。剩余氢量法如图10-7所示，剩余氢量的定义如下：

$$H' = \int_0^F (y_{SR} - y_{SK}) \, dF \tag{10-13}$$

式中，$H'$为剩余氢量；$F$为流速；$y_{SR}$、$y_{SK}$分别为流速$F$处氢源、氢阱的氢气纯度。

整个系统的剩余氢量必须大于0才有优化的可能，即夹点存在的条件为

$$\exists F_{pinch} \in [0, F_{SK}] : H' = \int_0^{F_{pinch}} (y_{SR} - y_{SK}) \, dF = 0 \tag{10-14}$$

式中，$F_{pinch}$为积分为0时的流速。

图10-7中，"+"为氢量剩余，"−"为氢量亏欠，当整个系统的剩余氢量刚好为0时，可得到夹点。

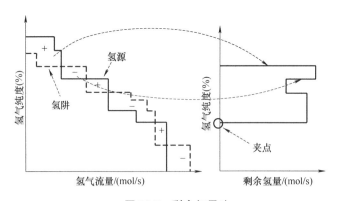

**图10-7　剩余氢量法**

氢气网络优化的目标是增大氢气利用率和减少公用工程用量，而氢夹点分

析法的发展为氢气网络优化提供了重要的理论和实践基础，经过多年的发展，氢夹点分析法已经有了成熟稳健的发展，但是在考虑压力、杂质因素对氢气网络影响方面仍有不足。

（2）严格氢夹点法

2003 年，EL-Halwagi 在研究质量交换网络的基础上提出严格氢夹点图解法。该方法只考虑了单杂质因素，根据氢气流量和杂质负荷作氢源、氢阱复合曲线，平移氢源线至与氢阱线出现一个交点，且氢阱线全部位于氢源线的上方，两线交点即为氢夹点。在夹点之上，氢源复合曲线上方没有氢阱负荷曲线部分对应的流量为最小的燃气排放量；在夹点之下，最小公用工程用氢量为氢阱复合曲线未被氢源复合曲线满足的部分。该方法有效避免了剩余氢量法迭代次数多的缺点，但是该方法要求公用工程用氢为纯氢，限制了其应用。严格氢夹点图解法如图 10-8 所示。

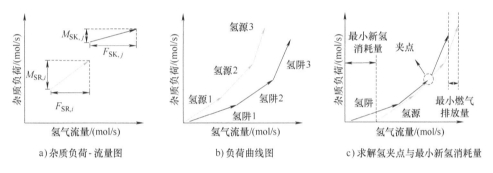

a）杂质负荷-流量图　　　b）负荷曲线图　　　c）求解氢夹点与最小新氢消耗量

**图 10-8　严格氢夹点图解法**

（3）源组合曲线法

源组合曲线法以累积杂质负荷为横坐标，杂质浓度为纵坐标（见图 10-9），燃气线斜率表示燃气流量，将燃气线以最低杂质浓度为基点旋转至与源组合曲线相交，两线交点即为夹点，旋转后的燃气线斜率表示最小燃气流量，夹点处杂质浓度为夹点浓度。该方法有效地避免了剩余氢量法大量迭代的缺点，并且适用于多种系统，但在图形理解上比较困难，而且也只考虑了单杂质体系。

（4）极限复合曲线法

以构造水网络极限复合曲线为例，介绍该方法。首先在杂质负荷-杂质浓度图上画出所有用水过程的极限曲线，各用水过程的极限进出口浓度将浓度轴划分为多个浓度区间，然后将各浓度区间内所有水流的杂质负荷累加，形成各浓度区间的复合曲线，连接各浓度区间的曲线即可得到系统极限复合曲线。在极限复合曲线的下方作供水线，供水线经过原点，其斜率的倒数表示新鲜水消耗量。为了减少新鲜水消耗量，应增大供水线的斜率，并保证供水线始终位于极限复合曲线的下方。当供水线旋转至与极限复合曲线相交时，新鲜水消耗量降到最低，供水线与极限复合曲线交点的位置即为夹点。在氢网络中杂质浓度通过氢气纯度计算，流量指气体流速，供水量和废水量以供氢量和燃气量替代。氢气网络极限复合曲线如图 10-10 所示，当补充的氢气不是纯氢时，供氢线起点不是原点。

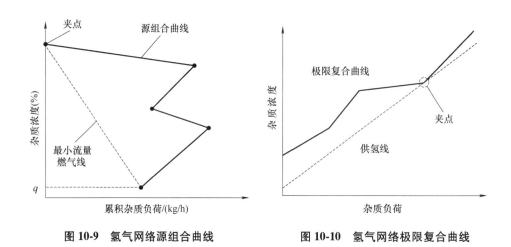

图 10-9　氢气网络源组合曲线　　　图 10-10　氢气网络极限复合曲线

## 10.4　电-氢-碳耦合系统运行控制

### 10.4.1　电-氢-碳耦合系统不确定性分析

不确定性存在于电-氢-碳耦合系统内的各个环节，外生不确定性和内生不确定性的概念源自于现代经济体系，现阶段已被引入电力系统领域，通过区分内生不确定性和外生不确定性，能够有针对性地、全面地降低或消除研究中不确定性因素的影响。在电-氢-碳耦合系统的运行控制研究中，精准刻画内生不确定性和外生不确定性，涉及如何在耦合系统中有效地处理来自外部和内部不确定性，是确保运行控制方案可行性和可靠性的主要挑战。

（1）外生不确定性

外生不确定性来源于系统范围之外的气候条件、时间维度、政策变化和主观决策等外部环境因素，包括新能源出力、负荷波动、国家政策等。

1）新能源出力和负荷不确定性：环境、气候、地理位置等因素导致风电和光伏出力具有显著的波动性和间歇性。新能源发电机组的故障、维护和运行等也会加剧新能源出力不确定性。受季节和天气变化、社会活动和人口因素、经济因素、电力市场等因素的影响，电力负荷在结构、趋势、变化模式等方面均存在不确定性。另外，部分柔性负荷受主观意志、响应机制等造成负荷曲线波动。

2）国家政策不确定性：国家会根据社会、经济、环境的变化以及国际因素影响制定、修改或废除各种能源电力政策与电力市场机制。政策不确定性具备时效性和主观性，需要综合考虑环境、社会、经济、技术等多层面影响以及影响因素间的相互作用关系。

（2）内生不确定性

内生不确定性生成于系统范围内且影响本身发展进程，涉及耦合系统控制决策对某些关键参数的影响，同时外部因素也可以间接影响这些参数的不确定性，从而对控制策略的可行性和效果产生不确定性影响，包括技术参数、电碳价费、需求响应等。

1）技术参数不确定性：技术参数不确定性由系统内部特性和状态引起，受运行工况、设备运维、技术迭代等内部因素的综合作用，导致发电效率等发电机组运行参数、碳排放限值等发展约束参数存在不确定性。

2）电碳价费不确定性：电碳价费包括市场出清电价、购电成本、售电价格、碳排放成本、碳配额、交易成本等，以国家宏观调控为主，受供需关系和政策法规等多种因素的影响，既能约束电力系统规划决策，又受到规划决策的影响。

3）需求响应不确定性：用户实际响应情况受到激励机制、参与意愿、响应时间等多重因素的影响，是一种由决策变量控制的内生不确定性，也被称为决策依赖型不确定性。同时，决策依赖的需求响应会影响用户的用电行为，加剧负荷需求的不确定性。

（3）不确定性刻画关键难点

结合上述分析，耦合系统的不确定性具有交互影响、广泛关联、多重并存、可转化等特点。外生不确定性作为输入直接影响控制决策，内生不确定性影响控制决策的同时，决策变量的选择又反向影响内生不确定性的选取范围或变化趋势，内生不确定性与规划决策存在反馈关系，同时，外生不确定性会对内生不确定性产生一定的影响。因此，电-氢-碳耦合系统面临的首要挑战是如何统筹考虑内生不确定性、外生不确定性以及两者之间的作用机制，揭示耦合系统不确定性现象中蕴含的基本规律，实现内生不确定性与外生不确定性的特征提取和精准刻画。

## 10.4.2 电-氢-碳耦合系统协调控制方法

电-氢-碳耦合系统由新能源发电、电解水制氢和工业生产（如富氢化合物制备）三大核心模块构成，各模块之间通过能量流、物质流和信息流紧密耦合。多个电-氢-碳耦合系统组成的集群，其协调控制需要全面考虑不同模块之间的多维交互关系，以实现系统的高效运行与动态平衡。

基于广域协调和分层递阶控制的原则，广域电-氢-碳耦合系统的能量控制可划分为三个层次：①底层控制，聚焦于本地单一并网点的耦合系统，负责各子系统内部的实时能量与物质流动优化；②中层控制，面向本地多并网点集群，协调多个耦合系统之间的运行状态，确保区域性平衡与优化；③顶层控制，由电网调度中心负责，统筹全系统的广域能量流与信息流，实现跨区域协调。

在底层控制中，根据分层控制的思想进一步细化为两个子层次：①子系统控制层，专注于单个子系统（如电解水制氢或新能源发电）的精细化管理与优化运行；②系统总控层，整合各子系统的运行信息，实现本地耦合系统的整体协调与调度。

通过上述分层递阶的控制架构，电-氢-碳耦合系统的复杂性被有效分解，各层级控制目标明确且协同高效。电-氢-碳耦合系统广域控制框图如图 10-11 所示，全面体现了能量、物质和信息流动的有机结合。

广域电-氢-碳耦合系统以本地系统为基本组成单元，包含多个本地集群，其能量广域协调控制总体框架如图 10-12 所示。基于 10.2.2 节中构建的本地电-氢-碳耦合系统，将邻近的多个电-氢-碳耦合系统视为一个本地集群，交由本地集群控制中心集中管理。以此类推，多个这样的本地集群便构成了广域电-氢-碳耦合系统。

在底层中，为协调新能源发电、电制氢、工业生产三个子系统运行而设置的电能、气体分配系统构成的子系统控制层接收总控层下达的指令，结合其内部各系统实时监测得到的运行数据，分别以风电最大功率跟踪（本书底层控制输入默认由此方式获得，对具体如何跟踪不予讨论）、电解水制氢机组处于正常区间、化工系统以额定功率工作且不间断运行作为电、氢、碳系统各自运行目标，进行电能分配和气体分配控制，进而将控制结果反馈给系统总控层。系统总控层除了依据子系统控制层上报的信息滚动优化本地电-氢-碳系统运行状态之外，最重要的作用是保证底层与中层信息交流的畅通，即对比分析中层集群控制中心下达的指令与子系统控制层上报信息，以此实现本地电-氢-碳耦合系统新能源电消纳最大化的主控目标。

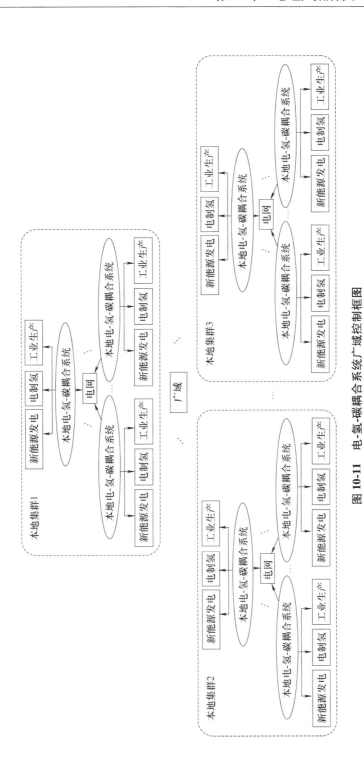

图 10-11　电-氢-碳耦合系统广域控制框图

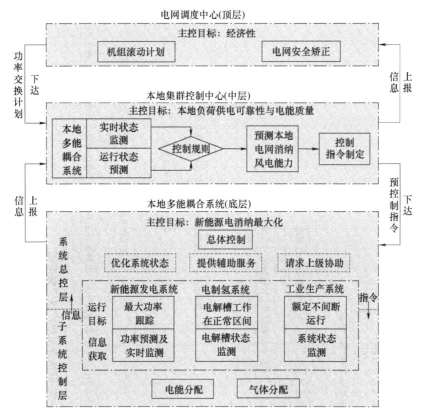

**图 10-12　电-氢-碳耦合系统能量广域协调控制总体框架**

中层本地集群控制中心监视底层各本地电-氢-碳耦合系统的运行状态，接收并分析集群内各本地系统协助请求，结合顶层下达的功率交换计划，对该集群内所有本地电-氢-碳耦合系统出力及消纳能力进行预测，并以本地负荷供电可靠性与保证电能质量为主控目标，为各本地电-氢-碳耦合系统制定与其自身能力匹配的预控制指令，继而将预测信息上报给顶层，预控制指令（集群功率调度计划）下发至底层，以此确保本地集群控制中心在能力范围内协调各本地电-氢-碳耦合系统运行状态，超出能力范围时，顶层电网调度中心能依据上报的预测信息及时协助本地集群控制中心进行调节。

顶层依据中层上报的信息，以系统经济性为主控目标，及时调整机组滚动计划，矫正电网安全，并向各本地集群控制中心下达本地电网与上一级电网之间的功率交换计划等，促进各集群协调运行，保障电网安全。

从本地电-氢-碳耦合系统构建，到其内部能量流动、转换分析，再到控制架构的设置，均映射出电能分配和气体分配系统作为连接本地系统内各子系统的关键节点,在底层控制中起着举足轻重的作用。两者与总体控制模块,共同构成两层 3 个部分的本地电-氢-碳耦合系统控制结构:

(1)子系统控制层

1)电能分配控制:电能分配系统前承新能源发电系统输出端,后接电制氢输入端及风电并网点,依需分配风力发电系统输出功率,实现风电并网与非并网功率配比最优。

2)气体分配控制:电解水制氢机组涉及制氢耗电(电能流链路)和生产系统消耗(非电能流链路)两条途径,因此,气体分配系统需控制氢气和氧气输出流量、方向等参数,确保工业生产系统在以额定功率不间断稳定运行、电解水制氢机组处于理想状态的前提下,最大限度地辅助本地电-氢-碳耦合系统发电并网。

(2)系统总控层

一方面协调本地电-氢-碳耦合系统内各子系统之间运行状态;另一方面作为本地与集群通信的媒介,在本地电-氢-碳耦合系统内部已无法自行协调运行时,及时向集群控制中心发出协助请求。

本地电-氢-碳耦合系统控制框图如图 10-13 所示。

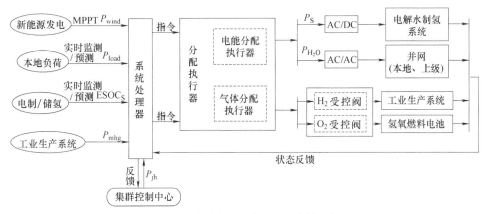

图 10-13　本地电-氢-碳耦合系统控制框图

## 10.5　案例分析

### 10.5.1　考虑储-用氢特性的 PEM 电解水制氢系统规划

图 10-14 展示了一种与工业、热力与交通领域的氢负荷耦合的 PEM 电解水

制氢系统结构。为保障氢气稳定可靠供应，PEM 电解水所制氢气经储氢缓存环节与氢负荷耦合，因此 PEM 电解槽的运行受储氢环节容量与氢负荷的双重制约。考虑其自身与储-用氢环节运行特点可建立 PEM 电解槽负荷模型。

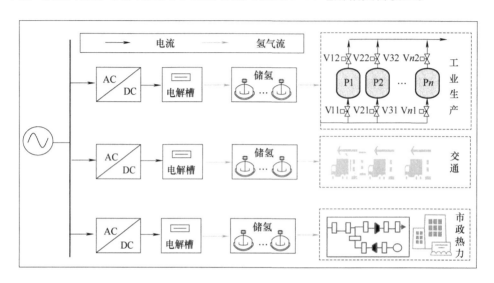

**图 10-14　与氢负荷耦合的 PEM 电解水制氢系统结构**

（1）氢需求预测结果与负荷特性分析

以我国西北某区域为例，氢能需求预测基础数据见表 10-1，转换系数见表 10-2。以甲醇生产的氢需求量预测为例，分析数据选择对灰色预测结果的影响，选取适宜的数据组建模以提升预测精度。以 2007—2012 年的数据用于建立预测模型，将用于建模的数据组划分为 7 组，见表 10-3，2013—2014 年数据用于误差检验。图 10-15 展示了基于不同数据组的预测结果，其中图 10-15a 为正向递增数据的预测结果，图 10-15b 为逆向递增数据的预测结果。

**表 10-1　氢能需求预测基础数据**

| 年份 | 合成甲醇需氢量/t | 合成氨需氢量/t | 生产原油需氢量/t | 公交车需氢量/t | 城市燃气管道掺氢量/t |
|---|---|---|---|---|---|
| 2007 | 6786.7 | 134975.7 | — | — | — |
| 2008 | 7301.4 | 114358.4 | — | — | — |
| 2009 | 6353.9 | 132122.0 | — | — | — |
| 2010 | 5942.9 | 132609.9 | 4.6 | 23991.4 | 9851.3 |
| 2011 | 42896.4 | 127322.2 | 5.3 | 27183.3 | 11905.4 |
| 2012 | 66380.2 | 74885.0 | 5.0 | 28546.6 | 15148.6 |

（续）

| 年份 | 合成甲醇需氢量/t | 合成氨需氢量/t | 生产原油需氢量/t | 公交车需氢量/t | 城市燃气管道掺氢量/t |
|------|------|------|------|------|------|
| 2013 | 59548.8 | 121641.5 | 5.2 | 29340.5 | 18108.1 |
| 2014 | 85543.1 | 99894.6 | 4.8 | 30046.8 | 21513.5 |
| 2015 | — | — | 4.7 | 28880.6 | 21878.3 |
| 2016 | — | — | 4.5 | 28650.6 | 22783.7 |
| 2017 | — | — | 4.8 | 32028.7 | 27527.0 |
| 2018 | — | — | 4.8 | 35691.5 | 31770.2 |
| 2019 | — | — | 4.9 | 40044.1 | 34054.0 |

表 10-2　转换系数

| 参数 | 系数值 |
|------|------|
| 生产单位质量甲醇所需氢气 | 0.12 |
| 生产单位质量合成氨所需氢气 | 0.17 |
| 生产单位质量原油所需氢气 | 0.003 |
| 公交车耗氢量/（kg/km） | 0.075 |
| 公交车平均每天行驶里程/km | 200 |
| 天然气掺氢比例（%） | 15 |

表 10-3　用于建模的数据组

| 编号 | 数据时间 | 数据数量 |
|------|------|------|
| 数据组 1 | 2007—2009 年 | 3 |
| 数据组 2 | 2007—2010 年 | 4 |
| 数据组 3 | 2007—2011 年 | 5 |
| 数据组 4 | 2007—2012 年 | 6 |
| 数据组 5 | 2010—2012 年 | 3 |
| 数据组 6 | 2009—2012 年 | 4 |
| 数据组 7 | 2008—2012 年 | 5 |

结果分析：①数据组 3 因为未通过灰色建模的初始检验，无法用于建模；②数据组 5 的预测精度最高，其对应的数据量最小，表明用于建模的数据数量对灰色预测精度影响小；数据组 5 选取 2010—2012 年的数据，数据时间与用于误差检验的数据最为接近；且包含 2010—2012 年的数据组（组 4、5、6、7）对应的预测误差均小于未包含的数据组（组 2、3），这表明数据的时效性对灰色预测精度影响较大；③对于灰色预测，预测基础数据的分析与选择是必要的。

基于三个领域的数据，分别建立灰色预测模型，预测了该区域 2025—2035

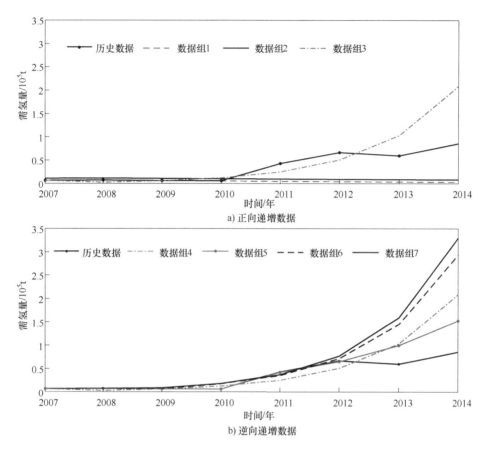

a) 正向递增数据

b) 逆向递增数据

图 10-15　基于不同数据组的预测结果

年的氢能需求总量，结果如图 10-16 所示。已知氢能需求总量后，结合用户用氢特点，依据所提的氢负荷曲线拟合方法获取区域内 2030 年的氢负荷曲线，如图 10-17 所示。

在工业领域，甲醇、合成氨与石油炼化等工艺生产过程具有柔性，氢负荷可在额定需求量的 90%～110% 范围内调节，氢负荷可在下限值与上限值之间波动，如图 10-17a 所示，图中展示了工业氢负荷曲线的一种情况。在交通领域，氢燃料汽车的加氢模式与传统燃料汽车相似，区域 2030 年交通领域加氢站的氢负荷时序曲线如图 10-17b 所示（此处假设该区域各加氢站均匀分摊氢能需求，氢负荷时序曲线相同）；同理，结合区域市政热力的热负荷时序特征，生成氢负荷曲线如图 10-17c 所示。预测结果显示：①考虑技术经济制约，在 2025—2030 年期间，工业领域仍然是对氢能需求最大的领域；②工业、交通、热力氢负荷最大值分别为 167.2MW、27.9MW 与 24.9MW，峰谷差分别为 30.1MW、26.42MW

与 22.15MW；与工业领域氢负荷水平相比，交通与热力领域氢负荷水平差距显著，但峰谷差却相差不大。

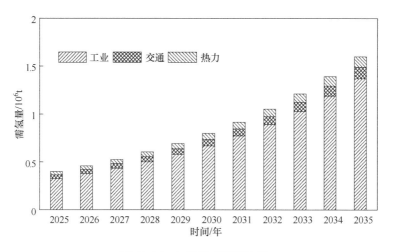

图 10-16　氢能需求预测结果

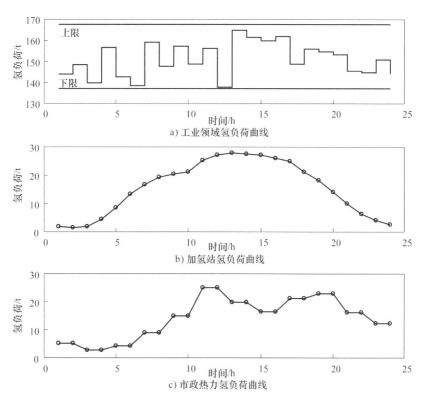

图 10-17　氢负荷曲线

（2）PEM 电解水-储氢系统优化结果分析

掌握氢负荷时序分布后，即可依据所提的规划模型，求取 PEM 电解水-储氢系统容量配置与运行策略。PEM 电解水的电解效率见表 10-4，分时电价见表 10-5，PEM 电解水规划参数见表 10-6。

**表 10-4　PEM 电解水的电解效率**

| 运行负载率（%） | 制氢效率/（kWh/kg） |
|---|---|
| （90，100] | 40 |
| （80，90] | 38 |
| （70，80] | 36 |
| （60，70] | 35 |
| （50，60] | 34 |
| （40，50] | 32 |
| （30，40] | 30 |
| （20，30] | 32 |
| （10，20] | 34 |
| （0，10] | 40 |

**表 10-5　分时电价**

| 负荷特征 | 时段 | 电价/（元/MWh） |
|---|---|---|
| 峰段 | 7：00—09：00、18：00—24：00 | 750 |
| 平段 | 00：00—2：00、4：00—7：00<br>9：00—11：00、17：00—18：00 | 500 |
| 谷段 | 2：00—4：00、11：00—17：00 | 250 |

**表 10-6　PEM 电解水规划参数**

| 参数名称 | 参数值 |
|---|---|
| 规划周期/年 | 10 |
| PEM 电解水投资成本/（元/kW） | 6000 |
| 储氢投资成本/（元/t） | 20 |

为分析效率与衰减特性对 PEM 电解水容量配置与运行优化的影响，设置以下对比方案：方案 1：不计及 PEM 电解水变功率运行效率差异与衰减特性的运行优化，基于评估模型计算经济目标。方案 2：计及 PEM 电解水变功率运行的效率差异与衰减特性，基于评估模型计算经济目标。采用遗传算法嵌套求解双层优化模型。表 10-7、表 10-8 与图 10-18 分别展示了两种优化方案下，工业、

交通与热力领域的 PEM 电解水与储氢系统容量配置方案，以及其对应的经济评估结果与运行方式。

表 10-7　PEM 电解水与储氢系统容量优化结果

| 优化变量 | 优化方案 | 工业领域<br>优化结果 | 交通领域<br>优化结果 | 热力领域<br>优化结果 |
|---|---|---|---|---|
| 电解水制氢机组额<br>定功率/MW | 1 | 3062.3 | 306.2 | 345.4 |
| | 2 | 5078.2 | 504.2 | 471.2 |
| 储氢容量/t | 1 | 246.7 | 99.6 | 109.1 |
| | 2 | 0 | 101.8 | 75.2 |

表 10-8　规划与运行优化方案的经济评估结果

| 场景 | 方案 | 槽寿命/<br>天 | 初始投资/<br>$10^9$ 元 | 更换成本/<br>$10^9$ 元 | 耗电成本/<br>$10^9$ 元 | 总成本/<br>$10^9$ 元 |
|---|---|---|---|---|---|---|
| 工业 | 1 | 90.1 | 18.4 | 735.0 | 192.9 | 1042.7 |
| | 2 | 468.8 | 30.4 | 213.3 | 176.2 | 508.1 |
| 交通 | 1 | 91.4 | 1.8 | 71.6 | 19.7 | 103.1 |
| | 2 | 263.3 | 3.0 | 39.3 | 18.2 | 69.6 |
| 热力 | 1 | 62.2 | 2.1 | 120.2 | 15.4 | 145.4 |
| | 2 | 457.8 | 2.8 | 19.8 | 16.3 | 47.1 |

优化结果显示：①相比于方案 1，三个领域方案 2 的 PEM 电解水系统装机容量分别增加 39.7%、39.3% 与 26.7%，初始投资成本更大。②对比图 10-17 与图 10-18 可知，PEM 电解水负荷时序特征与氢负荷时序特征差异较大；因为在电解效率、衰减成本的制约与峰谷电价引导下，PEM 电解水并非频繁变功率运行，而是在储氢环节与氢负荷灵活调节下恒定功率运行在高效率区间，耗电成本与因衰减导致的电堆更换成本大幅降低。③表 10-8 中总成本一栏显示工业、交通与热力三种应用场景采用方案 2 配置制-储氢系统容量与优化 PEM 电解水运行策略，规划周期内总成本分别降低 60.9%、38.3% 与 76.3%；原因是中低功率恒定运行大幅提升了电堆寿命，如在工业领域电堆寿命从 90.1 天（方案 1）提升至 468.8 天，规划周期内电堆更换成本从 $735.0 \times 10^9$ 元降至 $213.3 \times 10^9$ 元。④表 10-8 耗电成本一栏中，工业与交通领域方案 2 的耗电成本更低，原因是方案 1 规划的 PEM 电解水在高电价时段降低功率运行，但其运行周期内平均效率更低，导致耗电量更大；热力领域却相反，方案 1 的耗电成本略低，是其在高电价时段停机时间更长导致的。综上可知，计及变功率运行效率差异与衰减特性的 PEM 电解水运行规划方案，规划周期内经济性更优。图 10-17 与图 10-18 中

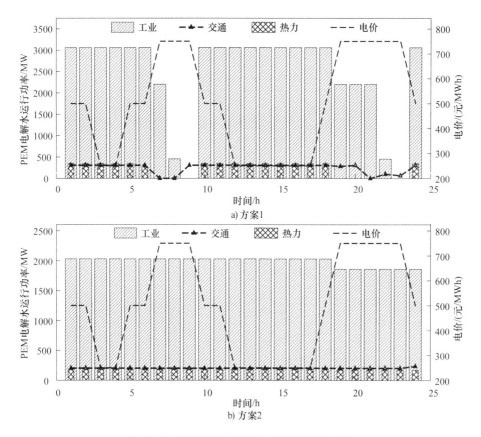

图 10-18　不同领域的 PEM 电解水运行曲线

各领域的氢负荷曲线与 PEM 电解水负荷曲线叠加，得到 2030 年该区域氢负荷及 PEM 电解水负荷曲线，如图 10-19 所示。

由图 10-19 可知：①不计效率与衰减特性影响优化的 PEM 电解水运行策略，氢负荷最大值与最小值分别为 220.3t 与 144.3t，差值为 76.0t（氢负荷峰值的 34.5%）；PEM 电解水负荷最大值与最小值分别为 3713.7MW 与 65.5MW，差值为 3648.2MW（电负荷峰值的 98.2%）。②计及效率差异与衰减影响优化的电制氢运行策略，氢负荷最大值与最小值分别为 208.4t 与 157.7t，差值为 50.7t（氢负荷峰值的 24.3%）；PEM 电解水负荷最大值与最小值分别为 2421.3MW 与 2230.5MW，差值为 190.8MW（电负荷峰值的 7.9%）。对比方案 1，方案 2 所得的 PEM 电解水负荷峰谷差更小。③方案 2 的氢负荷峰谷差更小，表明运行方案对氢负荷的调节需求更小。④尽管方案 1 削峰填谷的作用更为显著，但方案的经济性差，难以促进 PEM 电解水规模化推广；所提优化方案在确保 PEM 电解水经济性的同时在电价低谷时期降低功率运行，一定程度上缓解了电力系统的调峰压力。

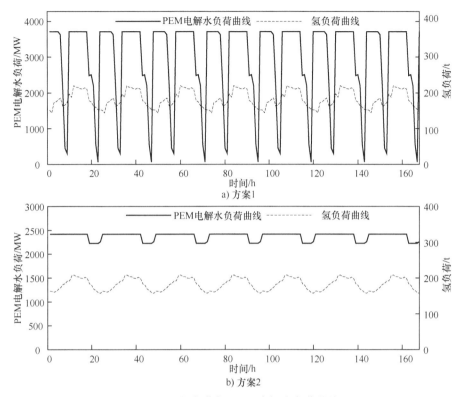

图 10-19　氢负荷与 PEM 电解水负荷曲线

## 10.5.2　风-氢-煤化工耦合系统能量广域协调控制

以 MATLAB/Simulink 为平台，对配置风电装机容量为 10MW 的本地风-氢-煤化工耦合系统进行时长为 60s 的能量协调控制仿真。电解电堆、储气罐和电池电堆仿真参数分别见表 10-9～表 10-11。

表 10-9　电解电堆部分参数

| 参数 | 取值 | 参数 | 取值 |
|---|---|---|---|
| $U_e$ | 2V | $F$ | 96485C/mol |
| $\eta_e$ | 80% | $R$ | 8.3145J/(mol·K) |

表 10-10　储气罐部分参数

| 参数 | 取值 | 参数 | 取值 |
|---|---|---|---|
| $V_{Hcap}$ | 50m³ | $p_{O\_0}$ | 4.497×10⁶Pa |
| $V_{Ocap}$ | 25m³ | $T_H$ | 298K |

317

（续）

| 参数 | 取值 | 参数 | 取值 |
|---|---|---|---|
| $p_{Hcap}$ | $5 \times 10^6 \, Pa$ | $T_0$ | $298K$ |
| $p_{Ocap}$ | $5 \times 10^6 \, Pa$ | $K_{H_2}$ | $6.781 \times 10^{-2} \, mol/(s \cdot atm)$ |
| $p_{H\_0}$ | $4.497 \times 10^6 \, Pa$ | $K_{O_2}$ | $6.781 \times 10^{-2} \, mol/(s \cdot atm)$ |

表 10-11　电池电堆部分参数

| 参数 | 取值 | 参数 | 取值 |
|---|---|---|---|
| $N$ | 200 | $\varphi$ | 14 |
| $T$ | 350K | $J_{max}$ | $1.2A/cm^2$ |
| $l$ | $5.1 \times 10^{-3} \, cm$ | $\eta_f$ | 90% |
| $A$ | $50cm^2$ | $I_{fc}$ | 25A |
| $C$ | 3F | $V_a$ | $0.005m^3$ |
| $\varepsilon_1$ | $-0.9514$ | $V_{ca}$ | $0.01m^3$ |
| $\varepsilon_2$ | $3.12 \times 10^{-3}$ | $P_{fc\_max}$ | 0.1MW |
| $\varepsilon_3$ | $7.4 \times 10^{-5}$ | $P_{fc\_min}$ | $2 \times 10^{-4} \, MW$ |
| $\varepsilon_4$ | $-1.87 \times 10^{-4}$ | $N_{rH\_max}$ | $13570 mol/s$ |
| $B$ | 0.016 | $N_{rH\_min}$ | $1.357 mol/s$ |

煤化工系统以额定功率制甲醇时消耗氢气的流率为

$$N_{mhg} = 207 \times 0.2 \times \frac{10}{3.6 \times 22.4} = 5.134 \, mol/s \tag{10-15}$$

制得满足煤化工系统以额定功率运行时所需氢气的功率为

$$P_{mhg} = \frac{5.134 \times 4 \times 96485}{0.8} = 2.47MW \tag{10-16}$$

控制时间间隔为

$$\begin{cases} \Delta t < \min(\Delta t_a, \Delta t_b) \\ \Delta t_a = \min\left(\dfrac{0.8 \times 5 \times 10^6 \times 50}{3 \times 5.314 \times 8.3145 \times 298}, \dfrac{0.8 \times 5 \times 10^6 \times 25}{5.314 \times 8.3145 \times 298}\right) = 5063.313s \\ \Delta t_b = \min\left[\dfrac{0.8 \times 5 \times 10^6 \times 50}{(5.314 + 13570) \times 8.3145 \times 298}, \dfrac{0.8 \times 5 \times 10^6 \times 25}{(5.314 + 6785) \times 8.3145 \times 298}\right] = 5.95s \end{cases}$$

$$\tag{10-17}$$

考虑风电出力的瞬时特性，为保证尽量少地发生或不发生在控制时间内由于风电出力变化较大而控制策略还未改变造成的系统失稳，选取 $\Delta t = 0.5s$。

基于上述数据，构建本地风-氢-煤化工耦合系统控制仿真模型，主要模型及总模型分别如图 10-20～图 10-23 所示。

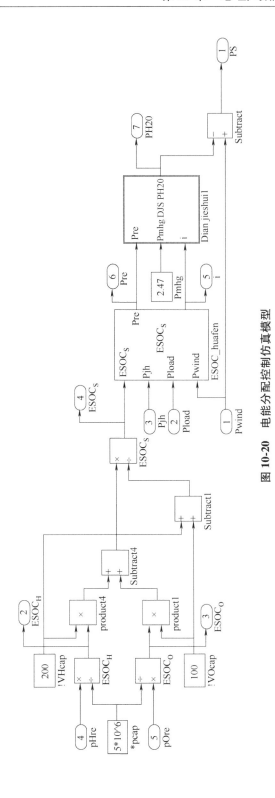

图 10-20　电能分配控制仿真模型

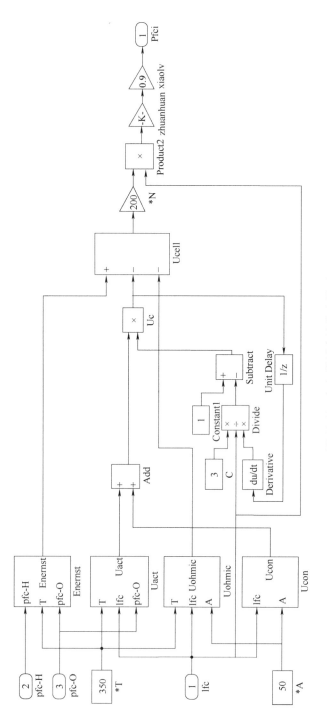

图 10-21  氢氧燃料电池仿真模型

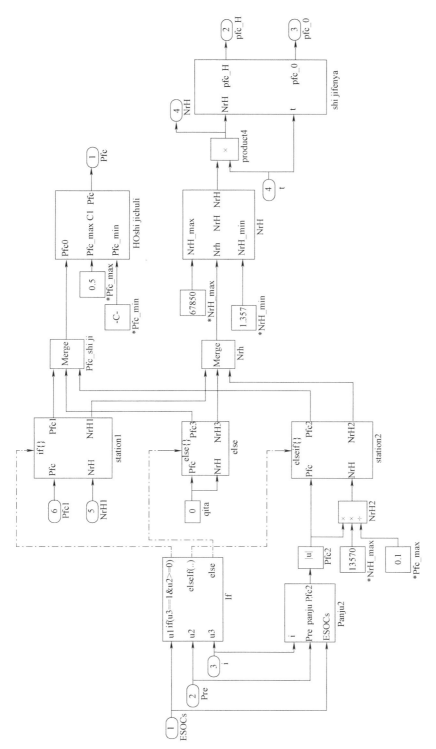

图 10-22　氢氧燃料电池实际耗能、出力仿真模型

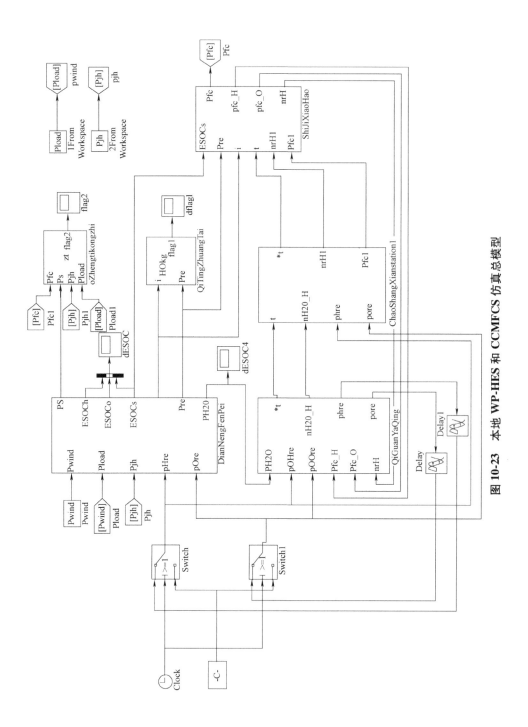

图 10-23 本地 WP-HES 和 CCMFCS 仿真总模型

基于上述模型，给定的输入集群功率调度计划曲线 $P_{jh}$、与 $P_{jh}$ 匹配的风电场实际出力曲线 $P_{wind}$ 和与 $P_{jh}$ 匹配的本地负荷曲线 $P_{load}$ 如图 10-24 所示。

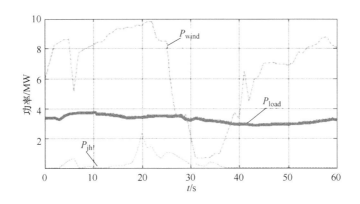

**图 10-24　风电场出力、负荷、计划变化曲线**

由图 10-24 可看出，60s 内本地负荷曲线较为平滑，基本保持在 3~4MW 之间。风电出力则随时间的变化有所波动，前 25s 内出力基本维持在一个较高水平，虽在 25s 时有一个急剧下降，但直观看来，直至第 27s，风电出力均能满足本地负荷需求。风电出力在 31s 左右降至最低并开始缓慢上升，终于在 7s 之后重新具有了保障本地负荷运行的能力。集群功率调度计划 $P_{jh}$ 曲线总体走势与风电场出力能力相符，集群控制中心协调内部各本地需求，依照该 10MW 风电场实际发电能力，在风电出力增加时适当提升 $P_{jh}$，在风电出力减小时及时调低 $P_{jh}$。

然而，仅凭借直观观察输入曲线还不能过早地下定任何结论，控制的进行必须基于混合储能系统（Hybrid Energy Storage System，HESS）的储能状态（Energy State of Charge，ESOC），控制的结果又必须保证 HESS 的 ESOC 工作在正常区间。由于控制策略的建模是基于 $P_{mhg}$ 和 $N_{mhg}$，模型本身就已经最先保证了煤化工系统以额定功率不间断制甲醇。因此，HESS 的 ESOC 曲线是考验所给控制策略正确性的特征曲线。依据控制规则，得到储气罐和 HESS 的 ESOC 全时域曲线如图 10-25 所示。

观察图 10-25，在全时域过程中，ESOC 开始一直保持在 0.9 附近，在 25s 左右急速下降，并于 33s 左右到达并保持在 0.1 附近。储氢罐、储氧罐和 HESS 的 ESOC 均为 0.8994，且气罐内每增压 $5 \times 10^4$Pa，即每消耗约 1009mol 氢气、504.5mol 氧气才能使储气罐和 HESS 的 ESOC 增长 0.01，这势必使得 ESOC 在每一个控制周期过后的改变较为微弱，与 ESOC 在 0~1 变化的整体范围对比悬殊，因而，在图 10-25 中并不能直观反映出 ESOC 的变化细节，也不能就此图否定控制策略的正确性。为验证所提控制策略能实现 HESS 的 ESOC 处于正常区间这一目标，应该主要观察 ESOC 在处于预警区间时控制对它的影响。因此，取全时域中 ESOC 接近上限（前 25s）和接近下限（后 25s）的两部分进行观察，分别如图 10-26 和图 10-27 所示。

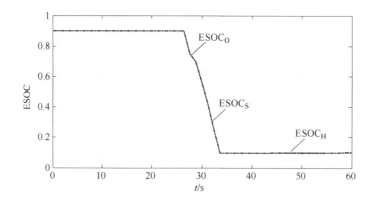

图 10-25　储气罐和 HESS 的 ESOC 全时域曲线

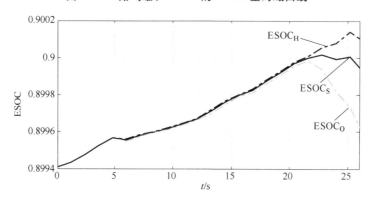

图 10-26　0~25s ESOC 变化曲线

在图 10-26 中，储气罐和 HESS 的 ESOC 初始值均未超出各自上限，因此，开始时整体曲线呈缓慢上升趋势，在 21s 时 $ESOC_H$ 首先抵达上限，而 $ESOC_O$ 还未抵达，此时出现了 $ESOC_S$ 仍在正常范围内的情况，因此，21s 之后，仍继续储气。在 22s 时，$ESOC_S$ 发生超上限，控制优先级发生改变，$ESOC_S$ 逐渐返回正常区间。

在图 10-27 中，33.5s 时，储气罐和 HESS 的 ESOC 急速跌破各自下限，控制优先级改变，成功实现通过控制减缓 ESOC 下降趋势（已变为等效充电），但因风电出力等其他条件的约束，造成等效充电速度小于等效放电速度，因此整体仍然呈现下降状态，直至 43s 时使储气罐和 HESS 的 ESOC 均开始急速提升。

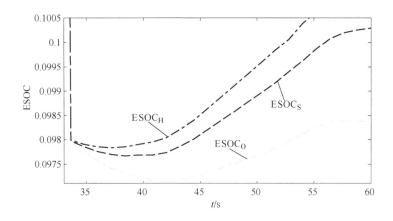

**图 10-27　35~60s ESOC 变化曲线**

图 10-28 和图 10-29 所示分别为电解水消耗功率及控制标记变化曲线和并网需求及控制标记变化曲线，与图 10-24~图 10-27 综合分析可知，0~22s 内，$ESOC_S$ 都处于正常区间，风电出力均能满足本地负荷需求，因此有 $i=2$，标记 $1=0$。0~5s 期间，$P_{re}^2 = P_{wind} - P_{load} > P_{mhg}$，于是在保证 $P_{H_2O}$ 不超过 $2P_{mhg}$ 的前提下令其余风电并网，致使 $ESOC_H$、$ESOC_O$ 和 $ESOC_S$ 均缓慢增加，且标记 2 随着上网电量 $P_S$ 与用电量 $P_{load} + P_{jh}$ 关系的变化而变化；5~5.5s 期间，$P_{re}^2 = P_{H_2O} < P_{mhg}$，煤化工系统正常运行消耗储气罐内原有气体，$ESOC_H$、$ESOC_O$ 和 $ESOC_S$ 均有所下降，$ESOC_O$ 降幅大过 $ESOC_H$；5.5~22s 期间，风电出力持续增大，风电场接近满发，此时段内本地电-氢-碳耦合系统运行状态与 0~5s 期间类似，直至 22s 时刻，在新一次控制判断开始时检测到 $ESOC_S$ 超出上限，$i$ 变为 1，标记 1 置 1，氢氧燃料电池起动。

22~26s 期间，为使 $ESOC_S$ 回到正常区间，HESS 等效放电消耗储气，然而此时间段内风电出力依旧较大并能直接满足本地与集群调度计划需求，氢氧燃料电池出力有限值，加之 $ESOC_H$ 和 $ESOC_O$ 初始值存在差异，致使 $ESOC_S$ 出现以 0.9 为基线在预警与正常区间之间来回变动的情况。

26~33.5s 期间，风电出力骤降，氢氧燃料电池长时间处于开启状态，造成 HESS 能量消耗加速，$ESOC_S$ 迅速下降并于 33.5s 控制判断再次开始时，越过下限，关闭氢氧燃料电池标记 $1=0$，标记位 $i$ 置 3。

33.5~41s 期间，风电出力逐步回升，$P_{H_2O}$ 经历了由区间 $P_1$ 到区间 $P_2$ 的变化，这使得开始时电解水制氢的速率并不能满足煤化工消耗氢气的速率，从而造成 $ESOC_S$ 继续缓慢下降，直到降至逻辑判断为 $P_{H_2O} \leq P_2$ 的时刻，$ESOC_S$ 转变为缓慢上升。

41~60s 期间，风电出力继续增大，大部分时间出现 $P_{H_2O}>2P_{mhg}$ 的情况，电解水速率加快，$ESOC_s$ 快速回升，于 56s 达到正常区间并持续回升，标记位 $i$ 置 2。

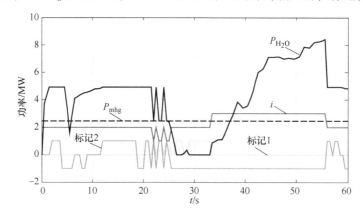

图 10-28　电解水消耗功率及控制标记变化曲线

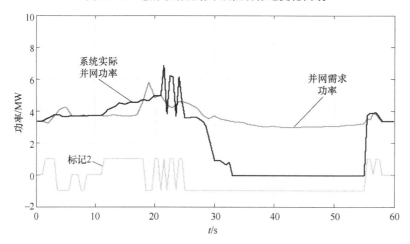

图 10-29　并网需求及控制标记变化曲线

### 10.5.3　风-氢-煤化工耦合系统动力学建模与分析

（1）风-氢-煤化工耦合系统动力学模型

综合风电制氢能源子系统与煤化工能源子系统的特点，考虑风煤富集区域发展风-氢-煤化工耦合系统的时空复杂性，对拟建立的耦合系统动力学模型做出以下假定：

1）风-氢-煤化工耦合系统是一个不断循环的系统，能源消耗量、火电装机量、氢储能量、碳排放量及经济效益等均不断变化，且不考虑风电外送情况。

2）只考虑风电制氢与煤化工过程能源消耗、碳排放等因素动态发展规律。

3）只考虑经济、人口、能源消耗对碳排放的影响，不考虑系统以外因素影响。

4）以二氧化碳排放量作为碳排放指标，不考虑能源消耗产生的其他污染气体排放。

风电场产生的电能由电解水制氢和并网两部分组成。风电场在生产电能进行供电的基础上，当用电需求小于风电场发电量时，系统过剩功率将会被输送至电解水制氢机组进行电解水制氢，将过剩的风电输送到风电制氢系统中的电解水制氢机组进行电解水制氢，波动的风电电能被转换为氢气进行储存；当用电需求大于风电场发电量时，储存的氢气可通过燃料电池机组进行发电，将储存电能回馈利用，以满足用电需求。煤化工过程中，风电制氢产生 $O_2$ 作为气化介质送入汽化炉，$H_2$ 可以作为甲醇原料气与气化炉中的富碳合成气掺混，将 $H_2/CO$ 调整至甲醇生产的合适比例，然后经过合成反应器、分离器，再精馏，最终生产出合格的甲醇。生产的甲醇一部分作为化工原料，另一部分作为燃料与 $O_2$ 和 $H_2$ 构成混合发电系统。另外，在煤化工系统的分离器处的驰放气可以再利用，作为热源加热空气，热空气作为动力推动小型汽轮机发电，做完功的乏气可以用来供热，给系统部件保温。和传统煤基甲醇生产系统相比，采用风电电解水生产 $O_2$ 和 $H_2$，一方面省略了昂贵且高能耗的空分装置；另一方面考虑将二氧化碳加氢气制甲醇技术加入其中，在煤化工生产中回收 $CO_2$ 合成化工原料，实现碳氢源的循环利用和煤化工行业的碳减排，以及实现氢资源的储存和新能源的消纳。

氢气作为连接风电制氢与煤化工产业的介质，起到了至关重要的作用。风电制氢过程生成氢气，进行氢储能，同时，通过气体分配进入煤化工系统合成甲醇，又可与甲醇、氧气组成发电系统最终并网。因此，氢气是耦合能源系统的关键节点，在所建立的风-氢-煤化工耦合系统中，通过绿氢来实现两个子系统之间的耦合连接。一方面，将具有波动性的风能转换为稳定且清洁的氢能从而平滑风电；另一方面，绿氢可以作为甲醇原料气，经过合成反应器、分离器，再精馏，生产合格的甲醇。

由于耦合系统各部分发展建设与生产运行过程是动态反馈的，共同作用、相互影响的内、外部因素对能源系统发展过程影响显著，以风-氢-煤化工耦合系统的系统行为以及引起能源生产和消费变化的各个要素作为建模的基础，给出的子系统连接关系，分析两个子系统的层次结构和耦合关系，构建如图 10-30 所示的风-氢-煤化工耦合系统动力学模型。从系统动力学内部因素层面上讲，绿氢产量一定程度上，与制氢电量、煤炭减少量、$CO_2$ 减排量、社会经济效益、供电煤耗、氢气发电量、工业用氢量等因素之间均有紧密联系。设置变量之间的数学方程式，实现模型内部耦合联动。

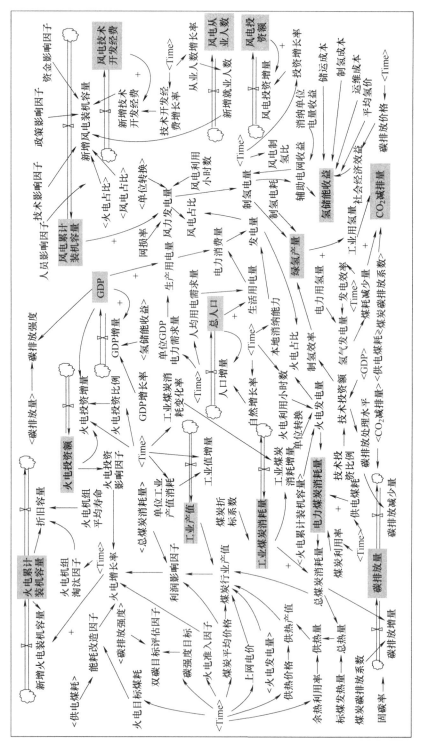

图 10-30 风-氢-煤化工耦合系统动力学模型

（2）有效性检验

1）运行检验。

风-氢-煤化工耦合系统模型涵盖变量较多，且变量间关系复杂，经济和人口等水平变量具有对参数变量不敏感性和政策变更抵制性，具有一定的稳定性。为了检验构建的动力学模型是否会产生病态结果，即检验其稳定性，分别选取了步长为 1、0.5 和 0.25 进行仿真，仿真结果选取变量 GDP 作为检验指标，具体参数为新疆地区数据。不同步长下 GDP 增长曲线如图 10-31 所示，图中 GDP 增长曲线在不同步长下未产生病态结果，所构建系统动力学具有良好的稳定性。

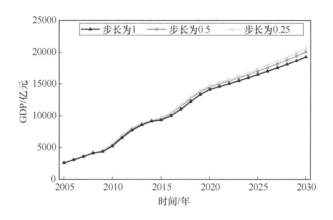

图 10-31　不同步长下 GDP 增长曲线图

2）历史仿真检验。

历史仿真检验指通过检验系统行为与历史数据的拟合度，通过不断修正模型，在一定程度上保证模型的正确性和有效性。系统模型仿真结果与历史数据误差率越低，表明构建的模型可以较准确地模拟现实系统，反映了模型有效且合理。构建的风-氢-煤化工耦合系统动力学模型的研究对象主要是风能与煤炭的未来发展趋势和两者的耦合关系。因此，对 2005—2020 年的总人口、GDP、风电累计装机容量和火电累计装机容量 4 个变量进行历史仿真检验，检验结果分别如图 10-32～图 10-35 所示。

由图 10-33～图 10-35 可知，考虑风-氢-煤化工耦合系统动力学模型中有部分参数为定性约束，不能完全精准地复现现实系统，只能对系统的发展趋势进行预测，存在一定误差是可以接受的。4 个变量的历史值和仿真值差值较小，两者之间误差均在 5% 以内。这反映了建立的风-氢-煤化工耦合系统动力学模型与实际风-氢-煤化工耦合系统具有较高的拟合度。模型能够表征当前风-氢-煤化工耦合系统的发展现状，并可用于对未来发展趋势进行预测。

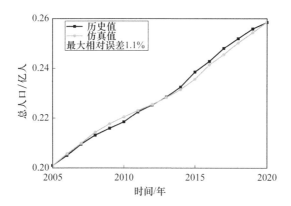

**图 10-32    总人口历史仿真检验**

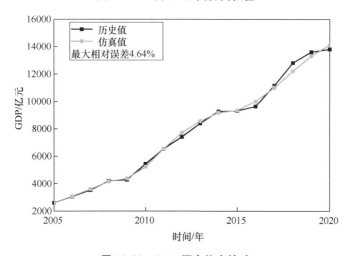

**图 10-33    GDP 历史仿真检验**

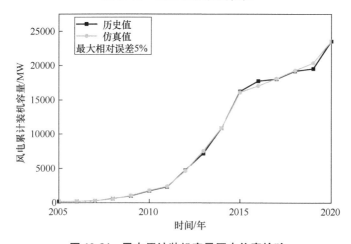

**图 10-34    风电累计装机容量历史仿真检验**

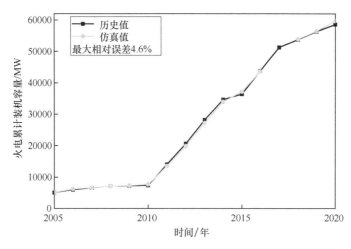

**图 10-35　火电累计装机容量历史仿真检验**

（3）耦合系统动力学模型仿真分析

通过对动力学模型进行校验，证实图 10-36 为用电量及增长率曲线图，图 10-37 为风电/火电装机容量对比图，图 10-38 为风电/火电发电量占比图。结果表明，生产用电量逐年递增，生活用电量占比较小，总用电量主要受经济增长影响。"十一五"期间，风电技术整机水平较低，发展速度受到限制，装机水平提升缓慢。"十二五"期间，新疆进入风电产业大规模快速发展阶段，风电总装机容量呈翻番式增长。但是，由于本地消纳能力有限，弃风问题开始凸显。"十三五"期间，新疆弃风率连续 4 年被列入红色预警省份，致使风电产业投资受到影响，新增装机速度明显下滑，加之电力外送通道工程拓宽消纳渠道，弃风率在 2020 年降至警戒线以下。新疆作为煤炭大省，2010—2020 年期间火电装机容量呈大规模爆发式增长，风电与火电的装机容量差距逐渐变大，火电发电量占比在 2020 年前存在一定的波动，基本在 0.85 以上。2020 年以来，在新型电力系统建设和"双碳"目标的双重推动下，风电开发水平逐渐回升，火电装机增速变缓，火电发电量占比逐渐下降，风电发电量占比上升。截至 2030 年，火电装机容量增速将基本为零，风电装机增速仍保持较高水平，且火电发电量占比将下降至 0.45，风电发电量占比将升至 0.2。

图 10-39 所示为新疆电力与工业总煤炭消耗量曲线图。由图可见，工业、电力煤炭消耗量与经济发展水平及工业化水平息息相关，其煤炭消耗量随着经济技术的发展稳步提升。新型电力系统快速建设的背景下，新能源装机及发电占比随之提高，电力行业对煤炭和煤电的依赖逐步减少。考虑新能源自身不具备调节能力，立足新疆以煤为本的资源禀赋，发挥煤炭的压舱石作用，逐步减少电力行业的煤炭消耗量。

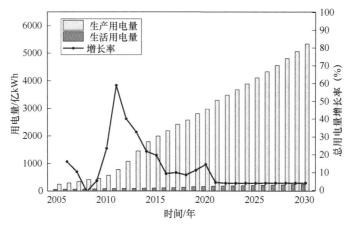

图 10-36　用电量及增长率曲线图

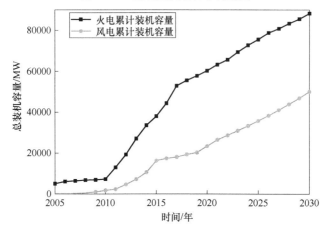

图 10-37　风电/火电装机容量对比图

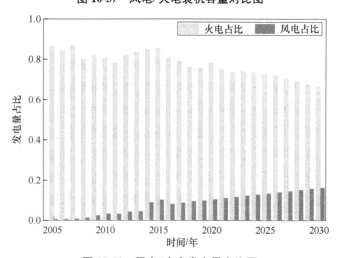

图 10-38　风电/火电发电量占比图

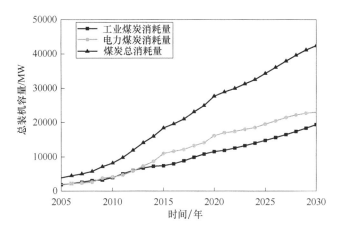

**图 10-39　新疆电力与工业总煤炭消耗量曲线图**

图 10-40 所示为碳排放量与 GDP 对比曲线图。碳排放量增长趋势与总煤炭消耗量曲线变化趋势相似，说明新疆工业对化石能源有很强的依赖性，电力、煤化工是碳排放的主要来源之一，反映了煤炭消耗与碳排放量间的相关性。随着工业经济的发展，对于碳排放的重视程度不断提升，各种减排降碳措施多管齐下，碳排放增速逐渐变缓。通过对比 GDP 和碳排放增长曲线可知，随着风-氢-煤化工耦合系统的耦合程度不断加深，初步实现了 GDP 与碳排放的解耦发展，说明风-氢-煤化工耦合系统是实现经济高质量增长的有效手段。

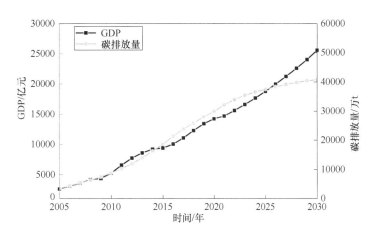

**图 10-40　碳排放量与 GDP 对比曲线图**

图 10-41 所示为绿氢产量曲线图，图 10-42 所示为氢储能的经济收益与 $CO_2$ 减排量。由图可知，电制氢技术早期受限于成本和技术等原因，发展缓慢且规模较小。2015 年以来，随着风电大规模发展和"弃风"问题的出现，"风电+绿氢"

成为降低制氢成本、克服新能源储存性的最优解，同时替代煤化工行业的灰氢、蓝氢，实现煤化工行业减碳增效及价值重构。研究发现，"绿氢"将进入规模化发展阶段并成为风电与煤化工耦合发展的纽带，辅助电网平抑风能波动收益、减少 $CO_2$ 排放的环境收益及工业用氢等，每年可带来几十亿的氢储能收益，在获得较高氢经济的同时突破煤化工碳排放居高不下的桎梏，截至 2030 年将可减少碳排放量近 400 万 t。综上，以"绿氢"为支点的风-氢-煤化工耦合系统在经济和技术上均具备一定的可行性，能够最大程度地发挥可再生、低成本的风电和富集煤基资源优势，重构煤化工行业工艺结构，带动氢能相关产业发展，形成产业集聚效应，降低碳排放，推动风煤富集区域的低碳转型发展，构建低碳能源新体系。

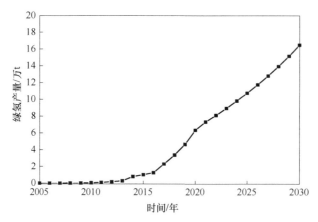

图 10-41　绿氢产量曲线图

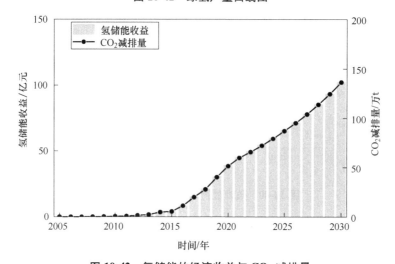

图 10-42　氢储能的经济收益与 $CO_2$ 减排量

# 参 考 文 献

［1］ LINNHOFF B，FLOWER J R. Synthesis of heat exchanger networks：I. Systematic generation of energy optimal networks ［J］. AIChE Journal，1978，24（04）：633-642.

［2］ WANG Y P，SMITH R. Wastewater minimisation ［J］. Chemical Engineering Science，1994，49（07）：981-1006.

［3］ ALVES J J，TOWLER G P. Analysis of Refinery Hydrogen Distribution Systems ［J］. Industrial & Engineering Chemistry Research，2002，41（23）：5759-5769.

［4］ 李佳蓉，林今，肖晋宇，等. 面向可再生能源消纳的电化工（P2X）技术分析及其能耗水平对比 ［J］. 全球能源互联网，2020，3（01）：86-96.

第11章

# 风-氢-火耦合系统

**11**

## 11.1 概述

高比例新能源并网对电网的安全与稳定运行带来重大挑战，致使电力系统对于灵活性调节资源的需求越发迫切。作为能源保供的"压舱石"，火电在我国能源结构中长期占据主导地位，具有较好的经济性和供电可靠性。通过火电的灵活性改进，能够有效补偿新能源波动性发电的同时减少碳排放。传统火电的灵活性改造主要包括机组的本体设备改造和新建辅助设施，在材料性能方面存在一定的技术壁垒，且对机组现有的运行模式较为依赖。随着储能技术的发展，其与火电的耦合能够有效缓解负荷波动压力，但现有的储能技术主要是通过以电定热的方式来进行热电解耦，难以实现与火电机组的电-热深度耦合。相比之下，氢能系统不仅能够实现跨时间尺度的电能灵活转换，辅助火电机组进行深度调峰，还可通过制-储-用氢多个环节的热循环利用与火电机组实现深度热耦合，提升系统的综合能效。同时，氢能拥有更丰富的终端应用场景，将为突破火电灵活性改造的技术瓶颈提供重要的契机。

当前，利用氢能提升火电灵活性的技术探索主要集中在两个方向：一是火电制氢，旨在辅助火电机组调峰的同时，探索低成本的制氢技术，以满足氢能终端应用的需求。然而，这种基于化石能源的制氢方式（即"灰氢"）与我国绿色能源发展的战略目标相悖。因此，利用新能源弃电灵活制备绿氢，成为实现火电减碳的可行技术路线之一。二是将"制氢-储氢-氢电转换"系统视为一种电能储存方式，即在电力系统低负荷时通过电解水制氢机组制氢并储存，在负荷高峰时通过燃料电池机组发电，从而提供灵活的调峰能力。尽管这种方式具备一定的灵活性，但仍面临效率优化、成本控制等多重挑战。因此，如何高效集成电、热网络，实现能量的梯级利用，是氢-火高效耦合技术中亟待解决的关键问题。

基于上述机遇与挑战，本章将以风-氢-火耦合系统为典型案例，旨在结合现有技术条件和系统需求，探索一种初步的设计方案，以期为该领域的研究和发展提供参考。由于时间和篇幅所限，本章将仅对风-氢-火耦合系统进行初步介绍，旨在为读者提供基本的了解框架，更深入的研究有待后续进一步展开。本章将首先论述风-氢-火耦合系统结构设计和数学建模的基本原理，介绍夹点分析法在换热网络设计中的初步应用；然后，将阐述基于模糊层次分析法（Analytic Hierarchy Process，AHP)-熵权法的系统综合评估方法，为耦合系统提供明确的设计准则；最后，将提出系统规划与运行优化策略，并分析不同策略下系统的性能表现。

## 11.2　结构与原理

耦合结构的优化设计是后续系统配置和运行研究的基础，本节系统地阐述了风-氢-火耦合系统的设计方法。首先，提出了耦合系统结构设计的基本原则，明确了系统功能模块的构成及其相互关系，为后续设计奠定了基础。其次，建立了风-氢-火耦合系统的基本拓扑结构，并针对系统内的主要设备（如风力发电机组、电解水制氢机组、燃料电池机组和锅炉等），构建了相应的数学模型，以精确描述各设备的运行特性及其能量转换过程，采用夹点分析法对耦合系统的换热网络进行了优化设计。另外，构建了包含技术性、经济性和环境性等多维度的综合评价指标体系，并详细阐述了各指标的定义、计算方法及其物理意义。最后，为了更全面、客观地评价系统性能，采用了包含主观赋权法（模糊 AHP）和客观赋权法（熵权法）的组合权重法，以避免单一赋权方法带来的偏差，提高评价结果的可靠性。

### 11.2.1　系统组成与建模

风-氢-火耦合系统是一种典型的多能互补系统，其核心组成部分包括：①风-火联合发电系统，负责将风能和传统化石能源转换为电能；②氢能系统，该系统由电解水制氢装置（如 AWE 制氢机组、PEM 电解水制氢机组等）、氢气储存装置（如高压气态储氢罐、液态储氢罐等）以及氢电转换装置（如固体氧化物燃料电池（Solid Oxide Fuel Cell，SOFC）机组、PEM 燃料电池机组等）构成，实现电能与氢能之间的双向转换和能量储存。氢能系统在风-氢-火耦合系统中扮演着能量储存、输运和转换的重要角色，有效提升了系统的运行灵活性和能源利用效率。由于风-氢-火耦合系统的应用场景多样，不同的应用场景对系统的运行和控制策略提出了不同的需求。因此，在对其进行结构设计时，需要充分考虑应用场景的特性，遵循新能源消纳最大化、电力系统安全稳定运行和能源高效利用等设计原则。

（1）总体结构设计

图 11-1 所示为风-氢-火耦合系统结构图。该系统旨在通过氢能系统实现风电与火电的协同互补，提高系统的运行灵活性和能源利用效率。该系统中，电负荷需求主要由风电机组和火电机组共同承担。

该系统的基本运行原理如下：当耦合系统内产生富余风电时，AWE 制氢机组将多余的电能转换为氢气，并将其储存在高压储氢罐中。这一过程相当于降低了火电机组的出力，从而缓解了火电机组的深度调峰压力，有助于电网的调峰和稳定运行。同时，电解水产生的氧气可以通入火电机组进行富氧燃烧，提高燃烧效率，并有助于保持火电机组在低负荷下的稳定燃烧，减少不完全燃烧造成的污染物排放。反之，当系统电能供给不足时（如风电出力不足或负荷需求较高），SOFC 机组将利用储氢罐内储存的氢气进行发电，补充电能缺口，保证系统的供电可靠性。SOFC 机组产生的高温废气可以导入火电机组的热力循环中（如排挤部分汽轮机蒸汽），使其返回汽轮机继续做功，从而进一步提高系统的整体能源利用效率。

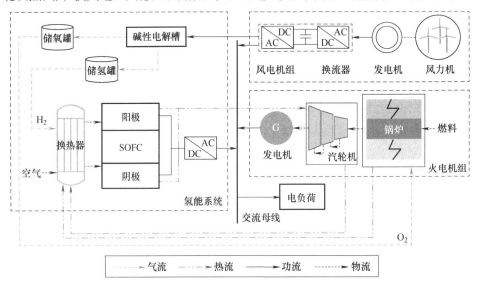

**图 11-1 风-氢-火耦合系统结构图**

（2）风-火联合发电系统

在我国，风电场与火电站联合供电的现象较为普遍。然而，目前大多数风-火联合发电项目在规划层面仅采取风火"打捆"的方式，即在规划阶段将风电和火电容量进行组合，但在实际运行过程中，风电和火电仍然是独立的运营主体，且地理位置通常较为分散，导致风电和火电的协调运行和优化调度存在诸多挑战，难以充分发挥其互补优势。

本章构建的风-火联合发电系统结构简化示意图如图 11-2 所示。与传统的风火"打捆"方式不同，本章提出的风-火联合发电系统将风电场和火电站通过功率变换装置耦合于同一交流母线，并在同一并网点接入电网，从而在电气上实现了风电和火电的紧密耦合。具体而言，该联合发电系统包括风电场、火电站及其相应的功率变换和电压变换装置。风电场和火电站通过换流器等电力电子装置连接到同一交流母线上，然后通过变压器等装置并入电网，共同向电负荷供电。从外部电网来看，该联合发电系统可以被视为一个整体的可控电源，能够根据电网需求进行灵活调节。

本章采取的耦合方式显著缩短了风电场和火电站之间的物理距离和电气距离，使得风电和火电在运行时能够实现更加紧密的电气联系，并可作为同一运营主体进行统一调度和协调控制，从而有效促进大规模风电与火电的协同运行和优化控

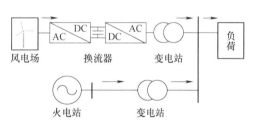

图 11-2　风-火联合发电系统结构简化示意图

制，充分发挥风电和火电在出力特性上的互补优势，提高系统的整体运行效率和稳定性，为构建高比例可再生能源电力系统提供了一种有效的解决方案。

将风电出力除以风电机组的额定容量，得到风电出力序列系数 $P_{ww}$，其表达式如下所示：

$$P_{ww} = \frac{P_{W1}}{R_{W1}} \tag{11-1}$$

式中，$P_{W1}$ 为已知风电机组出力，单位为 kW；$R_{W1}$ 为已知风电机组额定容量，单位为 kW。

（3）富氧燃烧系统

目前，制约富氧燃烧技术大规模应用的主要因素之一是纯氧的获取。传统方法通常需要建设大型空分系统来分离纯氧，其氧气浓度一般为 90% ~ 99.9%，但此过程会消耗电厂电量，增加能耗。相比之下，电解水制氢技术产生的氧气

纯度通常可达 99.9%，满足富氧燃烧对氧气浓度的要求。根据火电机组的煤耗率和调峰功率，可以计算出所需的燃料量。根据相关研究[3]可知，1kg 燃料完全燃烧所需的理论氧气量 $V$ 可通过以下公式计算：

$$V = 1.866 \times \frac{C_{ar}}{100} + 0.7 \times \frac{S_{ar}}{100} + 5.56 \times \frac{H_{ar}}{100} - 0.7 \times \frac{O_{ar}}{100} \qquad (11\text{-}2)$$

式中，$V$ 为理论需氧量，单位为 $Nm^3/kg$；$C_{ar}$、$S_{ar}$、$H_{ar}$、$O_{ar}$ 分别为煤质收到基的碳、硫、氢、氧含量（%）。为保证锅炉内燃料的充分燃烧，实际用氧量应略大于理论需氧量。实际用氧量可通过引入过氧系数进行计算：

$$V' = \alpha_{O_2} V \qquad (11\text{-}3)$$

式中，$V'$ 为理论需氧量，单位为 $Nm^3/kg$；$\alpha_{O_2}$ 为过氧系数，通常取 1.05。

富氧燃烧技术是目前提高火电机组调峰能力的一种有效改造技术。例如，重庆某电厂的 2×300MW 燃煤发电机组已完成富氧燃烧改造，并取得了良好的节能减排效果。在本章提出的系统中，当剩余新能源用于制氢时，将另一产物——氧气进行储存。当火电机组需要下调出力时，将储存的氧气与原有烟气混合后通入锅炉，形成混合助燃空气，使火电机组转为富氧燃烧运行模式。这种方式能够有效保持锅炉在低负荷下的稳定燃烧能力，实现机组的深度调峰。电解水制氢机组与富氧燃烧技术耦合的技术示意图如图 11-3 所示。

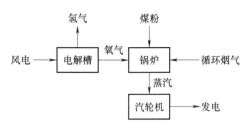

**图 11-3  电解水制氢机组与富氧燃烧技术耦合的技术示意图**

## 11.2.2  换热网络设计

换热网络是化工、能源等流程工业中重要的能量回收和利用系统，其设计优化对于提高能源利用效率、降低运行成本具有重要意义。在风-氢-火耦合系统中，存在多个具有不同温度的热流和冷流，例如火电机组的烟气、SOFC 的尾气、电解水制氢机组的冷却水等，这些物流之间存在潜在的换热机会。合理地设计换热网络，以及最大限度地回收和利用这些热量，可以显著降低系统的能源消耗，提高整体的热效率。

（1）热夹点简介

如前文所述，换热网络的设计旨在最大限度地回收和利用系统内的余热，降低能源消耗。夹点分析法是进行换热网络设计和优化的重要方法之一，其核心思想是基于热力学第一定律和第二定律，通过分析系统中各物流的温度-焓特性，确定系统内能量传递的"瓶颈"——夹点，并以此为基础进行换热网络的综合设计，从而最大限度地回收热量，减少外部加热和冷却的需求。

在夹点分析法中，将热量传递过程中需要加热或冷却但其物质组成成分不变的流动称为物流。在工业过程中，通常存在多股需要冷却的热物流和多股需要加热的冷物流。为了方便分析，将具有相似温度变化趋势的热物流和冷物流分别合并成一条曲线，称为热复合曲线和冷复合曲线。这两条曲线在温度-焓图（纵坐标为温度，横坐标为焓值或热量）上可以直观地表示冷、热物流之间的换热关系。假设物流的热容流率 $CP$（即单位时间内物流的焓变与温度变化的比值）在一定温度范围内可以近似看作定值，则复合曲线近似为直线。

通过在温度-焓图上左右平移冷、热复合曲线，可以模拟冷、热物流之间的换热过程。当两条复合曲线逐渐趋近时，表示冷、热物流之间的传热温差逐渐缩小。需要注意的是，曲线的焓差（即两条曲线在同一温度下的水平距离）保持不变，这意味着冷、热物流的总换热量不发生变化，但却直接影响了外部需要提供的供热量和制冷量，以及系统内部可回收的热量大小。当两条曲线互相接近直至距离达到最小值时，表示该系统内部换热达到极限，此时对应的温度即为夹点温度，该位置定义为夹点位置。在夹点位置，两条曲线间的纵坐标最小差值即为最小温差 $\Delta T_{\min}$，这是换热网络设计中的一个重要参数。

在夹点位置，热回收量达到最大值，而外部需要的供热量和制冷量则达到最小值，从而实现了能耗最小化的目标。因此，通过夹点分析，可以确定最佳的换热网络结构，最大限度地提高能量回收率，降低系统的运行成本。后续的换热网络设计将以夹点位置和最小温差为指导，进行具体的换热器匹配和网络拓扑结构设计。

物流的换热量 $Q$、焓值 $\Delta H$、热容流率 $CP$ 和温度之间的关系如下所示：

$$Q = \int_{T_S}^{T_T} CP \mathrm{d}T = CP(T_T - T_S) = \Delta H \tag{11-4}$$

式中，$T_T$、$T_S$ 分别为物流的最终（目标）和初始（供应）温度。热容流率的计算公式如下所示：

$$CP = \dot{m}c_p \tag{11-5}$$

式中，$\dot{m}$ 为质量流量，单位为 kg/s；$c_p$ 为定压比热容，单位为 kJ/(kg·℃)。

任意温度间隔 $i$ 的焓平衡式如下所示：

$$\Delta H_i = \Delta T_i \left( \sum CP_H - \sum CP_C \right) \tag{11-6}$$

式中，$\Delta H_i$ 为第 $i$ 个间隔的热负荷，单位为 kW；$\Delta T_i$ 为第 $i$ 个间隔的温度，单位为℃；$CP_H$、$CP_C$ 分别为热流和冷流的热容流率，单位为 kW/℃。

确定夹点的方法主要有温度-焓图法和问题表法。温度-焓图法通过绘制冷、热复合曲线的图形来直观地确定夹点位置，适用于物流数量较少的情况。当系统内物流数量较多，且需要进行精确计算时，采用问题表法更为有效。本章所构建的风-氢-火耦合系统包含多个物流，因此选择问题表法来确定夹点，以实现精准计算。对本章所构建系统进行夹点分析法的步骤如下：

1）选取系统内的冷、热物流，确定物流性质和温度等参数。首先，需要从系统中识别出所有需要冷却的热物流和需要加热的冷物流，并确定每股物流的流量、入口温度、出口温度和比热容等参数。这些参数是后续进行热平衡计算的基础。

2）将冷、热物流按照原始的温度从高至低排序，相邻两个温度构成一个温区。将所有物流的温度值（包括入口温度和出口温度）按照从高到低的顺序排列，相邻两个温度值之间构成一个温度区间，称为温区。这样就将整个温度范围划分成若干个温区。

3）利用式（11-4）~式（11-6）依次对各温区进行热量衡算。对每个温区进行热平衡计算，计算该温区内热物流放出的热量和冷物流吸收的热量。

4）假设无热量输入系统，计算各温区之间的热通量。假设系统没有外部热量输入，即所有热量只能在系统内部进行传递。从高温区开始，依次向下温区传递热量，计算每个温区之间的热通量。如果某个温区的热量衡算结果为正值（即热盈余），则该温区有多余的热量需要传递到下一个温区；如果某个温区的热量衡算结果为负值（即热缺额），则该温区需要从上一个温区接收热量。

5）假设外界输入最小公用工程，即热通量恰好由负值变为 0 时的情况，对各温区之间的热通量进行计算，并找出热通量为 0 的温度点，确定为夹点位置。在实际系统中，通常需要外部提供一定的热量或冷量（即公用工程）才能满足所有物流的换热需求。为了最大限度地减少公用工程的消耗，假设外部输入最小的公用工程量，使得热通量恰好由负值变为 0。此时，热通量为 0 的温度点即为夹点温度，该位置即为夹点位置。

6）对耦合系统的换热网络进行设计。在确定了夹点位置和最小温差 $\Delta T_{\min}$ 之后，就可以根据夹点两侧的物流进行换热器的匹配和网络拓扑结构设计，从而构建最佳的换热网络。

（2）SOFC-火电机组耦合分析

为提高能源利用效率，分析系统中热能的利用和回收至关重要。本系统中的火电机组为带回热抽汽的燃煤汽轮机组。回热技术通过提高进入锅炉的给水温度，有效降低汽轮机的冷源损失。汽轮机抽汽用于预热给水，从而减少锅炉的热量需求并提高循环效率，但同时也会减少通过汽轮机的蒸汽量和发电量。余热利用与火电机组回热系统耦合的典型应用包括电厂排烟余热回收至回热系统、二氧化碳吸收系统余热与回热系统耦合等。

SOFC 的高温废气具有重要的利用价值。本节将介绍一种 SOFC 与火电站的热耦合方式，即利用 SOFC 产生的高温废气加热火电机组汽水系统中经泵加压后的凝汽器出口水，使其达到与汽轮机抽汽加热后相似的参数，从而减少或替代部分汽轮机抽汽，使这部分蒸汽返回汽轮机继续做功。火电机组的给水依次经过低压加热器、除氧器和高压加热器，温度由约 40℃ 升至约 280℃，升温幅度约为 240℃。其中，高压加热器所需的蒸汽温度为 300~400℃，与 SOFC 的余热温度较为接近，具备耦合利用的潜力。

由于 SOFC 起动时间较长（20~30min），且起动阶段部分燃料用于预热输入气体，导致起动过程效率较低。因此，可以考虑利用火电机组的高温炉渣对 SOFC 进行起动前的预热，以缩短起动时间并提高运行效率。

（3）结构优化设计

夹点分析法将换热网络划分为两个独立的子系统。根据热力学原理，夹点以上的部分称为热阱系统，仅涉及换热和热公用工程，由热公用工程提供热量，无热量输出；夹点以下的部分称为热源系统，仅涉及换热和冷公用工程，由冷公用工程带走热量，无热量输入。通过分析换热流股数据并构建换热网络，可确定过程所需的最小公用工程量，从而实现最大的能量回收。

针对 SOFC 与火电机组的耦合系统进行热力学分析，基础参数见表 11-1。为简化分析，进行以下假设：

1）气体视为理想气体，燃料为纯氢气。

2）输入空气中的氧气含量为 21%，氮气含量为 79%。

3）SOFC 入口燃料和空气温度相同，均为 600℃。

4）忽略换热器热损失，并假设 SOFC 电池堆绝热。

表 11-1　热力学分析基础参数

| 参数 | 数值 |
| --- | --- |
| 环境温度/℃ | 25 |
| 环境压力/kPa | 101.3 |
| SOFC 工作压力/kPa | 900 |
| SOFC 工作温度/℃ | 800 |
| SOFC 进口温度/℃ | 600 |
| SOFC 进出口温差/℃ | 200 |

根据参考文献 [8] 可知，燃料质量流量的大小取决于 SOFC 的燃料利用系数和电池电压。氢气、氧气所需质量流量表达式分别如式（11-7）和式（11-8）所示：

$$\dot{m}_{H_2} = \frac{1.05 P_{FC}}{10^5 V_{cell}} \tag{11-7}$$

$$\dot{m}_{O_2} = \frac{8.40 P_{FC}}{10^5 V_{cell}} \tag{11-8}$$

式中，$\dot{m}_{H_2}$、$\dot{m}_{O_2}$ 分别为 SOFC 输入氢气和氧气的质量流量，单位为 kg/s；$V_{cell}$ 为燃料电池的工作电压，单位为 V；$P_{FC}$ 为 SOFC 的输出功率，单位为 kW。

SOFC 入口空气质量流量的表达式如下所示：

$$\dot{m}_{air} = \frac{3.63 \lambda_{air} P_{FC}}{10^4 V_{cell}} \tag{11-9}$$

式中，$\dot{m}_{air}$ 为 SOFC 入口空气质量流量，单位为 kg/s；$\lambda_{air}$ 为空气的化学计量比。

SOFC 废气的质量流量的表达式如下所示：

$$\dot{m}_{ex\_SOFC} = \dot{m}_{air} - \dot{m}_{O_2} + \dot{m}_{H_2}(1-\xi) \tag{11-10}$$

式中，$\dot{m}_{ex\_SOFC}$ 为 SOFC 废气的质量流量，单位为 kg/s；$\xi$ 为燃料利用率，取 75%。

以 300MW 火电机组、额定功率为 50MW 的 SOFC 为例，火电机组汽轮机参数可参考文献 [9]。燃料电池的工作电压取为 0.8V，燃料利用系数取为 75%，由上述分析可以计算得到输入氢气燃料的质量流量为 0.66kg/s，输入氧气的质量流量为 5.28kg/s，输入空气的质量流量为 57.02kg/s，SOFC 废气的质量流量为 51.91kg/s；SOFC 废气的定压比热容由混合气体定压比热容公式求得 1.1289kJ/(kg·℃)；煤渣量取为 49.2t/h，比热容取为 1kJ/(kg·℃)；位移温度 $\Delta T_{min} = 20℃$。

由上述基础参数计算可得到系统换热流股的温度等相关数据，见表 11-2。其中，H1 是 SOFC 输出的高温烟气；H2 是在火电机组运行期间锅炉产生的高温炉渣；C1 为 SOFC 输入的空气；C2 为 SOFC 输入的燃料；C3 表示汽轮机回热系统中第一高压加热器的给水。

表 11-2　系统换热流股数据

| 序号 | 冷/热流 | 初始温度/℃ | 最终温度/℃ | 热容流率/(kW/℃) |
|---|---|---|---|---|
| H1 | 热流 | 800 | 45 | 58.601 |
| H2 | 热流 | 850 | 80 | 13.667 |

（续）

| 序号 | 冷/热流 | 初始温度/℃ | 最终温度/℃ | 热容流率/（kW/℃） |
|------|---------|------------|------------|--------------------|
| C1 | 冷流 | 25 | 600 | 57.305 |
| C2 | 冷流 | 25 | 600 | 9.438 |
| C3 | 冷流 | 242 | 275.1 | 341.190 |

将各物流按照温度分布进行排序，得到 6 个温度间隔，温度间隔内是热量多余或不足的状况，计算温度间隔的焓平衡，结果见表 11-3。由此，可以绘制出 SOFC-火电机组耦合系统的热级联图，如图 11-4 所示。

**表 11-3　系统换热流股温度间隔及热负荷**

| 间隔 | 温差 | $\sum CP_H - \sum CP_C$/（kW/℃） | $\Delta H$ | 净盈或净亏 |
|------|------|-----------------------------------|------------|------------|
| 1 | 50 | 13.667 | 683.35 | 净盈 |
| 2 | 180 | 72.268 | 13008.24 | 净盈 |
| 3 | 341 | 5.525 | 1884.03 | 净盈 |
| 4 | 21.42 | −242.805 | −5200.88 | 净亏 |
| 5 | 177.58 | 5.525 | 981.13 | 净盈 |
| 6 | 35 | −8.142 | −284.97 | 净亏 |

当外界无热量输入时，过程所需的工程最小需求量 $Q$ = 683.35kW + 13008.24kW + 1884.03kW − 5200.88kW + 981.13kW − 284.97kW = 11070.9kW。图 11-5 所示为各物流匹配的网络设计图，结果表明：SOFC 高温废气可以代替部分汽轮机抽汽，将通过第一高压加热器的给水从 242℃升至目标温度 275.1℃，且剩余能量将空气从室温预热至 600℃；火电机组产生的高温炉渣，可以满足 SOFC 输入氢气燃料的热量需求。

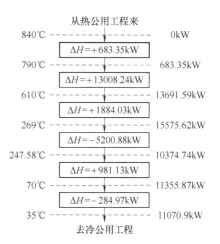

**图 11-4　系统的热级联图**

由此得到 SOFC-火电机组耦合系统热集成图（见图 11-6）。当火电机组处于变负荷运行时，加热器的温度端差值随负荷变化较小，对计算精度影响不大，因此可假设温度不变；炉渣热量和给水流量需热量随火电机组出力线性变化。

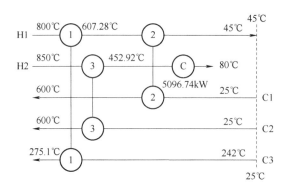

图 11-5　各物流匹配的网络设计图

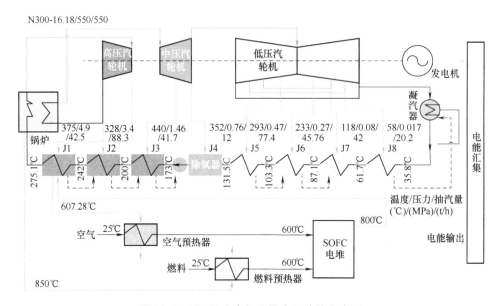

图 11-6　SOFC-火电机组耦合系统热集成图

## 11.2.3　综合评估

　　针对耦合系统的综合评价，已有较为成熟的研究体系。综合评价通常主要包括两个方面：一是构建评价指标体系，二是选择合适的评价方法。合理的评价指标体系和评价方法能够较为客观地反映系统方案的优劣。为了避免单一评价方法的局限性，常采用主、客观相结合的方法，以获得更全面的评估结果。

　　本节将首先介绍耦合系统的评价指标体系，然后阐述一种结合主、客观赋权的方法，以确定各指标的综合权重，从而更直观地展现氢能系统的特点，并为后续发展提供参考。

**1. 评价指标体系**

风-氢-火耦合系统的评价指标应涵盖经济性、运行性能和环境影响等方面，构建多维度、多层次的综合评价指标体系，以确保评估的全面性和具体性。本节选取经济性、能源利用效率、环境影响和可靠性四个维度作为一级指标，并在各维度下细化为一次投资成本、运行成本、二氧化碳排放量、供电可靠性等十项二级指标。

（1）经济性指标

经济性是风-氢-火耦合系统评价的重要组成部分，也是实际工程项目评估的关键要素。本节选取最具代表性的一次投资成本和运行成本作为二级指标。

1）一次投资成本。

利用等值年费法将风-氢-火耦合系统的一次投资成本折算为年投资成本，计算公式如下所示，该值越小则代表经济性越好。

$$C_{\mathrm{inv}} = \sum_{x=1}^{X} \left( c_x R_x \frac{r(1+r)^{V_x}}{(1+r)^{V_x}-1} \right) \tag{11-11}$$

式中，$c_x$ 为风-氢-火耦合系统内的设备单位投资成本，单位为元/kW；$R_x$ 为第 $x$ 个设备的容量，单位为 kW；$V_x$ 为第 $x$ 个设备的寿命，单位为年；$X$ 为系统内的设备数量。特别地，电池储能的年投资成本 $C_{\mathrm{inv,BE}}$ 如下所示，包括功率投资成本和容量投资成本。

$$C_{\mathrm{inv,BE}} = (c_{\mathrm{BR}}R_{\mathrm{BE}} + c_{\mathrm{BP}}P_{\mathrm{BE}}) \frac{r(1+r)^{V_{\mathrm{BE}}}}{(1+r)^{V_{\mathrm{BE}}}-1} \tag{11-12}$$

式中，$R_{\mathrm{BE}}$、$P_{\mathrm{BE}}$ 分别为电池储能的容量配置和功率配置，单位分别为 kWh 和 kW；$c_{\mathrm{BR}}$、$c_{\mathrm{BP}}$ 分别为电池储能容量配置和功率配置的单位成本，单位分别为元/kWh 和元/kW；$V_{\mathrm{BE}}$ 为电池储能的运行周期，取为 10 年。

2）运行成本。

运行成本计算公式见式（11-36）~式（11-43）。特别地，电池储能的运行成本 $C_{\mathrm{ope,BE}}$ 计算公式如下所示：

$$C_{\mathrm{ope,BE}} = P_{\mathrm{BE}} c_{\mathrm{BE\_O}} \Delta t \tag{11-13}$$

式中，$c_{\mathrm{BE\_O}}$ 为电池储能单位运行成本，取为 0.05 元/kWh。

（2）能源利用效率指标

风-氢-火耦合系统涉及电、热、气等多种能量形式的转换和传输，旨在促进能源的协同优化互补，实现能量的梯级高效利用。本节建立的能源利用效率指标包括一次能源综合利用率、能源可持续和新能源占比。

1）一次能源综合利用率。

一次能源综合利用率 $\eta_e$ 计算公式如下所示，该指标越高，则非可再生一次能源消耗量越低。

$$\eta_e = \frac{\sum_T W_{e,t}}{\sum_T (P_G(t)\Delta t)} \tag{11-14}$$

式中，$W_{e,t}$ 为 $t$ 时段耦合系统电能供应量，单位为 kWh；$T$ 为全年总小时数。

2）能源可持续。

能源可持续指标是评价能源效益、环境压力及自给能力的综合性指标，代表了耦合系统的可持续发展能力。

3）新能源占比。

新能源占比是风电供电量占耦合系统总供电量的比例。新能源占比 $\beta_{BE}$ 体现了风能的利用情况，计算公式如下所示：

$$\beta_{BE} = \frac{\sum_T P_W(t)\Delta t}{\sum_T W_e(t)} \tag{11-15}$$

式中，$W_e(t)$ 为 $t$ 时刻耦合系统总供电量，单位为 kWh。

（3）环境指标

1）二氧化碳排放量。

主要计及耦合系统内设备运行过程中产生的二氧化碳排放量 $D_{CO_2}$，记排放二氧化碳的设备集合为 $L$，计算公式如下所示：

$$D_{CO_2} = \sum_T \sum_l^L (\theta_{carb,l} W_l(t)) \tag{11-16}$$

式中，$\theta_{carb,l}$ 为第 $l$ 个设备的单位电量碳排放系数；$W_l$ 为设备 $l$ 的输出电量，单位为 kWh。

2）大气污染排放量。

本章主要考虑的大气污染物是 $NO_x$、$SO_2$ 等气体，其排放量 $D_{XO_x}$ 计算公式如下所示：

$$D_{XO_x} = \sum_T \sum_{m=1}^M [(\varepsilon_m + \delta_m) W_m(t)] \tag{11-17}$$

式中，$\varepsilon_m$、$\delta_m$ 分别为设备 $m$ 的 $NO_x$ 和 $SO_2$ 单位排放系数；$W_m(t)$ 为 $t$ 时刻设备 $m$ 的发电量，单位为 kWh；$M$ 为耦合系统内排放大气污染物的设备数量。

3）能源清洁性。

能源清洁性指标是评价能源开发、利用等过程中对环境的清洁友好度指标，代表了耦合系统从传统能源系统迈向清洁能源系统的能力。

（4）可靠性指标

1）供电可靠性。

供电可靠性是指耦合系统持续、稳定供电的能力，系统的供电可靠性通过能源供应率 $\psi$ 来表示，如下所示：

$$\psi = 1 - \frac{\Delta W_e(t)}{W_e(t)} \tag{11-18}$$

式中，$\Delta W_e(t)$ 为 $t$ 时段电能供应偏差量。

2）调峰容量比。

调峰容量比 $\chi$ 定义为系统内运行机组的可调容量与机组额定总容量的比值，体现了系统调峰能力的可靠性，计算公式如下所示：

$$\chi = \frac{\sum_T \sum_{r=1}^R P_{\text{flex},r}(t)}{\sum_T \sum_{r=1}^R P_{N,r}(t)} \tag{11-19}$$

式中，$R$ 为运行机组的数量；$P_{\text{flex},r}(t)$ 为 $t$ 时段机组 $r$ 的可调容量；$P_{N,r}$ 为机组 $r$ 的额定容量。

**2. 综合评价模型**

单一的主观评价法易受专家个人偏好的影响，而单一的客观评价法则可能过分依赖数据本身的统计特征，缺乏决策导向。因此，本节采用层次分析法（Analytic Hierarchy Process，AHP）和熵权法相结合的组合赋权法。该方法既考虑了专家经验的主观判断，又兼顾了数据的客观信息，从而提高评价结果的可靠性和全面性。

（1）基于 AHP 的主观权重计算

AHP 是简单有效的主观评价法，本章基于 AHP 确定评价指标的主观权重，计算步骤如下[12-13]：

1）建立指标矩阵。

将评估指标体系中的 $n$ 个一级指标标记为 $x_n$，一级指标矩阵标记为 $X'$，如下所示：

$$X' = \{x_1, x_2, \cdots, x_n\} \tag{11-20}$$

将第 $u$ 个方案的第 $m$ 个二级指标记为 $x_{um}$，二级指标矩阵 $\boldsymbol{X}''$ 如下所示：

$$\boldsymbol{X}'' = \{ x_{11}, x_{12}, \cdots, x_{um} \} \tag{11-21}$$

2）构建判断矩阵。

$$\boldsymbol{A} = \begin{bmatrix} a_{11} & a_{12} & \cdots & a_{1n} \\ a_{21} & a_{22} & \cdots & a_{2n} \\ \vdots & \vdots & & \vdots \\ a_{n1} & a_{n2} & \cdots & a_{nn} \end{bmatrix} \tag{11-22}$$

为确定各层指标间的关系，基于指标的相对重要程度，构建两两判断矩阵 $\boldsymbol{A} = (a_{ij})$，见式（11-22），$a_{ij}$ 表示 $a_i$ 与 $a_j$ 的隶属度程度。$a_i$ 与 $a_j$ 之间的重要程度用 1~9 及其倒数表示，指标关系赋值规则见表 11-4。

表 11-4　指标关系赋值规则

| 重要度表达 | $a_{ij}$ |
|---|---|
| $i$、$j$ 同等重要 | 1 |
| $i$ 比 $j$ 较重要 | 3 |
| $i$ 比 $j$ 明显重要 | 5 |
| $i$ 比 $j$ 强烈重要 | 7 |
| $i$ 比 $j$ 极端重要 | 9 |
| 上述相邻判断中间值 | 2、4、6、8 |

3）确定权重。

将矩阵 $\boldsymbol{A}$ 进行归一化处理，计算矩阵 $\boldsymbol{A}$ 的最大特征值 $\lambda_{\max}$ 及相应特征向量。

4）检验矩阵一致性。

基于判断矩阵的最大特征值和对应特征向量检验矩阵一致性。若矩阵的一致性指标 $\gamma_{\mathrm{CI}}$、$\gamma_{\mathrm{CR}}$ 通过检验，则所求的特征向量即为主观权重 $w_s$；若不能通过检验，则该判断矩阵是不合理的，需要重新构建矩阵。

$$\gamma_{\mathrm{CI}} = \frac{\lambda_{\max} - N}{N - 1} \tag{11-23}$$

$$\gamma_{\mathrm{CR}} = \frac{\gamma_{\mathrm{CI}}}{\gamma_{\mathrm{RI}}} \tag{11-24}$$

式中，$\gamma_{\mathrm{RI}}$ 为随机一致性指标，$N = 4$ 时，取值为 0.89。若 $\gamma_{\mathrm{RI}} < 0.1$，则该矩阵通过一致性检验；若没有满足上述条件，则继续进行判断，直到满足一致性检验条件。

采用模糊综合评价法，针对主观评价结果，利用主观权重进行最终评分计算。对评价指标体系中各指标进行评价，得到评价指标与评分语句集的对应关系，构建模糊变换矩阵 $R=[r_{ij}]$。本章采用专家评价法确定 $r_{ij}$ 取值，评分集等级为 {优、良、差}，分别对应的分数为 95 分、65 分、35 分。最终根据权重向量 $w_s$ 与模糊变化矩阵 $R$ 进行模糊运算，得到综合评价结果。

（2）基于熵权法的客观权重计算

为避免 AHP 主观性太强，采取熵权法确定客观权重的值，具体计算步骤如下[14]：

1）标准化处理。

共 $U$ 个配置方案，$M$ 个二级指标，第 $u$ 个系统方案对应的第 $m$ 个指标为 $x_{um}$，指标分为极大型和极小型，将其标准化处理分别见式（11-25）~式（11-26）。

$$z_{um}=\frac{x_{um}-\min(x_m)}{\max(x_m)-\min(x_m)} \tag{11-25}$$

$$z_{um}=\frac{\max(x_m)-x_{um}}{\max(x_m)-\min(x_m)} \tag{11-26}$$

2）指标占比计算。

$$p_{um}=\frac{z_{um}}{\sum\limits_{u=1}^{U}z_{um}} \tag{11-27}$$

3）指标熵值计算。

$$e_m=-k\sum\limits_{u=1}^{U}p_{um}\ln(p_{um}) \tag{11-28}$$

式中，$k=1/(\ln U)$。

4）指标客观权重计算。

$$w_{o,m}=\frac{(1-e_m)}{\sum\limits_{m=1}^{M}(1-e_m)} \tag{11-29}$$

（3）组合权重计算

本章基于矩估计法计算主、客观相结合的组合权重[15]，计算指标 $m$ 的主观耦合系数 $\sigma_{s,m}$ 和客观耦合系数 $\sigma_{o,m}$，见式（11-30）~式（11-31）。

$$\sigma_{s,m}=\frac{w_{s,m}}{w_{s,m}+w_{o,m}} \tag{11-30}$$

$$\sigma_{o,m}=\frac{w_{o,m}}{w_{s,m}+w_{o,m}} \tag{11-31}$$

最终的组合权重 $\zeta_m$ 计算方法如下所示：

$$\zeta_m = \frac{\sigma_{s,m} w_{s,m} + \sigma_{o,m} w_{o,m}}{\sum\limits_m^M (\sigma_{s,m} w_{s,m} + \sigma_{o,m} w_{o,m})} \qquad (11\text{-}32)$$

基于主、客观权重耦合得到组合权重，因此综合评分模型如下所示：

$$Q_u = \sum_{m=1}^{M} (z_{um} \zeta_m) \qquad (11\text{-}33)$$

## 11.3　风-氢-火耦合系统规划与运行优化

风-氢-火耦合系统作为一种新兴的能源系统，其结构复杂，运行方式多样。在系统结构设计的基础上，如何优化配置系统内各设备的容量，以实现能量的合理流动和高效利用，并在满足用能需求的前提下最大程度地提高系统整体性能，是当前研究的重点。

目前，针对风-氢-火等多能互补系统的规划与运行优化研究主要集中在以下两个方面：一是利用制氢系统辅助火电机组调峰，通过优化电解水制氢机组的容量配置，提高火电机组的灵活性，同时实现氢能的生产。二是针对含火电、风力、氢储能设备的多能互补系统，以系统运行收益最大化为目标，采用启发式算法（如遗传算法、粒子群算法等）对各设备容量进行优化配置，以期获得良好的经济性和负荷跟随性。然而，这些研究方法大多侧重于氢能与新能源发电系统的简单耦合，相对忽略了风电机组、氢储能设备和火电机组三者之间的深度耦合关系，未能充分挖掘系统集成的协同效益。

针对上述问题，本节将着重研究风-氢-火耦合系统的协同优化配置策略。与以往研究不同，本节将氢能视为连接风电和火电的桥梁，强调风、氢、火三者之间的能量流转换和协同互补，致力于探讨不同规划策略下的容量配置方案，以实现系统能源效率的最大化和碳排放的最小化。具体而言，本节在11.2节建立的数学模型和结构设计基础上，构建包含碳排放惩罚成本等因素的经济性容量配置模型，并选取合适的优化算法进行求解。同时，本节将分别采取"以风定火、氢"和"以风、火定氢"两种不同的配置策略，对比分析不同策略下系统的性能表现，为风-氢-火耦合系统的实际工程应用提供理论指导和参考。

### 11.3.1　系统规划设计

在系统规划设计中，影响容量配置的主要因素包括以下几个方面。首先是能源需求，系统容量设计的前提是满足负荷的能源需求，包括电力负荷、热力负荷和制冷负荷等。其次是运行策略，容量配置与系统运行策略密切相关。多能系统的运行策略主要有三种：以热定电、以电定热和优化运行。以热定电和以电定热是两种传统策略，可能导致实际运行中热能或电能超出需求，造成能源浪费。因此，在系统规划中应优先考虑优化运行策略，以合理规划各机组的运行。再次是设备特性，各设备的经济参数和性能参数是影响容量选型的重要因素。经济参数包括设备初始投资、运行成本和维护成本等；性能参数包括电热效率和能效比等，这些参数会随着设备运行状态的变化而变化。此外，能源价格也是一个重要因素。由于本系统与大电网相连，需要考虑研究区域的电价。外部因素同样不容忽视，包括是否并网、是否允许向电网反向售电以及相关政策优惠等。最后是配置目标，经济性、节能性和环保性等均可作为系统优化的目标。其中，经济性是最基本且最重要的目标，也是容量配置过程中的主要影响因素。

（1）目标函数

如前文所述，经济性是耦合系统配置的首要目标。本节提出的风-氢-火耦合系统容量配置的目标是实现年成本最小化。本优化模型中的决策变量为系统中关键设备的容量，包括 AWE 制氢机组容量（$R_{AE}$）、高温燃料电池机组容量（$R_{FC}$）、储氢罐容量（$R_{tank}$）和风电机组容量（$R_{W}$），单位均为 kW。这些变量的取值将直接影响系统的投资成本、运行成本以及碳排放和弃风惩罚成本，因此是优化设计的关键。年成本主要包括系统中关键设备（如风力发电机组、电解水制氢机组、储氢罐、燃料电池机组等）的一次投资成本、运行维护成本、碳排放成本以及弃风惩罚成本等。为便于比较不同寿命周期的设备，采用费用年值法进行统一计算，具体计算公式见式（11-34）和式（11-35）。

$$\min C = C_{inv} + \sum_{k=1}^{K} \left[ a_k \sum_{t=1}^{24} \left( C_{ope}(t) + C_{carb}(t) + C_{ab\_w}(t) \right) \right] \tag{11-34}$$

$$C_{inv} = c_{AE} R_{AE} \frac{r(1+r)^{V_1}}{(1+r)^{V_1}-1} + c_{FC} R_{FC} \frac{r(1+r)^{V_2}}{(1+r)^{V_2}-1} + c_{tank} R_{tank} \frac{r(1+r)^{V_3}}{(1+r)^{V_3}-1} + c_{W} R_{W} \frac{r(1+r)^{V_4}}{(1+r)^{V_4}-1} \tag{11-35}$$

式中，$C_{inv}$ 为风-氢-火耦合系统的年投资成本，单位为元；$C_{ope}$ 为耦合系统的运行成本，单位为元；$C_{carb}$ 为耦合系统的碳排放成本，单位为元；$C_{ab\_w}$ 为耦合系统的弃风惩罚成本，单位为元；$K$ 为典型日的种类；$a_k$ 为第 $k$ 种典型日对应的天数；$c_{AE}$、$c_{FC}$、$c_{tank}$、$c_{W}$ 分别为 AWE 制氢机组、高温燃料电池机组、储氢罐和风电机组的单位投资成本，单位为元/kW；$R_{AE}$、$R_{FC}$、$R_{tank}$、$R_{W}$ 分别为对应设备的容量，单位为 kW；$r$ 为折现率，取值为 $10\%$；$V_1 \sim V_4$ 分别为对应设备的寿命。

耦合系统运行成本 $C_{ope}$ 的表达式如下所示：

$$C_{ope}(t) = c_{W\_O}P_W(t) + c_{AE\_O}P_{AE}(t) + c_{FC\_O}P_{FC}(t) + C_G(t) \tag{11-36}$$

式中，$c_{W\_O}$、$c_{AE\_O}$、$c_{FC\_O}$ 分别为风电机组、AWE 制氢机组、高温燃料电池的单位运行成本，单位为元/kW，为优先消纳风电，设定风电机组的单位运行成本为 0；$C_G$ 为火电机组的运行成本，其具体计算方法取决于不同的调峰阶段。

当火电机组处于正常调峰区间时，运行成本表达式见式（11-37）~式（11-38）。

$$C_G(t) = C_{nom}(t) \tag{11-37}$$

$$C_{nom}(t) = (aP_G^2(t) + bP_G(t) + c)M_{coal} \tag{11-38}$$

式中，$C_{nom}$ 为火电机组的运行成本，单位为元；$P_G$ 为火电机组的输出功率，单位为 MW；$a$、$b$、$c$ 为火电机组的运行成本特性系数；$M_{coal}$ 为煤炭的价格，单位为元/t。

当火电机组处于不投油调峰区间时，运行成本表达式见式（11-39）~式（11-40）。

$$C_G(t) = C_{nom}(t) + C_{loss}(t) \tag{11-39}$$

$$C_{loss}(t) = \frac{1}{2N_P(t)}kM_{unit} \tag{11-40}$$

式中，$C_{loss}$ 为机组损耗成本，单位为元；$k$ 为机组损耗率；$M_{unit}$ 为火电机组的购机成本，单位为元；$N_P$ 为火电机组转子致裂循环周期。

根据参考文献［16］所述，火电厂可以在富氧燃烧模式和空气燃烧模式间切换，但切换时间不超过 20min。本章中以小时级运行分析，设定两种模式可以互相切换。只有当火电机组处于投油调峰区间时，利用电解水制氢机组产生的氧气，火电机组才转入富氧燃烧模式，可以减少 $90\%$ 投油调峰的投油量[17]，维持机组低负荷运行，并减少了火电运行成本。运行成本表达式见式（11-41）~式（11-43）。

$$C_G(t) = C_{nom}(t) + C_{loss}(t) + 10\%(C_{oil}(t) + C_{env}(t)) \tag{11-41}$$

$$C_{oil}(t) = W_{oil}(t)M_{oil} \tag{11-42}$$

$$C_{env}(t) = W_{oil}(t)M_{env} \tag{11-43}$$

式中，$C_{oil}$ 为投油油耗成本，单位为元；$C_{env}$ 为环境附加成本，单位为元；$W_{oil}$ 为投油油量，单位为 t；$M_{oil}$ 为单位投油成本，单位为元；$M_{env}$ 为燃油而来的单位环境附加费用，单位为元。

为使最大限度消纳风电，减少耦合系统的弃风率，考虑弃风惩罚成本 $C_{ab\_w}$，如下所示：

$$C_{ab\_w}(t) = c_{ab\_w}P_{ab\_w}(t) \tag{11-44}$$

式中，$c_{ab\_w}$ 为弃风惩罚系数；$P_{ab\_w}$ 为弃风量，单位为 kW。

构建的耦合系统中火电机组产生二氧化碳，其碳排放惩罚成本如下所示：

$$C_{carb}(t) = \theta_{carb}p_{carb}P_G(t) \tag{11-45}$$

式中，$\theta_{carb}$ 为火电机组单位功率碳排放量，单位为 kW；$p_{carb}$ 为单位功率碳排放惩罚成本。

（2）约束条件

为保证风-氢-火耦合系统运行的合理性和物理可行性，需要对模型施加一系列约束条件。这些约束条件主要包括功率平衡约束、氢能设备运行约束、设备容量约束、储氢罐储氢状态约束以及风电机组和火电机组的运行约束等，具体如下：

1）功率平衡约束。

系统的发电功率必须始终满足负荷需求，即

$$P_W(t) + P_G(t) + P_{FC}(t) = P_{load}(t) + P_{EL}(t) \tag{11-46}$$

式中，$P_{load}$ 为耦合系统需要供应的电负荷，单位为 kW。

2）氢能设备运行约束。

为降低运行风险、保证内部电化学反应正常进行，并避免电解水制氢机组的制氢用电来源于燃料电池机组出力，设定电解水制氢机组的最小技术负载为 10%。AWE 制氢机组和高温燃料电池机组的运行约束分别见式（11-47）和式（11-48）。

$$10\%wP_{EL,max} \leqslant P_{EL}(t) \leqslant wP_{EL,max} \tag{11-47}$$

$$10\%(1-w)P_{FC,max} \leqslant P_{FC}(t) \leqslant (1-w)P_{FC,max} \tag{11-48}$$

式中，$P_{EL,max}$ 为 AWE 制氢机组的最大运行功率，单位为 kW，通常取额定运行功率；$P_{FC,max}$ 为高温燃料电池机组的最大运行功率，单位为 kW，其取值基于换热网络设计；$w$ 为 AWE 制氢机组运行状态变量，运行状态时 $w=1$，其余时刻 $w=0$。

3）设备容量约束。

考虑到实际工程中设备制造和安装的限制，各关键设备容量均存在上下限约束，即最小容量和最大容量限制。

$$R_{EL,min} \leqslant R_{EL} \leqslant R_{EL,max} \tag{11-49}$$

$$R_{FC,min} \leqslant R_{FC} \leqslant R_{FC,max} \tag{11-50}$$

$$R_{W,min} \leqslant R_W \leqslant R_{W,max} \tag{11-51}$$

式中，$R_{EL,min}$、$R_{FC,min}$、$R_{W,min}$ 分别为 AWE 制氢机组、高温燃料电池机组、风电机组正常运行的最小容量，单位为 kW；$R_{EL,max}$、$R_{FC,max}$、$R_{W,max}$ 分别为 AWE 制氢

机组、高温燃料电池机组、风电机组正常运行的最大容量，单位为 kW。

4）储氢罐储氢状态约束。

为保证储氢罐的安全运行，其储氢状态应保持在合理的范围内。

$$\text{SOC}_{\text{tank,min}} \leq \text{SOC}_{\text{tank}}(t) \leq \text{SOC}_{\text{tank,max}} \tag{11-52}$$

式中，$\text{SOC}_{\text{tank,min}}$、$\text{SOC}_{\text{tank,max}}$ 分别为储氢罐的最小和最大储氢状态。

5）风电机组和火电机组的运行约束。

风电机组和火电机组的出力应在其额定功率范围内。

$$0 \leq P_{\text{W}}(t) \leq P_{\text{ww}}(t) R_{\text{W}} \tag{11-53}$$

火电机组的爬坡速率也受到限制，具体约束见式（11-54）和式（11-55）。

$$P_{\text{G}}(t) - P_{\text{G}}(t-1) \leq \Delta R^{\text{up}} \tag{11-54}$$

$$P_{\text{G}}(t-1) - P_{\text{G}}(t) \leq \Delta R^{\text{down}} \tag{11-55}$$

式中，$\Delta R^{\text{up}}$、$\Delta R^{\text{down}}$ 分别为火电机组的上、下爬坡功率限制，单位为 kW。

（3）求解方法

本章建立的风-氢-火耦合系统容量配置模型是一个多约束、非线性的混合整数规划模型。此类模型通常需要将非线性部分线性化，转换为混合整数线性规划模型后进行求解。本模型采用分段线性化方法对非线性部分进行处理。其中，火电机组的运行成本包含以输出功率表示的非线性部分，通过线性化处理将其转换为线性表达式。随后，在 MATLAB 环境下，利用 Yalmip 优化建模工具箱建立优化配置模型，并调用商业优化求解器 Gurobi 进行求解。Gurobi 求解器在求解混合整数线性规划问题方面具有高效性和稳定性等优点。求解流程图如图 11-7 所示。

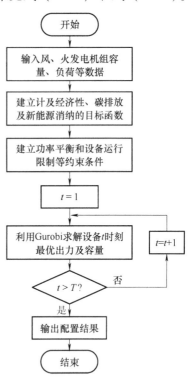

**图 11-7　求解流程图**

## 11.3.2　运行优化策略

风-氢-火耦合系统的运行优化是系统容量优化配置的重要基础。利用氢储能解决弃风问题和功率波动已成为业界关注的焦点。该耦合系统主要有两种运行方式。

第一种是以弃风功率最小化为目标。在高比例新能源系统中，合理的弃风率对提高系统整体经济性至关重要。通过合理配置氢能系统中各元件的容量，并综合考虑氢能系统的安装位置、系统特性、电源特性和负荷特性等因素，可确保耦合系统在满足稳定并网运行的前提下，最大限度地消纳风电，从而实现弃风率最小化。目前，弃风消纳和功率平滑的主要方法包括电加热、风火"打捆"和化学储能等。然而，化学储能存在寿命短和环境污染等问题。随着制氢和储氢技术的成熟以及成本的降低，氢能作为一种新型储能方式，与风电结合能够有效改善大规模风力发电对电网的影响。电解水制氢机组作为可控负荷，与电网协调控制，可有效解决大规模风电并网的"瓶颈"问题，高效利用风力发电高峰时段的弃风电量，提高风电上网电能的质量。同时，利用储氢缓解风电过剩与电网结构脆弱的矛盾，采用风电制氢增援电网的方式比调整电网功率不平衡量更具经济性。因此，现阶段利用绿色氢储能解决因电网约束而无法上网的多余风电量，并使弃风功率最小化是可行的。

第二种是使波动的风电出力与变化的负荷需求相匹配。在该运行方式下，耦合系统的运行控制策略以输入和输出功率最小化为目标，需要大规模储氢系统在低风或无风时段保障负荷需求，这种方式更适用于孤岛运行系统。在偏远地区（孤岛系统或弱电网系统），常规能源供电的可靠性较低且投资较高，而氢作为一种多用途能源载体，具有热电氢联产以及氢-加氢站-纯绿色能源汽车一体化建设等显著优势，可有效解决风电出力波动与负荷需求匹配难的问题。虽然风-氢-火耦合系统的能量转换效率相对较低，但其能量管理技术是可行的。一些国外研究人员关注依赖电力价格波动的氢最低定价问题，氢的价格由高风电渗透情况下电解水制氢机组的年运行小时数决定。可通过不同的运行方式对风-氢-火耦合系统进行能量管理技术的经济性分析，从而得出有效的系统转换函数。

为对比分析不同运行策略和不同风火容量比下氢能对系统容量配置的影响，基于图 11-1 所示的风-氢-火耦合系统，本节设计了以下两种运行方式。

第一种是以火定风、氢的方式。在该方式下，火电机组容量已知，需要配置风电机组和氢能系统内各设备的容量。该方式以火电机组的灵活性调节为出发点，电解水制氢机组利用未能消纳的新能源制氢，燃料电池机组则利用氢气补充或取代火电机组发电，从而实现能量的跨时间和长时尺度转移和储存，适用于火电灵活性改造的场景。该运行方式下，设计了两种不同的运行策略：①燃料电池机组主动参与负荷调峰，即在满足运行条件的情况下可随时发电；②燃料电池机组辅助参与负荷调峰，即只有在火电机组满发的情况下，燃料电池机组才发电。

第二种是以风、火定氢的方式。在该方式下，火电机组和风电机组的容量已知，需要配置氢能系统内各设备的容量。该方式以确定的风、火容量比为出发点，适用于高比例新能源系统中新能源容量确定性接入的场景。

## 11.4　案例分析

本节通过案例分析，旨在验证前文提出的风-氢-火耦合系统容量配置方法的有效性和适用性，并分析不同运行策略下氢能在系统中的作用。

**1. 案例数据**

本案例选取中国西北某地区风电机组一年的出力序列数据进行分析，数据时间间隔为1h。由于风电出力波动性大且峰谷差值明显，最小出力为0，最大出力接近风电机组的额定容量。因此，为了充分反映风电出力的季节性变化特征，本案例从春、夏、秋、冬四季中各选取一天作为典型日，其出力序列图如图11-8a所示。由图可知，四个典型日的风电变化趋势各不相同：春季典型日风电出力较大；冬季典型日风电出力较低，仅占装机容量的10%左右；夏季和秋季典型日的波动性较大，日内风电峰谷差值系数接近40%。与风电典型日相对应的负荷曲线图如图11-8b所示。

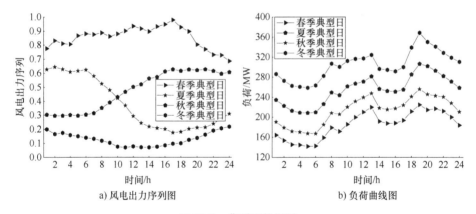

a) 风电出力序列图　　　　　　　　　　b) 负荷曲线图

**图 11-8　典型日数据图**

基本参数设置如下：在氢能设备相关参数设定中，最大、最小储氢状态设定为0.9和0.1，储氢罐初始SOC取为60%；AWE制氢机组的制氢效率$\rho$取为$4.5kW/Nm^3$[18]，高温燃料电池机组效率$\eta_{FC}$取为60%，耗氢效率$\mu_{H_2}$为$0.295Nm^3/kWh$[19]。碳排放系数$\theta_{carb}$设定为$0.9kg/kWh$[20]，弃风惩罚系数$\alpha$取为0.61元/kWh，碳排放价格$p_{carb}$为50元/t。在火电机组相关参数设定中[21]，火电机组爬坡率取为1%/min，煤炭价格$M_{coal}$取为685元/t，在不投油深度调峰区间时火电机组损耗率$k$取为1.2，投油深度调峰区间取为1.5，投油油价取为

6130 元/t，因燃油产生的环境附加成本 $M_{env}$ 取为 448 元/t，单位时间耗油量取为 0.2t/h，转子致裂循环周期 $N_P$ 与火电机组出力之间的关系为 $N_P = 0.005778P_{3G} - 2.682P_{2G} + 484.8P_G - 8411$，单位购机成本取为 3464 元/kW，火电机组正常调峰区间取为 $0.5P_{GN} - P_{GN}$，不投油调峰区间取为 $0.4P_{GN} - 0.5P_{GN}$，投油调峰区间取为 $0.3P_{GN} - 0.4P_{GN}$。储氢罐的寿命取为 20 年，单位投资成本取为 280 元/$Nm^3$ [22]，其他设备经济技术参数见表 11-5。

表 11-5　主要设备经济技术参数

| 设备 | 单位投资成本/(元/kW) | 单位运行成本/(元/kW) | 寿命/年 |
| --- | --- | --- | --- |
| AWE 制氢机组 | 2500 | 0.026 | 10 |
| SOFC 机组 | 15000 | 0.1273 | 10 |
| 风电机组 | 4912 | — | 20 |

**2. 结果分析**

（1）以火定风、氢方式

选用某地区已建 300MW 火电机组，根据本章所述容量配置及求解方法，得到设备配置容量结果，见表 11-6。

表 11-6　容量配置结果

| 设备 | 运行策略 1 | 运行策略 2 |
| --- | --- | --- |
| AWE 制氢机组/MW | 36.20 | 58.86 |
| SOFC 机组/MW | 59.43 | 50.57 |
| 储氢罐/$Nm^3$ | $4.66 \times 10^5$ | $1.54 \times 10^6$ |
| 风电机组/MW | 78 | 155 |

表 11-6 中，在氢能参与的运行策略 1 中，风、火容量比为 0.26，电解水制氢机组、燃料电池机组与风电机组的容量比分别为 0.46 和 0.76，其中燃料电池机组主动参与负荷调峰，挤占了风电机组的出力空间，因此风电机组配置相对较小，燃料电池机组与风电机组的容量比较大；在氢能参与的运行策略 2 中，燃料电池机组仅在火电机组满发时出力，主要起可靠供电的作用，电解水制氢机组、燃料电池机组与风电机组的容量比约为 0.38 和 0.33，说明在新能源装机较大时，能源系统更需要电解水制氢机组消纳新能源作用；在新能源装机较小时，则需要燃料电池机组的可靠放电。

图 11-9 所示为运行策略 1 的配置结果成本占比图，可以看出运行成本占比最大，其中绝大部分是火电机组运行成本；其次占比较大的是投资成本，氢能

的一次投资成本是规划运行中不可忽视的一个主要部分；再次是碳排放成本，占比为 9.98%，碳排放的主要设备是火电机组，在高比例风电接入风-火耦合系统的情况下，如何平衡经济安全运行和碳排放是系统运行的重要考量问题；占比最小的是弃风成本，氢能系统的接入有效解决了弃风的问题，弃风成本占比在 0.2% 以下。

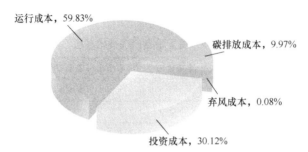

图 11-9　运行策略 1 的配置结果成本占比图

（2）以风、火定氢方式

火电机组设定为 300MW，表 11-7 列出了不同风电机组配置下氢能系统设备的容量配置结果。随着风、火容量比的增大，风电机组容量大幅提高，电解水制氢机组容量随之增大以消纳多余的风电，而燃料电池机组的需求量随之减少；储氢罐的储备容量随电解水制氢机组和燃料电池机组的运行状态发生改变，当储存氢气增大而利用率减少时，储氢罐配置容量增大。

表 11-7　不同风电机组配置下氢能系统设备的容量配置结果

| 风、火容量比 | 风电机组/MW | AWE 制氢机组/MW | SOFC 机组/MW | 储氢罐/Nm³ |
| --- | --- | --- | --- | --- |
| 0.33 | 100 | 42.69 | 56.90 | $6.80\times10^5$ |
| 0.43 | 130 | 54.02 | 53.43 | $1.05\times10^6$ |
| 0.53 | 160 | 100.07 | 45.34 | $2.09\times10^6$ |
| 0.67 | 200 | 166.37 | 33.77 | $3.61\times10^6$ |

（3）综合评估

对风-氢-火耦合系统和传统风-火联合系统进行评价比较，具体系统配置方案表见表 11-8。方案 1 为以火定风、氢方式下的最优配置，风、火容量比为 0.26；方案 2 为以风、火定氢方式下风、火容量比为 0.43 时的最优配置；方案 3 为风、火容量比为 0.43 时的风-氢-火耦合系统；方案 4 为风、火容量比为 0.43 时的传统风-火联合发电无储能支撑系统，方案 3、4 的风、火机组数据同方案 2。基于容量配置结果，各方案评价指标计算结果见表 11-9。

表 11-8　配置方案表

| 方案 | 火电机组/MW | 风电机组/MW | AWE 制氢机组/MW | SOFC 机组/MW | 储氢罐/Nm³ | 电池储能/(MW/MWh) |
|------|------------|------------|----------------|-------------|-----------|-------------------|
| 方案 1 | 300 | 78 | 36. 20 | 59. 43 | $4.66 \times 10^5$ | — |
| 方案 2 | 300 | 130 | 54. 02 | 53. 43 | $1.05 \times 10^6$ | — |
| 方案 3 | 300 | 130 | — | — | — | 50/100 |
| 方案 4 | 300 | 130 | — | — | — | — |

表 11-9　各方案评价指标计算结果

| 指标 | 方案 1 | 方案 2 | 方案 3 | 方案 4 |
|------|--------|--------|--------|--------|
| 一次投资成本/元 | $3.4887 \times 10^8$ | $3.9241 \times 10^8$ | $2.5456 \times 10^8$ | $2.0191 \times 10^8$ |
| 运行成本/元 | $4.4037 \times 10^8$ | $4.2859 \times 10^8$ | $4.9167 \times 10^8$ | $4.8509 \times 10^8$ |
| 一次能源综合利用率 | 1. 1887 | 1. 3433 | 1. 3115 | 1. 2877 |
| 能源可持续（%） | 7 | 7 | 3 | 1 |
| 新能源占比 | 0. 1450 | 0. 2419 | 0. 2280 | 0. 2234 |
| 二氧化碳排放量/kg | $1.8127 \times 10^7$ | $1.6327 \times 10^7$ | $1.5902 \times 10^7$ | $1.5943 \times 10^7$ |
| 大气污染物排放量/kg | $2.5096 \times 10^5$ | $2.2604 \times 10^5$ | $2.2016 \times 10^5$ | $2.2072 \times 10^5$ |
| 能源清洁性 | 9 | 9 | 5 | 3 |
| 供电可靠性 | 1 | 1 | 0. 9978 | 0. 9924 |
| 调峰容量比 | 0. 4475 | 0. 4929 | 0. 4571 | 0. 4474 |

在不同评价方法下得到四种方案的综合评分，将评分转换为百分制后，评价结果对比表见表 11-10。

表 11-10　评价结果对比表

| 方案 | AHP | | 熵权法 | | 组合权重法 | |
|------|------|------|--------|------|-----------|------|
| | 评分 | 排序 | 评分 | 排序 | 评分 | 排序 |
| 1 | 68. 75 | 2 | 37. 06 | 3 | 52. 55 | 3 |
| 2 | 68. 75 | 2 | 72. 45 | 1 | 77. 30 | 1 |
| 3 | 71. 33 | 1 | 55. 60 | 2 | 59. 75 | 2 |
| 4 | 63. 23 | 4 | 25. 88 | 4 | 21. 88 | 4 |

图 11-10 所示为各方案的指标占比图。越靠近中心点表明该方案下的指标优势越小。在各个评价方法下，方案 4 的传统风-火联合发电系统评分均处于最后一位，其缺少灵活性调节能源且能源形式较为单一，这说明了储能可以保证供电可靠、资源灵活调用，同时也说明在新能源渗透率高的能源系统中加入储能装置的必要性。

对比方案 1 和方案 2，在负荷条件和火电机组容量相同的情况下，风电机组容量大的方案 2 评分更高，且除了经济性指标外，其他方面方案 2 均优于方案 1，说明在新型电力系统的背景下，增加新能源的装机容量是十分有必要的，但是需要大量的资金投入，随着大规模氢能的开发和利用，氢能的经济成本有望得到降低。在后续研究中应关注如何减小设备成本，使高比例新能源方案更具优势。

方案 2、3 和 4 是在相同负荷和风、火发电机组装机，但在不同储能形式的情况下进行的。方案 2 的电池储能投资成本低，能够有效排挤火电机组出力降低碳排放，但废旧电池会对环境产生污染，从而不利于能源的可持续发展；方案 2 是氢能支撑的高比例新能源系统，在能源利用、环保性和可靠性方面均有优势，相较于方案 3 和 4，风电占比分别提高了 6.09% 和 8.28%，调峰容量分别提高了 7.83% 和 10.17%，方案 2 下的配置方案使耦合系统运行更加灵活，促进了新能源的消纳。

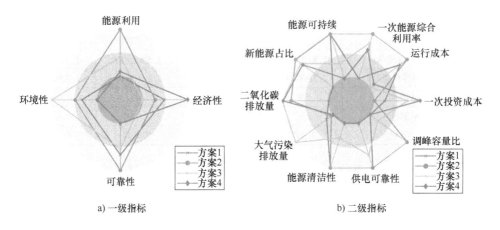

a) 一级指标      b) 二级指标

图 11-10   各方案的指标占比图

# 参 考 文 献

[1] 江岳文，陈晓榕. 基于 D-U 空间混合多属性决策的风电场装机容量优化 [J]. 电网技术，2019，43（12）：4451-4461.

[2] 杨龙杰，周念成，胡博，等. 计及火电阶梯式爬坡率的耦合系统优化调度方法 [J]. 中国电机工程学报，2022，42（01）：153-164.

[3] 宋畅. 富氧燃烧碳捕集关键技术 [M]. 北京：中国电力出版社，2020.

[4] 杨雪娇. 夹点技术在热电厂换热网络中的优化应用 [D]. 兰州：兰州交通大学，2014.

[5] 肯普. 能量的有效利用：夹点分析与过程集成 [M]. 项曙光，贾小平，夏力，译. 北京：化学工业出版社，2010.

[6] 王健行. 基于一次风加热凝结水的电站锅炉排烟余热利用系统设计研究 [D]. 保定：

华北电力大学，2018.

[7]　翟融融. 二氧化碳减排机理及其与火电厂耦合特性研究 [D]. 北京：华北电力大学（北京），2010.

[8]　WELAYA Y，MOSLEH M，AMMAR N R. Energy Analysis of a Combined Solid Oxide Fuel Cell with a Steam Turbine Power Plant for Marine Applications [J]. 船舶与海洋工程学报：英文版，2013，（04）：473-483.

[9]　吴季兰. 汽轮机设备及系统：300MW 火力发电机组丛书 [M]. 北京：中国电力出版社，2006.

[10]　张昱. 预装式多元储能电站容量优化配置研究 [D]. 大连：大连理工大学，2020.

[11]　马榕谷，陈洁，赵军超，等. 非并网风氢互补系统的容量多目标优化 [J]. 太阳能学报，2019，40（02）：422-429.

[12]　崔杨，曾鹏，仲悟之，等. 考虑富氧燃烧技术的电-气-热综合能源系统低碳经济调度 [J]. 中国电机工程学报，2021，41（02）：592-608.

[13]　何韬. 燃煤发电锅炉富氧燃烧节能环保改造 [C]. 燃煤发电锅炉富氧燃烧节能环保技术研讨会论文集，2016：152-157.

[14]　李咸善，杨宇翔. 基于双向电价补偿的含氢储能风电和梯级水电联合优化调度 [J]. 电网技术，2020，44（09）：3297-3306.

[15]　孟明，罗洋. 基于 AHP-熵权法的综合能源系统多指标评价 [J]. 电力科学与工程，2021，37（05）：46-54.

[16]　李军徽，张嘉辉，李翠萍，等. 参与调峰的储能系统配置方案及经济性分析 [J]. 电工技术学报，2021，36（19）：4148-4160.

[17]　刘海镇，徐丽，王新华，等. 电网氢储能场景下的固态储氢系统及储氢材料的技术指标研究 [J]. 电网技术，2017，41（10）：3376-3384.

[18]　许世森，张瑞云，程健，等. 电解制氢与高温燃料电池在电力行业的应用与发展 [J]. 中国电机工程学报，2019，39（09）：2531-2537.

[19]　杨馥源，田雪沁，徐彤，等. 面向碳中和电力系统转型的电氢枢纽灵活性应用 [J]. 电力建设，2021，42（08）：110-117.

[20]　孟明，罗洋. 基于 AHP-熵权法的综合能源系统多指标评价 [J]. 电力科学与工程，2021，37（05）：46-54.

[21]　李军徽，张嘉辉，李翠萍，等. 参与调峰的储能系统配置方案及经济性分析 [J]. 电工技术学报，2021，36（19）：4148-4160.

[22]　刘海镇，徐丽，王新华，等. 电网氢储能场景下的固态储氢系统及储氢材料的技术指标研究 [J]. 电网技术，2017，41（10）：3376-3384.

# 第12章

# 电-氢耦合商业模式

**12**

## 12.1 概述

在全球能源转型和"双碳"目标驱动下，氢能作为一种清洁、高效、灵活的二次能源载体，正受到越来越多的关注。电-氢耦合系统通过电解水技术将电能转换为氢能，并可通过燃料电池等技术将氢能转换为电能或其他形式的能量，在促进可再生能源消纳、提高能源系统灵活性和构建多元化能源供应体系等方面具有显著潜力。

近年来，碱性电解槽、质子交换膜电解槽和固体氧化物电解槽等电解水制氢技术，以及高压气态储氢、液态储氢和固态储氢等氢气储存技术取得了一定进展，为电-氢耦合的商业化应用奠定了初步的技术基础。氢能在交通（如燃料电池汽车、船舶）、工业（如炼钢、化工原料）、建筑（如分布式供能）和电力（如调峰调频、长时储能）等领域展现出潜在的应用前景。

然而，电-氢耦合系统的商业化落地仍然面临着诸多挑战：

1）成本制约。目前，电解水制氢的成本仍然较高，其中电费是主要的成本构成部分。这使得绿氢（通过可再生能源制取的氢气）在与传统制氢方式（如化石燃料制氢）的竞争中处于劣势。降低电解水制氢成本，尤其是降低电力成本，是推动商业化的关键。

2）技术瓶颈。虽然电解水制氢技术有所进步，但大规模、高效率、长寿命的电解槽技术仍需进一步突破。氢气的储存和运输也面临着技术难题，如高压气态储氢的安全性问题、液态储氢的高能耗问题。

3）基础设施不足。氢能产业链相关的基础设施建设相对滞后，如加氢站、氢气管道等。基础设施的不足限制了氢能在交通等领域的推广应用。

4）标准和规范缺失。氢能产业相关的标准和规范体系尚不完善，这给产业发展带来了一定的不确定性。建立健全氢能生产、储存、运输和应用的标准和规范，是保障产业健康发展的重要前提。

5）商业模式不成熟。目前，电-氢耦合的商业模式仍处于探索阶段，缺乏成熟的商业案例和盈利模式。如何将技术优势转换为经济效益，实现商业闭环，是亟待解决的问题。

电-氢耦合技术的经济性和市场竞争力取决于有效的商业模式构建。这些模式需要系统性地考虑技术经济性、市场需求、政策环境以及产业链各环节的协同效应。本章将采用案例分析和模型构建相结合的方法，首先分析中国电制氢的产量及区域分布、氢能需求量及区域分布预测，然后结合国内外电-氢耦合商业模式的实践案例，运用商业模式画布等理论工具，构建适用于不同应用场景的典型商业模式，并对其经济性和可行性进行定量与定性分析，以期为电-氢耦合产业的健康发展提供决策支持。

## 12.2　电-氢耦合商业模式发展现状

### 12.2.1　国内外典型商业模式

电-氢耦合作为能源转型的重要方向，其商业化进程正处于探索和快速发展阶段。尽管面临诸多挑战，但全球范围内已涌现出多种各具特色的商业模式，展现了电-氢耦合在不同应用场景下的巨大潜力。这些模式的探索和实践，为我们理解电-氢耦合的商业化路径、构建更有效的商业模式提供了宝贵的经验。本节将着眼于国内外已有的实践案例，分析不同商业模式的特点、优势和不足，为后续的商业模式构建和优化提供借鉴。

**1. 国内典型商业模式**

中国电-氢耦合产业正处于商业模式探索和多元化发展的关键阶段，通过一系列示范项目推动技术进步和市场拓展。根据国家能源局科技司发布的《中国氢能发展报告（2023）》，截至 2023 年底，各地规划的可再生能源制氢项目已超过 380 个，其中建成运营约 60 个，累计可再生能源制氢产能超过 7 万 t/年，而已建和在建的可再生能源制氢一体化项目产能更是超过 90 万 t/年。这些项目涵盖了多种商业模式，并初步验证了电-氢耦合在不同应用场景下的可行性。

目前已有多个具有代表性的电-氢耦合示范项目成功落地，展现了多样化的商业模式和应用场景（见表 12-1）：

1）可再生能源制氢与交通领域耦合模式。例如，中国华电 20 万 kW 新能源制氢示范项目，利用风、光等可再生能源制氢，通过管束拖车高效运输至加氢站，每年可满足约 1000 辆燃料电池重型卡车的需求。该模式探索了可再生能源制氢在交通领域的规模化应用路径，并验证了氢气长途运输的可行性。

2）可再生能源制氢与海岛微网耦合模式。国家电网浙江台州大陈岛氢能综合利用示范工程，利用海岛丰富的风能资源制氢并进行储存，通过燃料电池在用电高峰和紧急检修等场景下提供电力支撑，有效提高了海岛电网的稳定性和可靠性。同时，该项目还创新性地利用燃料电池余热为岛上居民提供生活热水，实现了能源的梯级利用，提升了综合能源效率。

3）可再生能源/电网制氢与多场景应用耦合模式。安徽六安的国内首座兆瓦级氢能综合利用示范站，利用可再生能源电力及电网低谷电力电解水制氢，不仅面向市场销售氢气，还在电网负荷高峰时段利用燃料电池发电，参与电力辅助服务，如调峰调频等。该项目探索了氢能在能源储存、电力调峰以及氢气销售等多重应用场景下的商业价值，为电-氢耦合的多元化发展提供了示范。

这些示范项目通过售氢、售电以及参与电力辅助服务等多种方式探索收益模式，氢能应用领域也从单一的交通领域拓展到储能、工业、建筑等多元场景，初步形成了较为完整的产业链闭环。与此同时，中国加氢站网络和氢气运输网络正在加速建设，为氢能的大规模商业化应用奠定了坚实的基础。

**表 12-1　国内典型电-氢耦合示范项目举例**

| 序号 | 名称 | 投运时间 | 商业模式 |
|---|---|---|---|
| 1 | 中国华电辽宁铁岭离网储能制氢一体化项目 | 2024 年 4 月 | 新能源电制氢售氢 |
| 2 | 中国华电 20 万 kW 新能源制氢示范项目 | 2024 年 3 月 | 新能源电制氢售氢 |
| 3 | 张家口 200MW/800MWh 氢储能发电工程 | 2023 年 | 新能源及削峰电电制氢参与辅助服务、售电 |
| 4 | 长江电力绿电绿氢示范项目 | 2022 年 12 月 | 新能源电制氢加氢一体站 |
| 5 | 河北建投沽源风电制氢综合利用示范项目 | 2022 年 8 月 | 新能源电制氢售氢 |
| 6 | 国家电网浙江台州大陈岛氢能综合利用示范工程 | 2022 年 7 月 | 新能源电制氢售电、售氢 |

（续）

| 序号 | 名称 | 投运时间 | 商业模式 |
|---|---|---|---|
| 7 | 新疆库车绿氢示范项目 | 2021 年 11 月 | 新能源电制氢向工厂售氢 |
| 8 | 国内首座兆瓦级氢能综合利用示范站 | 2021 年 9 月 | 新能源及低谷电电制氢售电、售氢、参与辅助服务 |

**2. 国外典型商业模式**

全球多个国家和地区已相继发布氢能战略，通过明确的政策框架和资金支持，积极推动氢能产业的发展。例如，英国发布了《氢生产交付路线图》和《氢输运和存储网络发展路径》，为氢能产业链的各个环节提供了发展指引。然而，由于各国经济发展水平、能源结构、技术储备和制氢资源禀赋的差异，国外电-氢耦合示范项目在规模、产业链覆盖程度、技术路线选择和应用场景等方面呈现出多样化的特征。这些项目通常涵盖从制氢、储运到终端应用的全产业链环节，并注重与现有能源基础设施的融合。

表 12-2 列举了国外典型电-氢耦合示范项目，这些项目在技术创新和商业模式探索方面为全球氢能产业的发展提供了宝贵的经验：

1）日本福岛氢能研究场（FH2R）项目。该项目利用可再生能源电力进行大规模电解水制氢，所生产的氢气不仅为固定式燃料电池系统提供稳定电力，还为燃料电池汽车和公共汽车等交通工具提供清洁燃料，构建了涵盖制、储、运、用的完整氢能产业链。FH2R 项目的成功运行验证了大规模可再生能源制氢技术的可行性，并为氢能在交通领域的应用提供了示范。

2）德国美因茨能源园-氢储能系统。该项目巧妙地利用富裕风电进行电解水制氢，将风力发电峰期产生的过剩电能以氢能的形式储存起来，并在需要时通过燃料电池或其他方式转换为电能，参与电网辅助服务，如调峰调频，有效提高了可再生能源并网的稳定性和电网运行的灵活性。该项目展示了氢能在电网平衡和可再生能源消纳方面的巨大潜力。

3）荷兰可持续埃姆兰岛项目。该项目利用岛上丰富的太阳能资源进行电解水制氢，并将氢气掺入现有的天然气管网进行输送，为附近的公寓群提供清洁能源。该项目探索了氢气在现有天然气基础设施中运输和应用的有效途径，为大规模氢能输送提供了新的思路。

值得注意的是，欧洲各国在氢能输送管道设施建设方面起步较早，并通过多个项目开展了天然气管道掺氢试验，积累了丰富的经验，为未来大规模氢气输送管网的建设奠定了基础。此外，国外多个氢能项目已从示范阶段逐步过渡到商业化运营阶段，这充分显示了氢能技术的成熟度和市场潜力，也为中国氢能产业的发展提供了重要的借鉴意义。

**表 12-2　国外典型电-氢耦合示范项目举例**

| 序号 | 名称 | 国家 | 投运时间 | 商业模式 |
|---|---|---|---|---|
| 1 | Referenzkraftwerk Lausitz（RefLau） | 德国 | 建设中 | 新能源电制氢供给化工厂 |
| 2 | PosHYdon 项目 | 荷兰 | 2021 年 | 新能源制氢售氢 |
| 3 | HyP SA 天然气掺氢输送项目 | 澳大利亚 | 2021 年 | 新能源电制氢掺入管网 |
| 4 | FH2R 项目 | 日本 | 2020 年 | 新能源制氢售氢、供给加氢站 |
| 5 | 美因茨能源园-氢储能系统 | 德国 | 2015 年 | 新能源电制氢供给加氢站 |
| 6 | 可持续埃姆兰岛 | 荷兰 | 2011 年 | 新能源电制氢掺入管网 |
| 7 | 优特西拉项目 | 挪威 | 2004 年 | 新能源电制氢参与辅助服务市场 |
| 8 | FIRST-Showcase Ⅱ | 西班牙 | 2004 年 | 新能源电制氢发电 |

## 12.2.2　氢能发展及区域分布特点

电-氢耦合系统的商业模式很大程度上取决于电力来源（"电的来源"）和氢气终端应用市场（"氢的销路"）。中国地域辽阔，不同区域的地理和资源禀赋差异显著，导致新能源资源分布呈现出明显的区域性特征。例如，东南沿海地区拥有丰富的海洋能资源，而西北地区则富集了大量的风能和太阳能资源。风能、光伏等可再生能源是电解水制氢的主要电力来源，其资源分布直接影响了氢气生产的区域布局。

具体而言，西北地区（如新疆、内蒙古、甘肃等地）拥有广阔的戈壁、沙漠和草原，太阳能辐射强烈，风力资源丰富，是发展大规模集中式光伏和风电制氢的理想区域。东北地区和华北北部地区也拥有较好的风能资源，适合发展分散式风电制氢项目。东南沿海地区则可利用丰富的海上风能资源和部分核电资源进行制氢，同时结合沿海地区的工业和交通需求，实现氢能的就近消纳。目前，中国的氢能产业主要集聚在经济发达、工业基础雄厚的区域，如长三角、粤港澳大湾区、京津冀、山东半岛以及成渝地区等，这些区域拥有较强的氢能需求，主要来自工业（如化工、炼钢）、交通（如燃料电池汽车）以及新兴的分布式能源和储能等领域。中国氢能的资源富集区与主要需求地之间存在明显的空间错配，构成了"西氢东输""北氢南运"的潜在格局。这种空间不匹配性对氢能的储运提出了更高的要求，也对电-氢耦合商业模式的设计产生了重要影响。

### 1. 绿氢产量总量及区域分布预测

选取国家统计局发布的我国 2011—2020 年风、光、水等新能源装机容量与发电量数据作为原始数据，基于灰色预测模型对各省新能源发电量进行预测。根据各省新能源发电量预测结果与历年新能源发电量中用于制氢电量的占比，同时考虑各个省份中水电和核电的占比，分别对我国各省 2030 年和 2060 年的绿氢产量进行预测，绿氢产量分布结果如图 12-1 所示。

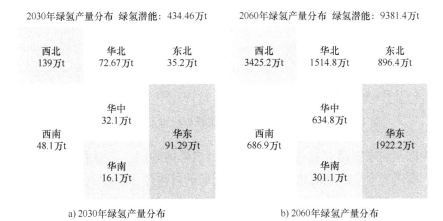

2030年绿氢产量分布　绿氢潜能：434.46万t　　2060年绿氢产量分布　绿氢潜能：9381.4万t

| 西北 139万t | 华北 72.67万t | 东北 35.2万t |
| 华中 32.1万t | | 华东 91.29万t |
| 西南 48.1万t | | |
| 华南 16.1万t | | |

| 西北 3425.2万t | 华北 1514.8万t | 东北 896.4万t |
| 华中 634.8万t | | 华东 1922.2万t |
| 西南 686.9万t | | |
| 华南 301.1万t | | |

a) 2030年绿氢产量分布　　　　　　b) 2060年绿氢产量分布

**图 12-1　我国 2030 年和 2060 年绿氢产量分布结果**

在我国西南地区的发电结构中，水电占据极大比重。虽然西南地区新能源发电量比重甚至略高于西北、华北等可再生资源丰富的地区，但考虑到水电制取绿氢成长性较差，氢能产量仍处于较低水平。对我国各个区域的绿氢产量进行初步预测，如图 12-1 所示，到 2030 年，西北地区绿氢产量已经处于国内领先水平，华东、华北地区次之。到 2060 年，考虑西北地区风光资源富集、发展潜力巨大，西北地区将是我国未来潜力最大的绿氢产地，其他地区绿氢产量均有不同程度的提升。

综上所述，绿氢产能的布局与国家清洁能源基地建设高度契合，未来应在清洁能源基地建设中合理配置电制氢装置，以平抑新能源发电的波动性并就地消纳富余电力；同时，结合高耗能工业向西北部转移的趋势，利用所制绿氢从源头助力高耗能工业实现节能降碳，逐步取代工业领域的灰氢和蓝氢；并构建多元化的储运体系，以物质或能量的形式储存和运输绿氢，从而拓展其在电力、交通等领域的应用，构建清洁低碳的能源体系。

### 2. 氢能需求总量及区域预测

从氢能需求侧来讲，目前氢能主要以物质属性作为工业原料，应用在工业领域，我国 2020 年氢能消费途径及占比如图 12-2a 所示。根据历年氢能消费量，对未来主要年份的氢能需求量进行了预测，结果如图 12-2b 所示。我国 2030 年氢能需求将达到 4346.2 万 t，2060 年将达到 1.34 亿 t。本节预测结果与《中国氢能源及氢燃料电池产业白皮书 2020》发布数据基本一致。

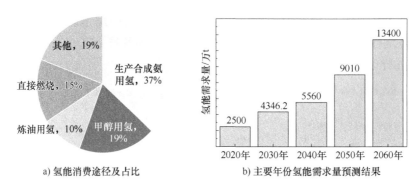

a) 氢能消费途径及占比
b) 主要年份氢能需求量预测结果

**图 12-2　氢能消费途径及占比和主要年份氢能需求量预测结果**

中国氢能联盟研究院在绿氢装机预测结果的基础上，对我国西北、华北、东北、西南等七个区域的化工、钢铁、交通的可再生氢需求进行了预测。本节结合化工、钢铁、交通、电力等领域用氢需求及绿氢发展潜力，同时根据《中国氢能产业发展白皮书》发布的我国氢能产量和绿氢占比，对我国各个区域的绿氢需求进行初步预测，计算结果如图 12-3 所示。在氢能发展初期（2030 年），绿氢需求相对较为平均，各个区域间的绿氢需求差距不大，其中西北绿氢需求最高，华东和华北次之，绿氢需求与我国化工、钢铁等高耗能产业的分布基本一致。在氢能发展后期（2060 年），西北地区由于具备化工产业及可再生电力资源优势，将成为最大的绿氢消费地，绿氢需求达到 2867 万 t，远高于其他地区。

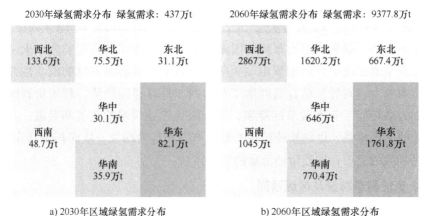

a) 2030年区域绿氢需求分布
b) 2060年区域绿氢需求分布

**图 12-3　我国 2030 年和 2060 年区域绿氢需求分布**

## 12.3　电-氢耦合潜在商业模式

### 12.3.1　商业模式理论体系

商业模式是一个描述组织如何创造、传递和获取价值的框架。它涵盖了组织的目标客户、提供的产品或服务、实现价值交付的渠道、与客户建立的关系、收入来源、关键活动、关键资源、关键合作伙伴以及成本结构等要素。一个成功的商业模式需要清晰地定义这些要素，并使其相互协调，形成一个高效的运营体系。商业模式不仅是一个静态的框架，更是一个动态的管理工具，它指导着电-氢耦合系统如何有效地在电力系统和氢能系统之间建立连接，并从中创造商业价值。它帮助相关组织明确战略方向，优化资源配置，识别盈利模式，并更好地应对快速变化的市场环境。对于电-氢耦合系统而言，其商业模式的构建尤为重要，因为它涉及两种不同能源形态的转换、储存和利用，其复杂性远高于传统的单一能源系统。

具体来说，电-氢耦合系统的商业模式需要充分考虑其独特的价值主张。这种价值不仅仅是单一的氢气或电力的供应，更体现在其多重功能上。例如，利用可再生能源制氢，提供清洁能源是其核心价值之一；通过氢储能技术为电网提供调峰、调频等辅助服务，保障电网稳定运行，是其另一重要价值；此外，长时储能和跨季节性能量调节也是电-氢耦合系统的重要优势，能够有效解决可再生能源发电的间歇性问题。这些多元化的价值主张决定了电-氢耦合系统可以面向不同的目标客户，例如加氢站运营商、工业企业、电网公司、社区或园区等。

价值的传递也需要通过有效的渠道来实现。对于氢气而言，可以通过管道运输、槽车运输等方式直接销售给用户；对于电力而言，则需要通过电网并网进行销售。此外，与其他企业合作运营电-氢耦合项目也是一种重要的渠道选择。在客户关系方面，可以根据不同的客户类型建立不同的合作模式，例如与加氢站或工业企业签订长期供货协议，与电网公司签订辅助服务合同，或根据客户需求提供定制化的能源解决方案。这些不同的合作模式直接影响着项目的收入来源。

电-氢耦合系统的收入来源也呈现多样化特征，包括氢气和电力的销售收入、为电网提供辅助服务的收入、碳减排带来的收益以及可能的政府补贴或激励。这些收入来源需要与项目的成本结构相匹配，才能实现盈利。项目的成本主要包括设备采购成本、运行维护成本、电力成本以及氢气储存和运输成本等。为了实现商业上的成功，电-氢耦合系统需要有效地整合各种关键资源，如电解水制氢设备、储氢设备、燃料电池系统、可再生能源发电系统以及相关的技术和人才。同时，与电网公司、能源企业、设备制造商、科研机构和政府部门等关键合作伙伴建立紧密的合作关系也至关重要。

总而言之，电-氢耦合系统的商业模式是一个涵盖价值创造、传递和获取的复杂系统。清晰的商业模式能够帮助相关组织更好地理解电-氢耦合系统的多重价值，有效地整合各种资源和合作伙伴，并最终实现项目的商业成功。在电-氢耦合领域，一个清晰且具有前瞻性的商业模式不仅能够推动技术的商业化进程，吸引更多的投资，更能够促进整个氢能产业和能源转型的发展。

## 12.3.2　典型商业模式合集

现阶段，人们更关注电-氢耦合能否商业化运行，承担我国未来能源发展的重任。本节基于商业模式理论体系，依据氢能发展产业链，重点关注氢能经济性分析要素，构建电-氢耦合的商业模式画布，如图 12-4 所示。

电-氢耦合系统以成熟的电力行业为背景，依托于我国电力行业的发展。其与电力储能的商业模式所提供的价值主张是相同的：在发电侧调频、平滑新能源出力，在电网侧提供辅助服务，在用户侧参与需求响应、能量时移。但不同于电力储能，电-氢耦合系统不单单以电能的形式传输，还涉及能量与物质间的转换，物质形态的氢作为能量载体，其应用场景也更加丰富。结合 12.2.2 节氢能需求和产量预测分析的能量分布模拟可知，电-氢耦合商业模式将具有以下特点：

1）电-氢耦合系统的合作伙伴和主要客户除电力企业外，还包括以氢为主要利用形式的相关企业，如加氢站、燃气公司等。

2）电解水制氢将成为氢能的主要来源，工业和交通也将成为氢能的主要应用领域。

3）我国氢能资源在空间上供需分布不均衡，将促使氢能跨省区交易成为未来氢能发展必不可少的途径之一。

4）电-氢耦合系统可以利用天然气网作为分销渠道。

基于电-氢耦合系统的商业模式画布，具体分析典型的商业模式如下：

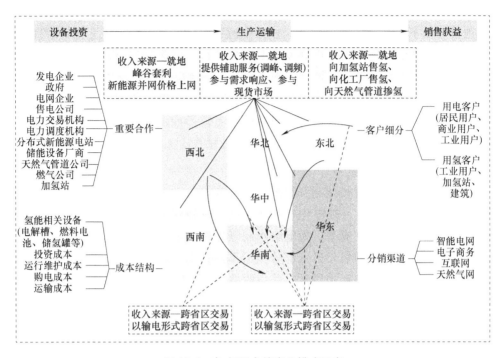

图 12-4　电-氢耦合的商业模式画布

## 1. 电-氢耦合系统售电

（1）利用峰谷电价实现差额套利

伴随着我国分时电价的完善，峰谷电价差拉大，工商业储能经济性日益显著。峰谷电价实现差额套利模式允许电力用户在电价较低的低谷时段，通过电解水制氢的方式储存能量，随后在电价较高的高峰时段，利用燃料电池将储存的氢能转换回电能，供应给电网或直接使用，从而实现成本节约和经济效益的提升。截至 2021 年，全国已有 29 个省份实施了分时电价机制，不同地区的峰谷电价差异较大。2024 年 3 月，广东省（珠三角五市）的峰谷电价差最大，达到 1.318 元/kWh。部分省份（如浙江省）已开始实施季节性电价，夏季和冬季电价有所提升，以适应用电需求的季节性变化。随着电力市场改革的推进和分时电价机制政策的不断完善，多地出台政策调整峰谷电价，峰谷电价差有望进一步拉大，氢储能存在着一定的套利空间。

（2）按照新能源上网电价上网实现套利

目前，我国尚未制定燃料电池发电上网电价。若按照新能源上网电价上网，根据《国家发展改革委关于 2021 年新能源上网电价政策有关事项的通知》，

2021 年起，对新备案集中式光伏电站、工商业分布式光伏项目和新核准陆上风电项目（以下简称"新建项目"），中央财政不再补贴，实行平价上网；2021 年新建项目上网电价，按当地燃煤发电基准价执行；新建项目可自愿通过参与市场化交易形成上网电价，以更好体现光伏发电、风电的绿色电力价值；2021 年起，新核准（备案）海上风电项目、光热发电项目上网电价由当地省级价格主管部门制定，具备条件的可通过竞争性配置方式形成，上网电价高于当地燃煤发电基准价的，基准价以内的部分由电网企业结算。

**2. 电-氢耦合系统售氢**

（1）新能源基地规模化制氢与多元化利用

在新能源富集地区，规模化布置制氢站，充分利用风能、太阳能等新能源基地的资源，降低发电成本，为电解水制氢提供充足的电力来源。新能源发电量一部分用来电解水制氢，另一部分供给厂站自用。该模式下，制氢站的收益方式有两种，一是向加氢站售氢，获得收益；二是向化工厂售卖氢气，用于合成氨、甲醇等化工领域。将新能源发电与电解水制氢结合起来，利用新能源电能来电解水制氢，实现全过程二氧化碳零排放。通过政策引导和激励措施，如补贴、税收优惠等，降低初期投资成本，同时建立合理的市场机制，促进氢能产业健康发展，既能解决新能源发电工程的大规模消纳问题，又能促进新能源产业和氢能产业的发展。

（2）谷电制氢售氢套利

利用谷电制氢除按照峰谷差价套利外，还可以将制得的氢气参照中国氢价指数定价，直接售卖供给化工厂或加氢站等用氢企业。中国氢价指数是国内首个主要产氢区域的系列价格指数，该指数致力于反映我国主要产氢区域氢价的变化、趋势和程度。指数的研发参考了国际通用定价模型以及同类型产品的价格指数编制方法，在分析氢价格形成机理、充分考虑各区域氢气补贴政策以及中国的碳定价制度对氢气生产成本的影响的基础上，形成了相应的碳价格指数方法论，实现氢气定价与碳排放价格挂钩。具体来看，生产侧的指数相对稳定，全国平均价格大约维持在 35 元/kg。在燃料电池汽车城市群中，生产侧的价格稍高，为 35~40 元/kg，且在 2022 年整体呈现下降趋势。而消费侧的指数总体上也呈下降趋势，全国平均价格在 60 元/kg。在燃料电池汽车城市群中，价格较低，上半年平均价格为 55 元/kg；相对地，非燃料电池汽车城市群的价格较高，全年平均价格为 73 元/kg。

**3. 电-氢耦合系统参与电力辅助服务**

电力辅助服务是指为维持电力系统安全稳定运行，保证电能质量，促进清洁能源消纳。通过与电力市场运营商合作，将电-氢耦合系统接入辅助服务市场，利用氢能具有跨季节、长时间的储能特性，在一定的市场交易规则下，参与调频、调峰、备用、惯量支撑等电力辅助服务，提高电力系统的安全性、可靠性与灵活性，实现能源跨地域和跨季节的能源优化配置。

**4. 电-氢耦合系统参与现货市场**

电-氢耦合系统可以根据市场供需情况和价格信号，参与市场竞价，提供调峰服务或作为备用电源。电-氢耦合系统中的制氢储能电站可以根据电网的负荷预测曲线等数据，合理制定自己的充放电计划，并按照现货市场价格结算。进入电力现货市场后，制氢时为市场用户，从电力现货市场直接购电；放电时为发电企业，在现货市场直接售电[2]。

**5. 电-氢耦合系统参与需求响应**

电-氢耦合系统以其独特的能量转换和储存能力，在需求响应领域展现出巨大潜力。系统中制氢储能用户通过制氢放电，对电网起到支撑作用，通过电力需求响应获取补贴。当电力批发市场价格升高或系统可靠性受威胁时，电网企业根据供需形势，邀约具有负荷调节能力的制氢储能用户在电网和用户双方约定的特定时段改变固有的习惯用电模式，达到减少或者推移某时段的用电负荷而响应电力供应，从而保障电网稳定，并抑制电价上升。对于用户侧制氢储能来说，参与电力需求响应形成源网荷储一体化的新型电力系统，实现氢能多元化创新应用，拓展了用户侧制氢储能的收益渠道和商业模式。

**6. 电-氢耦合系统进行跨省区交易**

基于12.2.2节我国氢能发展及区域分布模型分析，未来，除华南地区外，各省氢能产量基本自给自足，西北、华东、东北略有盈余，全部流入华南地区。氢能资源的分布不平衡使得跨省区交易商业模式凸显。由于在大规模、远距离陆上输氢技术中，输电代输氢具有较好的经济性。在该商业模式下，西北、华东、东北地区氢资源以输电或输氢的形式向华南地区输送。其中，大于或等于1500km以上的地区将氢资源以输电的形式输送，小于1500km以下的地区直接以输氢的形式向华南地区输送。对于送端省份，在促进当地可再生能源消纳的同时，利用盈余的氢资源获得远距离售电（氢）收益。对于受端地区，电（氢）能量交易落地价格由发电（制氢）侧（送电、氢侧）成交价格、送电（氢）省区外送输电（氢）价格、跨区跨省输电（氢）价格和输电（氢）损耗构成。

电网企业经授权或委托后，作为购电主体代理电力用户、售电公司按照一定规则参与制氢储能跨省区交易，签订和履行交易合同；作为售电主体，代理发电企业,按照规则参与制氢储能跨省区交易,签订和履行交易合同。电力交易中心按照规则组织制氢储能跨省区中长期交易,汇总管理电力交易合同。电力调度机构负责合理安排电网运行方式,按调度规程实施电力调度,负责系统实时平衡,保障电网安全稳定运行。

## 12.4 电-氢耦合的经济性评估

### 12.4.1 关键影响因素

#### 1. 补贴方式

各类补贴政策促进我国氢能技术的研发与生产,设备购置、系统安装和基础设施建设等方面的补贴可以显著降低项目的启动成本;电价优惠、税收减免等运营期间的补贴可以减轻项目的运营负担,提高系统的运行效率和经济回报。

全国 30 个省级行政区陆续出台了氢能相关政策和规划,覆盖了氢能全产业链,主要体现在前端补贴、终端应用、研发机构认定扶持、科技创新、政策减免、金融扶持、市场补贴和人才补贴等方面,其中山东、广东、浙江、北京和上海等省市补贴力度最大。在前端补贴方面,张家口市对电解水制氢的电价补贴最高,电价最高限定为 0.15 元/kWh;在终端补贴方面,大连市对氢气的补贴力度最大,加氢压力为 35MPa 的氢气补贴为 40 元/kg,加氢压力为 70MPa 的氢气补贴为 50 元/kg;各地对加氢站补贴最高不超过 $1000×10^4$ 元;在研发机构认定扶持方面,上海力度最大,国家级研发机构最高不超过 $500×10^4$ 元;在科技创新方面,广州补贴力度最大,给予氢能技术研发机构补贴为 $500×10^4 \sim 1000×10^4$ 元;在土地减免方面,天津补贴力度最大,新引进的氢能企业前 3 年给予 100% 租房补贴,后 3 年给予 50% 的补贴;在燃料电池车方面,深圳补贴力度最大,与中央按 1∶1 进行补贴;在人才引进方面,宁波补贴力度最大,人才最高补贴为 $800×10^4$ 元[3]。

#### 2. 税收

在政策税收的支持下,绿氢经济性增强。通过提供税收减免、抵免或免税等优惠措施,能够显著提高项目的经济效益,吸引更多的投资者参与电-氢耦合项目,促进电-氢耦合技术的商业化和规模化应用。然而,税收优惠政策的设计需要考虑长期可持续性、市场公平性和政策稳定性,以避免潜在的负面影响。

新出台的《国务院关税税则委员会关于 2022 年关税调整方案的通知》对氢能关键材料实施低于最惠国税率的进口暂定税率，对推动我国氢燃料电池实现低成本运营带来了极大的积极影响。

### 3. 电价

在利用峰谷电价差额套利、按照新能源上网电价上网实现套利这两种典型商业模式中，电价对商业模式收益的影响极大。

从 2021 年国内工商业电价来看（见表 12-3），我国一半以上地区可以达到 3∶1 峰谷价差要求，价差值在 0.5～0.7 元/kWh。此外，我国一些省份已开始实施季节价差（如浙江省），提高了夏季和冬季的电价。随着我国峰谷电价的不断拉大和季节电价的执行，氢储能存在着一定的套利空间，为用户侧氢储能大规模发展奠定了基础[4]。

表 12-3  各区域电网公司销售电价、峰谷价差和上网电价情况

| 工商业电价表（2021—2022 年） | 销售电价/（元/kWh） | | | | | | 峰谷价差/（元/kWh） | | | 上网电价/（元/kWh） |
| --- | --- | --- | --- | --- | --- | --- | --- | --- | --- | --- |
| | 不满1kV | 1～10kV | 20kV | 35kV | 110kV | 220kV | 不满1kV | 1～10kV | 35kV及以上 | |
| 北京 | 0.77 | 0.75 | 0.75 | 0.74 | 0.72 | 0.71 | 1.13 | 1.11 | 1.11 | 0.36 |
| 浙江 | 0.70 | 0.67 | 0.65 | 0.64 | 0.64 | 0.64 | 0.83 | 0.81 | 0.80 | 0.41 |
| 广东 | — | — | — | — | — | — | 0.84 | 0.81 | 0.78 | 0.45 |
| 江苏 | 0.67 | 0.64 | 0.63 | 0.62 | — | — | 0.82 | 0.78 | 0.75 | 0.39 |
| 山东 | 0.62 | 0.61 | — | 0.60 | — | — | 0.74 | 0.73 | 0.71 | 0.39 |
| 海南 | — | — | — | — | — | — | 0.71 | 0.69 | 0.69 | 0.43 |
| 安徽 | 0.62 | 0.60 | — | 0.59 | — | — | 0.63 | 0.62 | 0.60 | 0.38 |
| 河南 | — | — | — | — | — | — | 0.62 | 0.60 | 0.57 | 0.37 |
| 天津 | 0.68 | 0.66 | — | 0.60 | 0.57 | 0.57 | 0.65 | 0.56 | 0.54 | 0.36 |
| 陕西 | 0.58 | 0.56 | 0.56 | 0.54 | — | — | 0.58 | 0.56 | 0.54 | 0.35 |
| 河北 | 0.56 | 0.55 | — | 0.54 | 0.54 | 0.54 | 0.54 | 0.52 | 0.52 | 0.36 |
| 冀北 | 0.53 | 0.52 | — | 0.51 | 0.51 | 0.51 | 0.51 | 0.50 | 0.49 | 0.37 |
| 青海 | 0.37 | 0.37 | — | 0.36 | — | — | 0.44 | 0.42 | 0.42 | 0.32 |
| 上海 | 0.72 | 0.70 | — | 0.68 | 0.67 | 0.67 | 0.43 | 0.43 | 0.43 | 0.41 |
| 山西 | 0.53 | 0.51 | 0.51 | 0.50 | — | — | 0.46 | 0.42 | 0.40 | 0.33 |
| 云南 | 0.41 | 0.40 | — | 0.39 | — | — | 0.42 | 0.41 | 0.40 | 0.33 |
| 广西 | 0.66 | 0.65 | — | 0.63 | 0.63 | 0.63 | — | 0.25 | 0.23 | 0.11 |

### 4. 气价

氢气市场价格关乎制氢储能售氢模式下的收益大小。氢气如果作为战略能源，则需要在能源最终价格上有经济性，这样才能够摆脱持续的补贴，成为可以市场运作的能源形式。

根据中国氢价指数显示，在生产侧全国平均水平大约保持在 35 元/kg，在消费测全国平均水平大约保持在 60 元/kg。电解水制氢 1kg 耗电为 35~55kWh，以 1kWh 电谷价 0.3 元计算，1kg 制氢成本为 10.5~37.5 元，远远低于全国制氢平均水平和售氢平均水平，故利用谷价制氢再售氢其收益十分可观。

## 12.4.2  电-氢耦合的经济性指标

本节基于电-氢耦合商业模式画布，从成本分析和经济效益分析两方面对该商业模式进行经济性评估。

### 1. 电-氢耦合系统成本分析

电-氢耦合系统的成本主要包括设备投资成本、运行维护成本以及能源消耗成本等。

（1）设备投资成本

设备投资成本是电-氢耦合系统建设初期的主要支出，涵盖了制氢、储氢、用氢等环节所需的各种设备购置费用。假定不考虑系统正常使用期内的设备更换成本，其初期成本主要由氢能设备的额定功率成本和额定容量成本决定。考虑到氢能设备的使用寿命以及贴现率，可得到氢能设备的等年值投资成本模型[5]为

$$C_{inv} = \left( \sum_i^M C_{e,i} E_{max,i} + \sum_i^M C_{p,i} P_{max,i} \right) \frac{\lambda (\lambda+1)^N}{(\lambda+1)^N - \lambda} \quad (12\text{-}1)$$

式中，$C_{e,i}$ 为第 $i$ 种设备的单位容量成本，单位为元/kWh；$C_{p,i}$ 为第 $i$ 种设备的单位功率成本，单位为元/kW；$P_{max,i}$ 为第 $i$ 种设备的功率，单位为 kW；$E_{max,i}$ 为第 $i$ 种设备的容量，单位为 kWh；$M$ 为系统的设备种类；$N$ 为项目周期；$\lambda$ 为项目贴现率。

（2）运行维护成本

运行维护成本包括保障各设备正常运行的消耗成本及人力管理成本，主要与相关设备额定功率有关，可表示为

$$C_{ope} = \sum_i^M C_{fom,i} P_{e,i} \quad (12\text{-}2)$$

式中，$C_{\text{fom},i}$ 为系统中设备 $i$ 单位功率的年运行维护成本，单位为元/kW；$P_{\text{e},i}$ 为设备 $i$ 的额定功率，单位为 kW。

（3）能源消耗成本

电-氢耦合系统在进行电解水制氢时相当于负荷用电，需要支付相应的购电费用。

$$C_3 = Q_c \rho_c \tag{12-3}$$

式中，$Q_c$ 为电解水制氢用电量，单位为 kWh；$\rho_c$ 为购电电价，单位为元/kWh。

**2. 电-氢耦合系统经济效益分析**

（1）低储高发运行效益

在峰谷电价下，系统在负荷低谷、电价较低时制氢，而在负荷高峰、电价较高时利用燃料电池机组将氢能转换为电能，这时系统由分时电价而赚取的经济收益年值定义为低储高发运行效益[5]，可表示为

$$R_1 = (P_t^{\text{d}} - P_t^{\text{c}}) \pi_t^{\text{sp}} \tag{12-4}$$

式中，$P_t^{\text{d}}$ 为系统进行价格套利服务时在 $t$ 时刻的放电功率，单位为 kW；$P_t^{\text{c}}$ 为系统进行价格套利服务时在 $t$ 时刻的充电功率，单位为 kW；$\pi_t^{\text{sp}}$ 为 $t$ 时刻的电价，单位为元/kWh。

（2）售氢效益

电-氢耦合系统可向外售氢，收益模型如下：

$$R_2 = C_{\text{H}} V_{\text{H}} \tag{12-5}$$

式中，$C_{\text{H}}$ 为单位售氢价格，单位为元/Nm³；$V_{\text{H}}$ 为产氢量，单位为 Nm³。

（3）调频收益

系统参与调频收益包括容量补偿和电量补偿，其在调频市场中所得到的收益计算如下：

$$R_3 = (c_t^{\text{resp}} + c_t^{\text{real}} m)(P_t^{\text{resp,up}} + P_t^{\text{resp,dw}}) \tag{12-6}$$

式中，$c_t^{\text{resp}}$ 为时段 $t$ 的调频服务容量价格，单位为元/MW；$c_t^{\text{real}}$ 为时段 $t$ 的调频服务里程价格，单位为元/MW；$m$ 为实际调频服务使用电量系数；$P_t^{\text{resp,up}}$ 和 $P_t^{\text{resp,dw}}$ 分别为系统在时段 $t$ 上报参与向上调频和向下调频的功率。

（4）设备延缓投资

电网容量通常依据地区年度最高电力需求来确定。在电力需求较低的时候，电网的负载相对较低；在需求高峰时段，负载显著增加，可能导致一些变电站和线路过载，这时就需要对电网进行扩容或升级。通过在过载点部署氢储能系统，在电力需求低谷时电解水制氢，从而提升电网的负载效率。在电力需求高

峰时，通过燃料电池机组发电，实现部分电力的本地供应，降低了电网在高峰时段需要传输的电力量，减少了电网扩容的需求。在减少电网扩建容量方面的收益等值为年值 $R_4$，可表示为

$$R_4 = \lambda_d C_d \eta P_{max} \qquad (12\text{-}7)$$

式中，$\lambda_d$ 为配电设备的固定资产折旧率；$C_d$ 为配电设备的单位容量造价，单位为万元/MW；$\eta$ 为设备运行效率，计及了并网设备的损耗；$P_{max}$ 为设备的额定功率，单位为 MW。

（5）补贴效益

现阶段的补贴效益主要包括两类：削峰填谷补贴和可中断负荷补贴。由此补贴带来的收益 $R_5$ 可表示为

$$R_5 = \lambda_{b1} P_{max} + n \lambda_{b2} P_{max} \qquad (12\text{-}8)$$

式中，$\lambda_{b1}$ 为系统转移高峰负荷的奖励，单位为元/kW；$\lambda_{b2}$ 为系统参与需求响应的奖励，单位为元/kW；$n$ 为每年需求响应的次数。

（6）设备残值

设备报废清理时可供出售的残留部分带来的价值，通常与设备的剩余容量、功率、使用年限有关，系统的残值 $R_6$ 定义为

$$R_6 = f(E_1, P_{max}, N) \qquad (12\text{-}9)$$

式中，$E_1$ 为系统的剩余容量，单位为 kWh；$N$ 为系统的使用年限。

### 3. 电-氢耦合系统经济性评价指标

（1）投资回收期

投资回收期是指投资项目投产后获得的收益总额达到该项目投入的投资总额所需要的时间。它反映了项目的资金回收速度和投资风险，是评估项目经济性的重要指标之一。较短的投资回收期意味着较低的投资风险和较快的资金回收速度。根据是否考虑资金的时间价值，可分为静态投资回收期和动态投资回收期，具体计算方法如下：

1）静态投资回收期：

$$P_t = \left(\begin{array}{c}\text{累计净现金流量}\\\text{出现正值的年份}\end{array}\right) - 1 + \left(\frac{\text{上年累计净现金流量绝对值}}{\text{当年净现金流量}}\right) \qquad (12\text{-}10)$$

2）动态投资回收期：

$$T_p = \left(\begin{array}{c}\text{累计净现金流量折现值}\\\text{开始出现正值的年份数}\end{array}\right) - 1 + \frac{\left|\text{上年累计净现金流量折现值}\right|}{\text{当年净现金流量折现值}} \qquad (12\text{-}11)$$

采用投资回收期进行评价时，通常将计算的投资回收期 $T_p$ 与标准的投资回

收期 $T_b$ 进行比较，仅当 $T_p \leq T_b$ 时项目投资方案合理。

（2）净现值

净现值（NPV）是指项目在寿命期内各年的净现金流量 $(CI-CO)_t$，按照一定的折现率折现到期初时的现值之和，其表达式为

$$NPV = \sum_{t=0}^{n} (CI-CO)_t (1+i_0)^{-t} \tag{12-12}$$

式中，NPV 为净现值；$(CI-CO)_t$ 为第 $t$ 年的净现金流量；CI 为现金流入；CO 为现金流出。

（3）内部收益率

内部收益率是指资金流入现值总额与资金流出现值总额相等、净现值等于零时的折现率。它反映了项目的投资回报率和盈利能力，是评估项目经济性的另一个重要指标。

$$IRR = a + \left[ \frac{NPV_a}{(NPV_a - NPV_b)} \right]^{(b-a)} \tag{12-13}$$

式中，$a$、$b$ 为折现率，$a>b$；$NPV_a$ 代表折现率为 $a$ 时，所计算得出的净现值，一定为正数；$NPV_b$ 代表折现率为 $b$ 时，所计算得出的净现值，一定为负值。

（4）效益成本比率

效益成本比率定义为系统的效益除以其总成本。

$$BCR = \frac{效益}{总成本} \tag{12-14}$$

式中，BCR 为效益成本比率。

## 12.5　算例分析

### 12.5.1　案例介绍——六安兆瓦级氢能综合利用示范站

位于安徽省六安市的国内首座兆瓦级氢能综合利用示范站（见图 12-5），是国家电网公司"兆瓦级制氢综合利用关键技术研究与示范"科技项目的配套示范工程。该示范站于 2021 年 8 月完成制氢系统联调试验，成功贯通了兆瓦级制氢、储氢及氢燃料电池发电的全链条技术。该项目旨在最大限度地利用可再生能源，并验证电解水制氢技术和多能互补的自愈式微电网应用。通过将可再生

能源转换为氢能进行储存和利用，该示范站不仅提高了能源利用效率，还为"供电+能效服务"模式注入了新的发展动力，推动了氢能在能源领域的多元化应用。

**图 12-5　安徽省六安市兆瓦级氢能综合利用示范站**

该示范站位于安徽省六安市金安区经济开发区，占地面积约 7000m²，额定装机容量为 1MW。该站集成了一系列先进技术和系统，包括兆瓦级质子交换膜电解水制氢系统、兆瓦级质子交换膜燃料电池发电系统、热电联供系统、风光等可再生能源发电系统以及配电综合楼等。

在制氢系统方面，该工程采用四堆并联控制技术，单堆制氢功率为 250kW，总制氢功率达到兆瓦级。该系统应用了国内首套具有自主知识产权的兆瓦级质子交换膜电解制氢设备，额定制氢功率下产氢量为 220Nm³/h，系统制氢效率高达 85%，优于国家一级能效标准，并能有效响应可再生能源发电功率的波动性。

在发电系统方面，该工程采用单堆 50kW、24 堆集成的兆瓦级质子交换膜燃料电池发电系统，最高发电功率可达 1.2MW。该系统同样采用了国内首套具有自主知识产权的兆瓦级质子交换膜燃料电池发电设备，具有转换效率高、无污染、室温快速启动、无电解液流失、易于排水、长寿命、高比功率密度和高比能量等优点。该系统可为电力系统提供可控负荷和灵活电源，支撑电网调峰调频，促进可再生能源消纳。

该示范站是国内首次对拥有完全自主知识产权的"制氢、储氢、发电"氢能全链条技术进行全面验证和工程应用的示范项目，对推动我国氢能产业发展具有重要意义。

## 12.5.2　商业模式分析

兆瓦级氢能综合利用示范站的投资成本主要分为两个阶段：初期建设投资和后期运营维护成本。初期建设投资是项目启动阶段的一次性投入，主要用于储能设施的建造，包括制氢设备（如电解水制氢机组）、储氢设备（如储氢罐、管道）、燃料电池发电系统、可再生能源发电系统（如风力、光伏）、配套设施（如配电系统、控制系统、建筑等）以及土地成本等。这些投资决定了项目的规模和技术水平，对后续的运营成本和收益产生重要影响。

后期运营维护成本则是项目运行期间持续发生的支出，主要包括制氢成本、储氢成本以及设备维护成本。制氢成本是运营成本中的重要组成部分，主要包括电力消耗成本（电解水制氢需要消耗大量的电能）、设备折旧成本、耗材更换成本（如电极、膜等）以及人工成本。储氢成本则包括储氢设备的维护保养成本、储氢过程中的氢气损耗成本以及安全检测成本。此外，为了保证设备的正常运行和延长使用寿命，还需要投入一定的设备维护成本，包括制氢设备、燃料电池系统、可再生能源发电系统等设备的日常维护、定期检修、故障维修以及备品备件更换等。

该示范站的收益模式则较为多元，主要来源于以下几个方面。首先，将电解制取的氢气销售到区域市场，主要的销售对象包括加氢站和化工厂。向加氢站供应氢气是目前氢能商业化应用的重要方向，可以满足氢燃料电池汽车的燃料需求。同时，将氢气供给化工厂等工业企业，替代传统的工业用氢生产方式，从而减少碳排放。其次，该示范站利用电网峰谷差价进行套利。具体而言，在电价低谷时段，利用廉价的可再生能源电力进行电解水制氢，将电能转换为氢能储存起来；而在电价高峰时段，则可以通过燃料电池发电系统将储存的氢能转换为电能并网出售，从而赚取峰谷电价差，实现经济效益。

该示范站还可通过多种方式参与电网的运行和服务，从而获得额外的收益。例如，通过电解水制氢机组与燃料电池汽车的协同优化运行，可以为电网提供调峰、调频等辅助服务，提高电网的稳定性和可靠性。同时，该示范站还可以参与电网的需求响应，根据电网的负荷需求调整自身的用电或发电行为，并获得相应的激励或补贴。在电力市场化程度较高的地区，该示范站还可以参与电力现货市场交易，根据市场电价进行电力买卖，进一步拓宽收益来源。这些多元化的收益模式为该示范站的商业运营提供了更大的灵活性和盈利空间。兆瓦级氢能综合利用示范商业模式如图 12-6 所示。

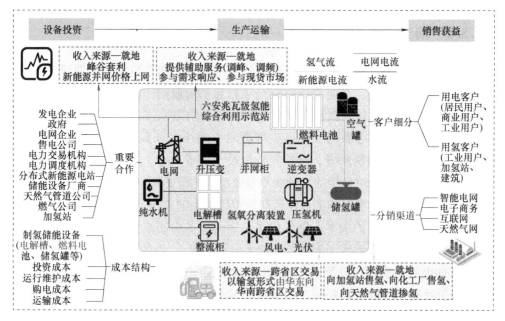

**图 12-6　兆瓦级氢能综合利用示范商业模式**

## 12.5.3　经济性评估

### 1. 多种商业模式共同作用

在基础参数下，制氢储能系统经济性评估结果见表 12-4，制氢储能系统现金流图如图 12-7 所示。制氢储能系统内部收益率达到了 18.35%，投资回报周期在 7 年。同时根据图 12-8 和图 12-9 可以看出，在多种成本及收益来源中，向工厂售氢获得的收益占比最大，其次为需求响应收益；电解水制氢机组投资成本在总成本中占比最大，其次为用电成本。

**表 12-4　制氢储能系统经济性评估结果**

| 效益成本比 | 净现值/M | 内部收益率（%） | 投资回报周期/年 | 电解水制氢机组工作时间/h | 制氢量/kg |
|---|---|---|---|---|---|
| 1.601 | 3.5 | 18.35 | 7 | 8704 | 111841.57 |

### 2. 单一商业模式

分别测算仅售氢、仅管道掺氢、仅燃料电池发电三种单一商业模式下电-氢耦合系统的经济性，由表 12-5 可知，在三种单一商业模式下，电-氢耦合系统都处于亏损状态，其中，仅售氢模式下系统投资回收周期超过 20 年。

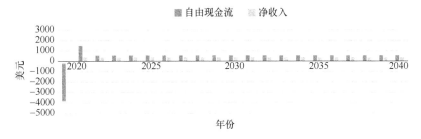

图 12-7　制氢储能系统现金流图

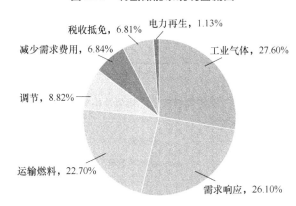

图 12-8　制氢储能系统收益占比

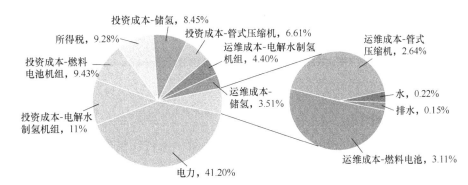

图 12-9　制氢储能系统成本占比

表 12-5　单一商业模式经济性评估结果

| 商业模式 | 效益成本比 | 内部收益率（%） | 投资回收周期/年 |
| --- | --- | --- | --- |
| 仅售氢 | 0.743 | 4.15 | 超过 20 |
| 仅管道掺氢 | 0.023 | <0 | 亏损 |
| 仅燃料电池发电 | 0.041 | <0 | 亏损 |

如图 12-10 所示，在仅售氢模式下，当氢气售价达到 71.4 元/kg 时，系统内部收益率可以达到 7.59%，投资回收周期为 20 年；如图 12-11 所示，当电均价降低到 0.42 元/kWh 时，系统内部收益率可达 8.65%，投资回收周期为 18 年。当前，新疆、内蒙、青海等省份的电价能够满足售氢模式下的经济性。

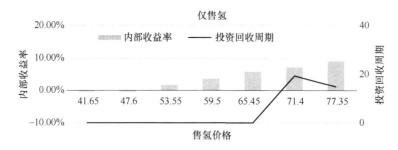

**图 12-10　仅售氢模式下，售氢价格敏感性分析**

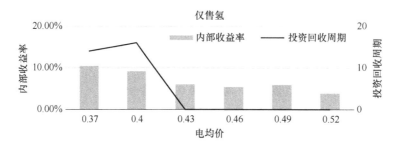

**图 12-11　仅售氢模式下，电价敏感性分析**

### 3. 敏感性分析

（1）新能源电价

由上述分析可知，购电成本在制氢储能系统中的占比仅次于电解水制氢机组投资成本，由于系统设置售电差价来自于峰谷套利，故计算峰谷差价与系统内部收益率和投资回收周期的关系。

图 12-12 所示为峰谷差价变化时内部收益率和投资回收周期的变化程度，可以看出，随着峰谷差价的增加，内部收益率逐渐增加，投资回收周期也逐渐减小。

（2）投资成本

由制氢储能系统成本投资占比可知，在设备投资成本中，电解水制氢机组与燃料电池机组占比最大。电解水制氢机组、燃料电池机组投资成本变化对系统内部收益率和投资回报周期的影响如图 12-13 所示。

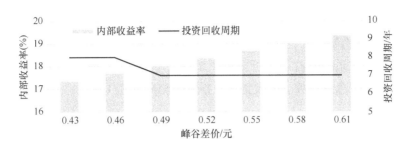

图 12-12　峰谷差价变化时内部收益率和投资回收周期的变化程度

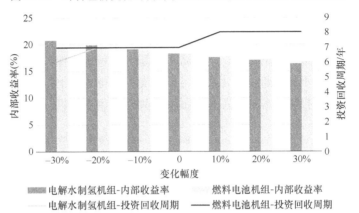

图 12-13　电解水制氢机组、燃料电池机组投资成本变化对
系统内部收益率和投资回收周期的影响

当电解水制氢机组、燃料电池机组投资成本两个不确定性因素有一个因素固定不变，另一因素按一定幅度变化时，计算系统相应的内部收益率和投资回报周期。电解水制氢机组、燃料电池机组投资成本变化幅度见表 12-6。

表 12-6　电解水制氢机组、燃料电池机组投资成本变化幅度

| 投资成本 | 变化幅度 | | | | | | |
|---|---|---|---|---|---|---|---|
| | −30% | −20% | −10% | 0 | 10% | 20% | 30% |
| 电解水制氢机组/（kW/元） | 980 | 1120 | 1260 | 1400 | 1540 | 1680 | 1820 |
| 燃料电池机组/（kW/元） | 700 | 800 | 900 | 1000 | 1100 | 1200 | 1300 |

由图 12-13 可知，电解水制氢机组和燃料电池机组投资成本不同幅度变化会导致内部收益率和投资回收周期的变化，同时电解水制氢机组和燃料电池机组投资成本发生相同幅度的变化时，内部收益率和投资回收周期增加或减少的程度也不相同。随着变化幅度的增加，内部收益率对电解水制氢机组投资成本的降低变化更大，说明电解水制氢机组投资成本相比燃料电池机组投资成本对内

部收益率更加敏感。

（3）氢气售价

由制氢储能系统收益占比可知，在系统收益中，工业售氢占比最大，售氢价格与售氢收益息息相关。设置售氢价格变化幅度见表12-7。

**表 12-7　售氢价格变化幅度**

| 变化幅度 | −30% | −20% | −10% | 0 | 10% | 20% | 30% |
|---|---|---|---|---|---|---|---|
| 售氢价格/(kg/元) | 41.65 | 47.6 | 53.55 | 59.5 | 65.45 | 71.4 | 77.35 |

图 12-14 所示为售氢价格对系统内部收益率和投资回收周期的敏感性分析结果。由图可知，随着售氢价格的增加，制氢储能内部收益率逐渐增加，投资回收周期也逐渐减少。并且由于售氢价格变化幅度与投资成本相同，综合来看，售氢价格相较于电解水制氢机组投资成本对制氢储能系统内部收益率和投资回收周期更敏感。

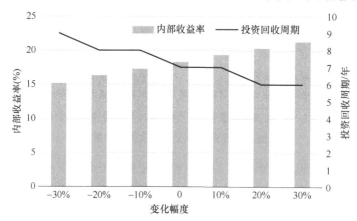

**图 12-14　售氢价格对系统内部收益率和投资回收周期的敏感性分析结果**

# 参 考 文 献

［1］　奥斯特瓦德，皮尼厄. 商业模式新生代［M］. 黄涛，郁婧，译. 北京：机械工业出版社，2016.

［2］　李明，郑云平，亚夏尔·吐尔洪，等. 新型储能政策分析与建议［J］. 储能科学与技术，2023，12（06）：2022-2031.

［3］　张庆生，黄雪松. 国内外氢能产业政策与技术经济性分析［J］. 低碳化学与化工，2023，48（02）：133-139.

［4］　许传博，刘建国. 氢储能在我国新型电力系统中的应用价值、挑战及展望［J］. 中国工程科学，2022，24（03）：89-99.

［5］　林申力，王子璇. 供电局储能系统经济性分析［J］. 电工技术，2019，（07）：28-32.

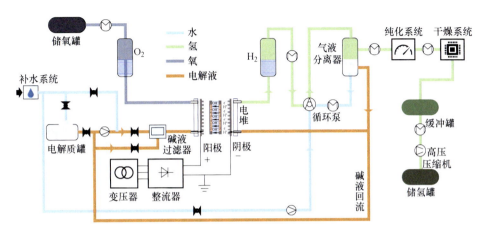

图 2-13　AWE 制氢机组的工作流程

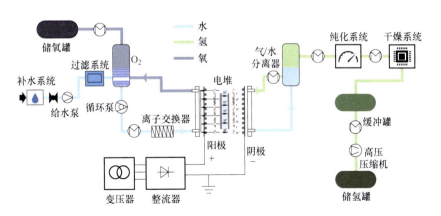

图 2-15　PEM 电解水制氢机组的工作流程

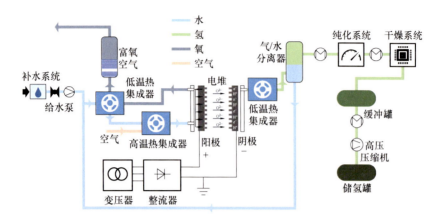

图 2-17　SOEC 制氢机组的工作流程

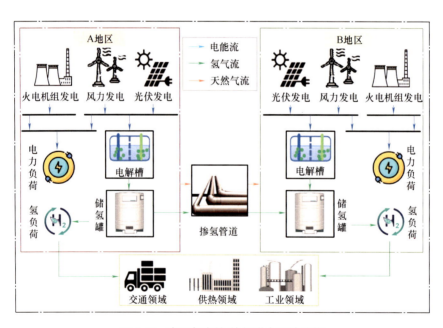

图 3-10　高压气态储-输氢联合系统结构